"十二五"高职高专规划教材·案例实训教程系列

CorelDRAW X3图形制作案例实训教程

丁雪芳 编

西北工業大學出版社

【内容简介】本书为“十二五”高职高专规划教材。主要内容包括：初识 CorelDRAW X3、线条的绘制与编辑、图形的绘制与编辑、对象的操作、文本的应用、对象的色彩设置、对象的轮廓线设置、对象的特殊效果、位图的编辑与应用、文件的打印与输出、综合案例以及案例实训，章后附有本章小结及操作练习，使读者在学习时更加得心应手，做到学以致用。

本书结构合理，内容系统全面，讲解由浅入深，实例丰富实用，体现了高职高专教育的特色。既可作为各高职高专、成人院校、民办高校及社会培训班的 CorelDRAW 基础课程教材，也可供广大平面设计爱好者自学参考。

图书在版编目（CIP）数据

CorelDRAW X3 图形制作案例实训教程/丁雪芳编. —西安：西北工业大学出版社，2010.12
“十二五”高职高专规划教材 · 案例实训教程系列
ISBN 978-7-5612-2972-9

Ⅰ. ①C… Ⅱ. ①丁… Ⅲ. ①图形软件，CorelDRAW X3—高等学校：技术学校—教材 Ⅳ. ①TP391.41

中国版本图书馆 CIP 数据核字（2010）第 244166 号

出版发行：西北工业大学出版社
通信地址：西安市友谊西路 127 号　　邮编：710072
电　　话：（029）88493844　88491757
网　　址：www.nwpup.com
电子邮箱：computer@nwpup.com
印 刷 者：陕西兴平报社印刷厂
开　　本：787 mm×1 092 mm　1/16
印　　张：17
字　　数：447 千字
版　　次：2010 年 12 月第 1 版　　2010 年 12 月第 1 次印刷
定　　价：29.00 元

序 言

高职高专教育是我国高等教育的重要组成部分，担负着为国家培养并输送生产、建设、管理、服务第一线高素质、技术应用型人才的重任。

进入 21 世纪以来，高等职业教育呈现出快速发展的趋势。高等职业教育的发展，丰富了高等教育的体系结构，突出了高等职业教育的特色，满足了人民群众接受高等教育的强烈需求，为国家建设培养了大量高素质、技能型专业人才，对高等教育大众化作出了重要贡献。

在教育部下发的《关于全面提高高等职业教育教学质量的若干意见》中，提出了深化教育教学改革，重视内涵建设，促进“工学结合”人才培养模式的改革；推进整体办学水平提升，形成结构合理、功能完善、质量优良、特色鲜明的高等职业教育体系的任务要求。

根据新的发展要求，高等职业院校积极与各行业企业合作开发课程，配合高职高专院校的教学改革和教材建设，建立突出职业能力培养的课程标准，规范课程教学的基本要求，进一步提高我国高职高专教育教材质量。为了符合高等职业院校的教学需求，我们新近组织出版了“‘十二五’高职高专规划教材·案例实训教程系列”。本套教材旨在“以满足职业岗位需求为目标，以学生的就业为导向”，在教材的编写中结合任务驱动，项目导向的教学方式，力求在新颖性、实用性、可读性三个方面有所突破，真正体现高职高专教材的特色。

主要特色

中文版本、易教易学

本系列教材选取市场上最普遍、最易掌握的应用软件的中文版本，突出“易教学、易操作”，结构合理、内容丰富、讲解清晰。

结构合理、图文并茂

本系列教材围绕培养学生的职业技能为主线来设计体系结构、内容和形式，符合高职高专学生的学习特点和认知规律，对基本理论和方法的论述清晰简洁，便于理解，通过相关技术在生产中的实际应用引导学生主动学习。

内容全面、案例典型

本系列教材合理安排基础知识和实践知识的比例，基础知识以“必需，够用”为度，以案例带动知识点，诠释实际项目的设计理念，案例典型，切合实际应用，并配有课堂实训与案例实训。

体现教与学的互动性

本系列教材从“教”与“学”的角度出发，重点体现教师和学生的互动交流。将精练的理论和实用的行业范例相结合，使学生在课堂上就能掌握行业技术应用，做到理论和实践并重。

具备实用性和前瞻性，与就业市场结合紧密

本系列教材的教学内容紧随技术和经济的发展而更新，及时将新知识、新技术、新工艺和新案例引入教材，同时注重吸收最新的教学理念，根据行业需求，使教材与相关的职业资格培训紧密结合，努力培养“学术型”与“应用型”相结合的人才。

读者对象

本系列教材的读者对象为高职高专院校师生和需要进行计算机相关知识培训的专业人士，以及需要进一步提高专业知识的各行业任职人员，同时也可供社会上从事其他行业的计算机爱好者自学参考。

针对明确的读者定位，本系列教材涵盖了计算机基础知识及目前常用软件的操作方法和操作技巧，使读者在学习后能够切实掌握实用的技能，最终放下书本就能上岗，真正具备就业本领。

结束语

希望广大师生在使用过程中提出宝贵意见，以便我们在今后的工作中不断地改进和完善，使本套教材成为高等职业教育的精品教材。

西北工业大学出版社

2010 年 11 月

前　言

CorelDRAW X3 是目前比较流行的矢量图形绘制软件之一，其操作更加简便，图形图像处理功能更加强大，在操作界面、智能填充、裁剪图形、文本等方面都做了很大的改进，因此，受到了广大平面设计者的青睐。它不但被广泛地应用于绘图和美术创作领域，还经常被应用在专业图形设计、广告创作、书刊排版、名片设计、包装设计等领域。

本书以“基础知识+课堂实训+综合案例+案例实训”为主线，对 CorelDRAW X3 软件循序渐进地进行讲解，使读者能够快速直观地了解和掌握 CorelDRAW X3 的基本使用方法、操作技巧和行业实际应用，为步入职业生涯打下良好的基础。

本书内容

全书共分 12 章。其中前 10 章主要介绍 CorelDRAW X3 的基础知识和基本操作，使读者初步掌握使用计算机制作图形的相关知识。第 11 章列举了几个有代表性的综合案例，第 12 章是案例实训，通过理论联系实际，帮助读者举一反三、学以致用，进一步巩固前面所学的知识。

读者定位

本书结构合理，内容系统全面，讲解由浅入深，案例丰富实用，既可作为各高职高专、成人院校、民办高校及社会培训班的 CorelDRAW 基础课程教材，也可供广大平面设计爱好者自学参考。

本书由西安科技大学丁雪芳编写，在编写过程中力求严谨细致，但由于水平有限，书中难免出现疏漏与不妥之处，敬请广大读者批评指正。

编　者

目 录

第 1 章　初识 CorelDRAW X3

CorelDRAW 是目前最流行的矢量图形绘制软件之一，于 1989 年由加拿大的 Corel 公司推出，随着版本的不断升级，其界面更加人性化，功能也越来越强大，为用户展示创意提供了一个很好的平台，因此受到了广大平面设计者的青睐。

知识要点

- CorelDRAW X3 简介
- CorelDRAW X3 的基础知识
- CorelDRAW X3 的启动与退出
- CorelDRAW X3 的工作界面
- 文件的基本操作
- 版面的基本设置与显示
- 辅助工具的使用

1.1　CorelDRAW X3 简介

CorelDRAW 是目前最流行的矢量图形绘制软件之一，被广泛地应用于绘图和美术创作领域，还经常被应用在专业图形设计、广告创作、书刊排版、名片设计、包装设计等领域。

CorelDRAW X3 是 CorelDRAW 系列软件的新版本，它的操作更加简便，图形图像处理功能更加强大，在操作界面、智能填充、裁剪图形、文本编辑等方面都做了很大的改进，使用户操作起来更加得心应手，可以创作出更好的艺术作品。

1.1.1　CorelDRAW 的发展历史

CorelDRAW 第一版于 1989 年春季面世，是专门为 Microsoft（微软）而设计的。一年后，开发商向大众推出了 CorelDRAW 1.01 版，它在功能方面增加了滤镜，并且可兼容其他绘图软件。

1991 年秋天，Corel 公司推出了 CorelDRAW 2，这时的 CorelDRAW 已经具备了当时其他绘图软件都不具备的功能，例如套封、立体化和透视效果等。

CorelDRAW 2 的推出虽然为 CorelDRAW 树立了新形象，但 CorelDRAW 的第一个里程碑应该是 CorelDRAW 3，它是今天功能齐全的绘图组合软件的始祖，也是第一套专为 Microsoft Windows 3.1 而设计的绘图软件包，其中包括 Corel PHOTO-PAINT，CorelCHART，CorelSHOW 与 CorelTRACE 等应用程序。

CorelDRAW 4 于 1993 年 5 月推出，Corel PHOTO-PAINT 与 CorelCHART 的程序代码经过整理后，在外观上也更接近 CorelDRAW。

CorelDRAW 5 于 1994 年 5 月推出，此版本兼容了以前版本中所有的应用程序，被公认为第一套功能齐全的绘图和排版软件包。

CorelDRAW 6 是专为 Microsoft Windows 95 而设计的绘图软件包，它充分利用了 32 位处理器的数据处理能力，提供了用于三维动画制作与描绘的新应用程序。

CorelDRAW 7 于 1996 年 10 月正式推出，它是第一套充分利用 Intel MMX 技术的软件包。但 CorelDRAW 7 尚未普及便退出了市场，取而代之的是 1996 年 12 月推出的 CorelDRAW 8，它与以前版本有很大不同，整个界面发生了很大的变化，且功能也更强大。之后的 CorelDRAW 9 增加了许多点阵图处理的功能，还附带了 Corel PHOTO-PAINT 与 Corel CAPTURE 两个功能强大的软件。

CorelDRAW 10 在 CorelDRAW 9 的基础上又做了很大的改进，其网络处理功能得到了更大的增强，可方便地制作出更丰富活泼的图像，还可输出 HTML 代码；其新增加的 Image Optimizer（图像优化器）可以使图像更小，以方便在网络上传输。

在 2002 年，CorelDRAW 11 被推出市场，它的工作界面焕然一新，工作区域比以前的版本具有更大的灵活性，增加了更多效果和工具。

CorelDRAW 12 集设计、绘画、制作、编辑、合成、高品质输出、网页制作与发布等功能于一体，使创作的作品更具专业水准。

平面设计的不断普及，促进了平面设计软件的不断更新，随着版本的升级，其功能将越来越强大，利用它可以轻松地制作出各种特殊效果。

1.1.2 CorelDRAW X3 的功能

在众多的电脑绘图软件中，由于 CorelDRAW X3 功能非常强大，掌握起来也比较容易，因此，已成为专业美术设计师首选的矢量图形设计软件之一。无论是专业的图像设计师还是小型商业、企业用户，都可使用 CorelDRAW 进行任意的设计，如创作 logo、设计专业的促销手册等。

1．绘制图形

利用 CorelDRAW X3 提供的各种绘图工具，可以绘制出各种各样的矢量图形，如直线、曲线、矩形、圆形、星形和多边形等一切规则图形。另外，使用粗糙笔刷工具和涂抹工具，可以绘制不规则的图形；使用艺术笔工具，可以很方便地绘制带颜色的花草、箭头和卡通人物等图形，还可以对绘制的对象进行各种排列组合、对齐、镜像等操作。

2．文字处理

在 CorelDRAW X3 中有两种输入文字的方法：一种是输入美术字文本，另一种是输入段落文本。因此，CorelDRAW X3 不但可以对单个文字进行处理，也可以对整段文字进行编辑、变形等操作，还可以对文字进行沿路径排列或使用透视效果等。

3．变形对象

在 CorelDRAW X3 中提供了多个可以改变图形造型的工具，如交互式调合工具、交互式变形工具、交互式阴影工具、交互式透明工具以及粗糙笔刷等工具，使用这些工具可以将简单的几何图形变得丰富多彩。

4．填充对象

使用 CorelDRAW X3 提供的填充工具组、交互式填充工具组和吸管工具组中的工具，以及各种调色板和颜色泊坞窗，可以为图形对象设置轮廓和填充颜色。

5．转换功能

CorelDRAW X3 提供了多种转换功能，如图形与曲线之间的转换、文字与图形之间的转换以及美术字与段落文本之间的转换等。使用菜单栏中的“导入”和“导出”命令，也可以将文件在不同格式之间进行转换。

6．输入与输出

CorelDRAW X3 具有完善的文件输入与输出功能，可以通过扫描仪和数码相机等输入设备获取图像，也可以通过打印机输出文件，还可以发布 HTML 文件或与 Internet 进行链接等。

7．制作网页

在 CorelDRAW X3 中，可以运用各种绘图工具和文本工具制作出精美的网页，还可以将其发布到网络中。

8．位图处理

CorelDRAW X3 处理位图的功能也十分强大。它不但可以直接处理位图，而且还可以使矢量图与位图进行相互转换。利用 CorelDRAW 中的位图滤镜功能，可以给位图添加各种效果，从而方便了设计者的图形制作。

1.1.3　CorelDRAW X3 的新增功能

CorelDRAW X3 的操作比以前的版本更加简便，图形图像处理功能也更加强大。下面对这些新增功能分别进行介绍。

1．新的智能填充工具

新增的智能填充工具，可以对任意两个或多个对象重叠的区域以及任何封闭的对象进行填色，此工具无论对动漫创作、矢量绘画、服装设计人员还是 VI 设计人员来说都是比较方便的。

智能填充工具功能类似 Illustrator 中的实时填充，除了可以实现填充以外，还可以快速从两个或多个相重叠的对象中间创建新对象，如图 1.1.1 所示。

图 1.1.1　使用智能填充工具填充效果图

2．新增的复杂星形工具

复杂星形工具在原星形的基础上进行了改进，可以通过调节属性栏中的参数，得到不同复杂程度与外形的星形对象，如图 1.1.2 所示。

图 1.1.2　使用复杂星形工具效果

3．新增的裁剪工具

新增的裁剪工具非常实用，使用它可以快速地移除目标，裁剪所导入图像中不需要的区域。无论导入的是位图还是矢量图，都可以使用裁剪工具。当绘图页面中有多个对象，而用户只需要选取其中的部分对象时，可以使用裁剪工具将其裁剪掉。单击工具箱中的裁剪工具，当鼠标指针变成ㄘ形状时，将其移至要裁剪的对象上，拖曳鼠标创建裁剪区域，然后在裁剪区域内双击鼠标左键，即可裁剪掉区域外不需要的图形对象，效果如图 1.1.3 所示。

图 1.1.3　使用裁剪工具裁剪图像效果

4．增强的文本适合路径功能

增强的文本适合路径功能更加人性化，更易于操作，用户可以自由拖动文本，调整其与路径的偏移距离。图 1.1.4 所示的即为应用文本适合路径功能后的效果。

图 1.1.4　使用文本适合路径功能的效果

5．新增的斜角功能

新增的斜角功能包含了两种类型：一种是柔化边缘，另一种是浮雕。使用此功能的前提是图形必须是填色的，且不能应用于对象的轮廓上。当图形使用斜角功能后，还可以使用交互式封套工具与交

互式变形工具进行处理，但不能使用交互式阴影工具、透明工具等。图 1.1.5 所示的即为使用斜角功能的效果。

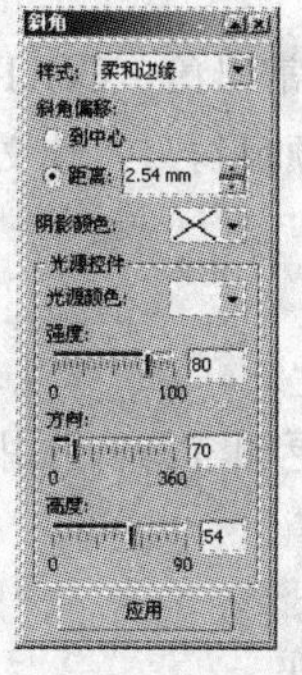

图 1.1.5　使用斜角功能的效果

6. 新增的描摹位图功能

新增的描摹位图功能是 CorelDRAW X3 版本的一个亮点，使用此功能可以非常方便地把位图矢量化。图 1.1.6 所示的即为应用此功能后的效果。

图 1.1.6　描摹位图效果

7. 新增的步长和重复功能

利用新增的步长和重复功能可以非常方便地复制图像，在复制的同时，可以调整复制对象的水平与垂直偏移距离以及复制数量，如图 1.1.7 所示。

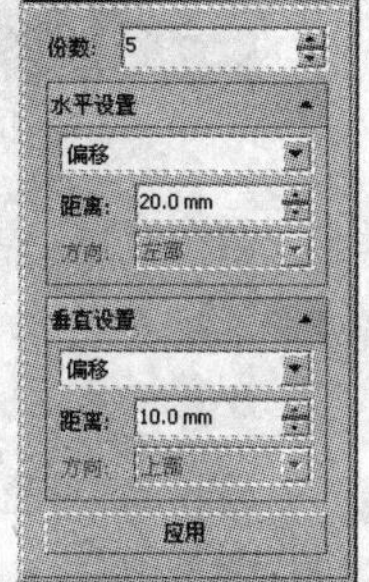

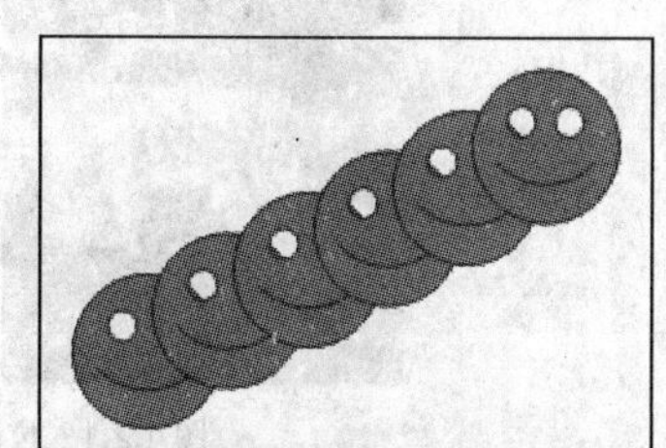

图 1.1.7　步长和重复效果

8. 增强的轮廓图工具

增强的轮廓图工具可以快速、方便地优化目标对象的轮廓线，能够动态地减少轮廓图形的节点。矢量图是以数学函数方式来记录图形的形状与色彩的，节点越少，要记录的图形形状信息就越少，存盘时占用的空间会相应地减少，图形运算速度也就越快。

9．增强的文本功能

对文本的处理，Corel 公司一直做得非常出色，CorelDRAW X3 在以前版本的基础上又改进了不少，如首字下沉的改进，增强的制表符与项目符号，使文本适合文本框等，在 CorelDRAW X3 中可以很容易地选择、编辑和格式化文本。

10．新增的提示泊坞窗

新增的提示泊坞窗使初学者学习起来更加容易，当用户执行操作时，软件会识别执行状态，及时显示出相关提示和技巧，以方便用户操作。

1.2 CorelDRAW X3 的基础知识

使用 CorelDRAW X3 绘制图形之前，首先要掌握一些相关的概念，正确理解这些概念有助于更好地掌握后续内容。

1.2.1 位图

位图又称点阵图，由多个不同颜色的点组成，每一个点为一个像素。与矢量图相比，位图图像更容易模拟照片的真实效果。位图有固定的分辨率，分辨率越高，图像的效果就越好，但按照原图大小打印或显示时效果最好，如果将位图扩大，其显示效果不会很清晰。由于位图图像中每个像素点都记录着一个色彩信息，因此，位图图像色彩绚丽，能体现出现实生活中的绝大多数色彩。

位图图像可以通过数码相机拍摄、扫描仪扫描以及 Photoshop 图像处理软件制作等方式获得。由于每个像素点的色彩信息都要单独记录，因此，位图图像占用的空间也是比较大的，对于要求不太高的位图图像，可以将它们压缩，使其所占空间变小。

位图的大小和质量取决于图像中像素点的多少，通常来说，每平方英寸的面积上所含像素点越多，颜色之间的混合也就越平滑，同时文件也越大。图 1.2.1 所示的为位图放大前后的效果。

图 1.2.1　位图放大前后效果对比

1.2.2 矢量图

矢量图又称向量图，是用直线和曲线来描述的图形，这些图形的元素可以是点、线、弧线、矩形、多边形或圆形，它们由数学公式计算获得，这些公式中包括矢量图图形所在的坐标位置、大小、轮廓

色以及颜色填充等信息，由于这种保存图形信息的方法与分辨率无关，所以当放大或缩小图形时，只要在相应数值上乘以放大的倍数或除以缩小的倍数即可，因而不会影响图形的清晰度。图 1.2.2 所示的为矢量图放大前后的效果。矢量图特别适用于企业标志设计、图案设计、版式设计、文字设计等，它所生成的文件也比位图文件小。

图 1.2.2　矢量图放大前后效果对比

1.2.3　常用的文件格式

在 CorelDRAW X3 中，对作品进行编辑与修改后，要将其保存起来，在存储时要选择存储格式。下面介绍几种常用的文件存储格式。

1. CDR 格式

CDR 格式是图形处理软件 CorelDRAW 所生成文件的默认格式，也就是说，用 CDR 格式存储的文件只能在 CorelDRAW 中打开。CDR 格式也是矢量图中常见的文件格式之一，其最大的优点是文件较小，支持压缩功能。

2. AI 格式

AI 格式是 Illustrator 软件的标准文件格式，与 CDR 格式一样，是最常见的矢量图文件格式之一，可以方便地导入到 CorelDRAW 中进行编辑。

3. DXF 格式

DXF 格式是三维模型设计软件 AutoCAD 提供的一种矢量图文件格式，其优点是文件小，绘制图形的尺寸、角度等数据都非常精确，是建筑设计、工业设计与建模的首选。

4. BMP 格式

BMP 格式是 Windows 操作系统标准的位图格式，可以被大多数图形图像软件支持。该文件格式结构简单，不支持压缩功能，所以画质最好，但文件占用磁盘空间比较大，而且不支持 Alpha 通道。

5. JPEG 格式

JPEG 格式文件的扩展名有.jpg 和.jpeg 两种，是最流行的 24 位位图格式。它实际上是以 BMP 格式为基准，在图像失真较小的情况下，对图像进行适当的压缩。

JPEG 格式的文件在效果上与 BMP 格式的文件相差不大，但占用磁盘空间较小。同样，大多数图形图像处理软件和其他软件都支持该格式，与 BMP 格式一样，JPEG 格式不支持 Alpha 通道。

6. GIF 格式

GIF 格式是位图格式的一种，与 BMP 和 JPEG 格式的文件相比，GIF 格式最大的特点是支持动画效果，而且该格式的文件非常小，常用于在网络上展现简单的动画效果。

7. PSD 格式

PSD 文件格式是图像处理软件 Photoshop 的默认文件格式，其最大的优点是支持图层和多通道的操作，并且支持透明背景，即 Alpha 通道。目前，CorelDRAW X3 可以很好地支持该格式。

1.3 CorelDRAW X3 的启动与退出

CorelDRAW X3 的安装方法与其他 Windows 应用软件的安装方法大致相同，运行安装目录下的 Setup.exe，只要根据提示操作即可。在安装完成后，就可以启动或退出 CorelDRAW X3 了，下面对其进行详细介绍。

1.3.1 启动 CorelDRAW X3

启动 CorelDRAW X3 的方法有以下 4 种：

（1）选择 开始 → 程序(P) → CorelDRAW Graphics Suite X3 → CorelDRAW X3 命令。

（2）如果桌面上创建了 CorelDRAW X3 的快捷方式，则可双击桌面上的图标进行启动。

（3）在 CorelDRAW X3 程序图标上单击鼠标右键，在弹出的快捷菜单中选择 打开(O) 命令。

（4）在 我的电脑 中找到“CorelDRAW X3”文件，双击该文件图标，也可启动 CorelDRAW X3 程序。

启动 CorelDRAW X3 后，首先进入初始化界面，如图 1.3.1 所示，然后屏幕上会显示欢迎界面，如图 1.3.2 所示，单击该界面中的图标可快速执行相应的操作。

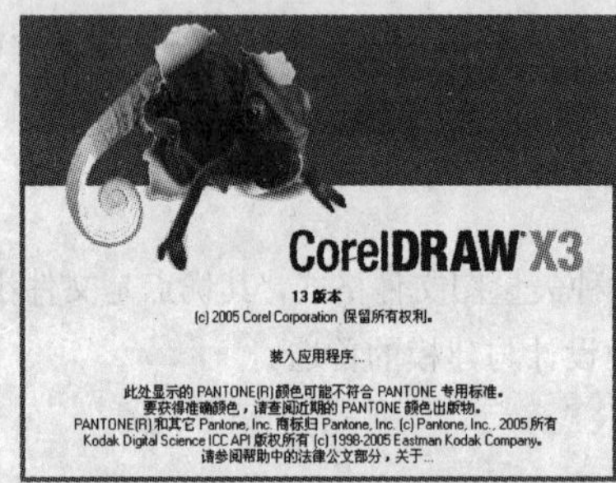

图 1.3.1 初始化界面

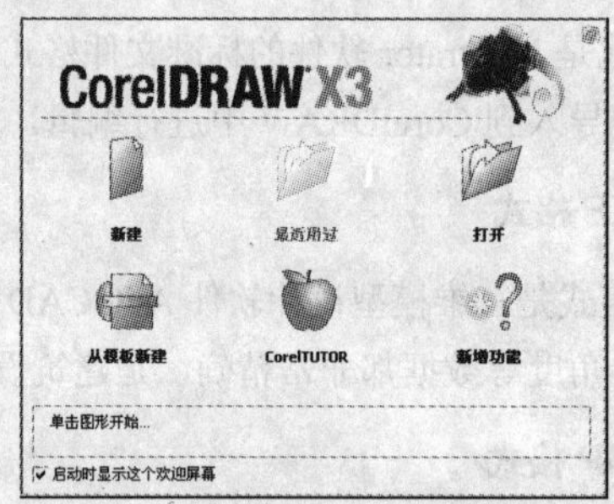

图 1.3.2 CorelDRAW X3 的欢迎界面

在此界面中提供了 6 个图标，单击任意一个图标，都可以启动 CorelDRAW X3 操作界面进行工作。各图标功能如下：

新建：CorelDRAW X3 将会以默认的格式新建一个图形文件。

最近用过：CorelDRAW X3 能够载入最后一次打开的文件，单击文件名可打开该文件继续编辑。

打开：CorelDRAW X3 将打开存储过的任意一个图形。

从模板新建：该功能可在 CorelDRAW X3 提供的专业模板中选择一个模板，选择时要放入 CorelDRAW X3 的配套光盘。

CorelTUTOR：可打开 CorelDRAW X3 提供的教程。

新增功能：提供关于 CorelDRAW X3 的各种新增功能的介绍。

1.3.2 退出 CorelDRAW X3

退出 CorelDRAW X3 的方法有以下 5 种：

（1）选择菜单栏中的文件(F)→退出(X)命令。

（2）双击标题栏左侧的程序图标。

（3）在标题栏左侧的程序图标上单击鼠标右键，在弹出的快捷菜单中选择关闭(C)命令。

（4）按“Alt+F4”键，退出 CorelDRAW X3 程序。

（5）单击标题栏右侧的“退出”按钮，如果对绘制或打开的图形进行修改而未保存，则会弹出一个提示框，询问是否保存图形，如图 1.3.3 所示，单击否(N)按钮不进行保存，直接退出；单击是(Y)按钮保存文档并退出，单击取消按钮，不保存图形并可继续编辑。

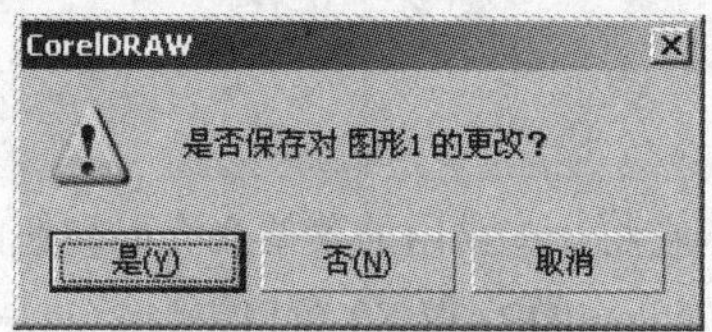

图 1.3.3 提示框

1.4 CorelDRAW X3 的工作界面

启动中文版 CorelDRAW X3 后，单击 CorelDRAW X3 欢迎界面中的“新建图形”图标，系统将根据预设值打开 CorelDRAW X3 的工作界面，如图 1.4.1 所示。

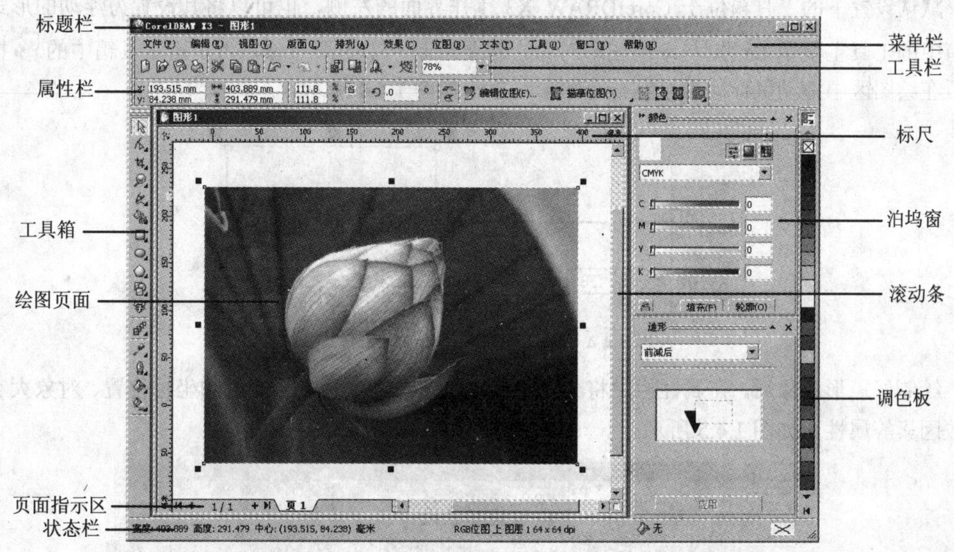

图 1.4.1 CorelDRAW X3 工作界面

1.4.1 标题栏

标题栏位于 CorelDRAW X3 程序窗口的顶部，显示当前文件名及用于关闭窗口、放大/缩小窗口、退出 CorelDRAW X3 程序的几个快捷按钮。此外，如果用鼠标单击标题栏最左侧的图标，将弹出一个快捷菜单，通过选择其中相应的命令可对窗口进行移动、最小化、最大化、关闭及其他操作。

1.4.2 菜单栏

CorelDRAW X3 的菜单栏位于标题栏的下方，如图 1.4.2 所示。菜单栏中有 11 个菜单，每个菜单都包含着一组操作命令，用于完成文件保存、对象编辑以及对象查看等操作。在每个菜单下又有若干个子菜单，每一个菜单项都代表了一系列的命令，可直接执行这些命令或打开相应的对话框。

文件(F) 编辑(E) 视图(V) 版面(L) 排列(A) 效果(C) 位图(B) 文本(T) 工具(O) 窗口(W) 帮助(H)

图 1.4.2 CorelDRAW X3 菜单栏

1.4.3 工具栏

工具栏由一组图标按钮组成，它将一些常用的菜单命令以按钮的形式表示，单击这些按钮可快速执行相应的命令。通常情况下，在 CorelDRAW X3 窗口中显示的是标准工具栏，如图 1.4.3 所示。

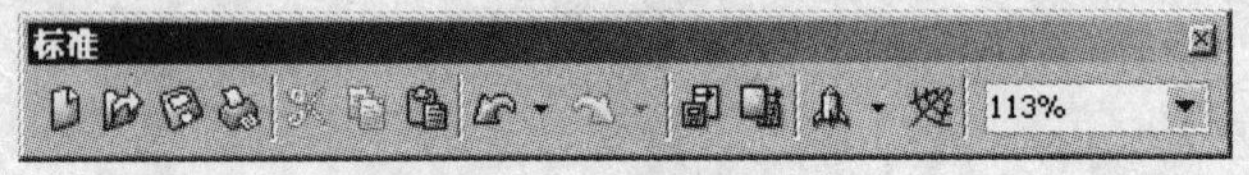

图 1.4.3 标准工具栏

1.4.4 工具箱和属性栏

默认设置下的工具箱位于 CorelDRAW X3 工作界面的左侧，也可以将其设置为浮动的形式。工具箱中的工具主要用来绘制与编辑图形对象。若要绘制一个矩形对象，可单击工具箱中的按钮，然后在绘图区中拖动鼠标即可绘制一个矩形对象，如图 1.4.4 所示。

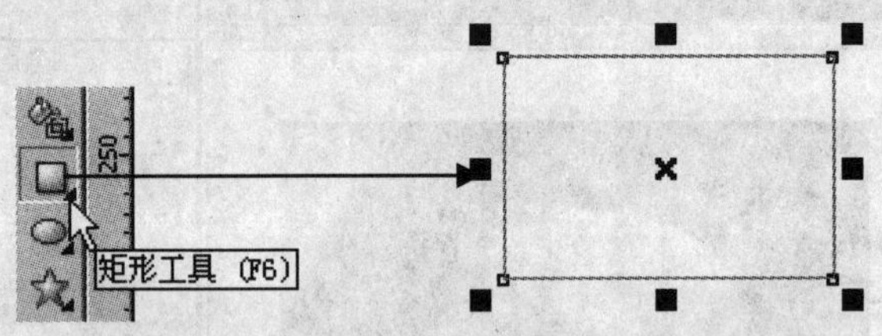

图 1.4.4 使用工具箱中的矩形工具绘制矩形

绘制好矩形对象后，在属性栏中将会显示出矩形对象的属性，如矩形的坐标位置、对象大小以及缩放因素等属性，如图 1.4.5 所示。

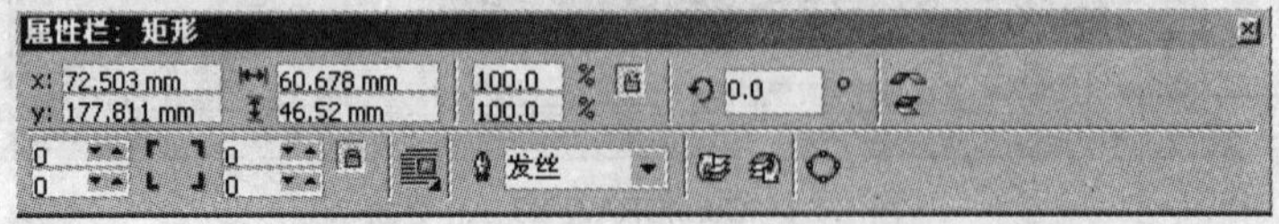

图 1.4.5 "矩形工具"属性栏

注意：选择不同的对象或使用不同的工具，属性栏的状态也将不同。

在工具箱中，有些按钮右下角有三角符号，表示这是一个工具组，在如图 1.4.6 所示的按钮上按住鼠标左键不放，可打开与该工具相关的工具组。移动鼠标指针至所需的工具按钮上，如按钮，单击鼠标即可切换至相应的工具状态下，如图 1.4.7 所示。

图 1.4.6　直接打开工具组

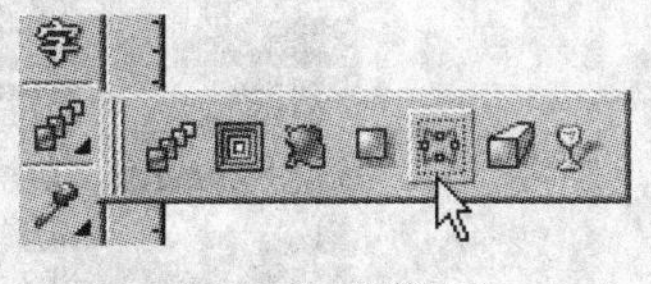

图 1.4.7　切换工具

1.4.5　绘图区与工作区的区别

在绘制或编辑图像的过程中，细心的用户可以发现，在绘图区和工作区中都可以绘制图形。实际上，绘图区即设置的页面区域，是将来可以被打印的区域，而工作区中虽然也能绘制对象，但对象不能被打印。在 CorelDRAW X3 中进行绘制时，通常将工作区作为一个临时对象的存放区域。

1.4.6　调色板

调色板的默认位置是界面窗口的右侧。调色板可以直接对选定的图形或图形边缘的轮廓进行颜色填充。使用调色板选择颜色填充时，首先应在绘图窗口中选择要填充的图形，然后在调色板中选择一种颜色，单击鼠标左键，填充图形；单击鼠标右键，填充轮廓色。删除图形的填充色或轮廓色时，首先应该选择要删除颜色的图形，在调色板中单击顶部的无填充图标⊠，将删除图形的填充色；如果在调色板顶部的无轮廓图标⊠上单击鼠标右键，则可以删除图形的轮廓颜色。单击调色板底部的按钮可以将调色板展开，如果要将其关闭，只要在界面窗口中的任意位置单击鼠标左键即可。图 1.4.8 所示的即为使用调色板填充图形对象的效果。

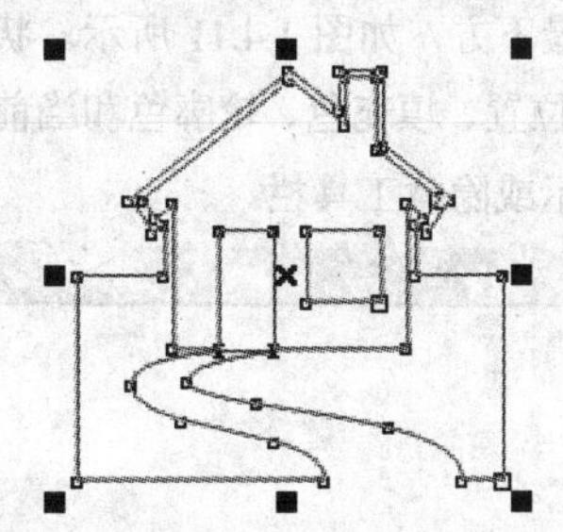

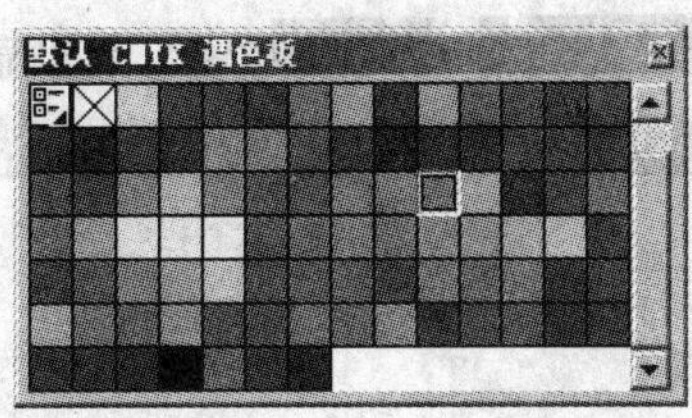

图 1.4.8　使用调色板填充图像对象效果

1.4.7　泊坞窗

CorelDRAW X3 中的泊坞窗是一个总称，类似于 Photoshop 中的浮动面板，常用的泊坞窗有对象属性泊坞窗、视图管理泊坞窗、变形泊坞窗以及透镜泊坞窗等。

默认设置下的泊坞窗都是关闭的，通常在使用时才打开。例如，要打开造形泊坞窗，可选择菜单栏中的窗口(W)→泊坞窗(D)→造形(P)命令，如图 1.4.9 所示。

在泊坞窗右上角单击“向上滚动泊坞窗”按钮，可最小化泊坞窗，此时按钮变为“向下滚动泊坞窗”按钮，单击此按钮可展开泊坞窗。单击泊坞窗右上角的按钮，可关闭泊坞窗。

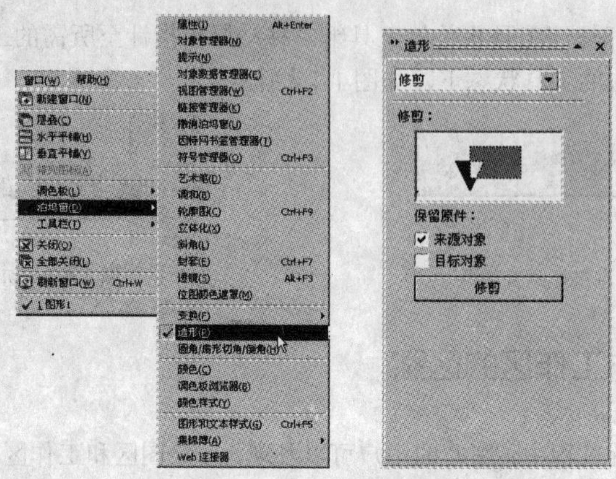

图 1.4.9　打开造型泊坞窗的过程

1.4.8　页面指示区

页面指示区用于显示 CorelDRAW X3 文件所包含的页面数及当前页码和总页数，如图 1.4.10 所示。通过页面指示区，用户可以切换到不同的页面以查看各页面的内容，还可以在各页面之间进行添加或删除页面等操作。

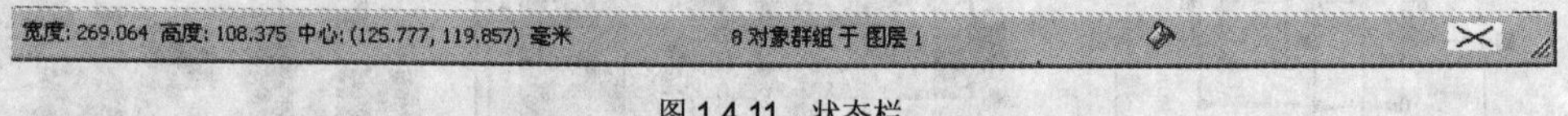

图 1.4.10　页面指示区

1.4.9　状态栏

在启动 CorelDRAW X3 软件后，状态栏默认被放置在窗口的最下方，如图 1.4.11 所示。状态栏显示当前工作状态的相关信息，如对象大小、所在图层、鼠标指针位置、填充色、轮廓色和当前工具的快捷操作等。选择 窗口(W) → 工具栏(T) → 状态栏 命令，可以显示或隐藏工具栏。

宽度: 269.064 高度: 108.375 中心: (125.777, 119.857) 毫米　　8 对象群组 于 图层 1

图 1.4.11　状态栏

1.4.10　滚动条

滚动条分为水平滚动条和垂直滚动条，主要用于移动页面以显示被遮住的内容。默认状态下，CorelDRAW X3 会在绘图页面中显示全部的图形。当用户利用缩放工具放大显示图形的某一部分时，绘图窗口就不能完全显示所有的图形，此时可以通过拖曳滚动条来显示图形被遮住的部分。

1.5　文件的基本操作

进入 CorelDRAW X3 后要展开工作，就要进行新建文件、打开已有的文件、保存或关闭文件等操作，这也是 CorelDRAW X3 最基本的操作。

1.5.1　新建文件

在 CorelDRAW 中进行绘图之前，必须新建一个绘图文件，然后在新建文件的页面中进行对象的绘制和编辑。

1．直接新建文件

在 CorelDRAW X3 中新建文件有以下 4 种方法。

（1）启动 CorelDRAW X3，在出现的欢迎界面中单击“新建”图标即可。

（2）按“Ctrl+N”快捷键，新建文件。

（3）单击工具栏中的“新建”按钮。

（4）选择菜单栏中的 文件(F) → 新建(N) 命令即可。

2．根据模板新建文件

CorelDRAW X3 预设了许多模板文件，使用这些模板可以极大地方便用户的操作。下面介绍新建模板文件的方法，具体操作步骤如下：

（1）在欢迎界面中单击“模板”图标，或选择菜单栏中的 文件(F) → 从模板新建(F)... 命令，弹出 从模板新建 对话框。

（2）在该对话框中选择 Web 选项卡，在列表中选择 花园 选项，此时的对话框如图 1.5.1 所示。

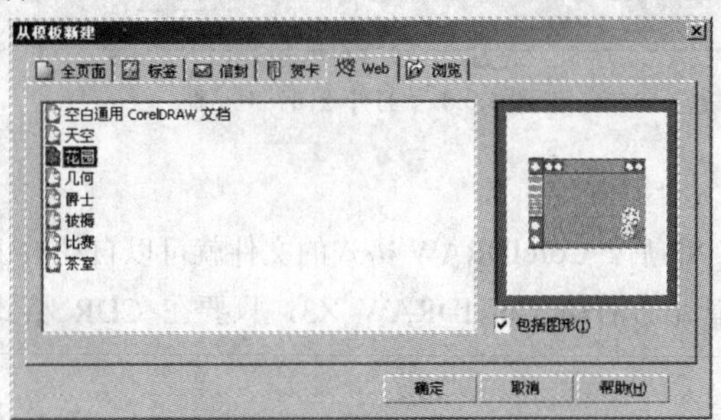

图 1.5.1　“从模板新建”对话框

（3）单击 确定 按钮，即可从模板新建文件，如图 1.5.2 所示。新建模板文件后，就可以在模板的基础上进行绘制。

图 1.5.2　从模板新建文件

注意：如果预设的模板不能满足需要，则可按需要绘制模板样式，保存为.cdr 格式的文件，

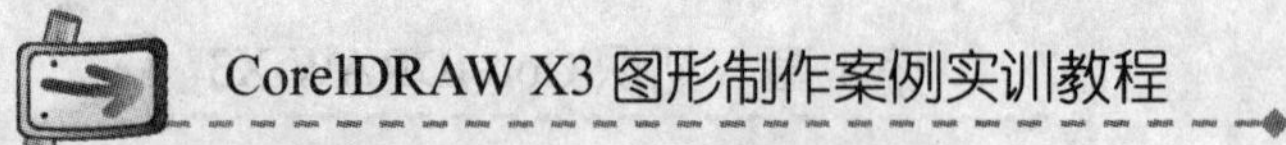

再从**从模板新建**对话框中选择**浏览**选项卡，从中选择该文件即可。

1.5.2　打开文件

要打开一个已经存在的图形或文件对其进行修改或编辑，可通过以下 3 种方法来实现。

1. 在 CorelDRAW X3 中打开

在 CorelDRAW X3 中选择菜单栏中的**文件(F)**→**打开(O)...**命令，或单击工具栏中的“打开”按钮，弹出**打开绘图**对话框，选择文件所在位置后，再选择文件，如图 1.5.3 所示，然后单击**打开**按钮即可。

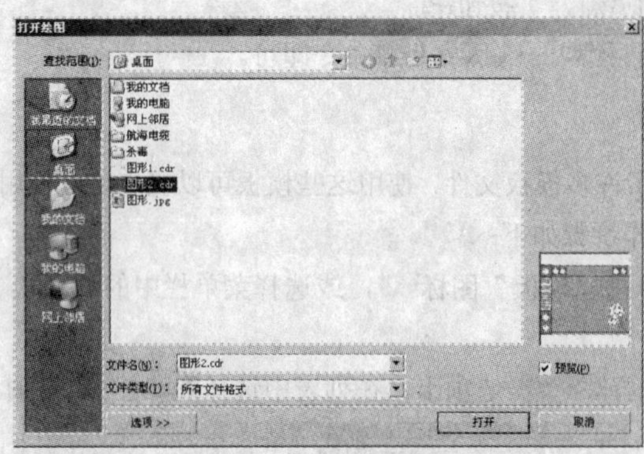

图 1.5.3 “打开绘图”对话框

2. 双击打开

在安装了 CorelDRAW X3 后，CorelDRAW 格式的文件就可以自动被识别，可以通过文件的缩略图来预览其效果。此时不管是否启动 CorelDRAW X3，只要在 CDR 格式的文件上双击鼠标即可用 CorelDRAW X3 打开它。

3. 鼠标拖动打开

在启动 CorelDRAW X3 后，也可以通过拖动鼠标的方式来打开文件。具体的操作方法如下：

（1）关闭所有在 CorelDRAW X3 中打开的文件，然后打开**我的电脑**窗口，在窗口中找到要打开的文件。

（2）在文件上按住鼠标拖动至任务栏的 CoreDRAW X3 窗口按钮处，系统会切换至 CoreDRAW X3 界面，仍按住鼠标左键不放，将其移至 CoreDRAW X3 界面的灰色区域，当鼠标指针显示为形状时，释放鼠标即可打开该文件。

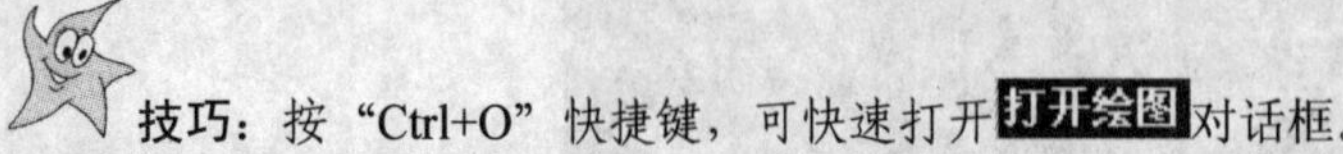

技巧：按“Ctrl+O”快捷键，可快速打开**打开绘图**对话框。

1.5.3　查看文件信息

如果要查看所绘图形的文件信息，可先选择该图形，然后选择**文件(F)**→**文档信息(M)...**命令，弹出**文档信息**对话框，如图 1.5.4 所示。从中可以查看文件的相关信息，如文件名称、文件页面方向、大小与分辨率以及图形对象数量、点数以及其他相关信息。

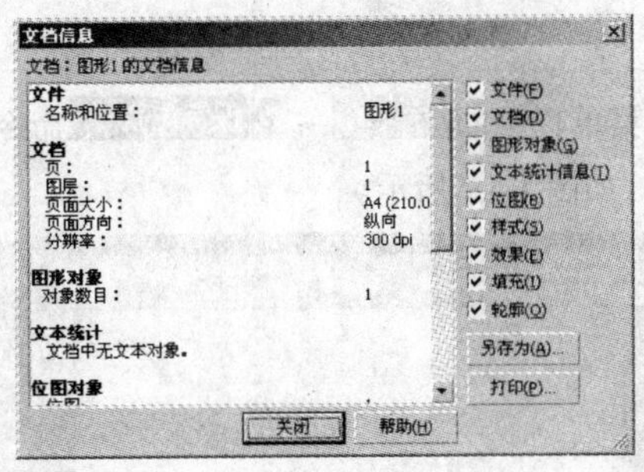

图 1.5.4　“文档信息”对话框

1.5.4　导入和导出文件

CorelDRAW X3 具有良好的兼容性，它可以将其他格式的文件导入到工作区中，也可以将制作好的文件导出为其他格式，以供其他软件使用。

导入文件有以下 4 种方法：

（1）选择菜单栏中的 文件(F) → 导入(I)... 命令，弹出 导入 对话框，如图 1.5.5 所示。在对话框中选择所需的图片，单击 导入 按钮，将鼠标指针移动到放置该图片的位置，单击鼠标即可将此图片导入。

（2）按“Ctrl+I”快捷键，即可导入。

（3）单击工具栏中的“导入”按钮。

（4）在绘图页面中单击鼠标右键，在弹出的快捷菜单中选择 导入(I)... 选项即可。

导出文件有以下 3 种方法：

（1）选择 文件(F) → 导出(E)... 命令，弹出 导出 对话框，如图 1.5.6 所示。单击 导出 按钮即可将图形导出为所需格式。

图 1.5.5　“导入”对话框

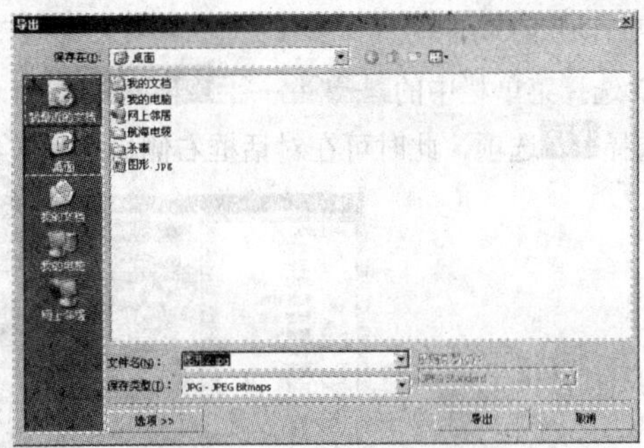

图 1.5.6　“导出”对话框

（2）按“Ctrl+E”快捷键，即可导出。

（3）单击工具栏中的“导入”按钮。

1.5.5　保存文件

在 CorelDRAW X3 中绘制图形时，应随时保存图形对象，而以何种方式进行保存，这将直接影响文件以后的使用。

1．手动保存

要手动保存文件，可选择菜单栏中的 文件(F) → 保存(S)... 命令，或单击工具栏中的“保存”按钮，弹出保存绘图对话框，如图 1.5.7 所示。

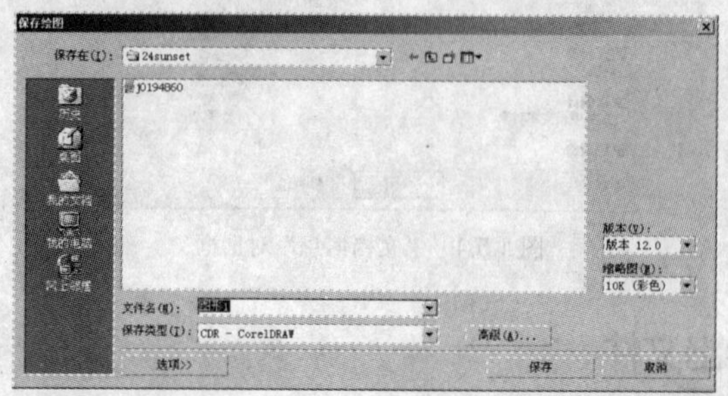

图 1.5.7 “保存绘图”对话框

在保存在(I):下拉列表中可选择保存的位置。

在版本(V):下拉列表中可选择保存文件的版本，此处一般保持默认设置，也就是保存为 CorelDRAW X3 版本。

在文件名(N):下拉列表框中输入保存的文件名称。

在保存类型(T):下拉列表中选择文件保存的格式，一般保存为 CorelDRAW 格式，以方便下次打开图形进行编辑与修改，设置完成后，单击 保存 按钮，即可将图形文件保存。

对于已经保存的文件，如果再次将其打开并进行修改后，选择菜单栏中的 文件(F) → 保存(S)... 命令或单击工具栏中的“保存”按钮，则不会再弹出保存绘图对话框。

2．自动保存

在 CorelDRAW X3 中还提供了自动保存文件的功能，也就是说，在绘图的过程中，每隔一段时间，CorelDRAW X3 会自动保存文件。

启用自动保存功能的具体操作方法如下：

（1）选择菜单栏中的 工具(O) → 选项(O)... 命令，弹出选项对话框，在该对话框左侧的工作区列表中选择保存选项，此时可在对话框右侧显示相关参数，如图 1.5.8 所示。

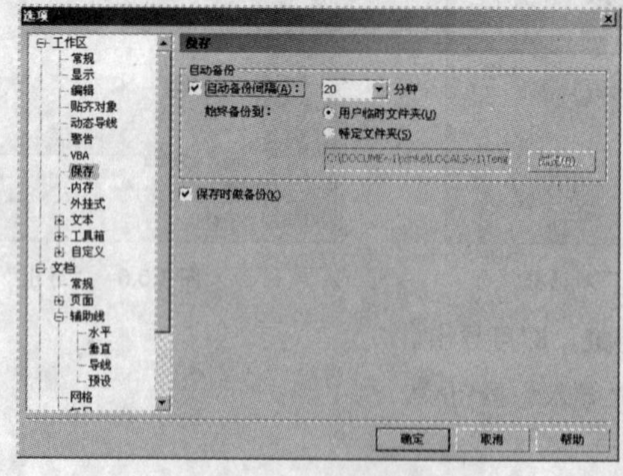

图 1.5.8 “选项”对话框

（2）选中 自动备份间隔(A): 复选框，表示自动保存功能已经启用，在 20 分钟 下拉列表中显示自动保存间隔的时间，可从中选择间隔时间或直接输入，此处默认为 20，即每隔 20 min 自动保存一次。

（3）单击确定按钮，关闭选项对话框。

1.5.6　关闭文件

编辑完图像文件后，要关闭打开的图像文件，可通过以下 4 种方法来实现。

（1）单击当前图像文件窗口右上方的“关闭”按钮即可关闭。

（2）选择菜单栏中的文件(E)→关闭(C)命令。

（3）按“Ctrl+F4”快捷键，可关闭当前文件。

（4）按“Alt+F4”快捷键，可关闭所有打开的文件。

1.6　版面的基本设置

在 CorelDRAW X3 中，用户可以根据设计的需要，对新建图形文件的页面进行各种设置，如设置页面大小和方向、页面背景与页面版式，添加页面、删除页面、重命名页面、页面的切换等。

1.6.1　设置页面大小

选择菜单栏中的版面(L)→页面设置(P)...命令，弹出 “选项”对话框，在该对话框左侧的列表框中选择文档→页面→大小选项，如图 1.6.1 所示。

在该对话框的右侧选中纵向(P)或横向(D)单选按钮，将页面设置为纵向或横向。在纸张(R):下拉列表中选择需要的页面尺寸，也可以在宽度(W):和高度(E):文本框中自定义页面尺寸。设置完成后，单击确定按钮即可。

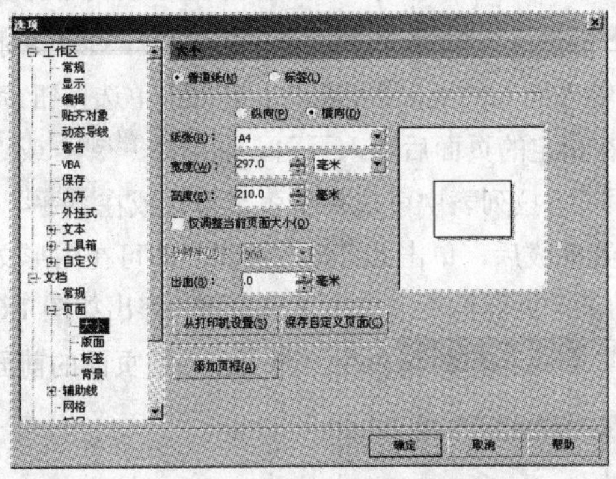

图 1.6.1　选择“大小”选项

1.6.2　设置页面标签

如果用户要使用 CorelDRAW X3 设计名片、工作牌等，则首先要设置页面标签类型、标签与页面边界之间的距离等参数。

（1）选择菜单栏中的版面(L)→页面设置(P)...命令，弹出 “选项”对话框，在该对话框左侧的列表框中选择文档→页面→标签选项，如图 1.6.2 所示。

（2）在对话框右侧选中 标签(L) 单选按钮，在单选按钮的下方选择一种标签类型，然后单击 自定义标签(U)... 按钮，弹出“自定义标签”对话框，如图 1.6.3 所示。

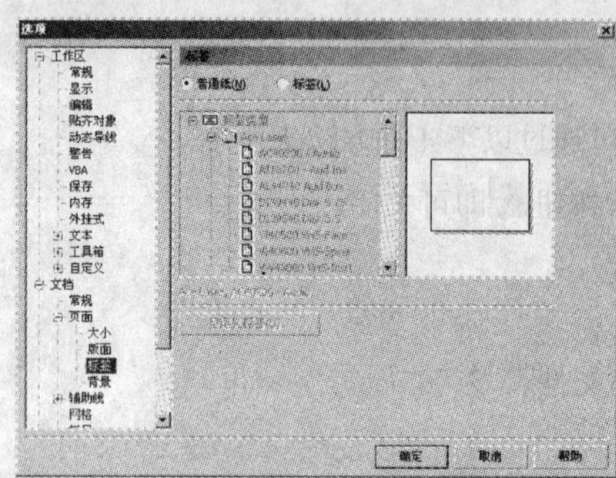

图 1.6.2　选择“标签”选项

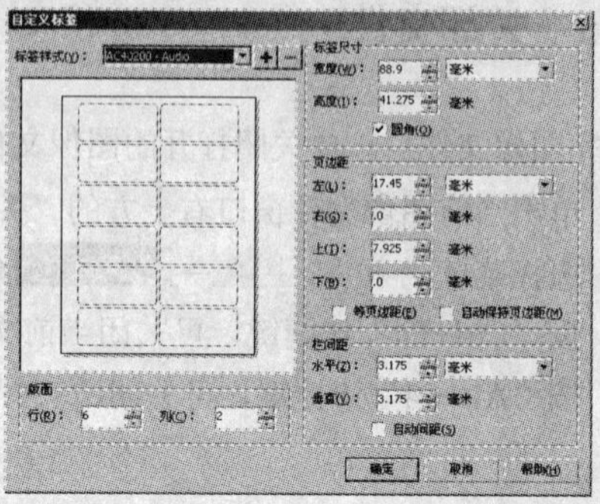

图 1.6.3　“自定义标签”对话框

（3）在对话框的 版面 选项区中设置 行(R)： 和 列(C)： 的值，即标签的行数和列数；在 标签尺寸 选项区中设置标签的 宽度(W)： 和 高度(I)：，如果选中 圆角(O) 复选框，则可创建圆角标签；在 页边距 选项区中可设置标签与页面边界之间的距离。

（4）设置好参数后，单击 确定 按钮即可。

1.6.3　添加、删除和重命名页面

使用 CorelDRAW X3 进行绘图时，常常要在图形文件中添加页面、删除页面或对某些特定的页面进行重命名。下面分别对其进行介绍。

1．添加页面

如果要在当前打开的图形文件中添加页面，可使用以下 3 种方法来完成。

（1）选择菜单栏中的 版面(L) → 插入页(I)... 命令，弹出 插入页面 对话框，如图 1.6.4 所示。在对话框中的 插入(I) 输入框中输入插入的页面数，选中 前面(B) 单选按钮，可在指定的页面前插入页面；选中 后面(A) 单选按钮，可在指定的页面后插入页面。选中 纵向(P) 或 横向(L) 单选按钮，可设置插入页面的放置方式。在 纸张(R)： 下拉列表中可选择纸张类型，或在 宽度(W)： 与 高度(E)： 输入框中输入数值，来自定义页面大小。设置完成后，单击 确定 按钮，即可在图形文件中插入页面。

（2）在页面指示区中的某一页面标签上单击鼠标右键，弹出如图 1.6.5 所示的快捷菜单，从中选择 在前面插入页(B) 命令或 在后面插入页(F) 命令，即可在当前页面的前面或后面插入新页面。

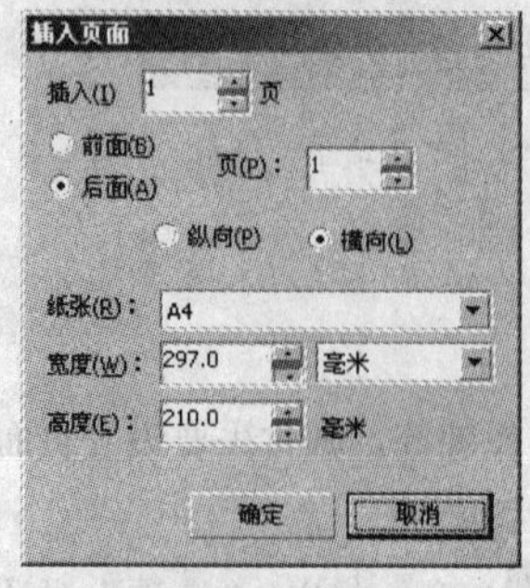

图 1.6.4　“插入页面”对话框

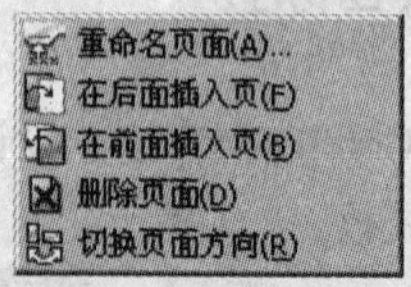

图 1.6.5　插入新页面快捷菜单

（3）用户还可以直接在绘图窗口底部的页面控制栏中单击+按钮，即可插入页面。

2．删除页面

在 CorelDRAW X3 中，如果要删除页面，可使用以下两种方法来完成。

（1）选择菜单栏中的 版面(L) → 删除页面(D)... 命令，弹出 删除页面 对话框，如图 1.6.6 所示。在 删除页面(D): 输入框中可设置要删除的页面，选中 通到页面(T): 复选框，可在其右侧的输入框中设置删除某范围内的所有页面。单击 确定 按钮，即可删除页面。

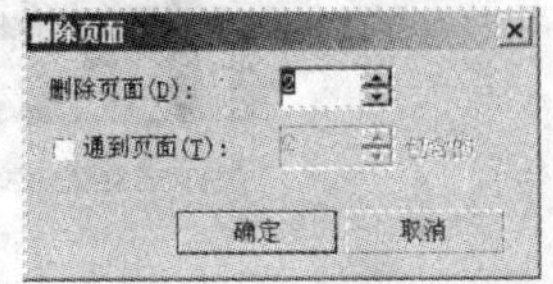

图 1.6.6　“删除页面”对话框

（2）在页面指示区中的某一页面标签上单击鼠标右键，从弹出的快捷菜单中选择 删除页面(D) 命令，即可删除页面。

3．重命名页面

当一个文档中包含多个页面时，对它们分别设置容易识别的名称，可以方便对它们的管理。可以使用以下两种方法来重命名页面。

（1）选择菜单栏中的 版面(L) → 重命名页面(A)... 命令，弹出 重命名页面 对话框，如图 1.6.7 所示。在 页名: 输入框中输入页面名称，单击 确定 按钮，则设置的页面名称将会显示在页面指示区中。

图 1.6.7　“重命名页面”对话框

（2）将鼠标指针放置在要重命名的标签上，单击鼠标右键，在弹出的快捷菜单中选择 重命名页面(A)... 命令，弹出 重命名页面 对话框，在其中输入新名称，单击 确定 按钮即可。

1.6.4　设置页面背景

选择菜单栏中的 版面(L) → 页面背景(B)... 命令，可弹出 选项 对话框，在此对话框中可以设置页面背景，如图 1.6.8 所示。

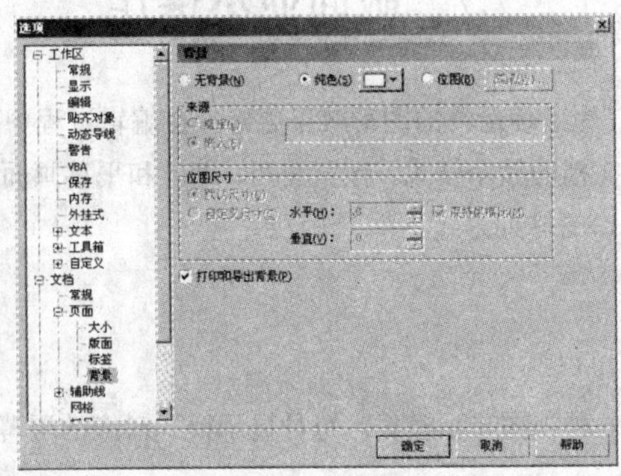

图 1.6.8　选择“页面背景”选项

选中 纯色(S) 单选按钮，单击后面的 下拉按钮，可从弹出的调色板中选择所需的颜色，单击 确定 按钮，可为页面设置纯色背景；选中 位图(B) 单选按钮，单击 浏览(W)... 按钮，弹出 导入 对话框，从中选择图像后，单击 导入 按钮，即可返回到 选项 对话框，在 来源 选项区中可显示出位图的名称。在 位图尺寸 选项区中选中 自定义尺寸(C) 单选按钮，在 水平(H): 与 垂直(V): 输入框中可设置页面背景的大小。设置完参数后，单击 确定 按钮，即可为页面设置背景图像，如图 1.6.9 所示。

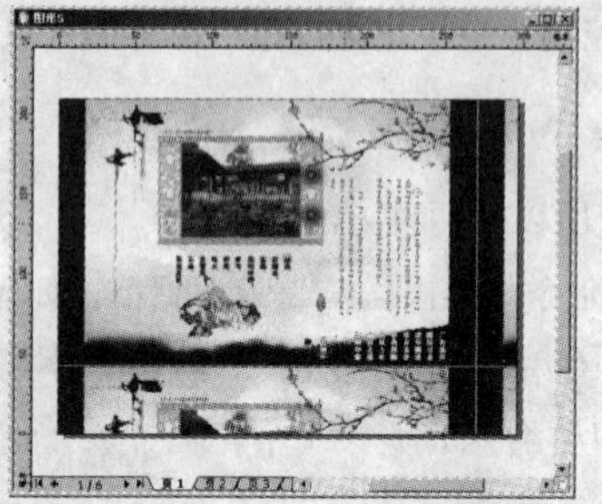
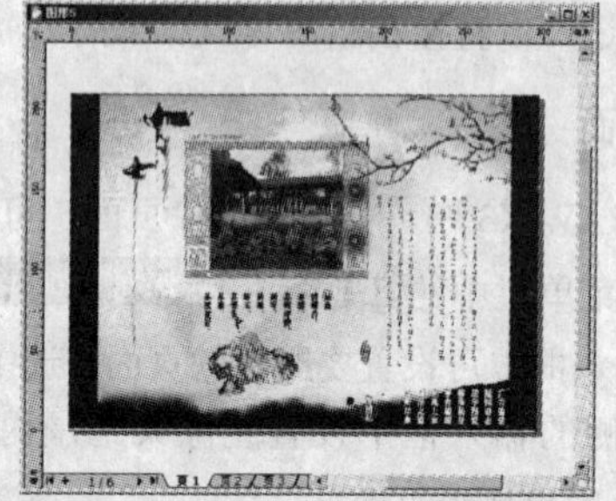

图 1.6.9　为页面设置背景图像

1.6.5　切换页面方向

选择菜单栏中的 版面(L) → 切换页面方向(R) 命令，可在纵向与横向之间切换页面。但切换页面方向后，页面上的内容并不会随着页面方向的改变而发生变化。图 1.6.10 所示的为切换页面方向前后效果对比。

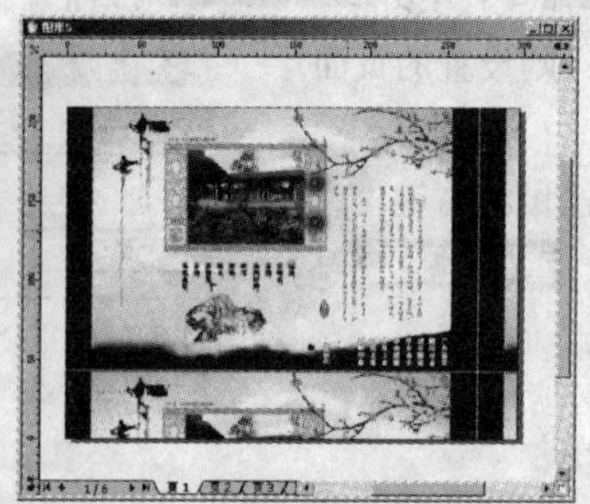
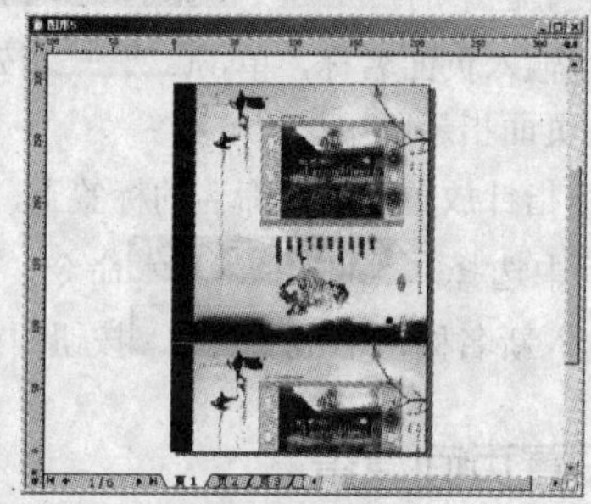

图 1.6.10　切换页面方向前后效果对比

1.7　版面显示操作

在 CorelDRAW X3 中，为了使最终的图形效果更好，在编辑过程中要随时对图形进行预览。此时，用户可以根据需要设置文档的显示模式、预览文档、缩放和平移画面，如果同时打开了多个图形文档，还可以调整各文档窗口的排列方式。

1.7.1　视图显示

CorelDRAW X3 提供了 6 种视图显示模式，每种显示模式对应的屏幕显示效果都不同。

1．简单线框模式

简单线框模式只显示图形对象的轮廓，不显示所绘图形中的填充、立体化、调和等效果。此外，它还可显示单色的位图图像。简单线框模式显示的视图效果如图 1.7.1 所示。

2．线框模式

线框模式只显示单色位图图像、立体透视图、调和形状等，而不显示填充效果。线框模式显示的视图效果如图 1.7.2 所示。

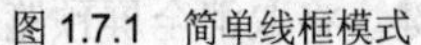

图 1.7.1　简单线框模式　　　　图 1.7.2　线框模式

3．草稿模式

草稿模式可以显示标准填充，并将位图的分辨率降低后显示。同时，在此模式中利用了特定的样式来表明所填充的内容。如平行线表明是位图填充，双向箭头表明是全色填充，棋盘网格表明是双色填充，“PS”字样表明是 Post Script 填充。草稿模式显示的视图效果如图 1.7.3 所示。

4．正常模式

正常模式可以显示除 Post Script 填充外的所有填充以及高分辨率的位图图像，它是最常用的显示模式。正常模式显示的视图效果如图 1.7.4 所示。

图 1.7.3　草稿模式　　　　图 1.7.4　正常模式

5．增强模式

增强模式采用两倍超精度的方法来达到最佳的显示效果，但是，该显示模式对电脑性能要求很高，因此，如果电脑的内存太小或速度太慢，显示速度会明显降低。一般在绘制较少的对象或最后预览效果时才使用该模式。增强模式显示的视图效果如图 1.7.5 所示。

6．使用叠印增强

使用叠印增强模式时系统将以高分辨率显示所有图形对象，并使图形对象圆滑。该显示模式为最佳状态，但是该显示模式要耗用大量内存与时间。使用叠印增强模式显示的视图效果如图 1.7.6 所示。

图 1.7.5　增强模式　　　　图 1.7.6　使用叠印增强模式

1.7.2 预览显示

在 CorelDRAW X3 中，可以将图形文件以 3 种方式进行预览，包括全屏预览、只预览选定对象以及分页预览。

1. 全屏预览

选择菜单栏中的 视图(V) → 全屏预览(F) 命令，或按“F9”键，即可隐藏屏幕上的工具栏、菜单栏及所有面板，以全屏显示图像。按任意键或单击鼠标左键，将取消全屏预览，显示效果如图 1.7.7 所示。

2. 只预览选定对象

在图形操作过程中，若用户只想预览选定的对象，其操作方法如下：

打开一幅如图 1.7.7 所示的图形文件，选中图形中的文字部分，然后选择菜单栏中的 视图(V) → 只预览选定的对象(O) 命令，即可对所选文字进行全屏预览，如图 1.7.8 所示。

图 1.7.7 全屏预览

图 1.7.8 只预览选定的对象

3. 页面排序器视图

打开一个包含多个页面的图形文件，然后选择菜单栏中的 视图(V) → 页面排序器视图(A) 命令，可以对文件中包含的所有页面进行预览，如图 1.7.9 所示。

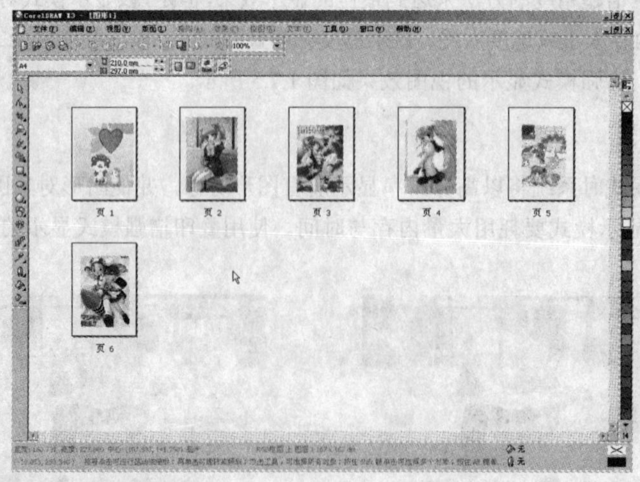

图 1.7.9 页面排序器视图

在预览显示模式下，如果要返回到正常显示状态，可使用挑选工具选择某一页面，再选择菜单栏中的视图(V)→页面排序器视图(A)命令，取消其前面的“√”符号即可返回到所选页面的正常显示状态。

1.7.3 缩放与平移

在绘制对象时，为了便于观察整体效果或某个区域，可以按需要缩放或平移视图。

1．使用工具栏

在 CorelDRAW X3 中新建一个绘图页面，在标准工具栏中的缩放级别下拉列表100%中显示的数值为 100%，即绘图区以原大小显示。如果要放大或缩小显示页面，可以从此下拉列表中选择缩放比例，如图 1.7.10 所示，也可直接在缩放级别下拉列表框中输入缩放的数值。

2．使用视图管理器

选择菜单栏中的窗口(W)→泊坞窗(D)→视图管理器(W)命令，或按“Ctrl+F2”键，弹出“视图管理器”泊坞窗，如图 1.7.11 所示。

图 1.7.10 使用工具栏控制缩放比例

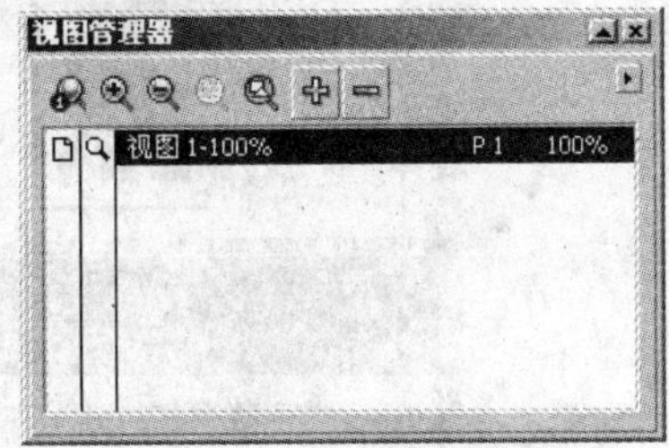

图 1.7.11 “视图管理器”泊坞窗

在该泊坞窗上方有一排控制按钮，从左至右依次为“缩放一次”按钮、“放大”按钮、“缩小”按钮、“缩放到选定对象”按钮、“缩放到全部对象”按钮、“添加当前视图”按钮和“删除当前视图”按钮。

3．使用缩放工具

在绘制图形时，经常需要将绘图页面放大或缩小，以便查看个别对象或整个图形的结构。单击工具箱中的“缩放工具”按钮，即可缩放图形显示。此外，也可以通过此工具属性来改变图像的显示。

选择缩放工具后，将鼠标指针移至工作区中，指针显示为形状，此时直接在绘图区中单击，将会以单击处为中心放大图形。

如果要放大某区域，可在该区域上单击并按住鼠标左键拖出一个矩形框，松开鼠标后即可将该区域放大至充满工作区。

如果要缩小页面显示，可将鼠标指针移至工作区中，单击鼠标右键，或按住“Shift”键的同时在页面中单击鼠标左键，此时将会以单击处为中心缩小页面显示。

4．使用手形工具

当页面显示超出当前工作区时，如果要观察页面的其他区域，可单击工具箱中的“手形工具”按钮，在绘图区中单击并拖动鼠标移动绘图区进行查看。

1.7.4 窗口操作

在 CorelDRAW X3 中，文档窗口是用来管理和控制图形显示的，因此，对文档窗口的操作非常频繁。默认设置下，将最大化显示其中一个文件的窗口，此时如果要切换至其他文件窗口，可通过选择 窗口(W) 菜单中相关的命令来切换或调整窗口显示。

1．新建窗口

选择 窗口(W) → 新建窗口(N) 命令，可以新建一个与当前文件相同的窗口，以便于观察和操作，如图 1.7.12 所示。在新建图形窗口中的操作会直接影响原图的状态，只是在关闭新建图形窗口时，不会将原图形窗口一同关闭。

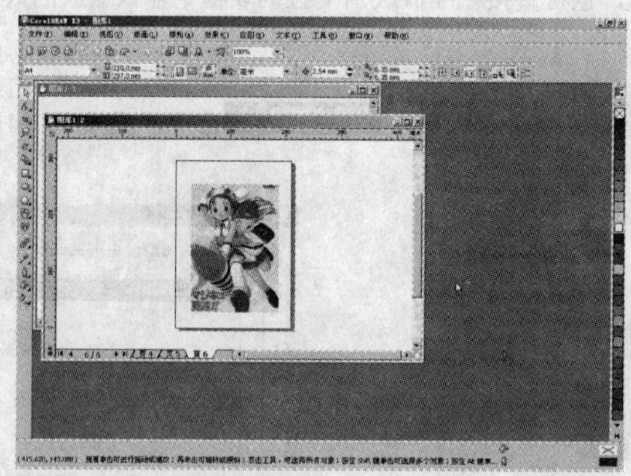

图 1.7.12　新建窗口

2．排列窗口

在使用 CorelDRAW X3 进行图形绘制或处理时，如果要同时打开多个窗口，就要合理地排列文档窗口，以方便操作。

选择 窗口(W) → 层叠(C) 命令，可以将多个绘图窗口按顺序层叠在一起，这样有助于提高工作效率，也便于对不同文件窗口中的对象进行比较，如图 1.7.13 所示。

图 1.7.13　层叠排列窗口

选择 窗口(W) → 水平平铺(H) 命令，可以使文件窗口以水平平铺方式显示，如图 1.7.14 所示。

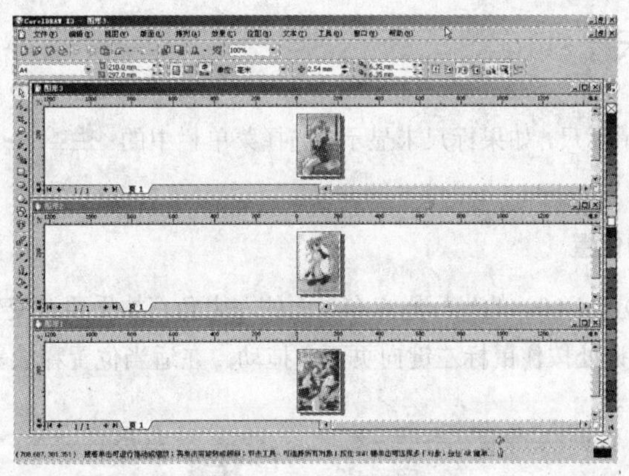

图 1.7.14　水平平铺窗口

选择 窗口(W) → 垂直平铺(V) 命令，可以使文件窗口以垂直平铺方式显示，如图 1.7.15 所示。

图 1.7.15　垂直平铺窗口

3．切换文档窗口

当用户打开多个图像文件时，可以使用以下两种方法中的任意一种来切换文档窗口。

（1）移动鼠标指针到另外一个文档窗口的标题栏上，单击鼠标左键，即可将其设置为当前工作窗口。

（2）按“Ctrl+Tab”键，可以切换到下一个文档窗口；按“Ctrl+Shift+Tab”键，可以切换到上一个文档窗口。

4．重排图标

选择菜单栏中的 窗口(W) → 排列图标(A) 命令，可将调节后的窗口图标按照一定的顺序重新排列，但使用此命令之前，必须将窗口最小化。

1.8　辅助工具的使用

在使用 CorelDRAW X3 绘制图形的过程中，用户可以利用标尺、网格、辅助线和缩放工具来精确地设计和绘制图形。

1.8.1 设置标尺

默认设置下都将显示标尺，如果标尺未显示，选择菜单栏中的 视图(V) → 标尺(R) 命令即可显示，如图 1.8.1 所示。

1. 更改坐标原点的位置

默认设置下，X（0），Y（0）的坐标原点在页面的左上角，如果要改变坐标原点的位置，在水平与垂直标尺交界的标记处按住鼠标左键向页面中拖动，在适当位置释放鼠标，该位置即为新的坐标原点，如图 1.8.2 所示。

图 1.8.1 显示标尺

图 1.8.2 更改标尺原点的位置

提示： 如果要恢复坐标原点到初始位置，可将鼠标指针移至水平标尺与垂直标尺交界的标记上，双击鼠标即可。

2. 设置标尺的单位

默认设置下，标尺的单位为毫米，如果要设置标尺的单位，可在标尺上单击鼠标右键，从弹出的快捷菜单中选择 标尺设置(R)... 命令，弹出 选项 对话框，在 单位 选项区中的 水平(Z): 下拉列表中选择标尺的单位，如厘米、像素与英寸等，单击 确定 按钮即可。

1.8.2 设置辅助线

辅助线是在绘图时提供的水平线或垂直线，可用于多个对象的高度、宽度对比或对齐，以及水平或垂直移动对象时快速定位。打印文件时，辅助线不会被打印出来，但在保存时，会随着绘制的图形一起保存。

1. 手动添加辅助线

如果要添加辅助线，可将鼠标指针移至标尺上，按住鼠标左键拖动到绘图区后释放鼠标即可。从水平标尺上拖动鼠标，即可添加水平辅助线；从垂直标尺上拖动鼠标，即可添加垂直辅助线。

添加辅助线后，将鼠标指针移至辅助线上，此时鼠标指针显示为↕或↔形状，按住鼠标左键拖动，可移动辅助线。

选择辅助线后，在辅助线上单击，可使其处于旋转状态，将鼠标指针移至两端的旋转符号上，按住鼠标左键并拖动，可旋转辅助线。

要删除辅助线，只须在选择辅助线后按“Delete”键即可。

2．精确添加辅助线

通过选项对话框可以精确添加辅助线，如要在水平标尺 160 mm 处添加一条垂直辅助线，在垂直标尺 180 mm 处添加一条水平辅助线，其具体操作如下：

（1）在标尺上单击鼠标右键，从弹出的快捷菜单中选择辅助线设置(G)...命令，弹出选项对话框。

（2）在对话框左侧选择水平选项，在对话框右侧的输入框中输入数值 160，单击添加(A)按钮，即可添加水平辅助线，如图 1.8.3 所示。

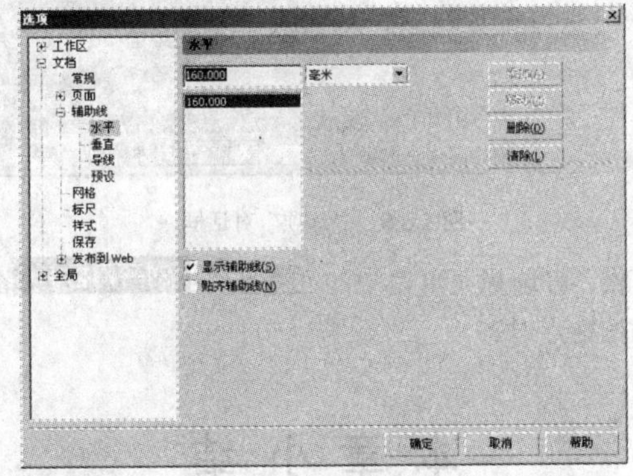

图 1.8.3　设置水平辅助线

（3）在对话框左侧选择垂直选项，然后在右侧的输入框中输入 180，单击添加(A)按钮，即可添加垂直辅助线，如图 1.8.4 所示。

（4）设置完成后，单击确定按钮即可添加辅助线，效果如图 1.8.5 所示。

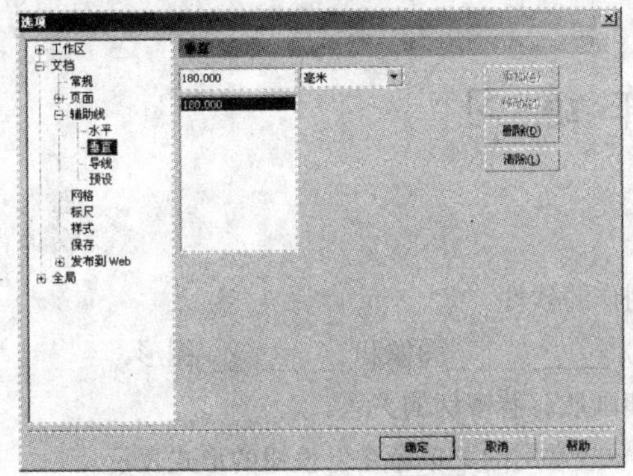

图 1.8.4　设置垂直辅助线

图 1.8.5　添加辅助线效果

1.8.3　设置网格

网格用于辅助绘制和排列对象，要显示网格，可选择菜单栏中的视图(V)→网格(G)命令。

网格的间距可根据需要进行调整，在标尺上单击鼠标右键，从弹出的快捷菜单中选择网格设置(D)...命令，将会弹出选项对话框，如图 1.8.6 所示。

在对话框中选中频率(F)单选按钮，可在频率选项区中的水平(Z):与垂直(V):输入框中输入数值，设置网格的频率，数值越小，则网格的间距越大。选中间距(S)单选按钮，在间隔选项区中的水平(Z):与垂直(V):输入框中可直接设置网格间距。设置完参数后，单击确定(O)按钮，即可完成网格的设置。

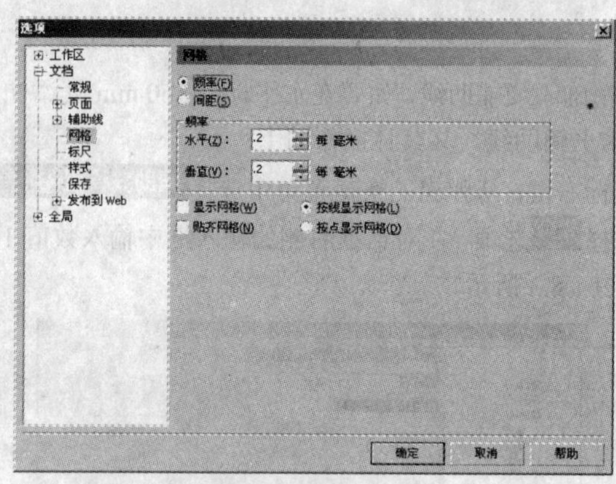

图 1.8.6 “选项”对话框

如果要在绘图时对齐网格，可选择菜单栏中的 视图(V) → 对齐网格(P) 命令，此时当鼠标指针移至网格点附近时，系统会自动按格点对齐。

本 章 小 结

本章介绍了 CorelDRAW X3 基础知识、启动与退出、工作界面组成以及版面的设置与显示等内容，通过本章的学习，读者应熟练掌握这些知识，并在绘制图形对象时能够灵活地运用各种辅助工具，为以后的实际操作打下坚实的基础。

操 作 练 习

一、填空题

1．CorelDRAW X3 是一款用于________创作的软件。

2．在计算机中，图形图像大致可分为两种，__________图像和__________图形。

3．位图的_________与位图图像的清晰度和画质有着密切的关系。

4．__________由一组图标按钮组成，它将一些常用的菜单命令以按钮的形式表示。

5．CorelDRAW X3 的菜单栏由__________、__________、__________、__________、__________、__________、__________、__________、__________、__________和_________11 个菜单组成。

6．进入 CorelDRAW X3 之后，要展开工作，必须先__________文件或__________文件。

7．单击“缩放工具”按钮，按住__________键单击图像，可以缩小图像的显示比例。

8．视图显示的 6 种模式包括__________、__________、__________、__________、__________和使用叠印增强模式。

二、选择题

1．（ ）格式是 CorelDRAW 的专用格式。

（A）PSD （B）FIF

（C）CDR （D）JPEG

2．CorelDRAW X3 中使用到的各种工具存放在（　）中。

（A）属性栏　　（B）工具箱

（C）菜单栏　　（D）面板

3．按（　）键，可以新建一个图形文件。

（A）Ctrl+A　　（B）Ctr+O

（C）Ctrl+N　　（D）Ctr+R

4．按（　）键，可以隐藏图像中的参考线。

（A）Ctrl+R　　（B）Alt+R

（C）Ctrl+H　　（D）Alt+H

5．要删除辅助线，可先选中辅助线，然后按（　）键。

（A）Ctrl　　（B）Alt

（C）Delete　　（D）Ctrl+Delete

6．（　）模式只显示图形对象的轮廓，不显示绘图中的填充、立体化、调和等操作效果。此外，它还可显示单色的位图图像。

（A）正常　　（B）增强

（C）简单线框　　（D）使用叠印增强

7．如果要同时在屏幕上显示两个或多个窗口，可将对象切换为（　）文件窗口。

（A）新建　　（B）层叠

（C）平铺　　（D）重排

三、简答题

1．简述 CorelDRAW X3 的新增功能。

2．简述位图与矢量图的优缺点。

3．在 CorelDRAW X3 中，打开文件有哪几种方法?

4．在 CorelDRAW X3 中，切换页面的方法有哪几种?

5．如何更改网格的大小?

四、上机操作题

1．使用多种方法启动与退出 CorelDRAW X3。

2．新建一个图形文件，练习使用导入功能在页面中导入一幅位图，并在页面中添加标尺、网格及辅助线。

3．新建一个图形文件，利用精确添加辅助线功能，设置一个水平标尺刻度为 200 mm、垂直标尺刻度为 360 mm 的辅助线。

第 2 章　线条的绘制与编辑

在 CorelDRAW X3 中可以使用多种绘图工具绘制线条，在绘制线条时如不能一次就达到要求，可以对线条进行调整，如改变线条上节点的位置，添加和删除节点，连接与断开节点，将直线转换为曲线或将曲线转换为直线等。

知识要点

- 手绘工具的使用
- 贝塞尔工具的使用
- 钢笔工具的使用
- 艺术笔工具的使用
- 交互式连线工具的使用
- 折线工具的使用
- 3 点曲线工具的使用
- 编辑线条

2.1　手绘工具的使用

使用手绘工具可以绘制出直线、折线、曲线，还可以绘制封闭图形。

2.1.1　使用手绘工具绘制直线与折线

使用手绘工具绘制直线的方法很简单，只要单击工具箱中的“手绘工具”按钮，将鼠标指针移至绘图区中，当指针变为形状时，单击鼠标左键确定直线的起点位置，然后移动鼠标至其他位置，单击确定直线的终点位置，即可在两点之间绘制出一条直线，如图 2.1.1 所示。

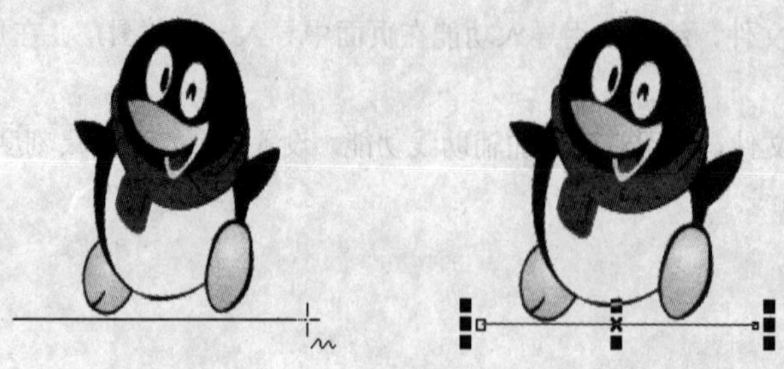

图 2.1.1　绘制直线

技巧： 确定直线的起点位置后，按住“Ctrl”键的同时拖动鼠标，可绘制水平或垂直的直线，也可以 15° 角为增量绘制直线。

使用手绘工具绘制折线的操作方法是，单击工具箱中的“手绘工具”按钮，将鼠标指针移至绘图区中，单击鼠标左键确定起点，移动鼠标至其他位置，双击确定转折点，再拖动鼠标至任意位置，单击即可绘制折线，如图 2.1.2 所示，按相同的方法可继续绘制折线。

图 2.1.2 绘制折线

2.1.2 使用手绘工具绘制曲线

使用手绘工具也可以绘制曲线，首先单击工具箱中的“手绘工具”按钮，然后将鼠标指针移至绘图区中，按住鼠标左键随意拖动，当松开鼠标后，绘图区中就会显示出一条任意形状的曲线，如图 2.1.3 所示。

图 2.1.3 绘制曲线

如果要在绘制好的曲线上接着绘制，使其成为封闭的曲线，可单击工具箱中的“手绘工具”按钮，移动鼠标指针至曲线左端或右端的节点上，此时鼠标指针变为形状，如图 2.1.4 所示，按住鼠标左键拖动，可在原有曲线的基础上继续绘制曲线，拖动鼠标至曲线起点处，松开鼠标即可绘制封闭的图形，如图 2.1.5 所示。

图 2.1.4 鼠标指针在节点上显示的状态

图 2.1.5 绘制封闭的曲线

提示：使用手绘工具绘制曲线后按住鼠标左键不放，并同时按住“Shift”键，再沿之前所绘曲线路径返回，则可将绘制曲线时经过的路径清除。

2.1.3 设置手绘工具属性

如对所绘线条的外形不满意，可单击属性栏中的“起始箭头选择器”下拉按钮与“终止箭头选择器”下拉按钮，在弹出的箭头样式列表中为所选的线条选择起始点与终点箭头样式。手绘工具属性栏如图 2.1.6 所示。

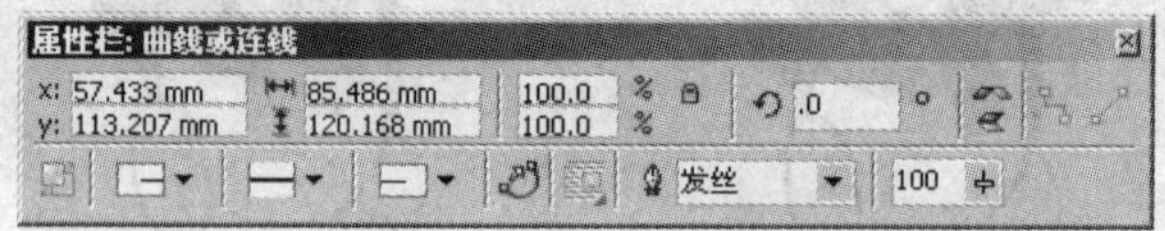

图 2.1.6 “手绘工具”属性栏

单击属性栏中的“轮廓样式选择器”下拉按钮或“轮廓宽度”下拉列表框，可从弹出的列表中为所选的线条或图形选择一种线条样式或宽度，如图 2.1.7 所示。

图 2.1.7 改变线条样式与宽度

2.2 贝塞尔工具的使用

使用贝塞尔工具可以绘制平滑的曲线，也可绘制直线。在绘制过程中，可以通过确定节点和改变控制点的位置来控制曲线的弯曲程度。

2.2.1 使用贝塞尔工具绘制直线与折线

贝塞尔工具采用了两点决定一条直线的数学原理，也就是说，在不同位置单击鼠标，指定直线两端所在的位置，系统会自动连接两点形成一条直线。

要使用贝塞尔工具绘制直线或折线，其具体的操作方法如下：

（1）单击手绘工具组中的“贝塞尔工具”按钮。

（2）移动鼠标指针至绘图区中，单击确定直线的起点位置，此时单击处将显示一黑色小矩形块，移动鼠标指针至绘图区中的其他位置，单击可指定直线另一点，即可绘制一条直线，如图 2.2.1 所示。

（3）再移动鼠标，在其他位置单击鼠标接着绘制直线，此时可形成一条折线，如图 2.2.2 所示。

（4）继续移动鼠标并单击，可继续绘制折线，直至返回起点处，单击即可绘制一个封闭的图形。

贝塞尔工具与手绘工具不同，使用手绘工具绘制好一条直线后，在绘图区中的其他位置拖动鼠标即可绘制另一条直线，而使用贝塞尔工具绘制好一条直线后，移动鼠标可绘制连续直线并形成折线。

如果要使用贝塞尔工具绘制不连续的多段直线，可在绘制好一条直线后，单击工具箱中的挑选工具，然后再单击贝塞尔工具，在绘图区中的其他位置单击鼠标即可绘制第二条直线。

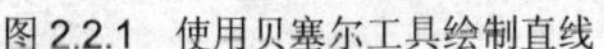

图 2.2.1　使用贝塞尔工具绘制直线

图 2.2.2　使用贝塞尔工具绘制折线

提示：使用贝塞尔工具绘制好一条直线后，按键盘上的空格键也可切换为挑选工具，再次按空格键又切换为贝塞尔工具。

2.2.2　使用贝塞尔工具绘制曲线

使用贝塞尔工具绘制曲线的具体操作方法如下：

（1）单击手绘工具组中的“贝塞尔工具”按钮，在绘图区中单击鼠标左键确定曲线的起点，并按住鼠标左键拖动，此时将显示出一条带有两个节点和控制点的蓝色虚线调节杆，然后在任意一处单击鼠标并拖动，即可产生一条贝塞尔曲线，如图 2.2.3 所示。

图 2.2.3　绘制贝塞尔曲线

（2）如果对所绘曲线的形状不满意，可在绘图区的其他位置单击以定义下一个点，并通过调节新显示的调节杆将原有的曲线加长并变形，从而得到不同形状的曲线，如图 2.2.4 所示。

（3）继续在其他位置单击鼠标并拖动，将出现一条连续的平滑曲线，如图 2.2.5 所示。

图 2.2.4　绘制曲线

图 2.2.5　编辑曲线

（4）如果要绘制封闭图形，只要在曲线绘制完毕后单击该曲线的起始节点，即可将曲线的首尾连接起来形成一个封闭图形。

2.3 钢笔工具的使用

用钢笔工具可以绘制曲线与直线，在使用时与手绘工具相似，但比手绘工具多增加了贝塞尔工具的性质，它虽然具有贝塞尔工具的性质，但它的绘制精度没有贝塞尔工具高。

2.3.1 使用钢笔工具绘制直线与折线

使用钢笔工具绘制直线与使用手绘工具绘制直线时完全一样，具体操作方法如下：

（1）在手绘工具组中单击“钢笔工具”按钮。

（2）将鼠标指针移至绘图区中，单击鼠标左键确定直线起点，移动鼠标至其他位置时，可发现有一条直线跟随鼠标指针移动，双击鼠标左键可绘制出一条直线。

（3）要在直线基础上绘制折线，可移动鼠标指针至直线的终点处单击，然后移动鼠标至其他位置后单击，继续移动鼠标并单击，可绘制连续的折线。

（4）如果要使折线形成封闭的图形，可将鼠标指针移至折线起点处单击，便可绘制出封闭的图形，如图 2.3.1 所示。

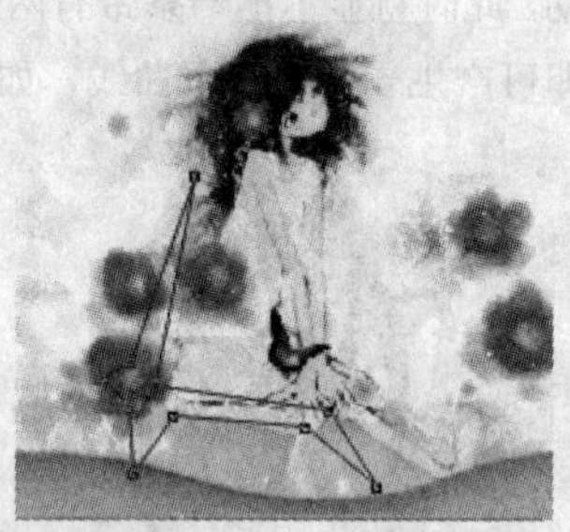

图 2.3.1 绘制直线和折线效果

技巧：在绘制曲线的过程中，按住“Alt”键，可编辑曲线线段，可以进行节点的转换、移动和调整等操作，释放“Alt”键，可继续进行绘制。

2.3.2 使用钢笔工具绘制曲线

用钢笔工具绘制曲线与使用贝塞尔工具绘制曲线的方法相同，操作方法如下：

（1）在手绘工具组中单击“钢笔工具”按钮。

（2）将鼠标指针移至绘图区中，单击确定第一个节点位置，然后移动鼠标至其他位置，单击并按住鼠标左键拖动，即可产生一段曲线。

（3）继续移动指针至其他位置，单击并按住鼠标左键拖动，可连续绘制曲线。

（4）如果要结束曲线的绘制，在确定最后一个节点时双击鼠标左键即可，如图 2.3.2 所示。

技巧：如果想在曲线后绘制出直线，可在键盘上按住“C”键，在要继续绘制出直线的节点上单击并移动鼠标，至适当位置后单击，即可绘制出一段直线。

图 2.3.2　绘制曲线

2.4　艺术笔工具的使用

使用艺术笔工具可以创建多种多样的艺术线条效果，其绘制方法与手绘工具绘制曲线相似，不同的是，艺术笔工具绘制的是一条封闭路径，可对其进行颜色填充。

单击工具箱中的“艺术笔工具”按钮，其属性栏如图 2.4.1 所示，通过属性栏中提供的 5 种艺术笔工具及其相应的属性设置可绘制出别具特色的艺术图形。

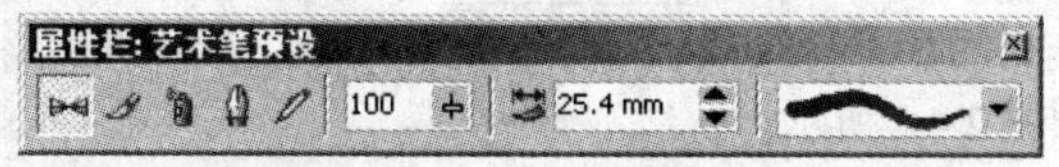

图 2.4.1　“艺术笔工具”属性栏

2.4.1　预设模式

使用预设艺术笔笔触工具绘制图形的具体操作方法如下：

（1）单击工具箱中的“艺术笔工具”按钮，并在其属性栏中单击“预设”按钮。

（2）移动鼠标指针至绘图区中，按住鼠标左键并拖动，松开鼠标后即可得到所需要的艺术笔图形，如图 2.4.2 所示。

图 2.4.2　绘制预设艺术笔图形

在属性栏中的预设笔触下拉列表中，可以选择所需的笔触类型，并可通过设置手绘平滑输入框100与艺术媒体工具输入框25.4 mm中的数值，来设置所绘艺术笔图形的平滑度与宽度。

2.4.2 笔刷模式

在艺术笔工具属性栏中单击“笔刷工具”按钮，此时的艺术笔工具属性栏如图 2.4.3 所示。

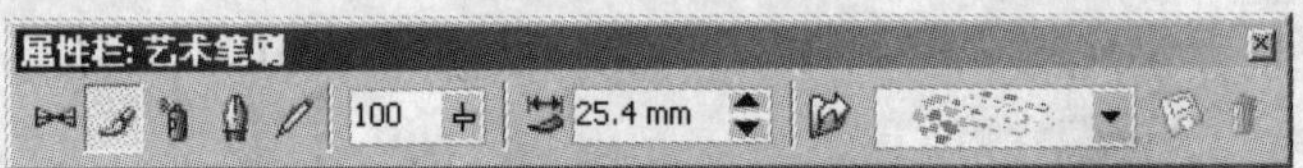

图 2.4.3 “笔刷工具”属性栏

在笔触下拉列表中选择一种笔触图形，在绘图区中按住鼠标左键并拖动，即可绘制出所选的笔触图形，如图 2.4.4 所示。

图 2.4.4 使用笔刷工具绘制的笔触图形

此外，也可使用基本绘图工具，先在绘图区中绘制出一条路径，然后单击艺术笔工具属性栏中的“笔刷工具”按钮，并在笔触下拉列表中选择一种笔触图形，此时所选笔触图形将自动适配所绘制的路径，如图 2.4.5 所示。

图 2.4.5 使所选画笔图形适配路径

如果对使用艺术笔工具绘制出的图形比较满意，可以将其保存起来。操作方法是：选中绘制的图形，然后单击艺术笔工具属性栏中的“保存艺术笔触”按钮，即可将所选图形保存到笔触下拉列表中，以便于以后重复使用。

如果要将保存过的图形删除，可在笔触下拉列表中选择要删除的图形，然后单击属性栏中的“删除”按钮即可。

2.4.3 喷罐模式

单击艺术笔工具属性栏中的“喷罐工具”按钮，将鼠标指针移至绘图区中的适当位置，按住鼠标左键并拖动，可绘制出一条曲线，松开鼠标，即可看到使用喷罐工具绘制出的图形，如图 2.4.6

所示。

如果对喷出的图形对象不满意，可单击属性栏中的喷涂文件下拉列表框，从弹出的下拉列表中重新选择要喷出的图形对象，再进行绘制。

图 2.4.6　使用喷罐工具绘制的图形

如果在喷涂文件下拉列表中没有找到需要的喷涂图形，可自定义喷涂。其操作方法很简单，只要先绘制出所需的喷涂图案或导入喷涂图案，并将其选中，在喷涂文件下拉列表中选择新喷涂列表选项，并用鼠标单击所绘的喷涂图案，然后单击喷罐工具属性栏中的"添加到喷涂列表"按钮，即可将绘制的喷涂图案添加到喷涂列表中。

如果要对喷涂文件下拉列表中已有的喷涂进行修改，可先在此下拉列表中选择要修改的喷涂，然后单击"喷涂列表对话框"按钮，可弹出创建播放列表对话框，如图 2.4.7 所示。在对话框中的喷涂列表中显示了所选喷涂类型的组成元素，在播放列表中显示的是选择使用的喷涂组成元素，用户可根据需要对所选喷涂进行筛选。

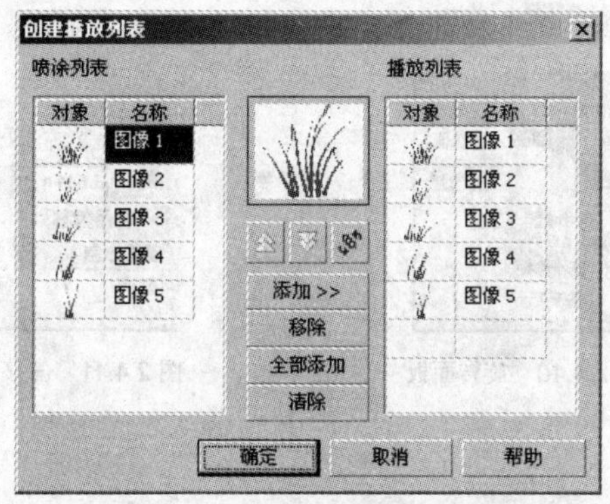

图 2.4.7　"创建播放列表"对话框

筛选喷涂元素的操作方法如下：

（1）如果只需所选喷涂类型的部分元素，应先单击移除按钮，将列表中的喷涂元素全部清除，然后按住"Ctrl"键的同时在喷涂列表中选择要使用的喷涂元素，如图 2.4.8 所示，最后单击添加 >>按钮，即可将所选的喷涂元素添加到播放列表中，如图 2.4.9 所示。

（2）如果在对话框中单击全部添加按钮，可将所有喷涂列表中的喷涂元素添加到播放列表中；单击移除按钮，可将播放列表中所选择的喷涂元素删除；单击"向上"按钮与"向下"按钮，可改变播放列表中所选喷涂元素的位置；单击"旋转"按钮，可将播放列表中所选喷涂元素的顺序颠倒。

（3）在对话框中设置好喷涂元素后，单击确定按钮，将鼠标指针移至绘图区中，按住鼠标左键并拖动即可绘制经过筛选的喷涂。

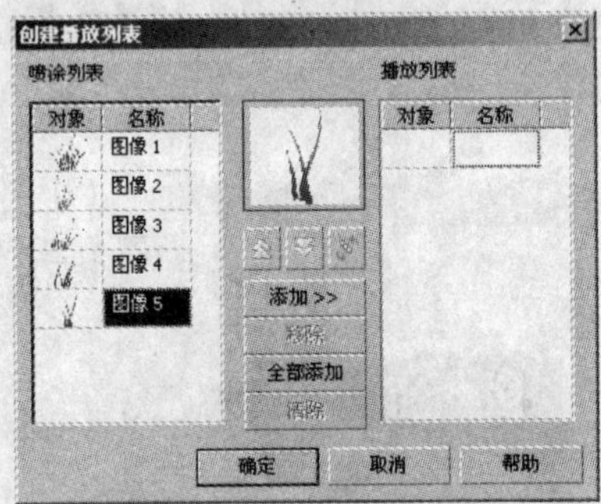

图 2.4.8　选择喷涂元素

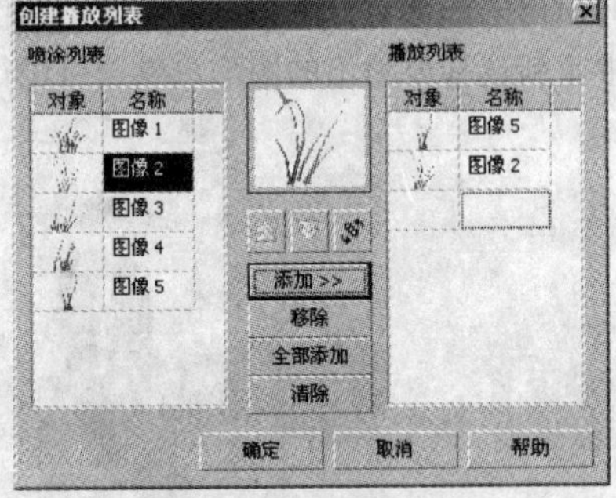

图 2.4.9　添加喷涂元素

在喷罐工具属性栏中选择喷涂顺序下拉列表 随机 中的选项，可为绘制的图形对象选择适当的排列顺序。

在属性栏中的输入框中输入数值，可以对绘制出的喷涂进行稀疏程度调整。其中，上面的输入框用于调整所选喷涂在垂直方向上的稀疏程度；下面的输入框用于调整所选喷涂在水平方向上的稀疏程度。

如果要对绘制出的喷涂图形进行旋转，可单击属性栏中的“旋转”按钮，打开旋转面板，如图 2.4.10 所示，在 角 输入框中输入数值，可设置喷涂的倾斜角度；选中 使用增量 复选框，可在 增加 输入框中输入喷涂所要增加的旋转角度；在 旋转 选项区中可以为喷涂的旋转选择参照物。

单击喷罐工具属性栏中的“偏移”按钮，可打开如图 2.4.11 所示的偏移面板，在此面板中可调整喷涂和路径的偏移量。选中 使用偏移: 复选框，可激活 偏移 输入框，在此输入框中可以设置喷涂和绘制路径的偏移量；在 偏移方向 下拉列表中可选择喷涂的偏移方向。

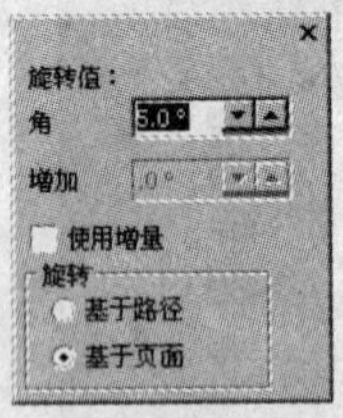

图 2.4.10　旋转面板

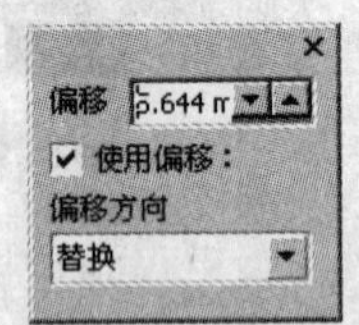

图 2.4.11　偏移面板

2.4.4　书法模式

使用书法艺术笔工具可以绘制出类似于书法笔划过的图形效果。在艺术笔工具属性栏中单击“书法工具”按钮，将鼠标指针移至绘图区中，按住鼠标左键并拖动，即可绘制出如图 2.4.12 所示的图形。

在书法工具属性栏中的艺术笔工具宽度输入框 9.5 mm 中输入数值，可改变所选图形的宽度。

在书法角度输入框 .0 ° 中输入数值，可设置图形笔触的倾斜角度。

2.4.5　压力模式

在艺术笔工具属性栏中单击“压力工具”按钮，将鼠标指针移至绘图区中，按住鼠标左键拖动，可绘制出如图 2.4.13 所示的图形。

如果对所绘图形的笔触宽度不满意，可在其属性栏中的艺术媒体笔触宽度输入框 9.5 mm 中输入数值，来调整所选图形的笔触宽度。

图 2.4.12　使用书法工具绘制的图形

图 2.4.13　使用压力工具绘制的图形

2.5　交互式连线工具的使用

交互式连线工具可使用两种不同的方式来连接图形，并且可以根据连接图形的位置自动调整连接线的折点情况。

要使用交互式连线工具连接图形，其具体的操作方法如下：

（1）首先在绘图区中绘制两个图形，然后单击手绘工具组中的“交互式连线工具”按钮，在此工具属性栏中单击“成角连接器”按钮。

（2）将鼠标指针移至绘制的任意一个图形对象的适当位置，单击并按住鼠标左键拖动至另一个对象上，松开鼠标后，即可将两个对象连接起来，如图 2.5.1 所示。

（3）如果要在对象之间使用直线连接，可在交互式连接工具属性栏中单击“直线连接器”按钮，移动鼠标指针至其中一个图形对象上，按住鼠标左键拖动至另一个对象上，即可将其连接起来，如图 2.5.2 所示。

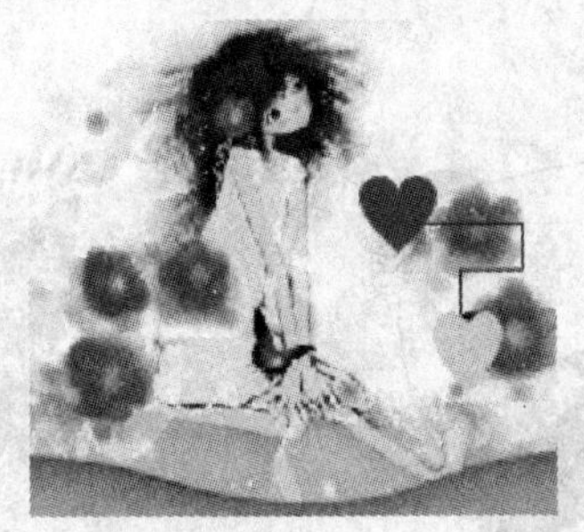

图 2.5.1　使用成角连接方式

图 2.5.2　使用直线连接方式

使用交互式连线工具连接对象后，当移动相互连接的其中一个对象时，连接线也会随之变换。如果要删除连接线，可使用挑选工具选择连接线，然后按“Delete”键即可。

2.6　折线工具的使用

使用折线工具可以随心所欲地绘制各种线条与封闭图形，它结合了手绘工具的所有功能，并可在绘制曲线后接着绘制折线。使用折线工具绘制线条的具体操作方法如下：

（1）单击手绘工具组中的“折线工具”按钮。

（2）在绘图区中单击确定一个点，并按住鼠标左键拖动，即可生成曲线路径。

（3）需要绘制折线时只须松开鼠标，单击并拖动，便可产生折线，如图 2.6.1 所示。

（4）按回车键可结束线条的绘制。

（5）如果要绘制封闭的不规则图形，只须将最后一个点移至起始点上单击，即可形成封闭的图形，如图 2.6.2 所示。

图 2.6.1　绘制折线

图 2.6.2　绘制闭合曲线

2.7　3 点曲线工具的使用

使用 3 点曲线工具可以通过 3 点绘制出一条曲线，首先要指定两个节点作为曲线的端点，然后通过第 3 点来确定曲线的弯曲程度。使用 3 点曲线工具绘制曲线的具体操作方法如下：

（1）在手绘工具组中单击“3 点曲线工具”按钮。

（2）将鼠标指针移至绘图区中，单击并按住鼠标左键确定曲线一端节点的位置，拖动鼠标至其他位置后，松开鼠标，可确定另一端节点的位置。

（3）移动鼠标，改变曲线的弯曲方向与弯曲程度，单击鼠标左键确定即可，绘制的曲线如图 2.7.1 所示。

图 2.7.1　使用 3 点曲线工具绘制曲线

2.8　编 辑 线 条

在 CorelDRAW X3 中，绘制完曲线或图形后，可能还需要进一步地调整曲线或图形来达到设计要求，这时就要使用 CorelDRAW X3 的曲线编辑功能来进行更完善的编辑和修改。

2.8.1　节点类型的调整

节点的类型共有 3 种，即尖突、平滑与对称，它们主要是对曲线而言。尖突指节点两边的控制柄可单独调节且互不影响；平滑指节点两边的控制柄呈直线显示，但长度不一样，可以相互影响；对称指节点两边的控制柄呈直线显示，而长度一样且相互影响。

调整节点类型的操作方法如下：

（1）使用形状工具选择要调整的节点，在属性栏中单击“使节点成为尖突”按钮，可将节点类型改变为尖突节点，用鼠标拖动该节点两侧任意一个控制柄时，只能调整节点一边曲线的曲度，节点另一边不受影响，如图 2.8.1 所示。

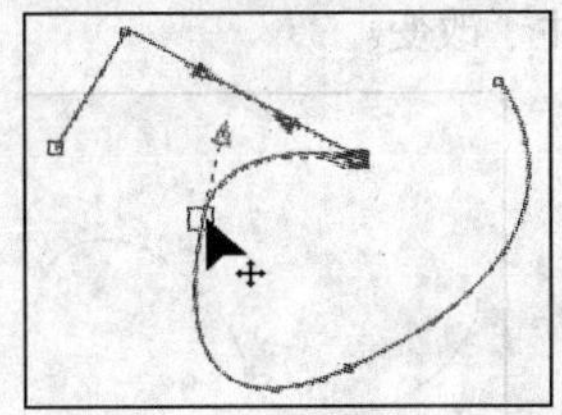
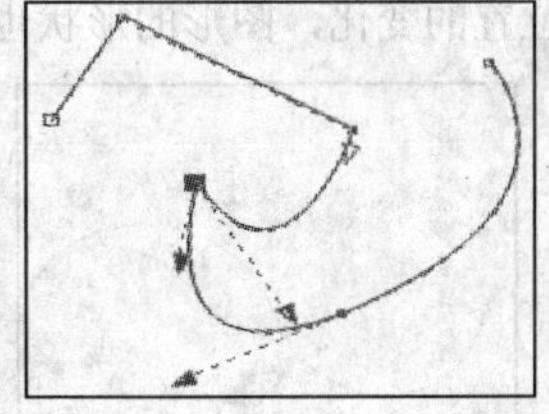

图 2.8.1　调整尖突节点

（2）使用形状工具选择要调整的节点，在属性栏中单击“平滑节点”按钮，可将节点类型改为平滑节点，用鼠标拖动节点两侧任意一个控制柄调整曲线的曲度时，节点另一边的曲线也将随之改变，如图 2.8.2 所示。

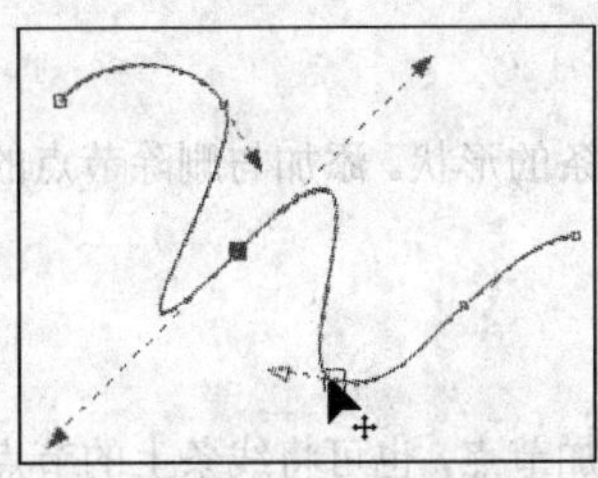
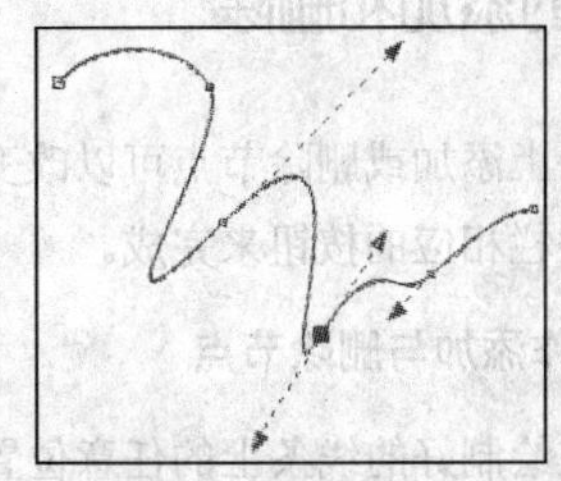

图 2.8.2　调整平滑节点

（3）使用形状工具选择要调整的节点，此时属性栏中的“生成对称节点”按钮不可用，表示该节点为对称节点，节点两边的控制柄将呈直线显示，用鼠标拖动控制柄，可调整节点两边曲线的曲度，如图 2.8.3 所示。

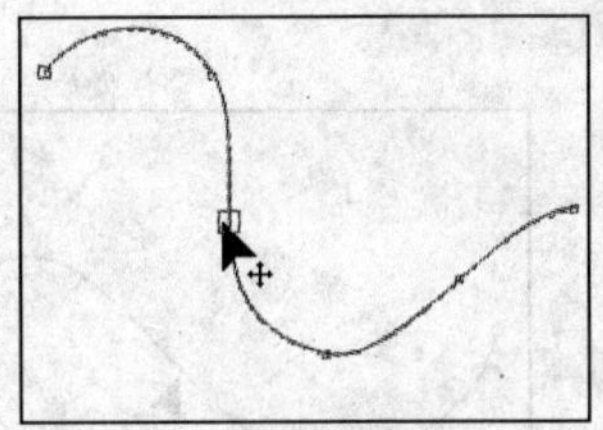
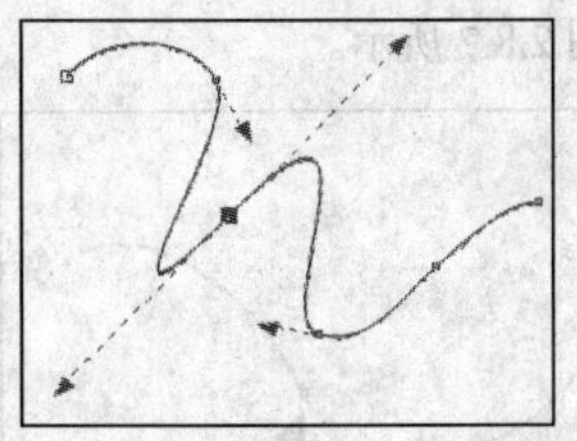

图 2.8.3　调整对称节点

2.8.2　改变节点位置

线条上的节点可以随意移动，通过移动节点可以改变线条的形状和方向。具体的操作方法如下：

（1）使用贝塞尔工具在绘图区中绘制出一条曲线，如图 2.8.4 所示。

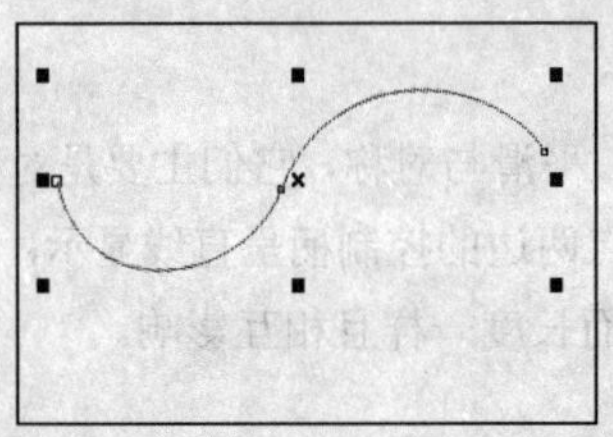

图 2.8.4 绘制的曲线

（2）单击工具箱中的“形状工具”按钮，移动鼠标指针至任意一个节点上，此时指针变为形状，按住鼠标左键并拖动至其他位置，松开鼠标即可改变该节点的位置，如图 2.8.5 所示。从图中可以看到，随着节点位置的变化，图形的形状也发生了改变。

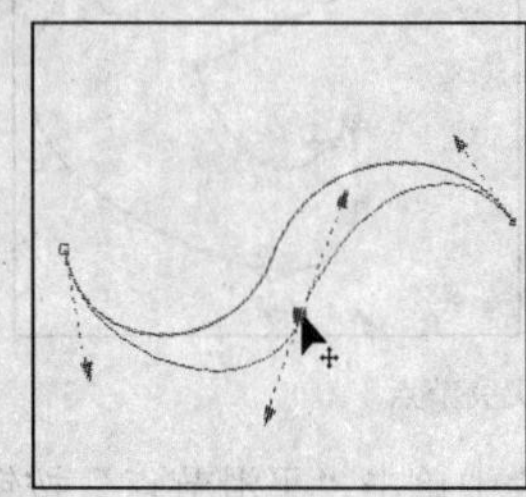
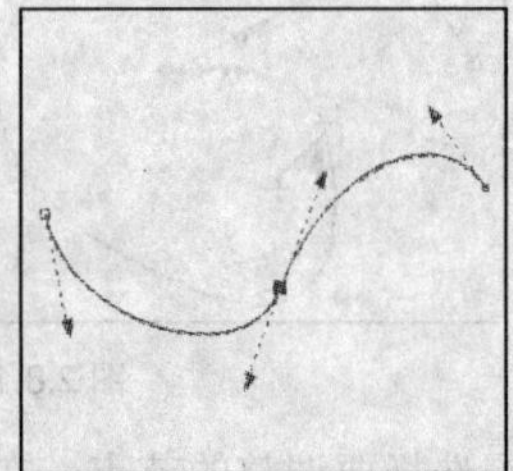

图 2.8.5 移动节点

2.8.3 节点的添加和删除

在绘制好的线条上添加或删除节点可以改变线条的形状。添加与删除节点的方法有两种，即通过鼠标操作和利用属性栏相应的按钮来完成。

1. 通过鼠标操作添加与删除节点

使用鼠标可以在绘制好的线条上的任意位置添加节点，也可将线条上的节点删除。具体的操作方法如下：

（1）单击工具箱中的“形状工具”按钮，将鼠标指针移至曲线上，双击鼠标即可添加一个节点，如图 2.8.6 所示。

（2）将鼠标指针移至线条上的任意一个节点上，双击鼠标即可将该节点删除，同时线条的形状也发生了改变，如图 2.8.7 所示。

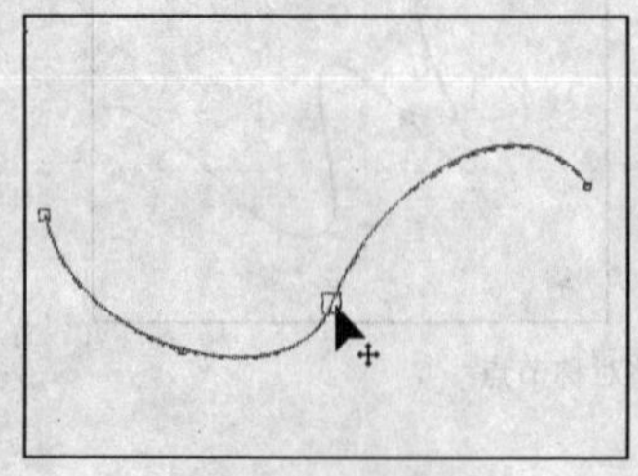

图 2.8.6 添加节点

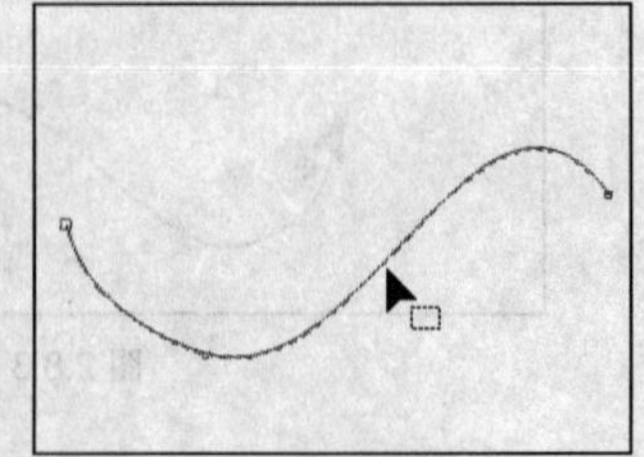

图 2.8.7 删除节点

2. 通过属性栏添加和删除节点

使用形状工具在线条上选择节点后，单击形状工具属性栏中的“添加节点”按钮，即可添加

节点，根据所选择节点的不同，添加的节点也不同。只选择一个节点，将在该节点前一段线条上添加一个节点；选择两个节点，将在两个节点间的线条上分别添加一个节点。

如果要删除节点，在选择一个或多个节点后单击属性栏中的“删除节点”按钮，效果如图2.8.8所示。

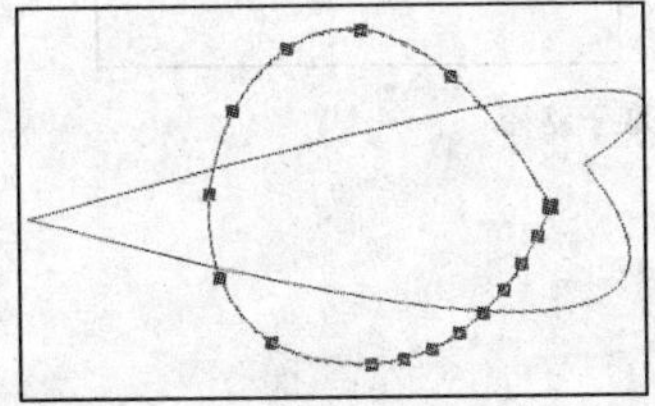
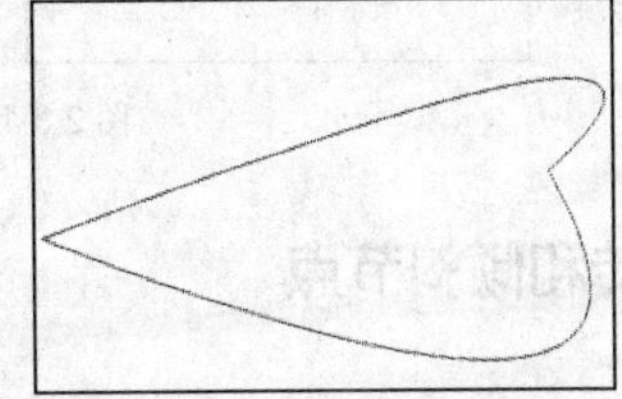

图2.8.8 删除节点

2.8.4 连接与分割节点

分割节点就是将一个节点分割成两个节点，使一条完整的线条成为两条断开的线条，但分割后仍然是一个整体。连接节点则是将分割后的节点连接起来，使线条再次成为一条完整的线条。

要分割节点，可使用形状工具单击节点，在属性栏中单击“分割曲线”按钮，然后将鼠标指针移至分割的节点处，按住鼠标左键拖动分割的节点，如图2.8.9所示。

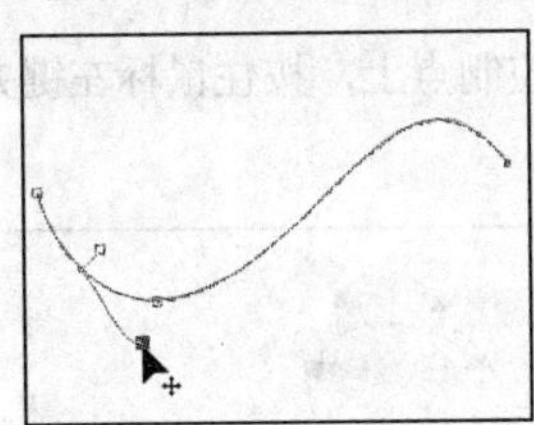
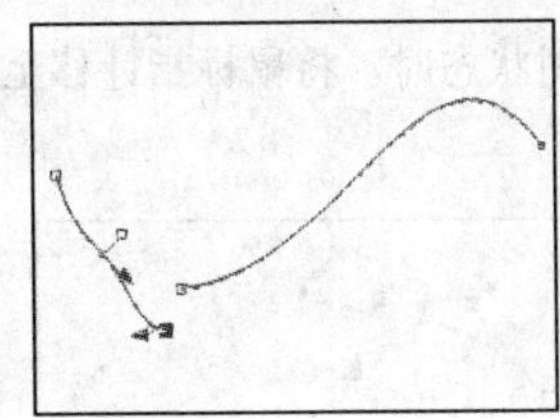

图2.8.9 分割节点

如果要将分割后的两个节点连接为一个节点，可框选两个节点，然后在属性栏中单击“连接两个节点”按钮即可，如图2.8.10所示。

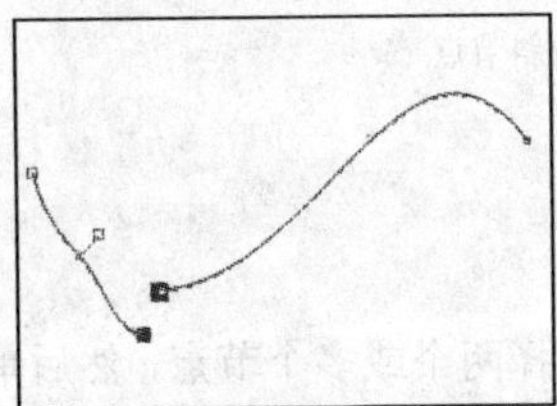
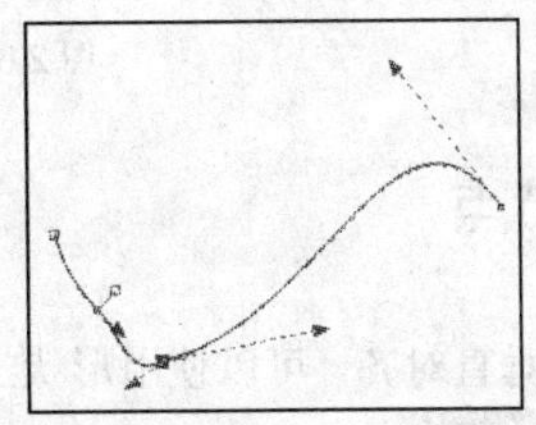

图2.8.10 连接两个节点

2.8.5 子路径的提取

在CorelDRAW X3中可以将一条完整的线条分割成两条甚至更多的线条，但这些线条仍然是一个整体，此时可以通过提取子路径的功能使分割后的线条成为单独的对象。其具体的操作方法如下：

（1）使用形状工具选择一个节点，单击属性栏中的“分割曲线”按钮，可分割节点。

（2）单击属性栏中的“提取子路径”按钮，提取子路径，单击工具箱中的挑选工具移动提取的子路径，效果如图2.8.11所示。

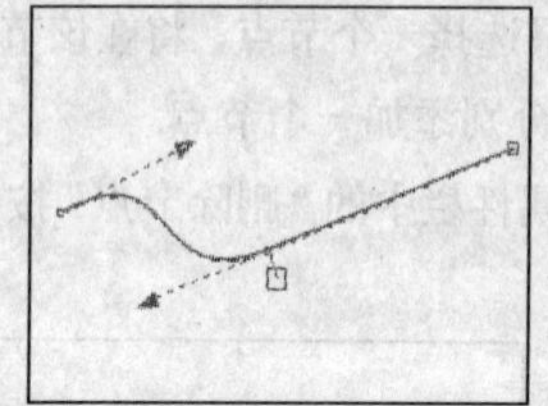
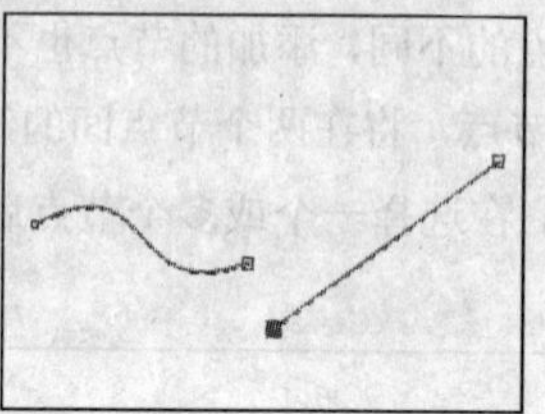

图 2.8.11　提取子路径

2.8.6　旋转和倾斜节点

选择节点后，单击属性栏中的“旋转和倾斜节点连接”按钮，可使节点变为旋转倾斜状态，将鼠标指针移至四角的旋转控制点上，按住鼠标左键并拖动，即可旋转节点，如图 2.8.12 所示。

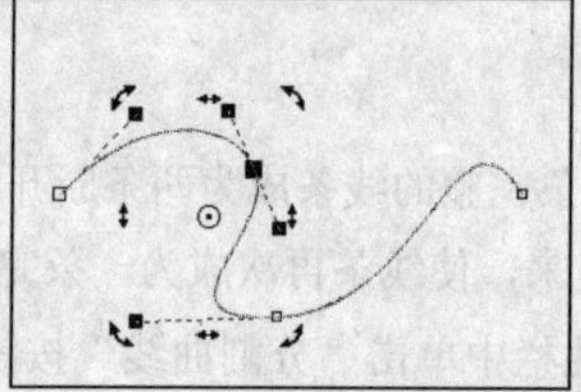
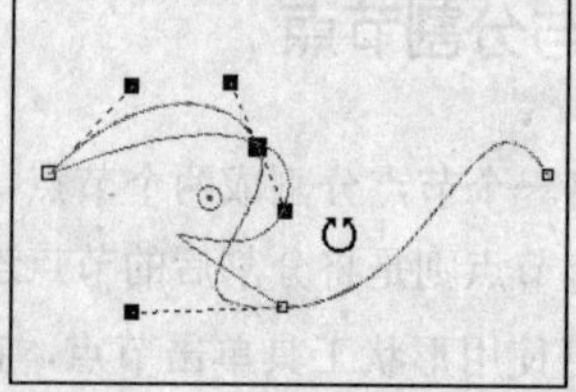

图 2.8.12　旋转节点

使节点在旋转倾斜状态时，将鼠标指针移至倾斜控制点上，按住鼠标左键并拖动即可倾斜节点，如图 2.8.13 所示。

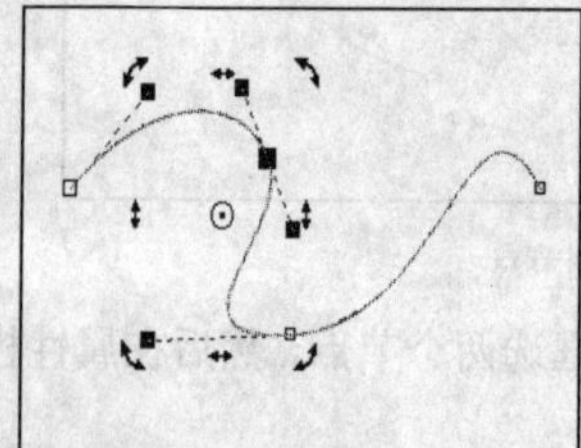
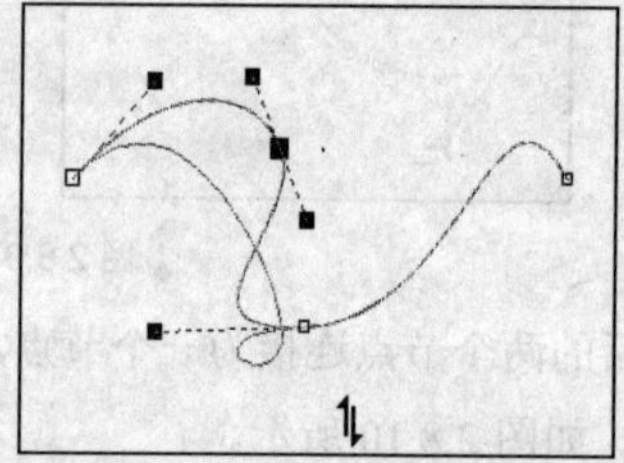

图 2.8.13　倾斜节点

2.8.7　对齐节点

要使节点水平或垂直对齐，可以使用形状工具选择两个或多个节点，然后单击属性栏中的“对齐节点”按钮，弹出节点对齐对话框，从中选择相应的选项，单击 确定 按钮，即可对齐节点，如图 2.8.14 所示。

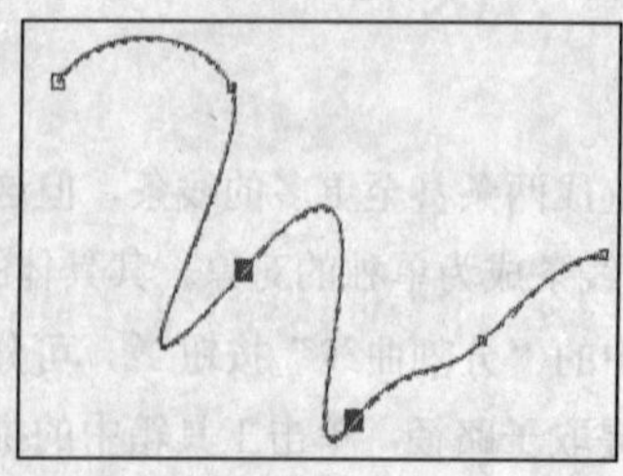
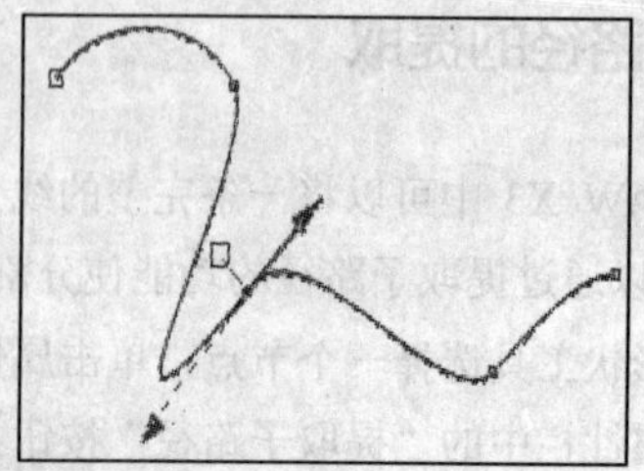

图 2.8.14　对齐节点

2.8.8　延长和缩短节点连线

使用延长和缩短节点连线功能可以改变两个或两个以上的节点之间的距离。具体的操作是，使用形状工具选择要延长或缩短的节点，单击属性栏中的“伸长和缩短节点连线”按钮，此时所选节点的周围将出现 8 个黑色小方块，用鼠标拖动小方块即可延长或缩短节点的连线，效果如图 2.8.15 所示。

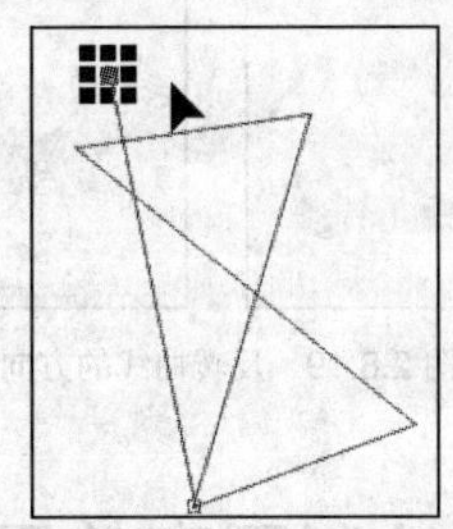
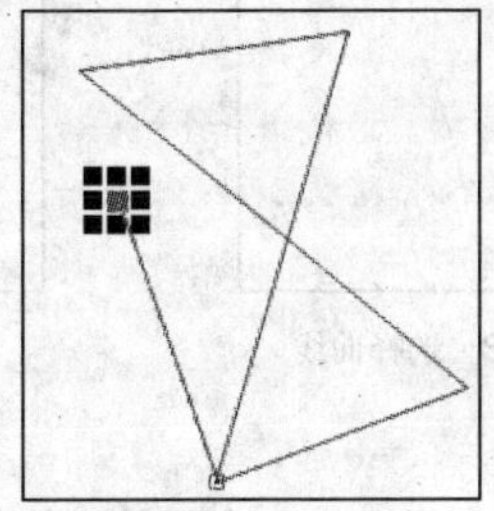

图 2.8.15　延长和缩短节点连线

2.8.9　直线与曲线的转换

通过直线与曲线的转换可以方便地调节线条的形状。具体的操作方法如下：

（1）单击工具箱中的“形状工具”按钮，将鼠标指针移至曲线段中的节点上，单击选取该节点，然后在形状工具属性栏中单击“转换曲线为直线”按钮，即可将该节点前一段曲线转换为直线，如图 2.8.16 所示。

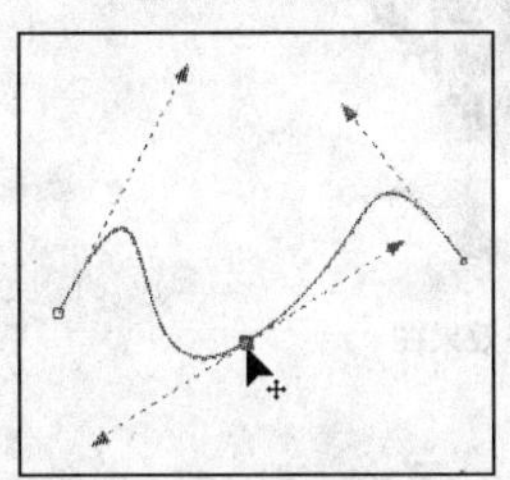
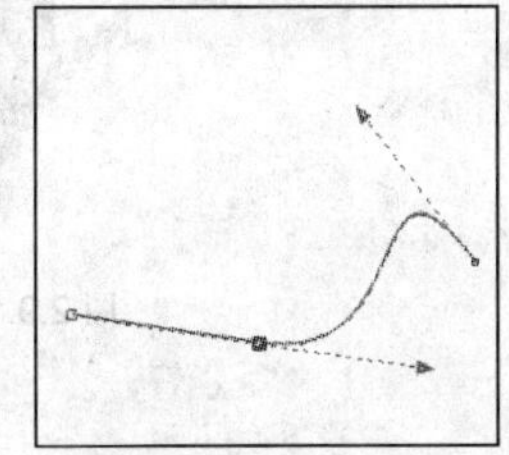

图 2.8.16　将曲线转换为直线

（2）将鼠标指针移至直线段中的节点上，单击选取该节点，然后在形状工具属性栏中单击“转换直线为曲线”按钮，用鼠标拖动控制柄可改变曲线的形状，如图 2.8.17 所示。

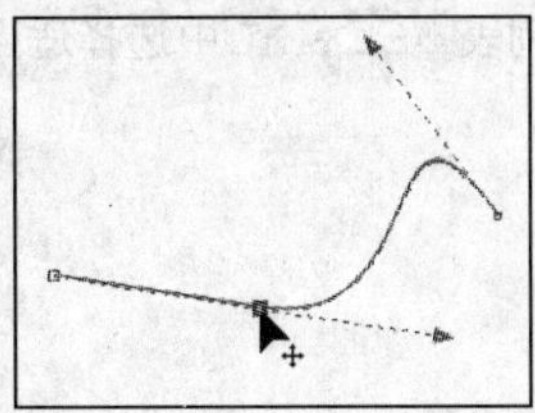
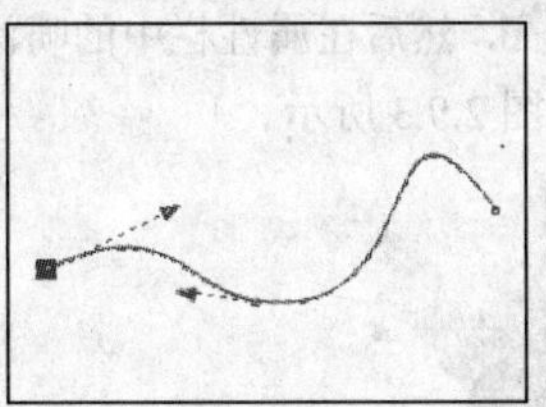

图 2.8.17　将直线转换为曲线

2.8.10　反转曲线的方向

CorelDRAW X3 中的线都具有方向性，在使用手绘工具与贝塞尔工具等绘制的线条中，先确定的节点为起点，最后一个节点为终点。在使用形状工具或挑选工具选择线条时，起点处的节点最大。

起点的方向不一样，控制节点线条的方式也不一样。如果选择如图 2.8.18 所示的第 3 个节点，单击“转换曲线为直线”按钮时，可将节点左边的曲线转换为直线；如果先在属性栏中单击“反转曲线方向”按钮，反转曲线的方向后再选择第 3 个节点，单击“转换曲线为直线”按钮时，即可将节点右边的曲线转换为直线。反转曲线的效果如图 2.8.19 所示。

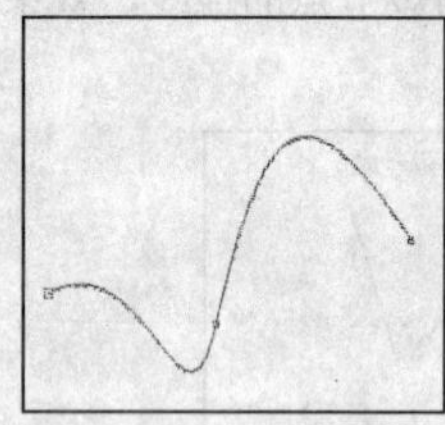

图 2.8.18 选择曲线

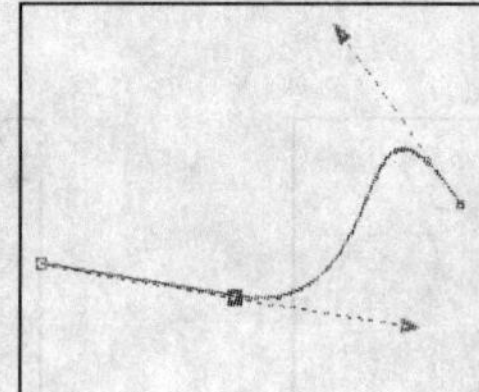

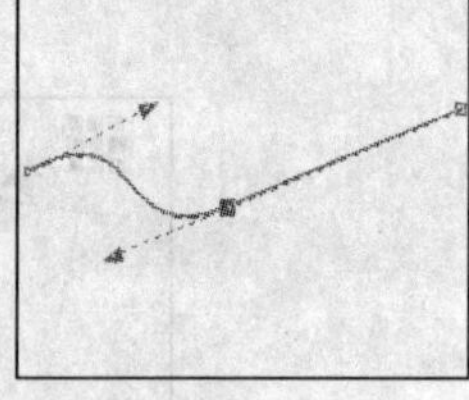

图 2.8.19 反转曲线的方向

2.9 课堂实训——绘制图案效果

本节将综合运用前面所学的内容绘制图案，最终效果如图 2.9.1 所示。

图 2.9.1 最终效果图

操作步骤

（1）新建一个图形文件，单击工具箱中的“手绘工具”按钮，将鼠标指针移至绘图区中，按住鼠标左键并拖动，可绘制如图 2.9.2 所示的封闭曲线图形。

（2）使用挑选工具选择绘制的图形，单击工具箱中的“艺术笔工具”按钮，在其属性栏中单击“喷罐模式”按钮，然后在属性栏中的喷涂文件列表中选择适当的喷涂样式，设置属性栏中的其他参数如图 2.9.3 所示。

图 2.9.2 绘制封闭曲线图形

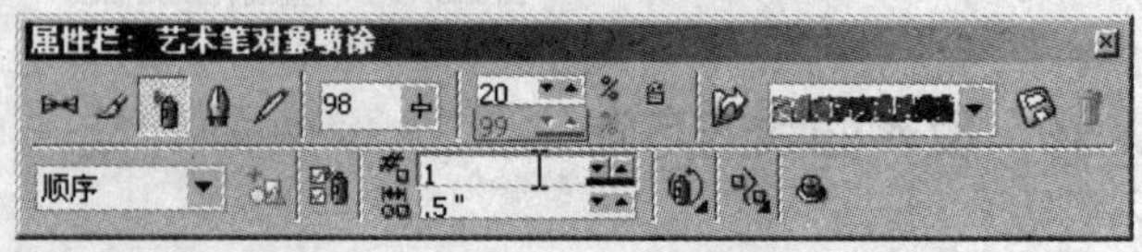

图 2.9.3 喷罐模式属性栏

（3）此时，即可将设置的图案应用于所选的曲线图形上，效果如图 2.9.4 所示。

（4）单击艺术笔工具属性栏中“书法模式”按钮，设置其属性栏参数如图 2.9.5 所示。

图 2.9.4　应用喷罐模式效果

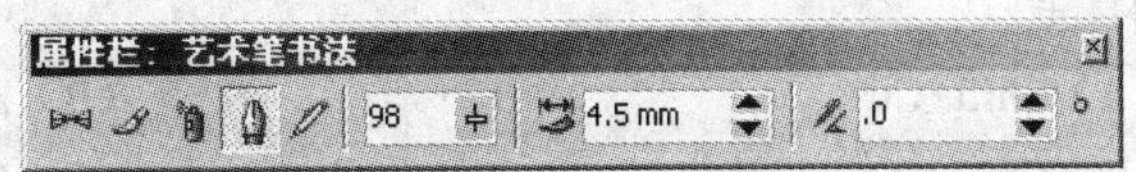

图 2.9.5　书法模式属性栏

（5）在绘图区中拖动鼠标绘制文本“LOVE”，效果如图 2.9.6 所示。

图 2.9.6　绘制文本效果

（6）单击工具箱中的“挑选工具”按钮，框选绘图区中的“LOVE”文本，在调色板中单击红色色块，对其进行填充，最终效果如图 2.9.1 所示。

本 章 小 结

本章主要介绍了 CorelDRAW X3 中各种线条的绘制方法及技巧，通过本章的学习，读者应熟练掌握在 CorelDRAW X3 中绘制各种复杂线条的方法，并能对绘制好的线条进行编辑。

操 作 练 习

一、填空题

1．在 CorelDRAW X3 中，使用________不仅可以绘制出不封闭的直线、连续折线和曲线等线型，还可以绘制封闭图形。

2．使用________可以绘制平滑的曲线，也可绘制直线。

3．在绘制曲线的过程中，按住________键，可编辑曲线线段，可以进行节点的转换、移动和调整等操作。

4．节点的类型共有 3 种，即________、________与________。

5．使用螺旋形工具可以绘制两种不同的螺旋形，即_________螺纹与_________螺纹。

6．对曲线而言看，节点的类型有 3 种，即_________、_________与对称。

7．使用_________工具可以将图形剪切成开放的曲线，也可将一个图形对象分割成两个图形对象。

二、选择题

1．用手绘工具在绘图区中确定直线的起点位置后，按住（ ）键的同时拖动鼠标，可绘制水平或垂直的直线。

（A）Shift+Ctrl （B）Alt

（C）Ctrl （D）Shift

2．使用手绘工具绘制曲线后按住鼠标左键不放，并同时按住（ ）键，再沿之前所绘曲线路径返回，则可将绘制曲线时经过的路径清除。

（A）Ctrl （B）Alt

（C）Shift+Ctrl （D）Shift

3．利用（ ）可以创建具有特殊艺术效果的线条或图案。

（A）手绘工具 （B）艺术笔工具

（C）贝塞尔工具 （D）基本形状工具

4．下列选项中，（ ）不属于艺术笔工具笔触的模式。

（A）画笔 （B）压力

（C）书法 （D）喷罐

5．（ ）是指将一个节点分割成两个节点，使一条完整的线条成为两条断开的线条，但分割后仍然是一个整体。

（A）删除 （B）分割

（C）连接 （D）断开

6．使用（ ）绘制好一条直线后，按键盘上的空格键也可切换为挑选工具，再次按空格键又切换为（ ）。

（A）挑选工具 （B）形状工具

（C）矩形工具 （D）贝塞尔工具

三、简答题

1．简述如何使用书法工具绘制艺术笔触效果。

2．简述如何使用钢笔工具绘制连续的直线与曲线。

3．简述如何在曲线上添加节点。

四、上机操作题

1．新建一个图形文件，在绘图区中绘制两个或两个以上的基本图形，练习使用交互式连线工具将它们连接起来。

2．新建一个图形文件，练习使用手绘工具、贝塞尔工具、艺术笔工具在绘图区中分别绘制曲线、直线以及艺术线条。

3．练习使用智能绘图工具绘制一个梯形。

第 3 章　图形的绘制与编辑

CorelDRAW X3 是一个功能强大的绘图软件，为用户创建各种图形对象提供了一整套的工具，利用这些工具可以十分方便地绘制出各种图形对象，而且还可以对绘制的图形对象进行编辑。

知识要点

- 绘制矩形
- 绘制椭圆
- 绘制多边形
- 绘制预设的图形
- 绘制创意图形
- 标注图形
- 编辑图形

3.1　绘制矩形

CorelDRAW X3 中提供了两种绘制矩形的工具，即矩形工具和 3 点矩形工具。使用这两种工具可以方便地绘制任意形状的矩形。

3.1.1　矩形工具的使用

矩形是用户在设计制作中经常使用的基本图形。在 CorelDRAW X3 中有许多绘制矩形和圆角矩形的方法和技巧。

1．绘制矩形

单击工具箱中的“矩形工具”按钮，或按“F6”键，当鼠标指针变为形状时，将其移动到绘图区，单击鼠标左键不放，确定矩形的起点，拖动鼠标指针至对角线的另一端，释放鼠标，即可绘制一个矩形，如图 3.1.1 所示。

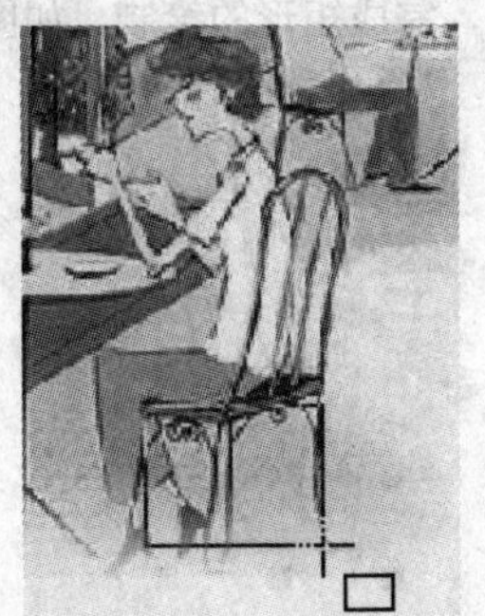

图 3.1.1　绘制矩形

2．绘制圆角矩形

在绘图页面中绘制一个矩形，在绘制矩形的属性栏中，如果先将“边角圆滑度数值”后的小锁图标选定，则改变“边角圆滑度数值”时，4 个角的角值将相同。设定好其数值后，按“Enter”键，圆角矩形效果如图 3.1.2 所示。

图 3.1.2　绘制圆角矩形

也可以单击“形状工具”按钮，在绘制好的矩形上分别按住鼠标左键拖曳矩形 4 个角的节点，改变边角的圆角程度，拖曳到一定程度时，释放鼠标即可绘制一个圆角矩形。

3．绘制正方形

单击工具箱中的“矩形工具”按钮，当鼠标指针变为形状时，将鼠标指针移至绘图区中，按住“Ctrl”键的同时拖动鼠标，即可绘制一个正方形，如图 3.1.3 所示。

图 3.1.3　使用矩形工具绘制正方形

3.1.2　三点矩形工具的使用

单击工具箱中的“三点矩形工具”按钮，当鼠标指针变为形状时，将其移动到绘图区，单击鼠标左键不放，确定矩形的起点，拖动鼠标至另一点，松开鼠标，完成矩形一条边的绘制，移动鼠标，确定与此边平行的边的位置，再次单击鼠标左键，完成矩形的绘制，如图 3.1.4 所示。

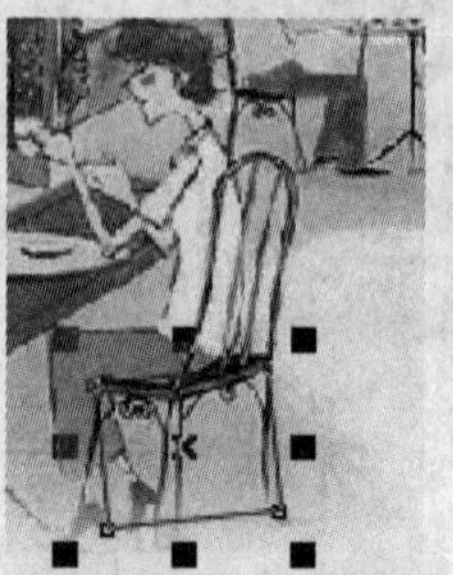

图 3.1.4　绘制矩形

提示： 在使用 3 点矩形工具绘制矩形时，按住“Ctrl”键的同时移动鼠标指针至边的任意一侧单击，松开鼠标，即可绘制一个正方形，如图 3.1.5 所示。

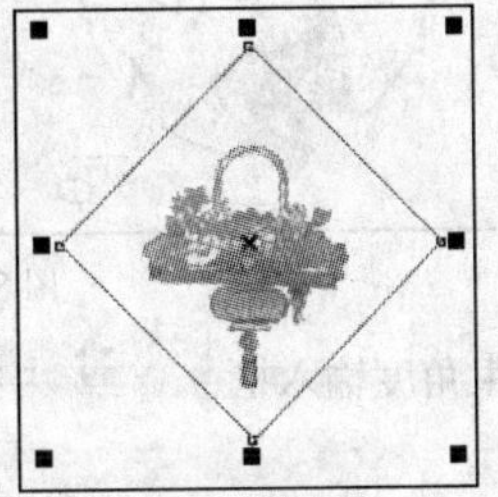

图 3.1.5　使用 3 点矩形工具绘制正方形

3.2　绘 制 椭 圆

在设计制作中，椭圆和圆形是经常使用的两种基本图形。要绘制圆形可通过工具箱中的椭圆工具与 3 点椭圆工具来完成，另外，在 CorelDRAW X3 中还可以使用椭圆工具绘制饼形与弧形。

3.2.1　椭圆工具的使用

在 CorelDRAW X3 中，使用椭圆工具不仅可以绘制椭圆，而且还可以绘制圆、饼形和弧形。

1．绘制椭圆

单击工具箱中的“椭圆工具”按钮，当鼠标指针变为形状时，将其移动到绘图区，单击鼠标左键不放，确定椭圆的起点，拖动鼠标至另一点，释放鼠标，即可绘制一个椭圆，如图 3.2.1 所示。

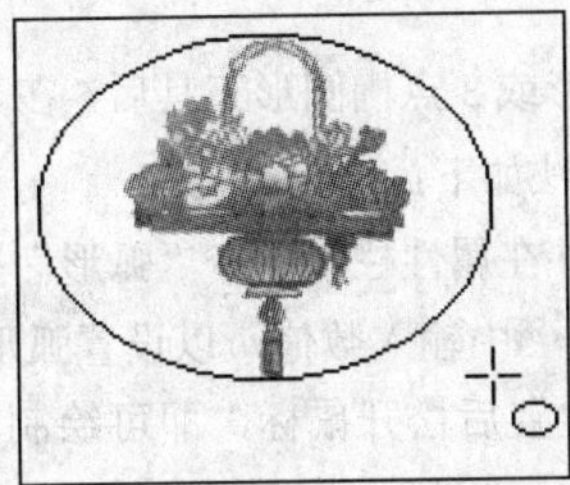

图 3.2.1　绘制椭圆

2．绘制圆

使用椭圆工具绘制圆的方法与使用矩形工具绘制正方形的方法相同，绘制时按住“Ctrl”键即可。如果按住“Shift+Ctrl”键的同时拖动鼠标绘制，则可以绘制出以起点为中心向外扩展的圆，如图 3.2.2 所示。

3．绘制饼形

饼形实际是指不完整的椭圆。要绘制饼形，其具体的操作方法如下：

（1）单击工具箱中的“椭圆工具”按钮或“3 点椭圆工具”按钮，在属性栏中单击“饼形”按钮。

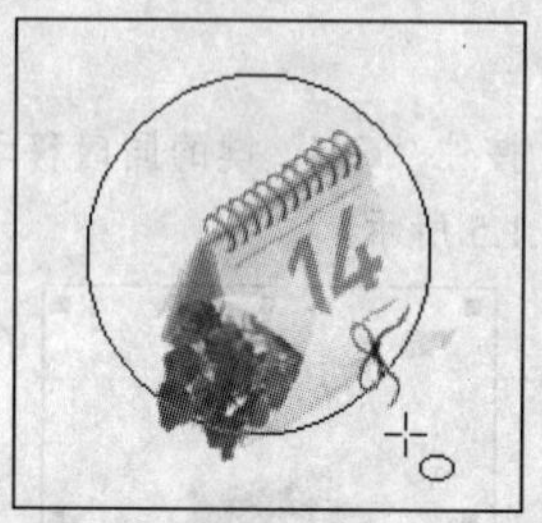
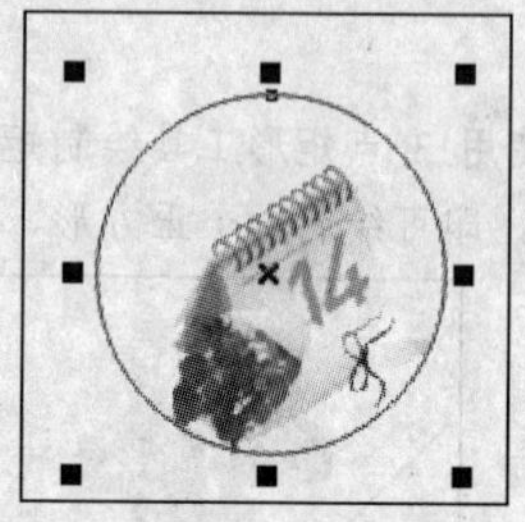

图 3.2.2 绘制圆

（2）在起始和结束角度输入框 中输入数值，以设置饼形的弧度，此处分别输入数值 20 和 150。

（3）将鼠标指针移至绘图区中，按住鼠标左键拖动，至适当位置后松开鼠标即可绘制饼形，如图 3.2.3 所示。

如果对绘制的饼形不满意，可在选中饼形的状态下，在属性栏中的起始和结束角度输入框 中重新调整数值。

绘制好饼形后，在属性栏中单击“顺时针/逆时针弧形或饼形”按钮，可将所绘制的图形反方向替换，也就是说，将得到所绘制饼形的另外一部分，如图 3.2.4 所示。

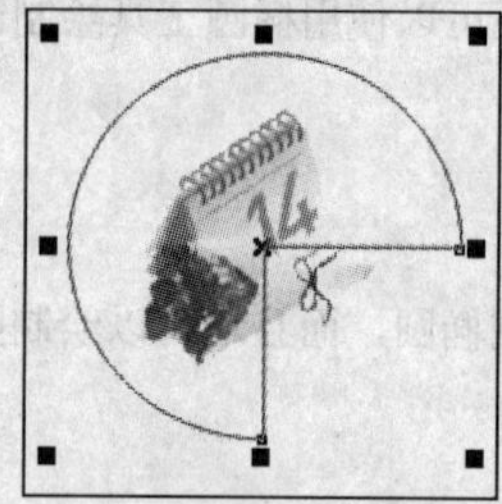

图 3.2.3 绘制饼形

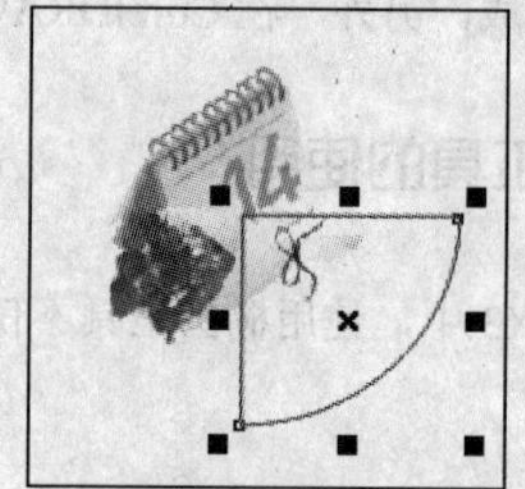

图 3.2.4 反方向替换绘制的饼形

4．绘制弧形

弧形与饼形不同，它是没有轴线的。在选择椭圆形或 3 点椭圆形工具后，在其属性栏中单击“弧形”按钮，即可进行弧形的绘制，其具体的操作方法如下：

（1）单击工具箱中的“椭圆形工具”按钮，并在属性栏中单击“弧形”按钮。

（2）在属性栏中的起始和结束角度输入框 中输入数值，以设置弧形的弧度，然后将鼠标指针移至绘图区中，按住鼠标左键拖动，至适当位置后松开鼠标，即可绘制出弧形，如图 3.2.5 所示。

绘制好弧形后，在属性栏中单击“确定饼形或弧形的方向”按钮，也可将所绘制的图形反方向替换，如图 3.2.6 所示。

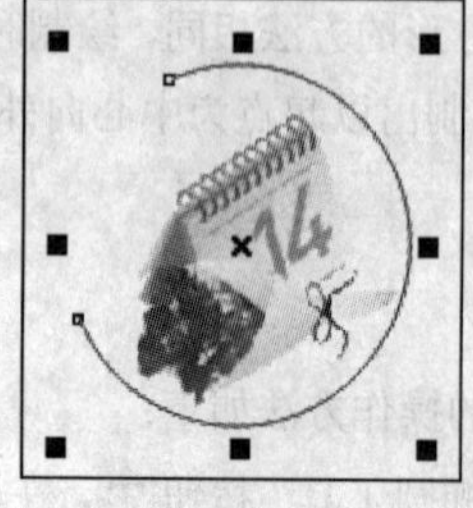

图 3.2.5 绘制弧形

图 3.2.6 反方向替换弧形

3.2.2　3 点椭圆工具的使用

使用 3 点椭圆工具时，先通过拖动鼠标的方法确定椭圆一个轴的长度和方向，然后在轴任意一侧单击鼠标确定另一个轴的长度。具体的操作方法如下：

（1）单击工具箱中椭圆工具组中的“3 点椭圆工具”按钮。

（2）将鼠标指针移至绘图区中，按住鼠标左键并拖动，可绘制出一条线段作为椭圆的轴线，松开鼠标后，移动鼠标指针至线段一侧，在适当位置单击即可，如图 3.2.7 所示。

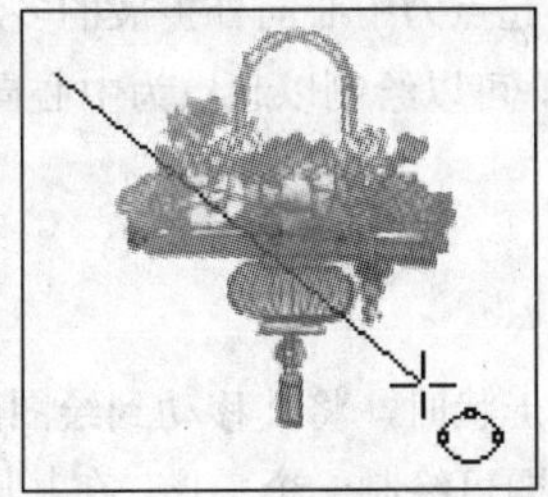

图 3.2.7　使用 3 点椭圆工具绘制椭圆

利用 3 点椭圆工具也可以绘制圆形，按住“Ctrl”键的同时在绘图区中拖动鼠标可绘制圆形；若按住“Shift”键的同时拖动鼠标绘制，则可以以确定的两个点之间的线段为对称轴绘制椭圆形；如果按住“Shift+Ctrl”键的同时拖动鼠标绘制，则会以确定的两个点之间的线段作为半径和对称轴绘制圆形，如图 3.2.8 所示。

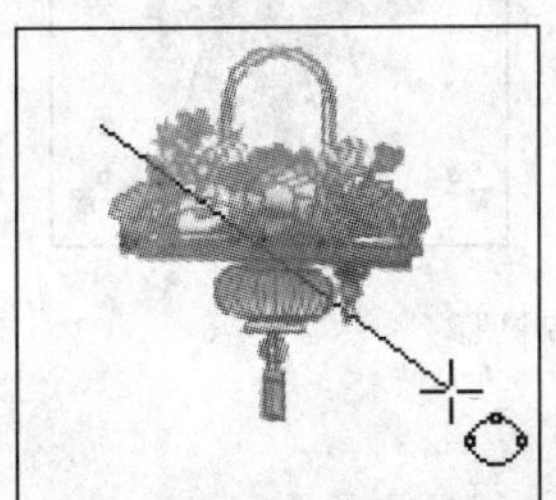
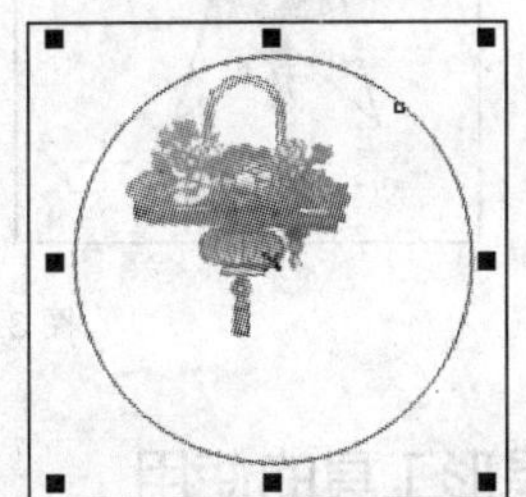

图 3.2.8　使用 3 点椭圆工具绘制圆

3.3　绘制多边形

在 CorelDRAW X3 中，多边形是指图形的边数为 3 条或 3 条以上的规则图形对象，如常见的三角形、菱形、星形、五边形以及六边形等。

3.3.1　多边形工具的使用

单击工具箱中的“多边形工具”按钮，在绘图区中单击鼠标左键并拖动，即可绘制出默认设置下的五边形，如图 3.3.1 所示。

如果要改变已绘制的多边形的边数，可先选择绘制的多边形，然后在多边形工具属性栏中的多边形端点数输入框中输入所需的边数，按回车键，即可得到所需边数的多边形，在此输入数值“8”，得到的效果如图 3.3.2 所示。

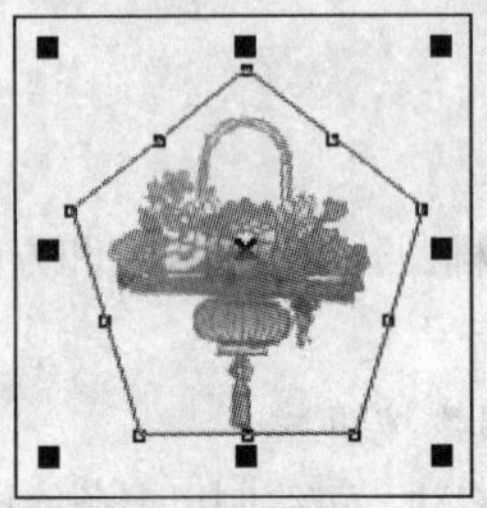
图 3.3.1 绘制五边形

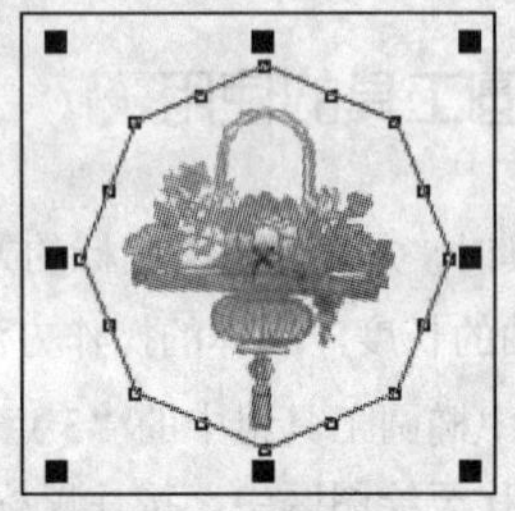
图 3.3.2 绘制八边形

如果在按住"Shift"键的同时拖动鼠标，可以绘制以起点为中心向外扩展的多边形；如果按住"Ctrl"键，可以绘制正多边形；如果同时按住"Shift+Ctrl"键，可以绘制以起点为中心向外扩展的正多边形。

3.3.2 星形工具的使用

选择工具箱中的星形工具，当鼠标指针变为形状时，将其移动到绘图区，单击鼠标左键不放，确定星形的起点，拖动鼠标至另一点，释放鼠标，即可绘制一个星形，在其属性栏中的微调框中可以设置星形的角数，如图 3.3.3 所示。

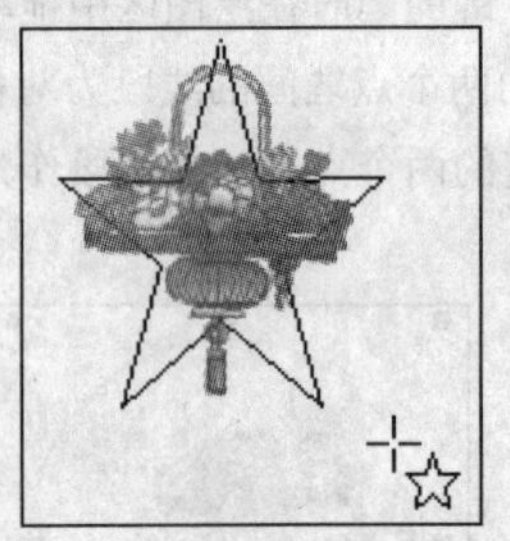

图 3.3.3 绘制星形

3.3.3 复杂星形工具的使用

使用复杂星形工具可绘制复杂星形图形，只要在工具栏中单击"复杂星形工具"按钮，在绘图区中拖动鼠标，即可绘制复杂的星形图形，如图 3.3.4 所示。

在复杂星形工具属性栏中的微调框中输入数值，可改变复杂星形的角数，如图 3.3.5 所示。

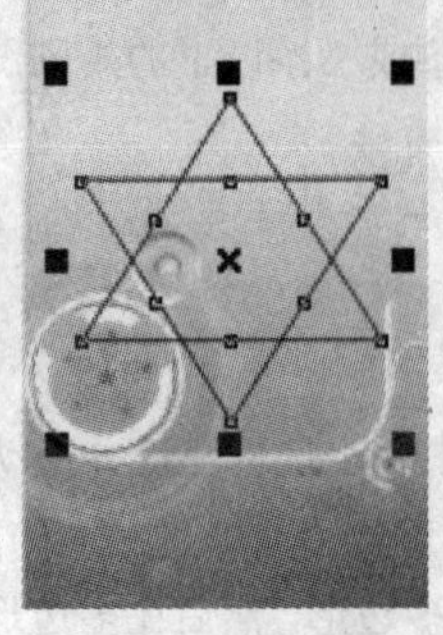
图 3.3.4 绘制复杂星形

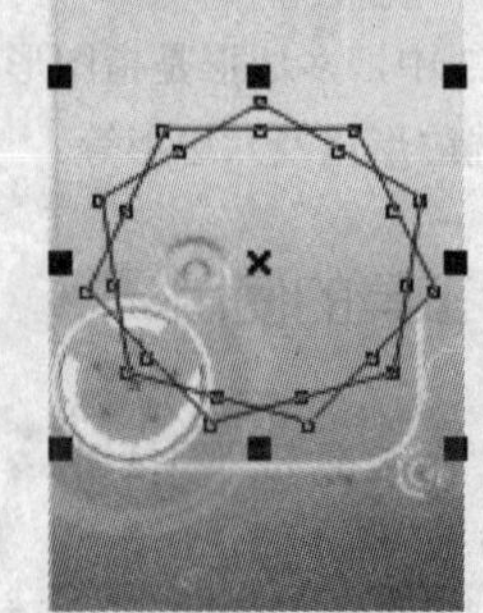
图 3.3.5 改变复杂星形的角数

在复杂星形工具属性栏中的微调框中输入数值，可改变复杂星形的锐度，图 3.3.6 所示的是锐度为 2 和 4 时的复杂星形效果。

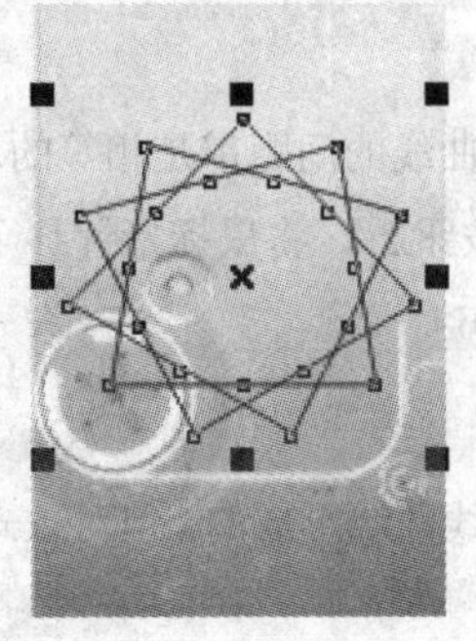

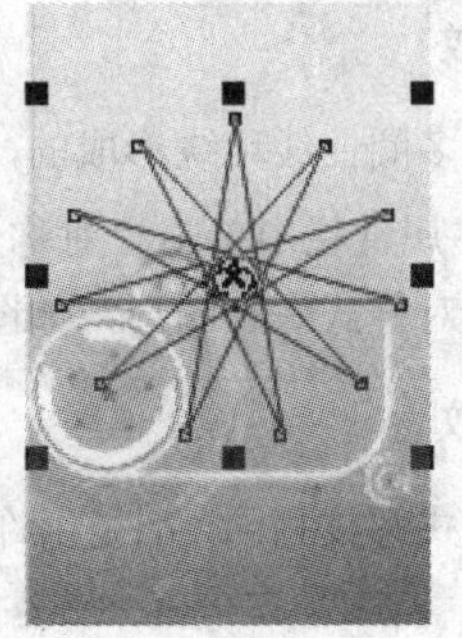

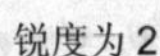

锐度为 2　　锐度为 4

图 3.3.6　不同锐度的复杂星形效果

3.3.4　图纸工具的使用

在 CorelDRAW X3 中可以通过选择多边形工具组中的图纸工具来绘制网格，其具体的操作方法如下：

单击工具箱中的“图纸工具”按钮，在绘图区中按下鼠标左键不放，从左上角向右下角拖曳鼠标到需要的位置，释放鼠标左键，即可绘制一个网格状的图形，如图 3.3.7 所示。在属性栏中的图纸列数和行数微调框中可设置网格的列数和行数。

使用挑选工具选取网格状图形，选择菜单栏中的 排列(A) → 取消群组(U) 命令，或按“Ctrl+ U”键，将绘制的网状图形取消组合。使用挑选工具可以单选其中的各个图形，并对其进行拆分，如图 3.3.8 所示。

图 3.3.7　绘制网格

图 3.3.8　拆分网格

技巧：按住“Ctrl”键的同时在页面中拖动鼠标可绘制正网格图纸；按住“Shift”键的同时拖动鼠标可绘制以起点为中心等比缩放的网格纸；按住“Shift+Ctrl”键的同时拖动鼠标可绘制以起点为中心向外扩展的正网格纸。

3.3.5　螺纹形工具的使用

从某种角度来讲，使用螺纹工具绘制的图形属于线，但在 CorelDRAW X3 中，将它与多边形工具与图纸工具放在同一个工具组中，这是由于螺纹的绘制方法与多边形和图纸的绘制方法相似。使用螺纹形工具可以绘制两种不同的螺纹形，即对称式螺纹与对数式螺纹。

1．绘制对称式螺纹

对称式螺纹是由许多圈曲线环绕形成的，且每一圈曲线的间距都是相等的。单击工具箱中的“螺纹形工具”按钮，在属性栏中单击“对称式螺纹”按钮，将鼠标指针移至绘图区中，按住鼠标左键拖动，即可绘制出对称式螺纹图形，如图 3.3.9 所示。

2．绘制对数式螺纹

对数式螺纹与对称式螺纹相同，都是由许多圈的曲线环绕形成的，但对数式螺纹的间距可以等量增加。

要绘制对数式螺纹图形，可单击螺纹工具属性栏中的“对数式螺纹”按钮，将鼠标指针移至绘图区中，按住鼠标左键并拖动，即可绘制出对数式螺纹，如图 3.3.10 所示。

图 3.3.9　对称式螺纹

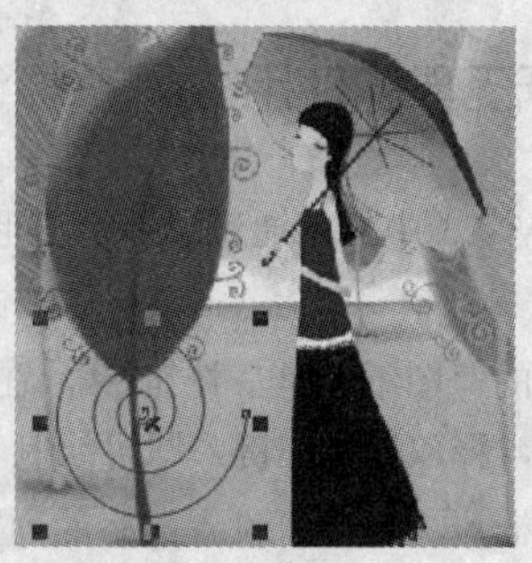
图 3.3.10　对数式螺纹

在属性栏中的螺纹回圈输入框中输入数值可设置螺纹的圈数。

3.4　绘制预设的图形

在 CorelDRAW X3 中提供了一些比较常用的图形，如星形、箭头与标注等，选择预设图形绘制工具可以方便地绘制出一些特殊的图形。

3.4.1　基本形状工具的使用

使用基本形状工具可以绘制出各种基本图形。单击工具箱中的“基本形状”按钮，其属性栏显示如图 3.4.1 所示。

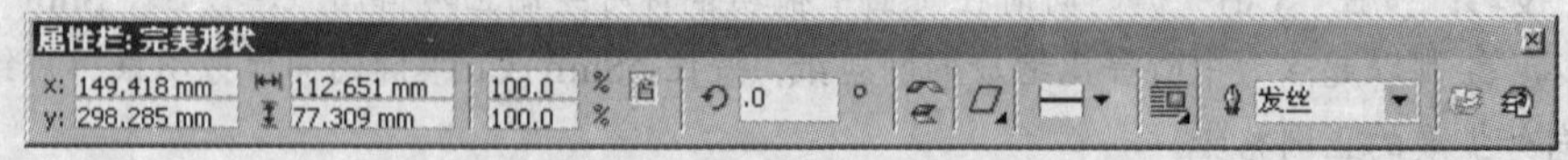

图 3.4.1　“基本形状工具”属性栏

在属性栏中单击“完美形状”按钮，可打开基本形状面板。从中选择任意一种形状，在绘图区中拖动鼠标，即可绘制出所选的图形，如图 3.4.2 所示。

在属性栏中单击轮廓样式选择器下拉列表框，可弹出轮廓样式选择器下拉列表，在此列表中可选择轮廓线的样式。

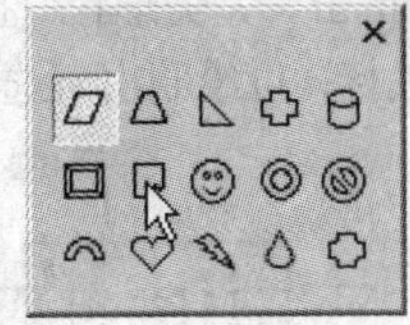

图 3.4.2　绘制基本形状

3.4.2　流程图工具的使用

CorelDRAW X3 中提供了流程图工具，使用它可以绘制出多种常见的数据流程图、信息系统的业务流程图等，具体的操作方法如下：

（1）在基本形状工具组中单击“流程图形状”按钮。

（2）在属性栏中单击“完美形状”按钮，可打开流程图面板。

（3）从中选择一种形状，在绘图区中按住鼠标左键拖动，即可绘制出所选的流程图形状，效果如图 3.4.3 所示。

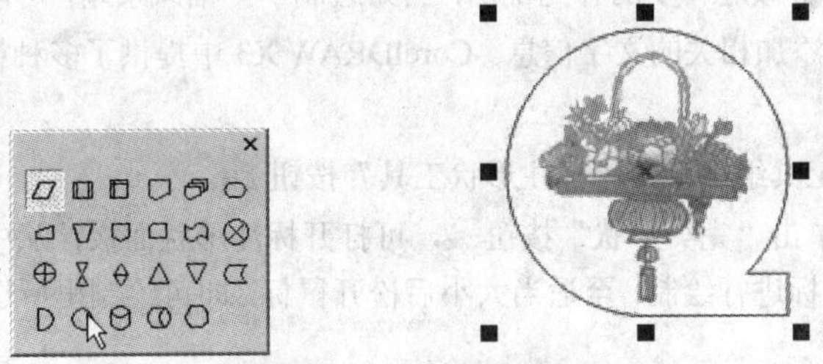

图 3.4.3　绘制流程图

3.4.3　箭头工具的使用

CorelDRAW X3 中提供了多种箭头类型，绘制这些箭头的具体操作方法如下：

（1）单击基本形状工具组中的“箭头形状”按钮。

（2）在属性栏中单击“完美形状”按钮，在打开的预设箭头形状面板中选择所需的箭头形状，在绘图区中拖动鼠标即可绘制出所选的箭头图形，如图 3.4.4 所示。

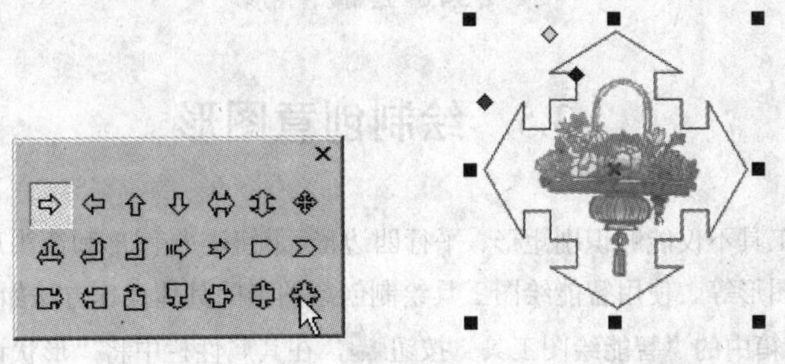

图 3.4.4　绘制箭头

3.4.4　标题形状工具的使用

单击工具箱中的“标题形状”按钮，在属性栏中单击“完美形状”按钮，可弹出预设的标题形状面板。从中选择任意一种形状，在绘图区中拖动鼠标，可绘制出所选的标题形状图形，效果如图 3.4.5 所示。

图 3.4.5　绘制标题形状

3.4.5　标注形状工具的使用

标注经常用于对图形做进一步的补充说明，例如绘制了一幅风景画，可以在风景画上绘制标注图形，并可在标注图形中添加相关的文字信息。CorelDRAW X3 中提供了多种标注图形，绘制标注图形的操作方法如下：

（1）在基本形状工具组中单击“标注形状工具”按钮。

（2）在属性栏中单击“完美形状”按钮，可打开标注形状面板，从中选择所需的标注形状，然后在绘图区中拖动鼠标进行绘制，至适当大小后松开鼠标，即可绘制出所选的标注图形，如图 3.4.6 所示。

图 3.4.6　绘制标注图形

3.5　绘制创意图形

使用智能绘图工具不仅能够识别矩形、平行四边形、圆形、椭圆形和箭头形状，而且能够智能地平滑曲线、最小化图形等。使用智能绘图工具绘制创意图形的具体操作方法如下：

（1）单击工具箱中的“智能绘图工具”按钮，在其属性栏中将“形状识别等级”与“智能平滑等级”两项设置为最高。

（2）在绘图区中徒手绘制出一个类似菱形的图形，如图 3.5.1 所示，完成绘制后，CorelDRAW 会自动将其转换成近似的菱形图形，效果如图 3.5.2 所示。

图 3.5.1　徒手绘制的形状

图 3.5.2　智能绘图工具自动转换的结果

3.6 标 注 图 形

在进行设计创作时，经常要在设计的图纸上标注出图形的尺寸和角度。对图形进行标注主要通过度量工具来完成。

单击工具箱中的“度量工具”按钮，其属性栏如图 3.6.1 所示。

图 3.6.1　“度量工具”属性栏

对图形进行垂直尺度标注的方法如下：

（1）单击工具箱中的“度量工具”按钮，在其属性栏中单击“垂直度量工具”按钮。

（2）在要测量的图形的最高点单击鼠标确定一点，再将鼠标指针移动到所要测量的图形的最低点，单击鼠标确定另一点。

（3）将鼠标指针移动到标注尺度的合适位置，单击鼠标即可，如图 3.6.2 所示。

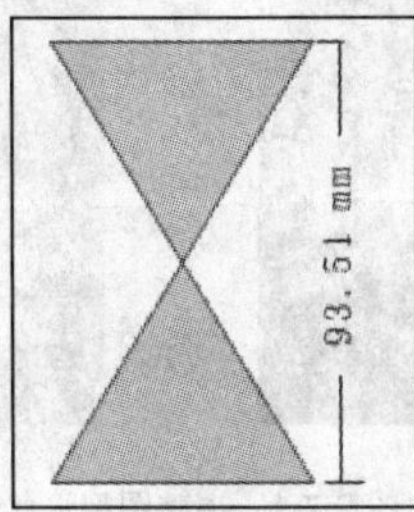

图 3.6.2　垂直尺度标注

对图形进行水平尺度标注的方法如下：

（1）单击工具箱中的“度量工具”按钮，在其属性栏中单击“水平度量工具”按钮。

（2）在要测量的图形的最左边点上单击鼠标确定一点，再将鼠标指针移动到所要测量图形的最右边的点上，单击鼠标确定另一点。

（3）将鼠标指针移动到标注尺度的合适位置，单击鼠标即可，如图 3.6.3 所示。

对图形进行角度标注的方法如下：

（1）单击工具箱中的“度量工具”按钮，在其属性栏中单击“角度量工具”按钮。

（2）在要测量角度的图形的顶点单击鼠标确定第一个点，再将鼠标指针移动到所要测量的角对应的一个边上，单击鼠标确定第二个点，用同样的方法在角对应的另一边上单击鼠标确定第三个点。

（3）将鼠标指针移动到标注角度的合适位置，单击鼠标即可，如图 3.6.4 所示。

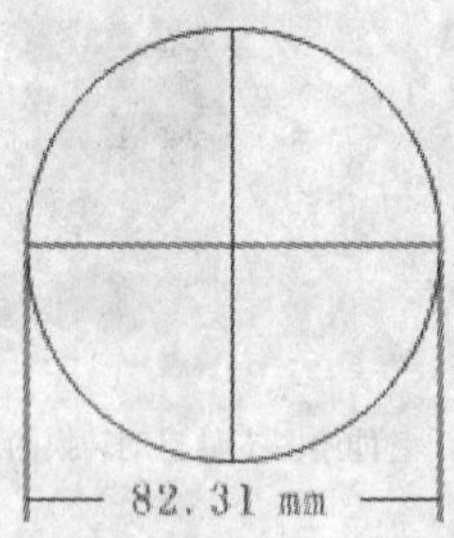

图 3.6.3　水平尺度标注

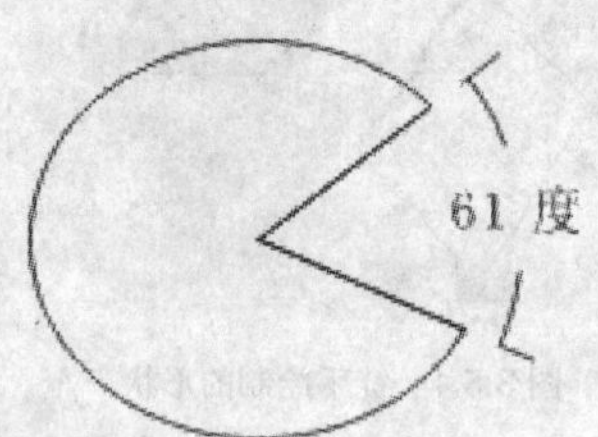

图 3.6.4　标注角度

3.7　编 辑 图 形

CorelDRAW X3 中提供了一系列用于编辑图形对象的工具，利用这些工具可以灵活地编辑与修改图形对象，以满足设计需要。

3.7.1　形状工具的使用

使用形状工具可以对绘制的图形节点进行调整。使用形状工具编辑图形的具体操作方法如下：

（1）在绘图区中选中要编辑的图形，单击工具箱中的 “形状工具”按钮。

（2）当鼠标指针变为形状时，将其移动到所选择图形的任意节点处。单击鼠标并拖动，调整该节点位置，效果如图 3.7.1 所示。

图 3.7.1　调整图形形状

3.7.2　粗糙笔刷工具的使用

粗糙笔刷是一种多变的扭曲变形工具，它可用来改变矢量图形对象中曲线的平滑度，从而产生粗糙的变形效果。使用粗糙笔刷编辑图形的具体操作方法如下：

（1）使用挑选工具选中要处理的图形对象，然后从工具箱中的形状工具组中选择粗糙笔刷工具。

（2）将鼠标指针移至图形对象上，此时鼠标指针变成①形状，在矢量图形的轮廓线上单击鼠标并拖动，即可将其曲线粗糙化，如图 3.7.2 所示。

图 3.7.2　使用粗糙笔刷工具前后的效果

当涂抹笔刷和粗糙笔刷应用于规则形状的矢量图形（矩形、椭圆和基本形状）时，会弹出“转换为曲线”对话框，提示用户：“涂抹笔刷和粗糙笔刷仅用于曲线对象，是否让 CorelDRAW 自动将其转化成可编辑的对象？”，此时可单击 确定 按钮或者先按“Ctrl+Q”键将其转换成曲线后再应用这两个变形工具。

3.7.3　涂抹笔刷工具的使用

使用涂抹笔刷可以编辑使用手绘工具、贝塞尔工具绘制的或转曲后的基本图形，它只适用于曲线对象。使用涂抹笔刷编辑图形的方法有两种，一种是从图形外部向图形内部拖动鼠标，另一种是从图形内部向外部拖动鼠标。要使用涂抹笔刷编辑图形，其具体的操作方法如下：

（1）在绘图区中绘制图形后，单击工具箱中的“涂抹笔刷工具”按钮。

（2）将鼠标指针移至对象的外部，按住鼠标左键并拖动至图形内部，释放鼠标，此时的效果如图 3.7.3 所示。

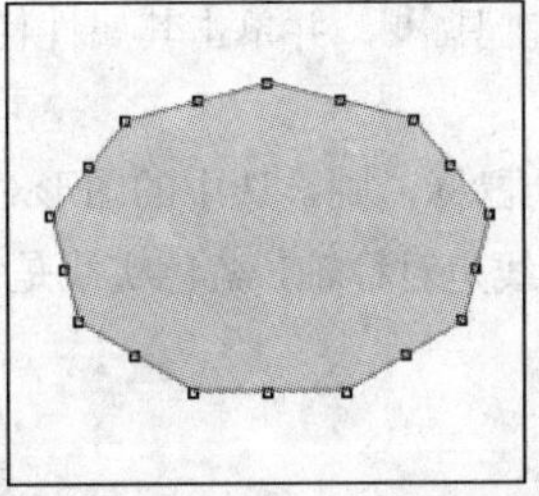

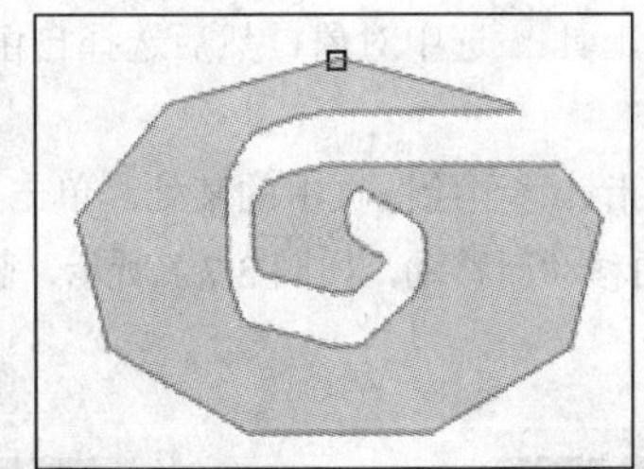

图 3.7.3　从外向内拖动鼠标进行涂抹

（3）也可将鼠标指针移至对象的内部，并按住鼠标左键向对象外部拖动，涂抹效果如图 3.7.4 所示。

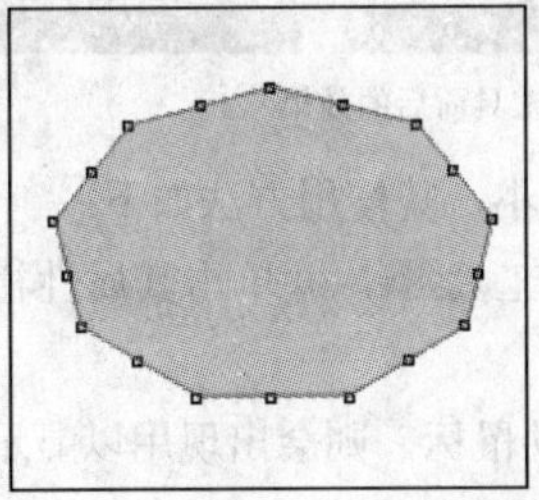

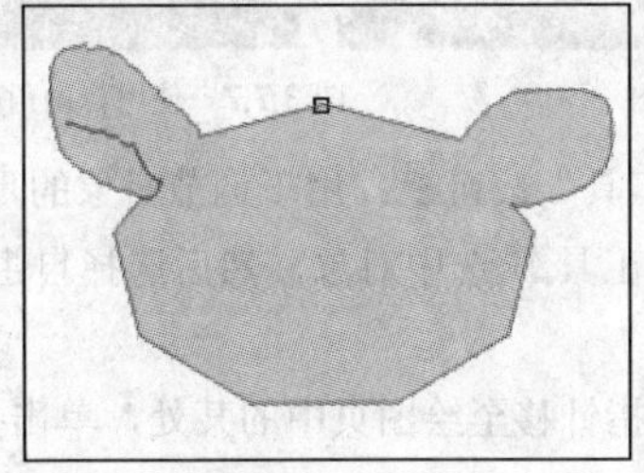

图 3.7.4　从内向外拖动鼠标进行涂抹

3.7.4 自由变换工具的使用

选中要变形的对象，单击工具箱中的“自由变换工具”按钮，打开如图 3.7.5 所示的自由变换工具属性栏。

图 3.7.5 “自由变换工具”属性栏

该属性栏中各选项介绍如下：

“自由旋转工具”按钮：用于旋转对象，其使用方法如下：

（1）用挑选工具选中对象，然后选择自由变换工具，并单击其属性栏中的“自由旋转工具”按钮。

（2）将鼠标指针移至绘图页中的某处，单击并拖动鼠标，则被选中的图形对象将以单击处为参考点，随着鼠标的移动而旋转，如图 3.7.6 所示。

图 3.7.6 使用“自由旋转工具”前后的效果

“自由角度镜像工具”按钮：用于将对象移动到它的映像位置，其使用方法如下：

（1）用挑选工具选中对象，然后选择自由变换工具，并单击其属性栏中的“自由角度镜像工具”按钮。

（2）将鼠标指针移至绘图页中的某处，单击并拖动鼠标，则被选中的图形对象将以单击处为中心点，随着鼠标的移动而移动，如图 3.7.7 所示，蓝色虚线是对称轴，蓝色实线是镜像后对象的位置。

图 3.7.7 使用自由角度镜像工具前后的效果

“自由调节工具”按钮：用于调节对象的尺寸大小，其使用方法如下：

（1）用挑选工具选中对象，然后选择自由变换工具，并单击其属性栏中的“自由调节工具”按钮。

（2）将鼠标指针移至绘图页中的某处，单击并移动鼠标，则会出现用以显示调节后对象大小的蓝色线框，当其显示的大小合适时，释放鼠标即可得到调节后的图形效果，如图 3.7.8 所示。

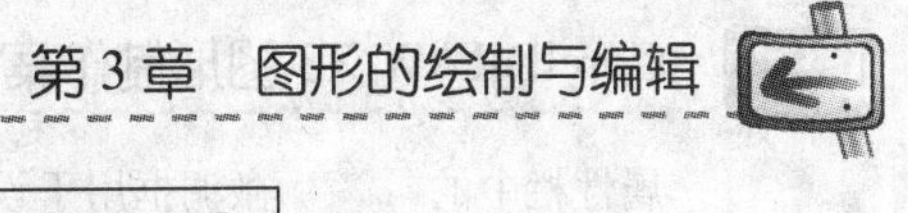

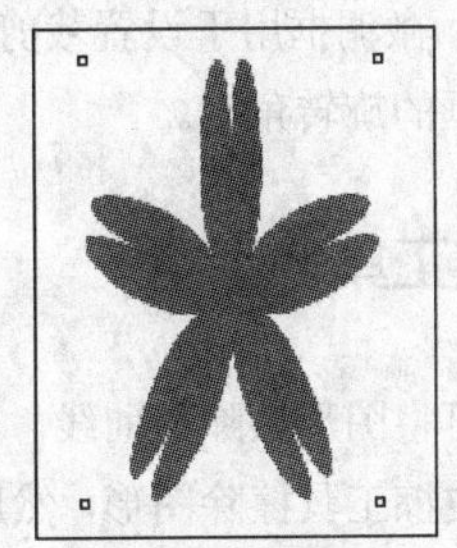

图 3.7.8　使用自由调节工具前后的效果

“自由扭曲工具”按钮：用于将所选对象沿不同方向进行倾斜，其使用方法如下：

（1）用挑选工具选中对象，然后选择自由变换工具，并单击其属性栏中的“自由扭曲工具”按钮。

（2）将鼠标指针移至绘图页中的某处，单击并拖动鼠标，则会出现用以显示调节后对象形状的蓝色线框，当其显示的形状合适时，释放鼠标即可得到调节后的图形效果，如图 3.7.9 所示。

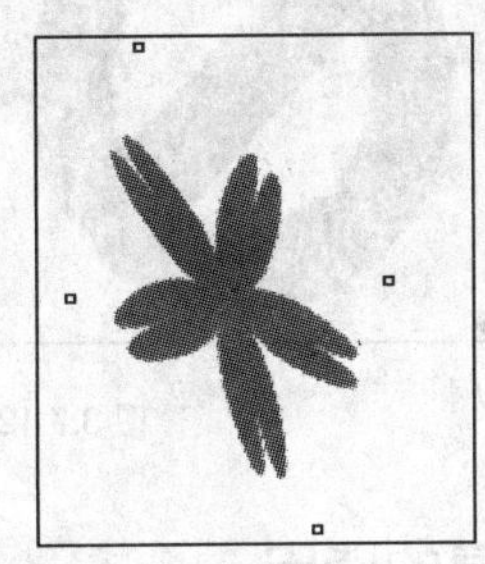

图 3.7.9　使用自由扭曲工具前后的效果

3.7.5　裁剪工具的使用

使用挑选工具选中要裁剪的对象，单击工具箱中的“裁剪工具”按钮，在所选择的对象上拖动鼠标，根据拖动出的裁剪框大小重新设置图片的大小，双击鼠标完成图像的裁剪，效果如图 3.7.10 所示。

图 3.7.10　裁剪图像效果

也可通过裁剪工具的属性栏设置精确裁剪对象的大小，如图 3.7.11 所示。

图 3.7.11　“裁剪工具”属性栏

属性栏中的 微调框用于设置裁剪框的位置； 微调框用于设置裁剪框的大小； 微调框用于设置裁剪框的旋转角度。

3.7.6 橡皮擦工具的使用

使用橡皮擦工具可将图形擦除为曲线，也可将图形擦除为两个闭合的图形。

用户可以使用橡皮擦工具擦除图形，然后在图形内部沿着擦除的轨迹生成一段曲线，这样，擦除的部分便会自动生成闭合曲线。其具体的操作方法如下：

（1）在绘图区中选中要编辑的图形，单击工具箱中的“橡皮擦工具”按钮。

（2）将鼠标指针移至基本形状上单击，再移动鼠标指针至图形的内部单击，此时，指针经过之处的区域将被擦除，而图形也会自动变为曲线，效果如图 3.7.12 所示。

图 3.7.12 擦除图形为曲线

3.7.7 刻刀工具的使用

使用刻刀工具可以将图形剪切成开放的曲线，也可将一个图形对象分割成两个图形对象。

如果要将图形对象变成开放的曲线，除了使用形状工具外，还可以使用刻刀工具来完成，其具体的操作方法如下：

（1）使用多边形工具在绘图区中绘制一个五边形。

（2）单击工具箱中的“刻刀工具”按钮，并在属性栏中单击“成为一个对象”按钮。

（3）将鼠标指针移至五边形图形的任意一个节点上，单击鼠标左键。此时实质上已经将图形剪切为开放的曲线了，但从图中无法看出有什么变化，只是节点变大了一些。为了观察分割的结果，可使用形状工具选择分割的节点，按住鼠标左键拖动，松开鼠标，其分割后的效果如图 3.7.13 所示。

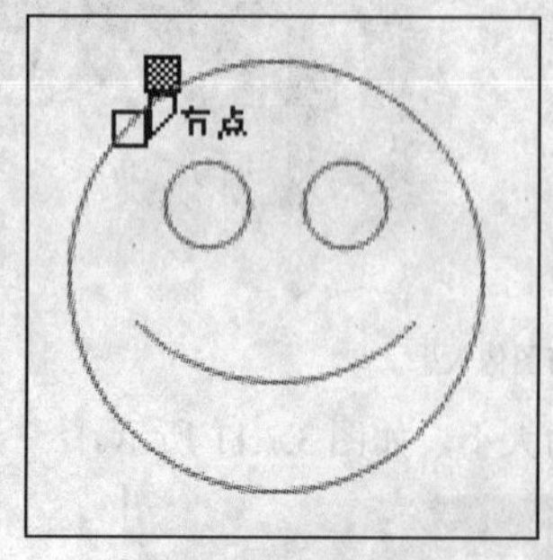

图 3.7.13 分割图形为开放曲线

3.7.8 虚拟段删除工具的使用

使用虚拟段删除工具可以调整已绘制的矢量图形，将多余的矢量图形线条删除。选中要编辑的图形，单击工具箱中的“虚拟段删除”按钮，将鼠标指针移动到要删除的矢量图形线条上，当指针变为直立的刻刀图标时，单击将多余的矢量图形线条删除，效果如图 3.7.14 所示。

图 3.7.14 删除多余线条的效果

3.8 课堂实训——绘制流程图

本节将综合运用前面所学的内容制作流程图，最终效果如图 3.8.1 所示。

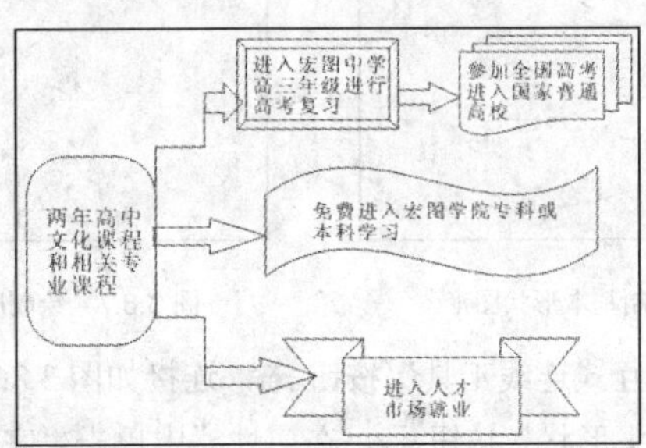

图 3.8.1 最终效果图

操作步骤

（1）新建一个图形文件，在基本形状工具组中单击“矩形工具”按钮，在绘图页面中绘制一个矩形，如图 3.8.2 所示。

（2）单击“形状工具”按钮，在所绘矩形的 4 个角上分别按住鼠标左键拖曳矩形 4 个角的节点，改变边角的圆角程度，拖曳到一定程度时，释放鼠标，效果如图 3.8.3 所示。

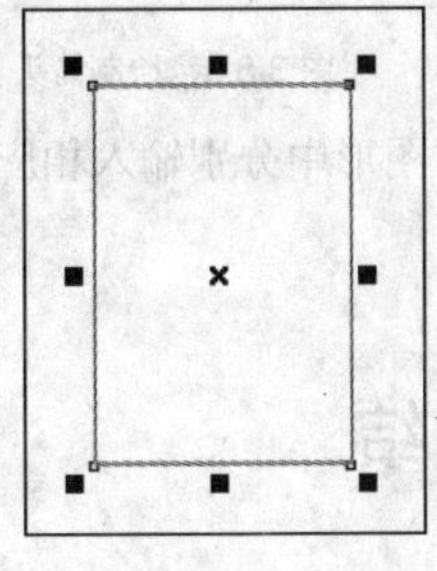

图 3.8.2 绘制矩形

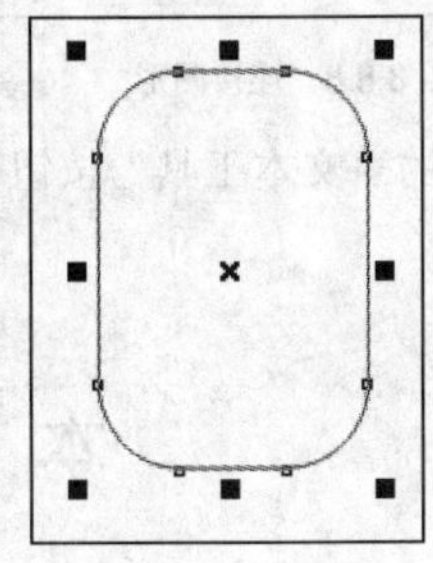

图 3.8.3 改变边角

（3）单击工具箱中的“基本形状”按钮，在属性栏中单击“完美形状”按钮，从打开的面板中选择所需的图形，在绘图区中绘制该图形，如图 3.8.4 所示。

（4）在基本形状工具组中单击“流程图形状”按钮，并在属性栏中单击“完美形状”按钮，从打开的面板中选择所需的图形，在绘图区中进行绘制，如图 3.8.5 所示。

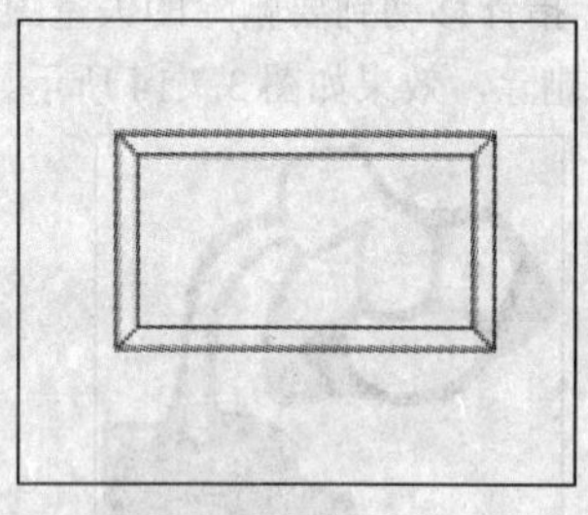
图 3.8.4　绘制基本形状

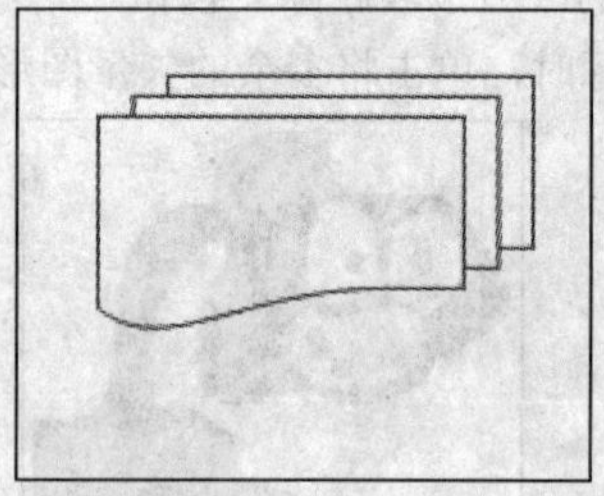
图 3.8.5　绘制流程图形状

（5）单击工具箱中的“基本形状”按钮，在属性栏中单击“完美形状”按钮，在打开的面板中选择需要的图形，在绘图区中拖动鼠标绘制图形，效果如图 3.8.6 所示。

（6）继续单击工具箱中的“标题形状”按钮，在属性栏中单击“完美形状”按钮，在打开的面板中选择需要的图形，在绘图区中拖动鼠标进行绘制，效果如图 3.8.7 所示。

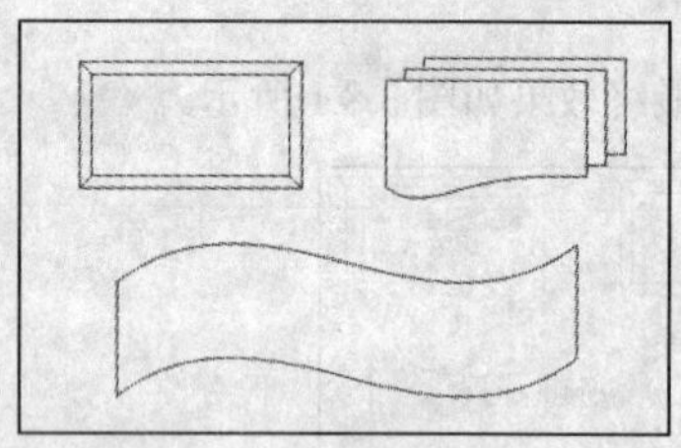
图 3.8.6　绘制基本形状图形

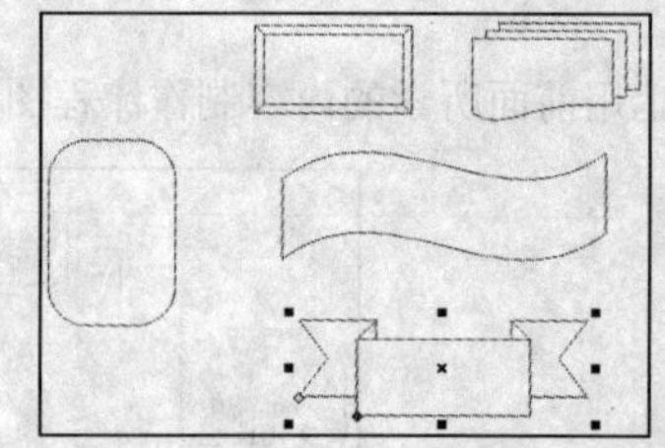
图 3.8.7　绘制所需的图形

（7）单击工具箱中的“交互式连线工具”按钮，连接如图 3.8.8 所示的图形。

（8）单击工具箱中的“箭头形状”按钮，在属性栏中单击“完美形状”按钮，在打开的面板中选择需要的图形，在绘图区中拖动鼠标进行绘制，效果如图 3.8.9 所示。

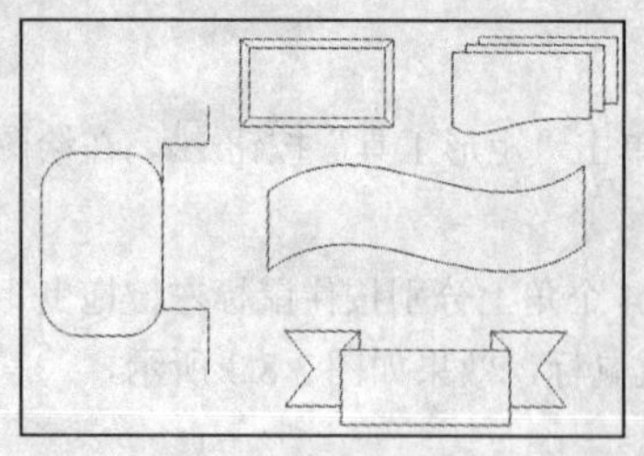
图 3.8.8　连接图形

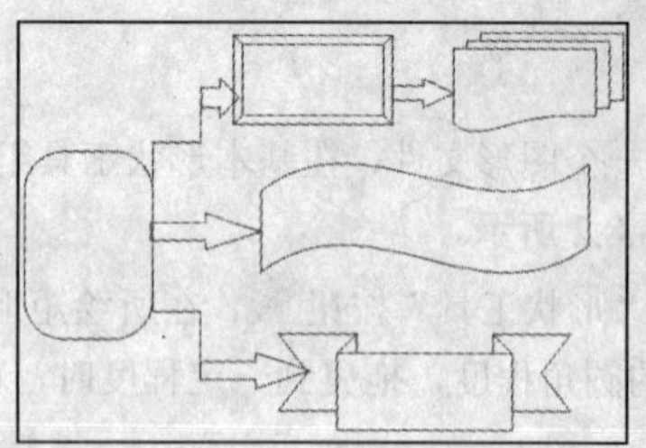
图 3.8.9　绘制箭头

（9）单击工具箱中的“文本工具”按钮，在基本图形中分别输入相应的文字，最终的流程图效果如图 3.8.1 所示。

本 章 小 结

本章主要介绍了 CorelDRAW X3 中各种图形的绘制及编辑的方法，通过本章的学习，可使读者掌握这些工具的使用方法与技巧，从而绘制出别具特色的图形。

操 作 练 习

一、填空题

1．CorelDRAW X3 中提供了两种矩形工具，即________工具和________工具，使用这两种工具可以绘制出任意形状的矩形。

2．使用________工具可以绘制矩形、圆角矩形和正方形。

3．使用________工具可以绘制出椭圆、圆形、饼形和圆弧。

4．使用椭圆形工具组中的椭圆形工具和 3 点椭圆形工具可绘制出椭圆、圆、饼形和________。

5．使用螺旋形工具可以绘制两种不同的螺旋形，即________螺纹与________螺纹。

6．使用_______可以对绘制的图形进行旋转、镜像以及扭曲等操作。

7．使用________工具不仅能够识别矩形、平行四边形、圆形、椭圆形和箭头形状，而且能够智能地平滑曲线、最小化图形。

8．使用橡皮擦工具可将图形擦除为________，也可将图形擦除为两个闭合的图形。

9．使用_______工具可以调整已绘制的图形，将多余的图形线条删除。

二、选择题

1．要使用矩形工具绘制正方形，可在按住（　）键的同时拖动鼠标进行绘制。

（A）Ctrl　　（B）Alt

（C）Shift+Ctrl　　（D）Shift

2．按住（　）键的同时使用椭圆工具在绘图区中拖动鼠标，可绘制圆形。

（A）Shift　　（B）Ctrl

（C）Ctrl+Alt　　（D）Alt

3．在 CorelDRAW X3 中，可通过选择多边形工具组中的（　）工具来绘制网格。

（A）矩形　　（B）基本形状

（C）边形　　（D）图纸

4．以下选项中，（　）不属于预设的图形工具。

（A）基本形状工具　　（B）箭头工具

（C）流程图形状工具　　（D）星形工具

5．使用工具箱中的矩形工具、椭圆工具以及多边形工具等绘制的图形，都可以直接使用（　）调整其形状。

（A）矩形工具　　（B）贝塞尔工具

（C）挑选工具　　（D）形状工具

6．（　）工具是一种多变的扭曲变形工具，它可用来改变矢量图形对象中曲线的平滑度。

（A）涂抹笔刷　　（B）粗糙笔刷

（C）橡皮擦　　（D）刻刀

7．（　）是指将一个节点分割成两个节点，使一条完整的线条成为两条断开的线条，但分割后仍然是一个整体。

（A）删除　　　　　　　　　　　　　　（B）分割

（C）连接　　　　　　　　　　　　　　（D）断开

三、简答题

1．如何使用度量工具在绘制的图形上标注图形？

2．如何使用橡皮擦工具擦除位图？

3．如何使用刻刀工具将一条曲线分割成两段曲线？

四、上机操作题

1．使用椭圆工具在绘图区中绘制一个饼形，并标注出饼形的角度，效果如题图 3.1 所示。

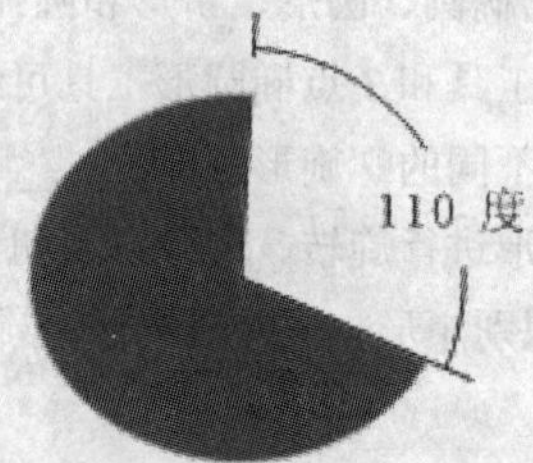

题图　3.1

2．使用螺纹形工具在绘图区中绘制一个螺纹回圈为 8 的螺旋。

3．打开一幅位图，利用刻刀工具和粗糙笔刷工具制作撕纸效果。

第 4 章　对象的操作

在 CorelDRAW X3 中绘制好图形后，可以使用对齐或分布功能将对象有序地进行排列，也可以将多个独立的对象进行群组或结合，使其成为一个整体对象。通过这些操作可以使对象产生出更多的效果。

知识要点

- 选择对象
- 移动与调整对象
- 复制、再制与删除对象
- 群组和结合对象
- 锁定和转换对象
- 修整与插入对象

4.1　选择对象

在 CorelDRAW X3 绘图页面中编辑任何对象之前，都必须先将其选中。选中对象时可通过多种途径进行选取，下面分别对其进行介绍。

4.1.1　使用挑选工具选择

挑选工具主要用于选择和移动对象。使用挑选工具选择对象有两种方法，下面分别进行介绍。

1．单击选择对象

使用挑选工具单击选择对象有选择单个对象和选择多个对象两种情况，现介绍如下：

（1）选择单个对象。单击工具箱中的“挑选工具”按钮，将鼠标指针移动到所要选择的对象上，单击鼠标即可，如图 4.1.1 所示。

（2）选择多个对象。单击工具箱中的“挑选工具”按钮，将鼠标指针移动到所要选择的对象上，在按住“Shift”键的同时用鼠标依次单击各个对象，可同时选择多个对象，如图 4.1.2 所示。

图 4.1.1　选择单个对象

图 4.1.2　选择多个对象

2．框选对象

在 CorelDRAW X3 中，用户若要一次选择多个对象，可以使用鼠标拖曳的方法来完成。具体的操作方法如下：

（1）单击工具箱中的“挑选工具”按钮。

（2）在绘图页面中要选择对象的合适位置按住鼠标左键并拖曳，此时在图像周围会出现一个虚线框，释放鼠标即可选择多个对象，如图 4.1.3 所示。

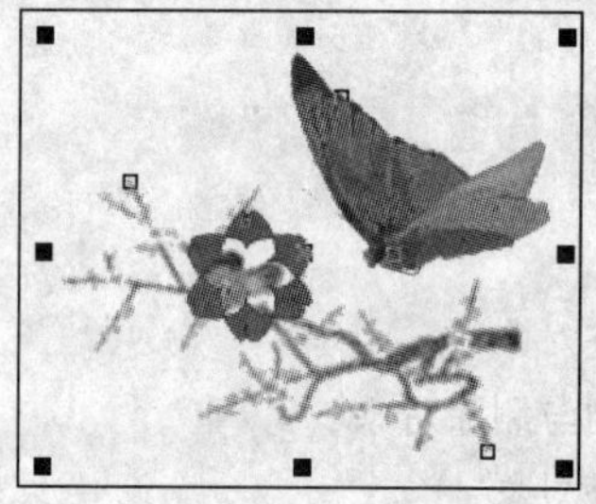

图 4.1.3 框选对象

4.1.2 使用键盘选择

使用键盘可实现多种情况下对象的选择，下面对其进行介绍。

（1）按顺序选择对象。用挑选工具选择一组对象中的其中一个，按一次“Tab”键，则选择的对象将按自上而下的顺序进行更替，如图 4.1.4 所示。

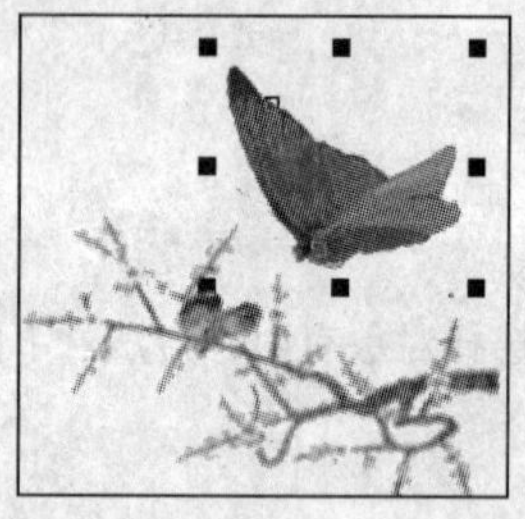
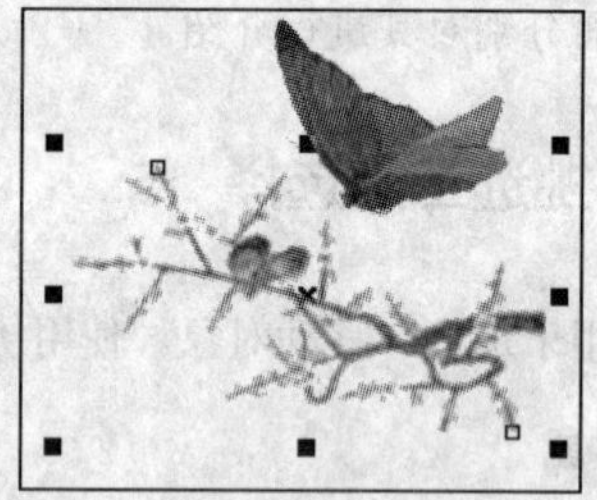

图 4.1.4 顺序选择

（2）选择隐藏的对象。隐藏的对象是指被上方的对象部分或完全遮盖的图形对象，选择此类对象，可在按住“Alt”键的同时单击隐藏对象上方的对象，如图 4.1.5 所示。

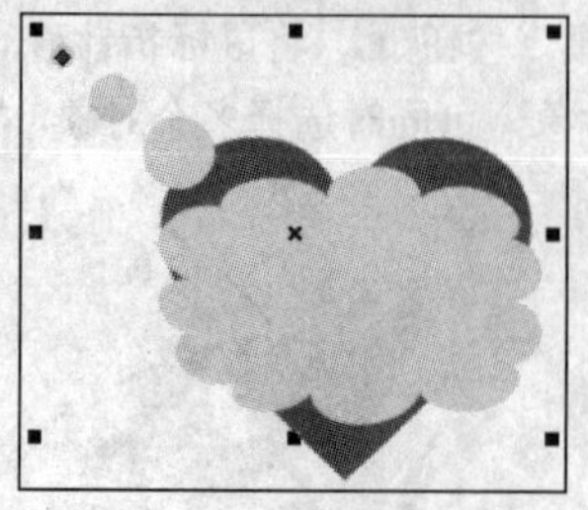
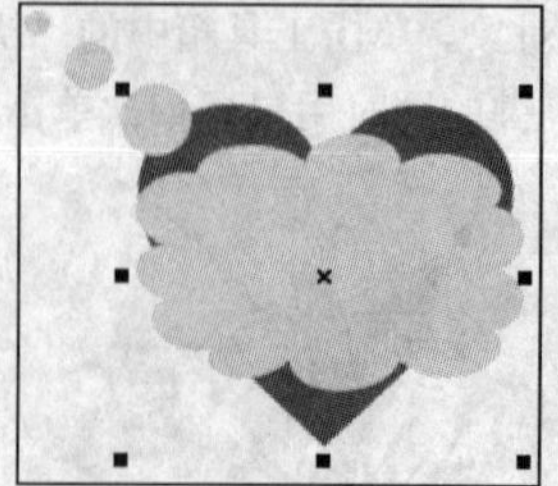

图 4.1.5 选择隐藏的对象

（3）选择群组中的对象。使用挑选工具，在按住“Ctrl”键的同时单击所要选择的群组中的对象即可，此时对象周围的控制点变为小圆点，如图 4.1.6 所示。

图 4.1.6　选择群组中的对象

4.1.3　使用菜单中的命令选择

选择菜单栏中的编辑(E)→全选(A)命令，弹出其子菜单，如图 4.1.7 所示，在此菜单中选择所需的命令，可将当前文档中的所有图形、文字、辅助线或节点选择。

对象(O)
文本(T)
辅助线(G)
节点(N)

图 4.1.7　全选子菜单

选择对象(O)命令，可选择除锁定对象外的所有图形、位图以及文本对象。

选择文本(T)命令，可选择所有文本，即美术字与段落文本对象。

选择辅助线(G)命令，可选择所有辅助线。

选择节点(N)命令，选择的对象为线条或美术字时，即选择对象的所有节点。

4.1.4　取消对象的选择

取消对象的选择有以下两种方法：

（1）在已经选择的对象中，如果有不需要选择的对象，可在按住“Shift”键的同时，依次单击不需要选择的对象即可。

（2）如果要取消选择所有的对象，用鼠标在选择的对象外单击即可。

4.2　移动与调整对象

在设计平面作品时，无论是绘制的图形、输入的文本，还是导入的位图，几乎都要进行移动和调整，下面将介绍移动与调整对象的方法。

4.2.1　移动对象

在编辑图形对象的过程中，如果要移动对象，可通过两种方法来完成，即直接使用鼠标移动对象或通过变换泊坞窗精确地移动对象。

1．使用鼠标移动对象

在绘图区中使用挑选工具选择要移动的对象，将鼠标指针移至对象的中心位置，当指针变为✥形状时，按住鼠标左键拖动对象至适当位置后松开鼠标，即可移动对象，如图 4.2.1 所示。

除此之外，还可以使用键盘上的方向键来移动对象，其操作方法很简单，只要选择对象后按键盘上的→、←、↑或↓方向键即可。

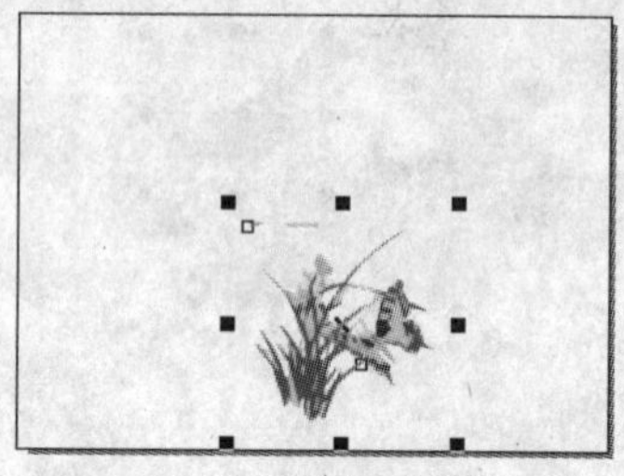

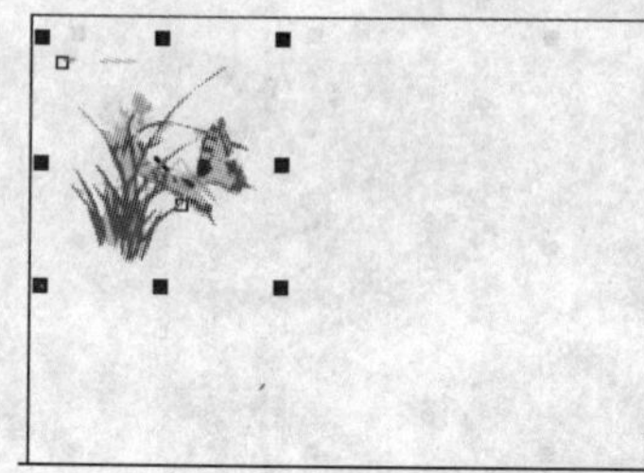

图 4.2.1　移动对象

要控制键盘移动对象时每次移动的距离，可在不选择任何对象时，在属性栏中的微调偏移输入框 2.54 mm 中输入移动的距离，按回车键即可。

2．精确移动对象

如果要精确移动对象，可在选择对象后，选择菜单栏中的 排列(A) → 变换(F) → 位置(P) 命令，打开 变换 泊坞窗，如图 4.2.2 所示。

选中 ☑ 相对位置 复选框，将以当前对象所在位置为标准进行变换，在 水平： 输入框中输入数值，所选对象即在变换中心所处的位置上水平向左或向右移动。数值为正值时，向右移动；数值为负值时，向左移动。在 垂直： 输入框中输入数值，可使所选对象在原位置垂直向上或向下移动，数值为正值时，向上移动；数值为负值时，向下移动。

设置完成后，单击 应用 按钮，可根据所做的设置精确地移动所选的对象；如单击 应用到再制 按钮，将在保留原对象的基础上再根据设置复制出一个对象，如图 4.2.3 所示。

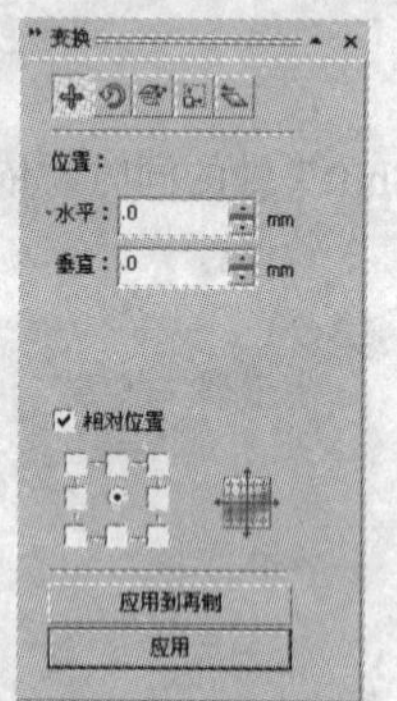

图 4.2.2　“变换”泊坞窗

图 4.2.3　移动并复制对象

此外，还可以通过键盘上的方向键来移动对象，操作方法是选择对象后，按键盘上的→，←，↑或↓方向键即可。

4.2.2　调整对象顺序

在 CorelDRAW X3 中绘制图形时，创建的多个对象在垂直方向有一定的顺序，一般来说，最上面的对象将会遮挡下面对象中与其重叠的部分，调整对象的顺序可改变这种状况。

调整对象顺序的方法如下：

（1）选中要调整顺序的对象。

（2）选择 排列(A) → 顺序(O) 命令，在顺序子菜单中选择合适的命令即可，如图 4.2.4 所示。

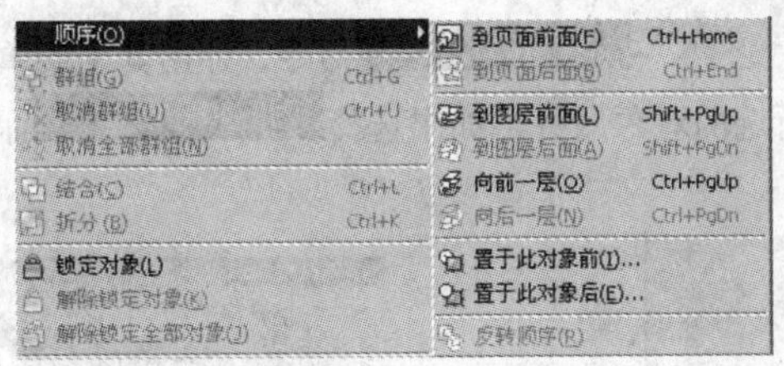

图 4.2.4　顺序子菜单

顺序子菜单中各命令的含义如下：

到页面前面(F)：选择该命令可将选中的对象置于所有对象的最上方。

到页面后面(B)：选择该命令可将选中的对象置于所有对象的最下方。

到图层前面(L)：选择该命令可将选中的对象置于所有图层的最上方。

到图层后面(A)：选择该命令可将选中的对象置于所有图层的最下方。

向前一层(O)：选择该命令可将选中的对象向前移动一层。

向后一层(N)：选择该命令可将选中的对象向后移动一层。

置于此对象前(I)...：选择该命令后，当鼠标指针呈➡形状时，将指针移动到指定对象上方，单击鼠标即可将选中的对象置于指定对象上方。

置于此对象后(E)...：选择该命令后，当鼠标指针呈➡形状时，将指针移动到指定对象下方，单击鼠标即可将选中的对象置于指定对象下方。

反转顺序(R)：选择该命令后，可将所有选中的对象逆向排序。

提示： 选中需要排序的对象，在其属性栏中单击“到前部”按钮和“到后部”按钮，也可以对其顺序进行调整，如图 4.2.5 所示。

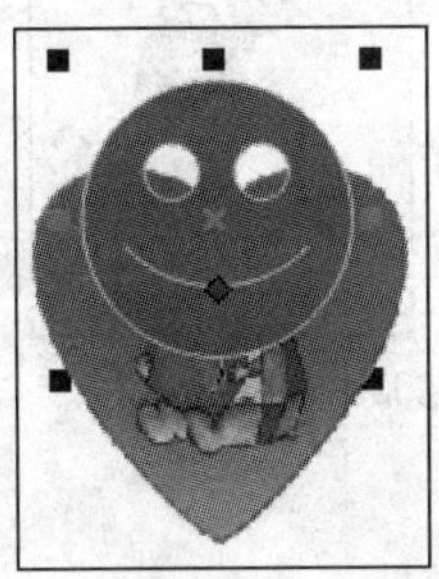

图 4.2.5　调整对象顺序

4.2.3　对齐和分布对象

对象的对齐与分布，就是将一系列对象按照一定的规则排列，以达到更好的视觉效果。当绘图页面中包含多个对象时，若要使各个对象相互对齐、整齐分布，就要使用对齐和分布的功能，使其在水平方向或垂直方向快速地对齐或分布。

1．对齐对象

在 CorelDRAW X3 中，可以将所选的两个或多个对象按指定的方式进行对齐。要对齐对象，其具体的操作方法如下：

（1）单击工具箱中的“挑选工具”按钮，在绘图区中选择要对齐的两个或多个对象。

（2）选择菜单栏中的 排列(A) → 对齐和分布(A) 命令，弹出其子菜单，如图 4.2.6 所示，从中选择相应的对齐命令，可以使所选的对象对齐，如果选择 对齐和分布(A)... 命令，则会弹出 对齐与分布 对话框，如图 4.2.7 所示。

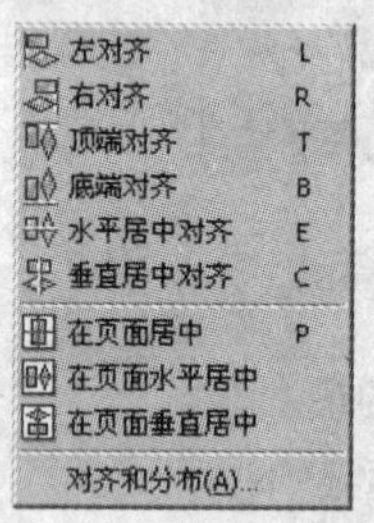

图 4.2.6 “对齐和分布”子菜单

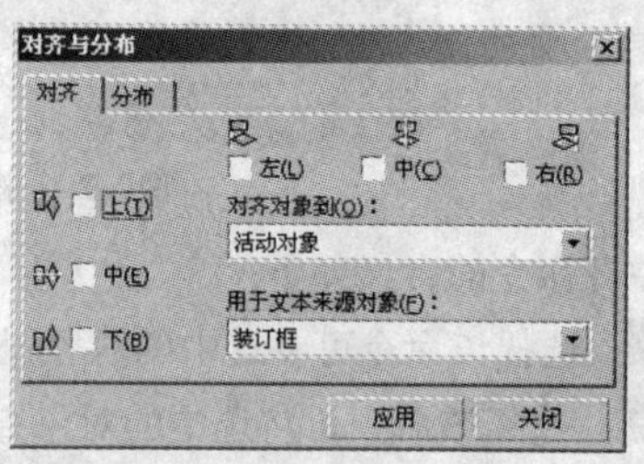

图 4.2.7 “对齐与分布”对话框

（3）在对话框中可设置对象在水平或垂直方向上的对齐方式，其水平对齐方式分为左、中、右 3 种类型；而垂直对齐方式分为上、中、下 3 种类型，此处选中 左(L) 复选框。

（4）在 对齐对象到(O)： 下拉列表中可选择一种对象对齐的参照标准。如果要对齐文本对象，可在 用于文本来源对象(F)： 下拉列表中选择下列选项之一。

1）第一条线的基线：使用第一条线的基线作为参照点。

2）最后一条线的基线：使用最后一条线的基线作为参照点。

3）装订框：用文本对象的边框作为参照点。

（5）设置好参数后，单击 应用 按钮，可使所选的两个对象居中对齐，如图 4.2.8 所示。

图 4.2.8 使所选的对象居中对齐

2. 分布对象

使用分布功能，可以使两个或多个对象在水平或垂直方向上根据所做设置均匀地分布。其具体的操作方法如下：

（1）单击工具箱中的挑选工具，在绘图区中选择要对齐的两个或多个对象，如图 4.2.9 所示。

（2）选择菜单栏中的 排列(A) → 对齐和分布(A) → 对齐和分布(A)... 命令，弹出 对齐与分布 对话框，选择 分布 选项卡，如图 4.2.10 所示。

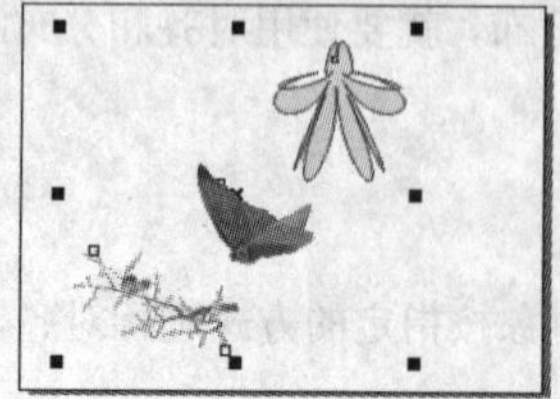

图 4.2.9 选择的对象

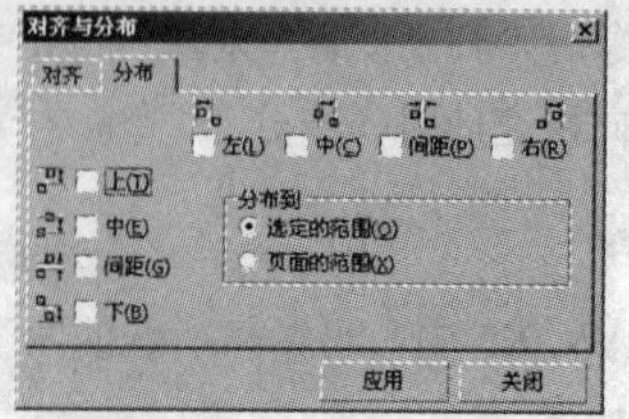

图 4.2.10 “分布”选项卡

（3）设置对象在水平或垂直方向上的分布方式，其中，水平分布方式分为左、中、间距、右 4 种；垂直分布方式分为上、中、间距、下 4 种。

（4）在分布到选项区中可以选择一种对象的分布范围，即选定的范围或页面范围。

（5）设置完毕后，单击应用按钮，可使所选对象以水平、垂直间距相等的方式分布，如图 4.2.11 所示。

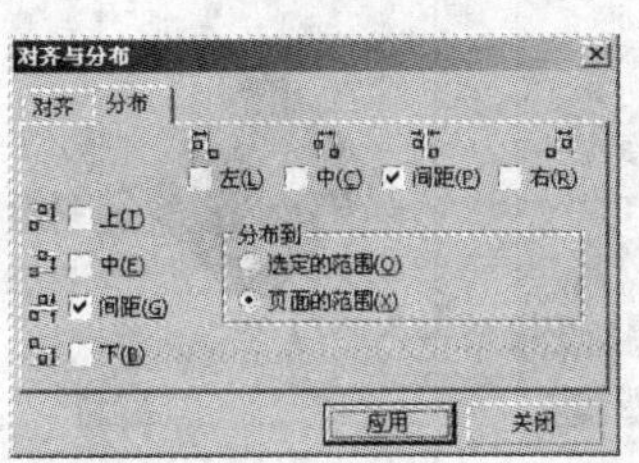

图 4.2.11　分布对象

在实际绘图过程中，对象的对齐与分布经常是同时进行的，此时就要在对齐与分布对话框中同时对对象进行对齐与分布设置。

4.2.4　旋转对象

旋转对象是对对象的方向进行调整，实现该操作的方法有 3 种，即使用鼠标旋转对象、使用泊坞窗旋转对象和使用自由变形工具旋转对象。

1．使用鼠标旋转对象

使用鼠标可粗略地旋转对象，其方法如下：

（1）单击工具箱中的“挑选工具”按钮。

（2）用鼠标双击所要旋转的对象，则在对象中心会出现一个圆圈，其周围会出现 8 个双向箭头。

（3）将鼠标指针移动到端点的双向箭头上，当指针呈形状时，拖动鼠标即可对其进行旋转，效果如图 4.2.12 所示。

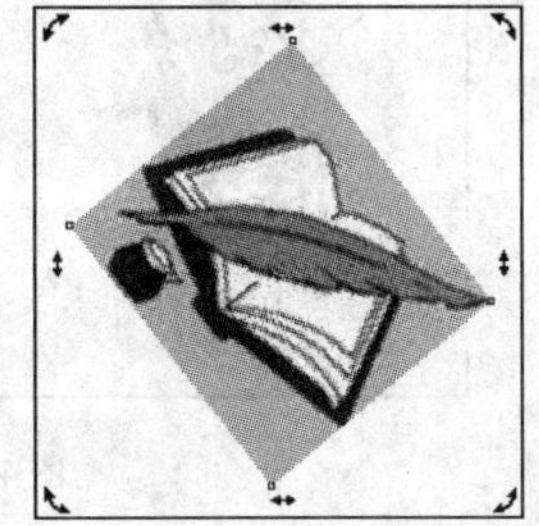

图 4.2.12　旋转对象效果

2．使用泊坞窗旋转对象

在页面中选择所要旋转的对象，然后选择排列(A)→变换(F)→旋转(R)命令，可打开变换泊坞窗。

在角度：.0 度输入框中输入数值，可设置所选对象的旋转角度；在水平：217.475 mm与垂直：133.694 mm输入框中输入数值，可设置水平与垂直方向的数值来决定对象的旋转中心；选中☑相对中心复选框，可在下方的指示器中选择旋转中心的相对位置。

设置好参数后，单击 应用 按钮，即可按所设置的值旋转对象，如图 4.2.13 所示。

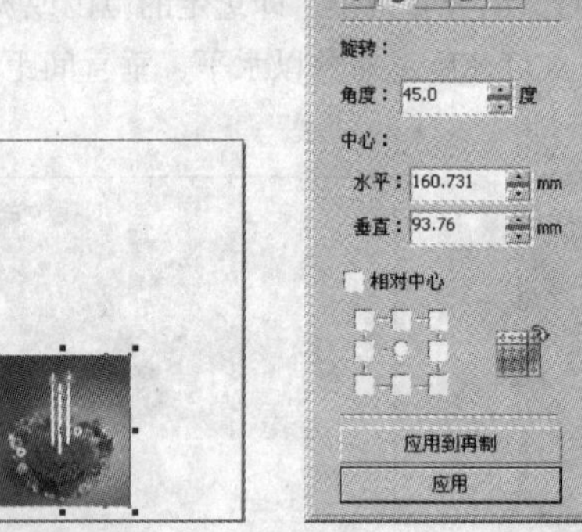

图 4.2.13 旋转对象

如果单击 应用到再制 按钮，系统将在保留原对象的状态下，再复制出一个对象，并将所做设置应用于复制的对象。

3. 使用自由变形工具旋转对象

使用自由变形工具旋转对象的方法如下：

（1）单击工具箱中的“自由变形工具”按钮。

（2）在其属性栏中单击“自由旋转工具”按钮，如图 4.2.14 所示。

图 4.2.14 “自由变形工具”属性栏

（3）选择要旋转的对象，并在其旋转中心上单击鼠标左键，拖动旋转线旋转对象至合适的位置即可，如图 4.2.15 所示。

图 4.2.15 旋转对象

4.2.5 斜切对象

使用挑选工具可以斜切对象，其方法如下：

（1）单击工具箱中的“挑选工具”按钮。

（2）用鼠标双击所要斜切的对象，进入旋转模式。

（3）将鼠标指针移动到对象两侧的双向箭头上，当指针呈⇅或⇌形状时，按住鼠标左键拖动，可实现对象的斜切操作，如图 4.2.16 所示。

图 4.2.16　斜切对象

4.2.6　缩放对象

如果对对象的缩放要求不高，可以使用鼠标快速缩放对象，其具体的操作是：使用挑选工具选择对象，然后将鼠标指针移至对象 4 角的任意一个控制点上，当指针变为↘或↗形状时，按住鼠标左键斜向拖动，至适当位置后松开鼠标，即可等比例缩放对象，如图 4.2.17 所示。

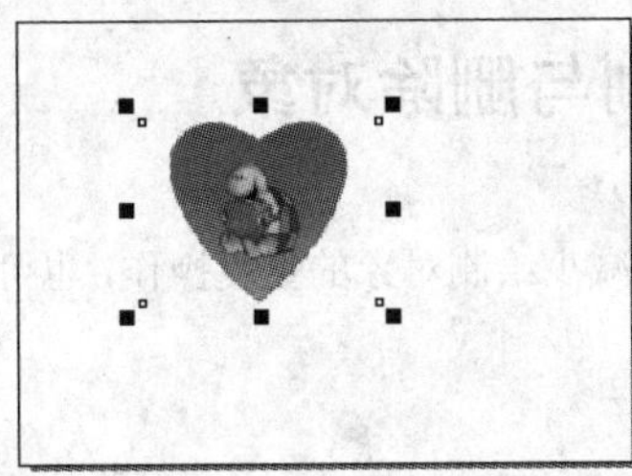

图 4.2.17　拖动鼠标缩放对象

另外，通过属性栏中的缩放因子输入框也可以缩放对象。选择对象后，在属性栏中的缩放因子输入框 65.942 % 65.942 % 中输入缩放的比率，按回车键，即可将对象等比例缩放。

4.2.7　镜像对象

镜像对象就是将对象镜像翻转，包括水平镜像与垂直镜像两种类型。镜像对象的操作方法很简单，只要使用挑选工具选择对象，再单击属性栏中的按钮，即可水平镜像对象；单击按钮，即可垂直镜像对象，如图 4.2.18 所示。

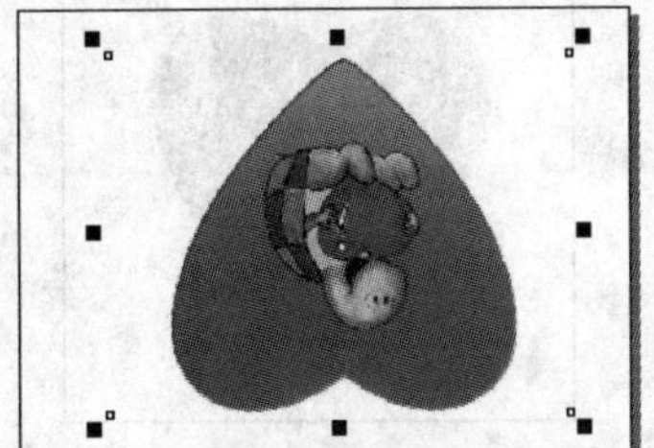

图 4.2.18　镜像对象

如果要精确缩放或镜像对象，可先选择对象，然后在 变换 泊坞窗中单击“缩放与镜像”按钮，可显示出该选项参数。在 比例: 选项区中可设置对象在水平和垂直方向上的缩放比例，如果选中

☑ 不按比例 复选框，表示可以对对象进行非等比例缩放。此外，在 镜像: 选项区中，通过单击 按钮或 按钮，可对所选对象进行水平或垂直方向上的镜像。设置好参数后，单击 应用 按钮，即可缩放与镜像所选对象，如图 4.2.19 所示。

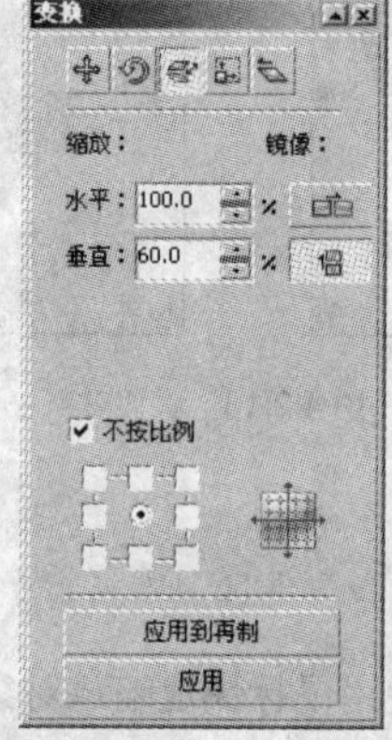

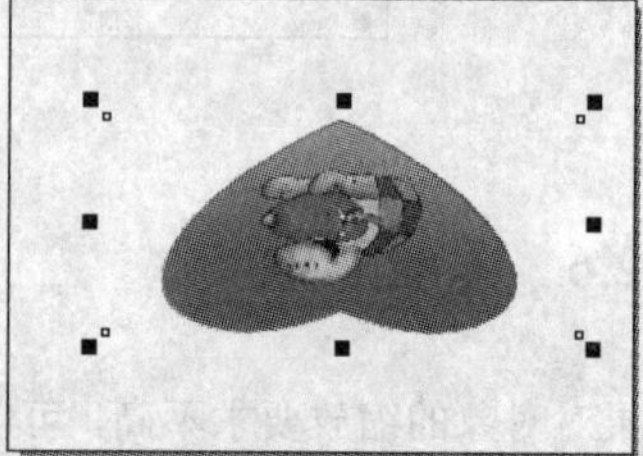

图 4.2.19 精确缩放与镜像对象

4.3 复制、再制与删除对象

在绘图区中绘制好图形对象后，可以通过复制来减少绘制对象的重复操作，也可通过删除功能将绘图区中不需要的图形对象删除。

4.3.1 复制对象

复制、剪切与粘贴命令要配套使用，使用复制命令可在保持原对象不变的情况下，再创建一个副本，而剪切则相当于将原对象删除后，再创建一个副本。

复制、剪切和粘贴对象的方法如下：

（1）选中要进行操作的对象。

（2）选择 编辑(E) → 复制(C) 命令或 编辑(E) → 剪切(T) 命令，将对象复制或剪切到剪贴板中。

（3）选择 编辑(E) → 粘贴(P) 命令，如图 4.3.1 所示。

图 4.3.1 复制对象

技巧：选中要复制的对象，按“+”键，则可以实现对所选对象的复制和粘贴操作。

4.3.2　再制对象

再制对象是快速创建对象的方式之一，再制对象与复制对象的区别在于它不经过剪贴板，而是直接进行粘贴。

再制对象的方法如下：

（1）单击工具箱中的“挑选工具”按钮，选中要进行再制的对象。

（2）选择 编辑(E) → 再制(D) 命令即可。

技巧：再制的对象与原对象在水平和垂直方向上有一定位置上的偏移，而使用复制和粘贴命令得到的对象与原对象之间完全重合。

使用变换泊坞窗不但可以实现旋转、移动、缩放对象等操作，还能精确定位再制对象，方法如下：

（1）使用挑选工具选中要再制的对象。

（2）选择 排列(A) → 变换(T) → 位置(P) 命令，打开 变换 泊坞窗。

（3）在该泊坞窗中设置好再制对象的位置后，单击 应用到再制 按钮，则系统可在保持原对象位置不变的情况下，在设定的位置再复制出一个对象，如图 4.3.2 所示。

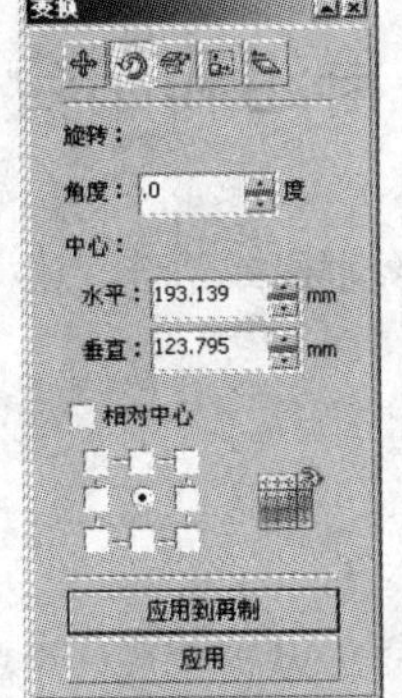

图 4.3.2　应用到再制效果

4.3.3　复制对象属性

复制对象属性是将对象的属性复制到其他对象中，其方法如下：

（1）使用挑选工具选中要获取属性的对象。

（2）选择 编辑(E) → 复制属性自(M)... 命令，弹出 复制属性 对话框，如图 4.3.3 所示。

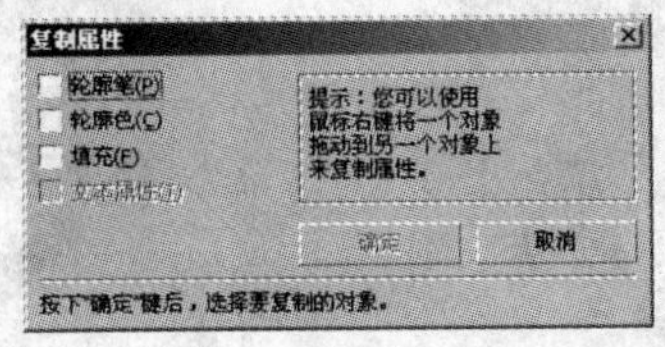

图 4.3.3　“复制属性”对话框

（3）在 复制属性 对话框中可通过选中 轮廓笔(P)、轮廓色(C)、填充(F) 或 文本属性(T) 复选框来设置所要复制对象的属性，此处选中 填充(F) 复选框。

（4）单击 确定 按钮，当鼠标指针呈➡形状时，将其移动到其他对象上，单击鼠标即可将单击对象的属性应用到所选对象上，如图 4.3.4 所示。

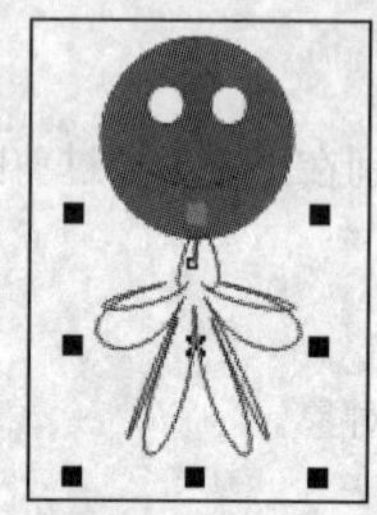

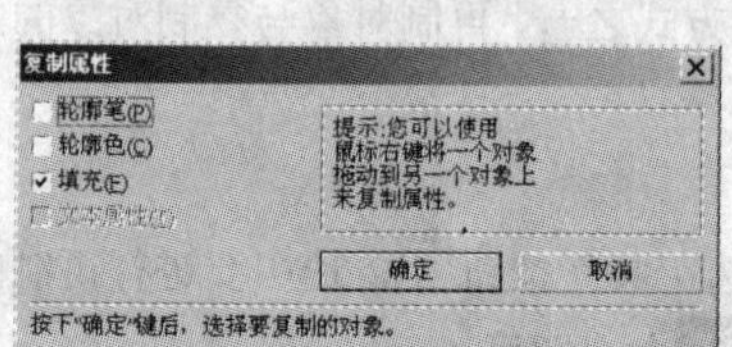

图 4.3.4　复制对象属性

4.3.4　删除对象

当绘图区中的矢量图对象较多或导入的位图较大时，都会影响 CorelDRAW X3 的运行速度。因此，在绘制复杂图形时，应及时将不需要的对象删除。

如果要删除某个对象，可在选择对象后，选择菜单栏中的 编辑(E) → 删除(L) 命令，或按"Delete"键删除。

4.4　群组和结合对象

在 CorelDRAW X3 中可以将多个对象群组或结合，这样可以使其成为一个整体，以便于用户操作和管理。

4.4.1　群组对象

群组是指把所有选中的对象捆绑在一起，从而形成一个整体。群组中对象的各个属性都不发生改变，对于群组中的对象，用户还可以同时对其进行移动或填充等操作。

1．群组对象

如果要群组对象，首先应选择多个对象，然后选择菜单栏中的 排列(A) → 群组(G) 命令，或单击属性栏中的"群组"按钮，即可将所选的多个对象或一个对象的各个部分群组为一个整体，如图 4.4.1 所示。

图 4.4.1　对象的群组

如果要选择一个群组中的某个对象，只须按住"Ctrl"键的同时使用鼠标单击所要选择的对象即可，此时对象周围的控制点将变成小圆点，用鼠标拖动小圆点可缩放该对象。

多个群组的对象可以再次进行群组，成为一个大的对象，即群组操作是可以嵌套执行的。

2. 在群组中添加或移出对象

添加对象到群组的方法如下：

（1）选择窗口(W)→泊坞窗(D)→对象管理器(N)命令，打开对象管理器泊坞窗，如图4.4.2所示。

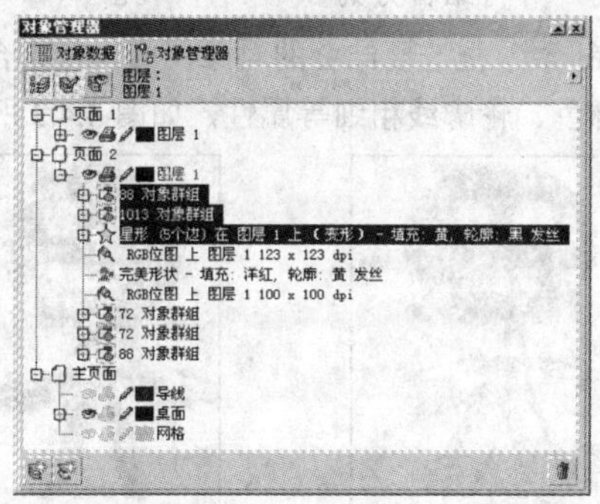

图4.4.2　“对象管理器”泊坞窗

（2）单击“显示对象属性”按钮。

（3）若要将对象添加到群组，可单击要添加的对象名称，将其拖动到所要加入的群组中，然后松开鼠标即可。

从群组中移出对象的方法如下：

（1）选择窗口(W)→泊坞窗(D)→对象管理器(N)命令，打开对象管理器泊坞窗。

（2）单击“显示对象属性”按钮。

（3）若要将对象从群组中分离，可单击群组中要分离的对象名称，将其拖到该群组之外即可。

3. 取消群组

取消群组有两种情况：一种是取消群组的群组（即群组集），它只能取消多个群组中的一层群组；另一种是将所有层中的所有群组取消，使其分离为一个个独立的对象。

取消群组中的一层群组的方法如下：

（1）选中要取消的群组。

（2）选择排列(A)→取消组合(U)命令即可。

取消所有群组的方法如下：

（1）选中要取消的群组。

（2）选择排列(A)→取消全部组合(N)命令即可。

4.4.2　结合对象

使用结合功能可以将多个对象结合为一个单独的对象，它与群组对象不同的是，群组对象内每个对象依然相对独立，且保留着原有的属性，如形状、颜色以及轮廓等，而结合对象将使多个对象融合在一起，成为一个全新形状的对象，并且不再具有原有的属性。

结合对象主要应用于以下两种情况：

（1）如果图形中的节点和曲线过多，可以通过结合减少节点和曲线的数量，从而节省存储空间并加快绘制图形的速度。

（2）将多个对象结合为一个对象，可使用节点编辑器对其进行编辑。

结合对象的方法如下：

（1）选中要结合的所有对象。

（2）选择 排列(A) → 结合(C) 命令或单击属性栏上的“结合”按钮即可。

按照结合后生成效果的不同，可将结合分为以下3种情况：

（1）单击“挑选工具”按钮，框选要结合的对象，再执行结合命令，则最后生成的新对象保留最底层对象的内部颜色、轮廓色、轮廓线粗细等属性，如图4.4.3所示。

图4.4.3　将框选对象结合

（2）单击工具箱中的“挑选工具”按钮，在按住“Shift”键的同时用鼠标单击各个对象，将所需的对象逐个选取，则生成的新对象保留最后选取的对象的内部颜色、轮廓色、轮廓线粗细等属性，如图4.4.4所示。

图4.4.4　将逐个选取的对象结合

（3）将线条与封闭对象结合，则生成新对象中的线条具有封闭对象的属性，如图4.4.5所示。

图4.4.5　将线条与封闭对象结合

4.4.3　拆分对象

选择菜单栏中的 排列(A) → 拆分 命令，可将结合后的对象拆分为结合前的单独对象状态。

如果要将一个结合的对象拆分，可使用挑选工具选择要拆分的对象，然后选择菜单栏中的 排列(A) → 拆分 命令，也可单击属性栏中的“拆分”按钮，即可将一个结合后的整体对象拆分，如图4.4.6所示。

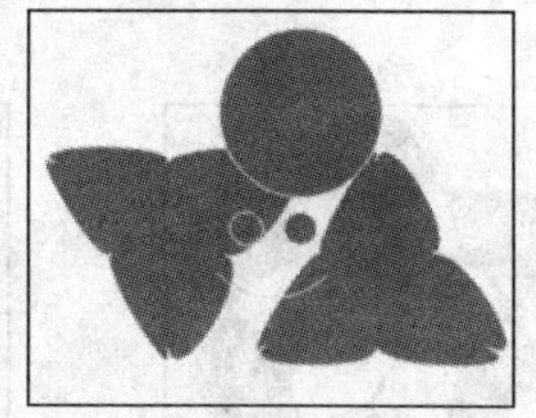

图 4.4.6　拆分结合的对象

4.5　锁定和转换对象

在 CorelDRAW X3 中提供了锁定对象功能，使用该功能可以将所选的对象锁定，以免发生变化。当编辑完后，用户可将对象锁定。此外，还可以根据需要将对象的轮廓线转换为单独对象进行编辑。

4.5.1　锁定对象

对象的锁定是指将已制作完毕的图形锁定，防止对其进行误操作。图 4.5.1 所示的即为锁定对象前后的效果。

图 4.5.1　锁定对象效果

1．锁定对象

锁定对象的方法有以下两种：

（1）使用挑选工具选择要锁定的对象，选择 排列(A) → 锁定对象(L) 命令。

（2）在要锁定的对象上单击鼠标右键，在弹出的快捷菜单中选择 锁定对象(L) 选项，也可以将该对象锁定。

2．解锁对象

解锁对象的方法有以下两种：

（1）选择要解锁的对象，选择 排列(A) → 解除锁定对象(K) 命令。

（2）在要解锁的对象上单击鼠标右键，在弹出的快捷菜单中选择 解除锁定对象(K) 选项。

4.5.2　转换对象

在 CorelDRAW X3 中，除了可以将对象转换为曲线，还可以将对象的轮廓分离出来，转换为单独的轮廓线对象。

选择对象后，选择菜单栏中的 排列(A) → 将轮廓转换为对象(E) 命令，即可将所选的图形对象的轮廓分离出来，为了观察效果，可使用挑选工具将分离后的轮廓线从原对象中移动出来，如图 4.5.2

所示。

图 4.5.2　转换对象的轮廓为对象

4.6　修 整 对 象

为了帮助用户修整对象的造形，CorelDRAW X3 提供了焊接、修剪、相交、简化、前减后和后减前等一系列工具，使用这些工具可以很方便地将用户绘制的多个相互重叠的图形对象修整成一个新的图形对象。

4.6.1　焊接对象

使用焊接命令可以将多个对象焊接为一个新的、具有单一轮廓的图形对象。使用挑选工具在页面中选择要进行焊接的对象，然后选择菜单栏中的 排列(A) → 造形(P) → 造形(P) 命令，可打开 造形 泊坞窗，在 焊接 下拉列表中选择 焊接 选项，如图 4.6.1 所示。

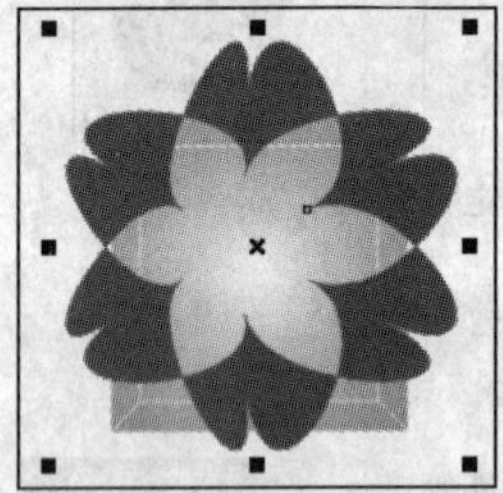
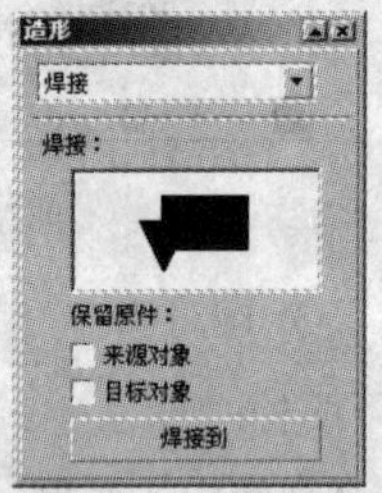

图 4.6.1　“焊接”选项

在进行焊接前，在 造形 泊坞窗中选中 来源对象 复选框，可保留被选中的对象以外的其余对象；选中 目标对象 复选框，可保留目标对象，则被选中的对象被保留，其余对象不被保留；如果同时选中两个复选框，则被焊接的对象全部被保留。

单击 焊接到 按钮，此时鼠标指针显示为形状，单击目标对象，即可将所选的对象焊接到目标对象中，从而成为一个整体对象，如图 4.6.2 所示。

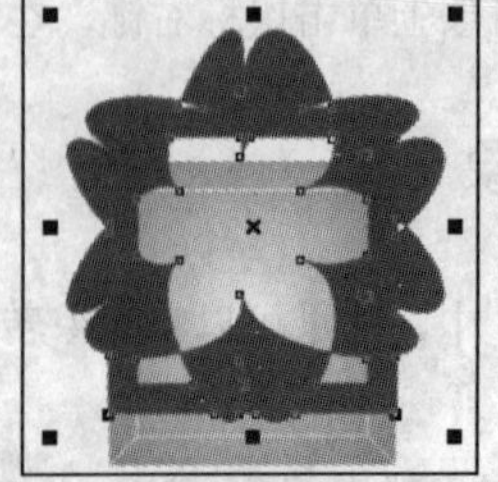

图 4.6.2　焊接对象

4.6.2　修剪对象

修剪对象是剪掉目标对象与来源对象的重叠部分，保留不重叠的部分，而目标对象的基本属性保持不变。使用挑选工具选择来源对象，然后在造形泊坞窗中的焊接下拉列表中选择修剪选项，单击修剪按钮，此时鼠标指针呈形状，在多边形对象上单击，即可对多边形进行修剪，如图 4.6.3 所示。

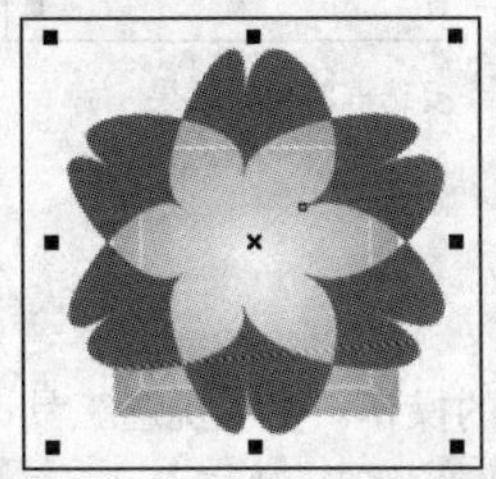
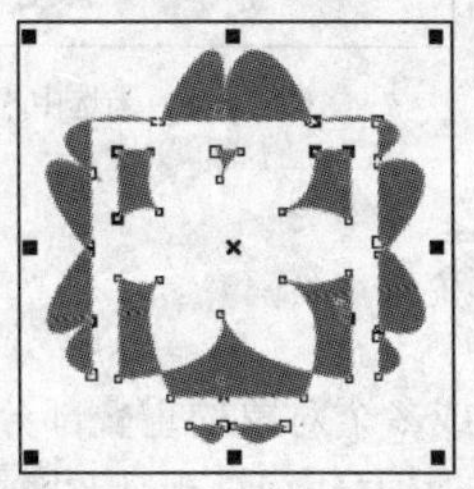

图 4.6.3　修剪对象

未修剪前，在造形泊坞窗中选中☑来源对象复选框，单击修剪按钮，此时鼠标指针变为形状，在多边形对象上单击，即可对多边形进行修剪，并保留来源对象，拖动图形可看见修剪后的效果，如图 4.6.4 所示。

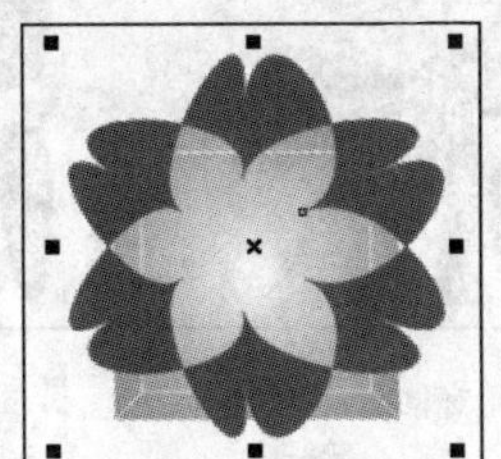

图 4.6.4　选中“来源对象”复选框后的修剪效果

4.6.3　相交对象

相交对象的效果与修剪对象刚好相反，它保留来源对象与目标对象重叠的部分，去掉不重叠的部分。在造形泊坞窗中的焊接下拉列表中选择相交选项，选中☑来源对象复选框，然后单击相交按钮，将鼠标指针移至目标对象并单击，此时就可以将两个对象相交的区域保留，并保留来源对象，拖动图形可看见相交后的效果，如图 4.6.5 所示。

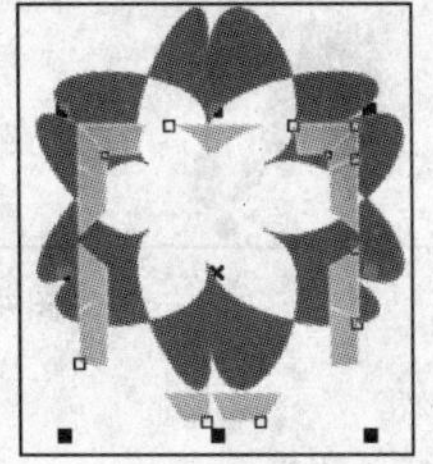

图 4.6.5　选中“来源对象”复选框的相交效果

在相交对象前，如果不选中□来源对象复选框，单击相交按钮，将鼠标指针移至目标对象并单击，此时只将两个对象相交的区域保留，而不保留来源对象，如图 4.6.6 所示。

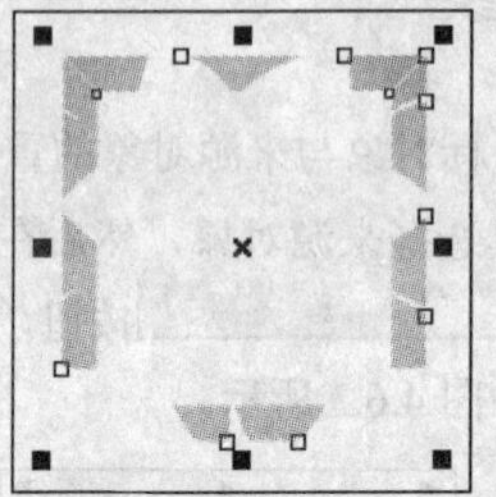

图 4.6.6　未选中“来源对象”复选框的相交效果

4.6.4　简化对象

简化对象是将两个或多个对象的重叠部分裁切掉的操作。使用挑选工具选中对象，在造形泊坞窗中的焊接下拉列表中选择简化选项，然后单击应用按钮，会发现 4 个图形对象好像没有发生什么变化，这时可使用挑选工具将各个对象移动一定距离，这样就可看出简化后的效果，如图 4.6.7 所示。

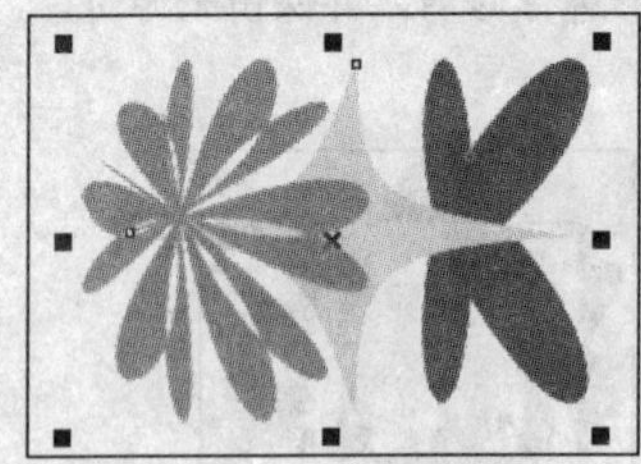

图 4.6.7　简化对象

4.6.5　前减后

前减后对象是将前面的对象减去后面的对象及重叠的部分，只保留前面对象剩余部分的操作。使用挑选工具选中对象，在造形泊坞窗中的焊接下拉列表中选择前减后选项，然后单击应用按钮，前面的图形对象将会减去后面的图形对象，如图 4.6.8 所示。

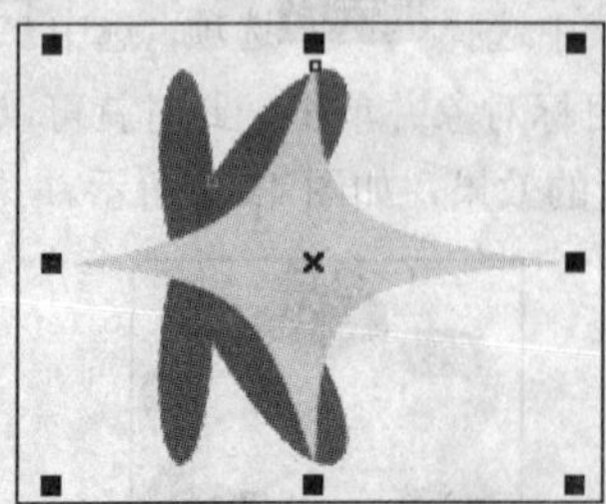
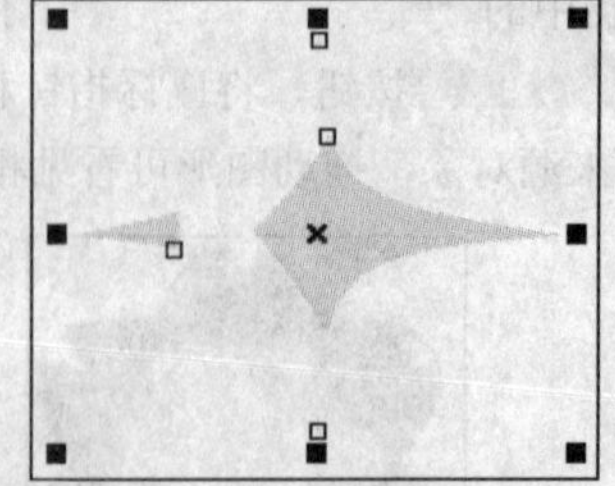

图 4.6.8　前减后效果

4.6.6　后减前

使用后减前命令可以用后面的图形对象减去前面的图形对象，并减去前后对象的重叠区域，保留

后面的对象。使用挑选工具选择要相减的两个或多个对象，然后在造形泊坞窗中的焊接下拉列表中选择后减前选项，再单击应用按钮，此时生成的新图形如图 4.6.9 所示。

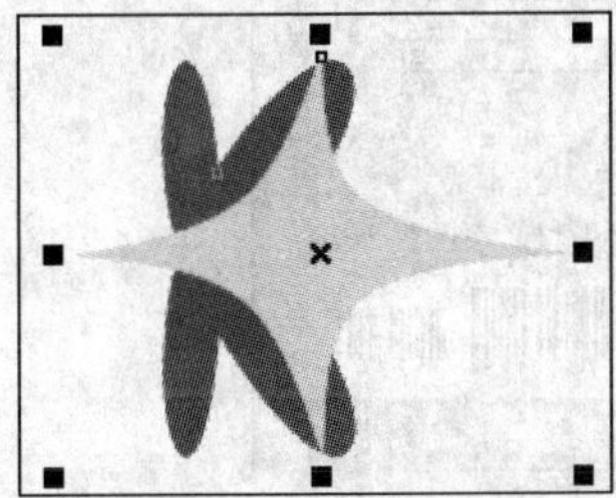

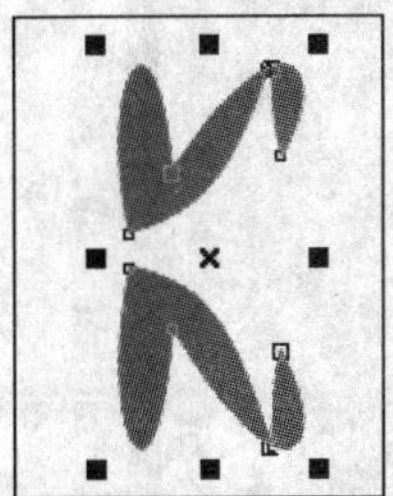

图 4.6.9　后减前效果

4.7　插 入 对 象

在 CorelDRAW X3 中，用户不仅可以在绘图区中插入条形码，也可以插入新的对象和因特网对象。

4.7.1　插入条形码

条形码是一种利用光电扫描识读来实现数据自动输入计算机的特殊编码。严格地讲，它是由一组规则的矩形条及与其相对应的字符组成的标记。使用 CorelDRAW X3 中的条形码向导可以生成符合行业标准规范的条形码。

插入条形码的方法如下：

（1）选择菜单栏中的编辑(E)→插入条形码(B)…命令，弹出“条码向导”对话框，如图 4.7.1 所示。

（2）在该对话框中的从下列行业标准格式中选择一个：下拉列表中选择一种行业标准格式，在输入 12 个数字：文本框中输入相应的数值，在样本预览：预览框中可以预览条形码样式。

（3）单击下一步按钮，弹出如图 4.7.2 所示的对话框，在该对话框中可以设置打印机分辨率，条形码高度、缩放比例以及宽度压缩率等参数。

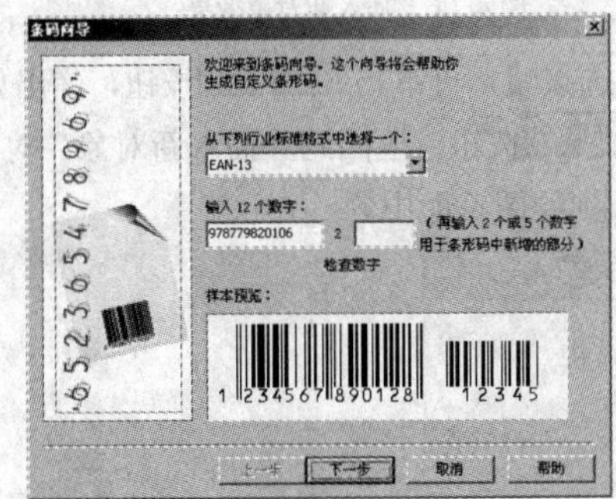

图 4.7.1　“条码向导”对话框

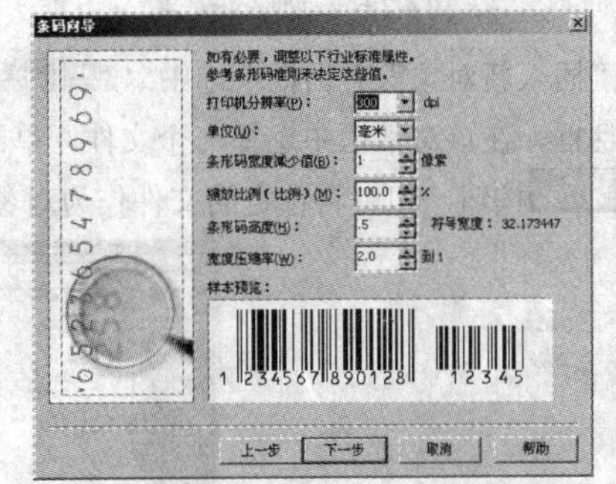

图 4.7.2　设置分辨率等参数

（4）单击下一步按钮，在弹出的如图 4.7.3 所示的对话框中可以设置条形码的显示方式，设置好后，单击 完成 按钮，即可在绘图页面中插入所设置的条形码。图 4.7.4 所示的即为插入条形码并调整其位置后的效果。

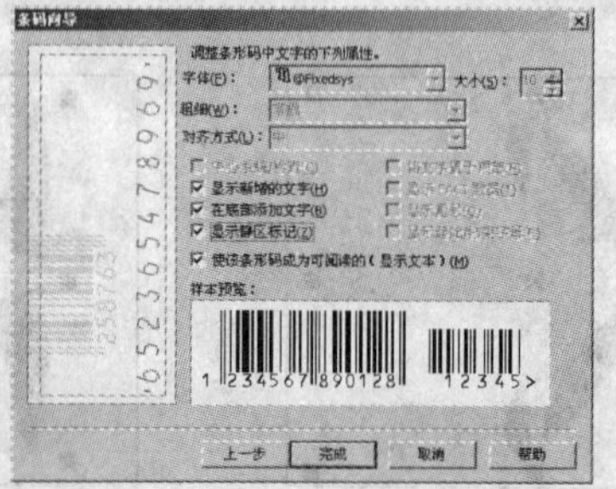

图 4.7.3　设置显示方式

图 4.7.4　插入条形码效果

4.7.2　插入新对象

选择菜单栏中的 编辑(E) → 插入新对象(W)… 命令，弹出“插入新对象”对话框，如图 4.7.5 所示。在该对话框中选中 新建(N) 单选按钮，并在 对象类型(T): 列表框中选择要插入的对象类型，单击 确定 按钮，即可在绘图区中插入该类型的对象，效果如图 4.7.6 所示。

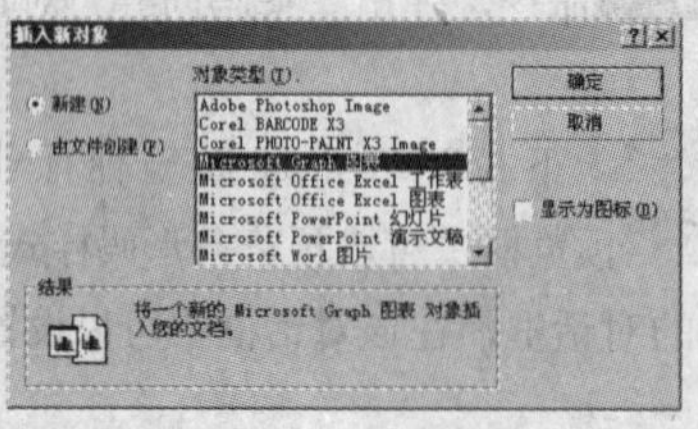

图 4.7.5　“插入新对象”对话框

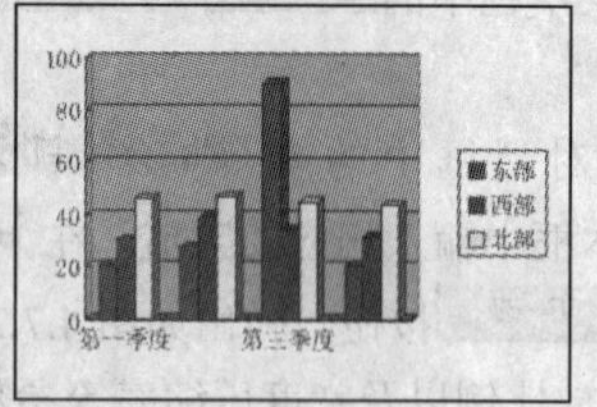

图 4.7.6　插入新对象效果

若在“插入新对象”对话框中选中 由文件创建(F) 单选按钮，再单击 浏览(B)... 按钮，弹出如图 4.7.7 所示的对话框，在该对话框中选择一个文件，单击 打开(O) 按钮，返回到“插入新对象”对话框，单击 确定 按钮，即可将选定的文件作为对象插入到绘图页面中。

图 4.7.7　“浏览”对话框

4.7.3　插入因特网对象

选择菜单栏中的 编辑(E) → 插入因特网对象(T) 命令，弹出“插入因特网对象”子菜单，如图 4.7.8 所示。在该菜单中选择一种因特网对象，此时在鼠标指针的右下角会出现该对象的图标，移动鼠标指针至绘图页面的合适位置，单击鼠标左键即可插入因特网对象，如图 4.7.9 所示。

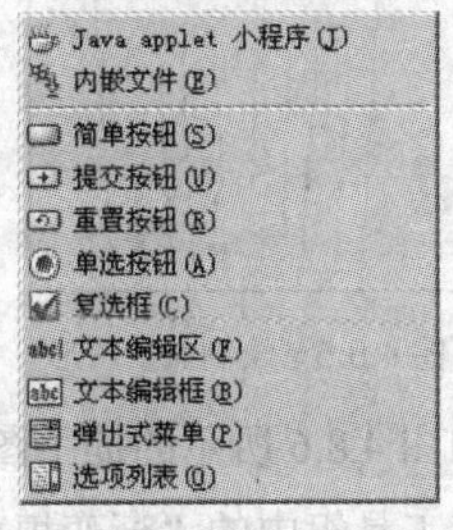

图 4.7.8　“插入因特网对象”子菜单

图 4.7.9　插入 Java applet 小程序

4.8　课堂实训——绘制垃圾桶

本节综合运用前面所学的知识绘制垃圾桶，最终效果如图 4.8.1 所示。

图 4.8.1　最终效果图

操作步骤

（1）新建一个图形文件，单击工具箱中的“贝塞尔工具”按钮，在绘图区中绘制图形，如图 4.8.2 所示。

（2）单击工具箱中的“矩形工具”按钮，在属性栏中的边角圆滑度输入框中输入数值 85，在绘图区中拖动鼠标绘制圆角矩形，旋转圆角矩形并放到合适位置，如图 4.8.3 所示。

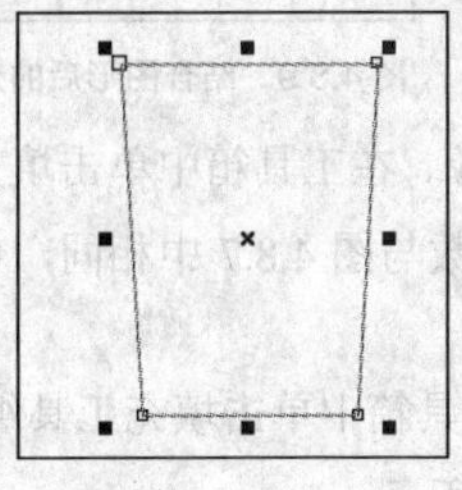

图 4.8.2　绘制图形

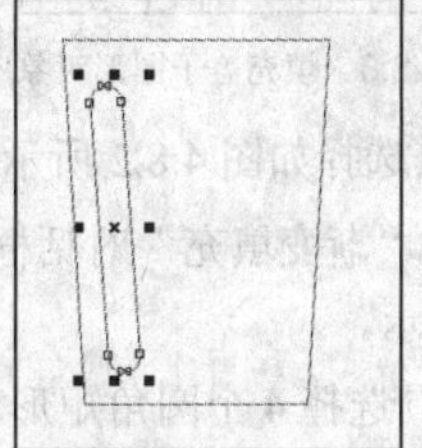

图 4.8.3　绘制圆角矩形并旋转

（3）复制 3 个圆角矩形并分别旋转适当的角度，将它们移至适当位置，如图 4.8.4 所示。

（4）单击工具箱中的“矩形工具”按钮，在属性栏中的边角圆滑度输入框中的左上与右上输入框中输入数值 100，在左下与右下输入框中输入数值 0，在绘图区中拖动鼠标可绘制出左上与右上角圆滑的矩形，即盖子图形，如图 4.8.5 所示。

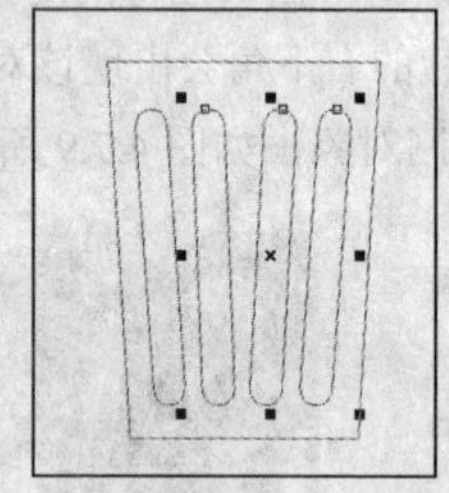
图 4.8.4　复制圆角矩形并旋转

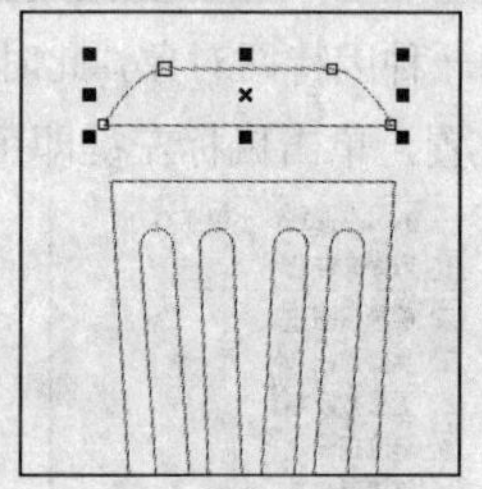
图 4.8.5　绘制盖子图形

（5）使用贝塞尔工具与形状工具在绘图区中绘制如图 4.8.6 所示的提手图形对象。

（6）选择盖子图形对象，然后在工具箱中单击填充工具组中的“渐变填充对话框”按钮，弹出“渐变填充”对话框，设置参数如图 4.8.7 所示。

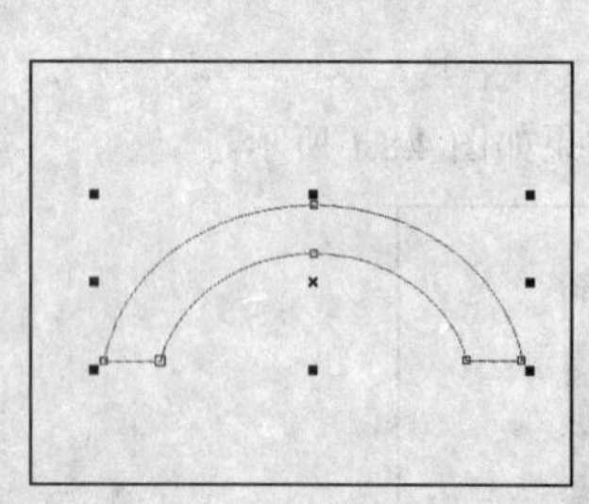
图 4.8.6　绘制提手图形对象

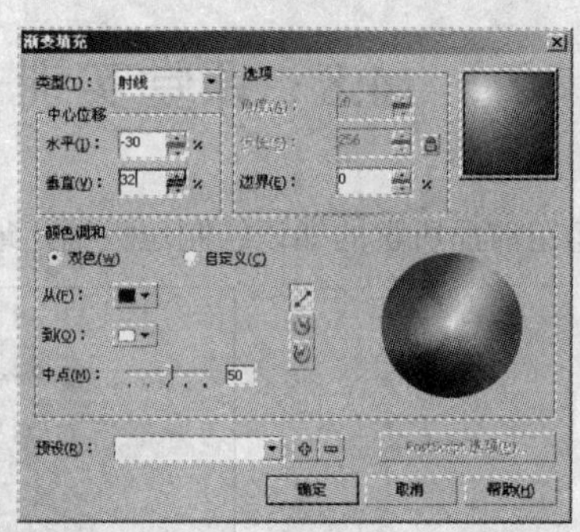

图 4.8.7　“渐变填充”对话框

（7）单击确定按钮，可填充所选的图形对象，如图 4.8.8 所示。

（8）将提手图形移至盖子的上方，使用挑选工具框选盖子与提手图形，在属性栏中单击“结合”按钮，即可将所选的图形结合在一起，得到如图 4.8.9 所示的效果。

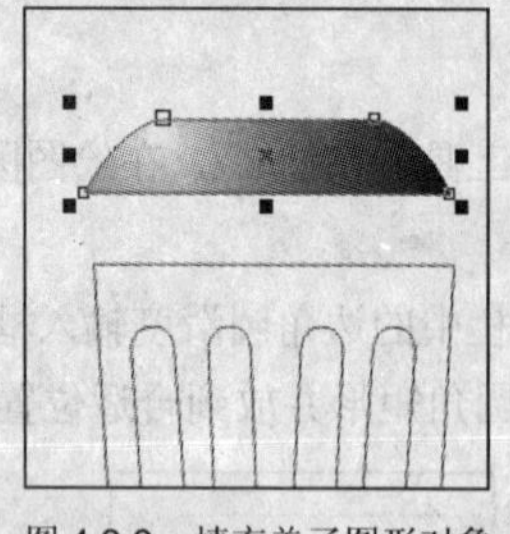
图 4.8.8　填充盖子图形对象

图 4.8.9　结合图形后的效果

（9）使用挑选工具选择如图 4.8.2 所示的图形对象，在工具箱中单击填充工具组中的“渐变填充对话框”按钮，弹出“渐变填充”对话框，设置参数与图 4.8.7 中相同，单击确定按钮，填充后的效果如图 4.8.10 所示。

（10）使用挑选工具选择 4 个圆角矩形对象，在工具箱中单击填充工具组中的“渐变填充对话框”按钮，弹出渐变填充对话框，设置参数如图 4.8.11 所示。

（11）设置完参数后，单击确定按钮，然后再选择结合后的图形，将其旋转一定的角度，并放到合适位置，最终效果如图 4.8.1 所示。

图 4.8.10　填充渐变效果

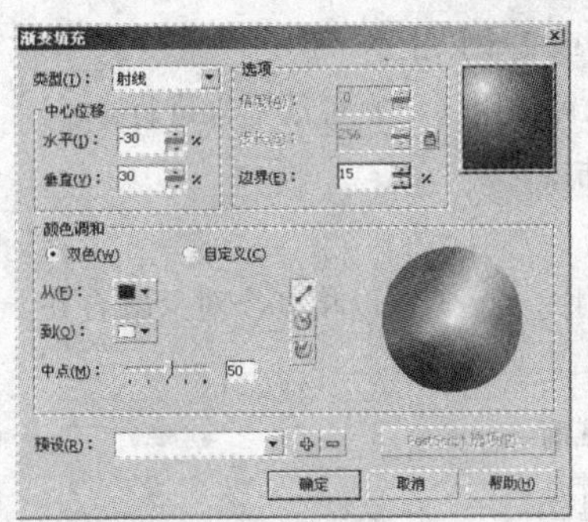

图 4.8.11　“渐变填充”对话框

本 章 小 结

本章主要介绍了对象的基本操作，包括选择对象、移动与调整对象、复制与再制对象、群组与结合对象、锁定与转换对象、修整对象以及插入对象等。通过本章的学习，读者应熟练掌握这些对象的基本操作方法与技巧，并能使用绘图工具绘制出各种图像效果。

操 作 练 习

一、填空题

1. 在 CorelDRAW X3 中，__________工具主要用于选择和移动对象。

2. 使用__________功能，可以在保持多个对象水平或垂直间距不变的同时使其对齐。

3. 使用__________功能，可以使两个或多个对象在水平或垂直方向上根据所做设置均匀地分布。

4. 旋转对象的方法有两种：一种是使用__________进行旋转；另一种是使用泊坞窗进行旋转。

5. 单击__________按钮，系统将在保留原对象的状态下再复制出一个对象，并将所做设置应用于复制的对象。

6. 按“＋”键，可以实现对所选对象的__________和__________操作。

7. 按_________键，即可将选择的多个图形对象群组。

8. 按_________键，即可将选择的多个图像对象结合为一体。

二、选择题

1. 按（　）键，可以将目前选择的对象前移一位。

（A）Ctrl+PageUP　　（B）Shift+PageUp

（C）Ctrl+PageDown　　（D）Shift+PageUp

2. 将所选的对象从绘图窗口中删除，同时把它放在剪贴板上，这种操作是（　）。

（A）复制　　（B）仿制

（C）再制　　（D）剪切

3. 对齐和分布对象要（　）对象才可以执行。

（A）3 个　　（B）1 个

（C）2 个或 2 个以上　　　　（D）4 个以上

4．对齐对象可使用（　）对话框来进行。

（A）分布　　　　（B）对齐与分布

（C）对齐　　　　（D）对齐和属性

5．下列选项中，（　）可以将多个对象融合在一起，成为一个全新的对象，并且不再具有原有的属性。

（A）后减前　　　　（B）结合

（C）群组　　　　（D）前减后

6．下列选项中，（　）可以防止用户对图形对象进行误操作。

（A）锁定　　　　（B）群组

（C）结合　　　　（D）前减后

三、简答题

1．在对齐与分布对话框中，分布的方式有两种，分别是什么？

2．简述如何对齐和分布图形对象。

3．简述在群组中添加或移出对象的操作方法。

四、上机操作题

1．使用旋转对象、斜切对象以及轮廓线转换为对象的方式绘制如题图 4.1 所示的效果。

题图　4.1

2．在页面中绘制两个或多个基本图形对象，练习使用造形泊坞窗中的命令对其进行焊接、修剪、相交等操作。

第 5 章　文本的应用

文本在平面设计中可以起到说明主题或衬托画面的作用。本章主要介绍如何创建与编辑文本，以及设置文本的属性和特殊效果。

知识要点

- 创建文本
- 编辑美术字与段落文本
- 文本的转换
- 编辑路径文本
- 文本的特殊效果
- 链接文本

5.1　创 建 文 本

在图形对象的设计中，往往少不了对文字的操作。在 CorelDRAW X3 中，可以使用文本工具直接创建美术字文本和段落文本，也可以让文本围绕着一条弯曲的曲线排列，即创建路径文本。

5.1.1　创建美术字文本

在 CorelDRAW X3 中，美术字是被作为曲线对象来处理的，因此，既可以将其作为图形对象处理，也可以将其作为文本对象来操作。

要在绘图区中输入美术字文本，只要单击工具箱中的“文本工具”按钮，然后在绘图区中单击确定位置，再通过键盘输入文字即可，如图 5.1.1 所示。

图 5.1.1　创建美术字文本

使用形状工具单击各字符左下方的控制点，逐个选择字符，然后在调色板中选择所需的颜色即可改变所选字符的颜色，通过文字工具属性栏也可改变字符的字体类型与大小等属性。

5.1.2　创建段落文本

段落文本是指在创建的文本框中输入的文本，文本中的文字受文本框大小的限制，若输入的文本超过了文本框的范围，超出的部分将被自动隐藏起来。

创建段落文本的操作方法如下：

（1）新建图形文件后，在工具箱中单击“文本工具”按钮字。

（2）将鼠标指针移至绘图区中，按住鼠标左键拖动，即可创建一个文本框，如图 5.1.2 所示。

（3）通过键盘在文本框中输入文字即可，如图 5.1.3 所示。

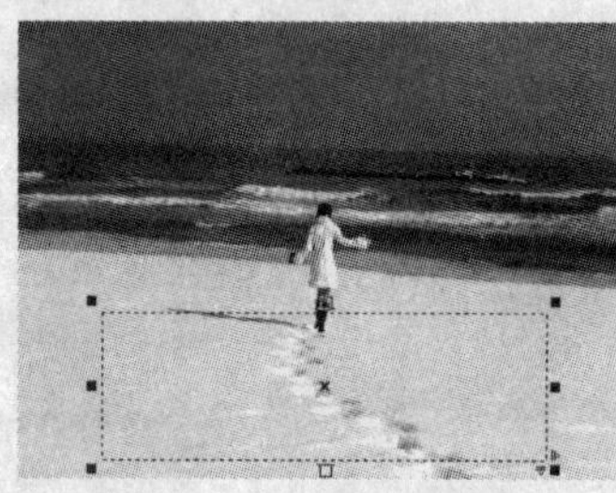

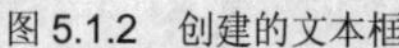

图 5.1.2　创建的文本框

图 5.1.3　输入的段落文本

选择菜单栏中的 文本(T) → 段落文本框(X) → 显示文本框(X) 命令，可以使段落文本在没有选中的情况下显示或隐藏文本框。

5.1.3　创建路径文本

创建路径文本就是将美术文本沿着指定的对象（如曲线、椭圆以及多边形等）排列，通过属性栏还可以调整适合路径后的文本方向与形状。

在路径上添加文本的操作方法如下：

（1）使用挑选工具选择路径。

（2）选择菜单栏中的 文本(T) → 使文本适合路径(T) 命令，此时将在路径上插入文本光标。如果路径是开放的，文本光标插入到路径的起始位置；如果路径是闭合的，文本光标插入到路径的中央。

（3）沿路径输入所需的文本即可，效果如图 5.1.4 所示。

图 5.1.4　创建路径文本效果

5.2　编辑美术字与段落文本

输入美术字与段落文本后，可以对文本进行格式的设置，包括文本的字体、大小、间距、上标或下标等。

5.2.1　使用属性栏编辑文本

使用文本工具属性栏，可以设置选中的文本对象的对齐方式、文本方向、首字下沉和项目符号等。

单击工具箱中的文本工具，其属性栏如图 5.2.1 所示。

图 5.2.1　“文本工具”属性栏

该属性栏中的各选项含义介绍如下：

在 Arial 下拉列表中可设置文本的字体，如图 5.2.2 所示。

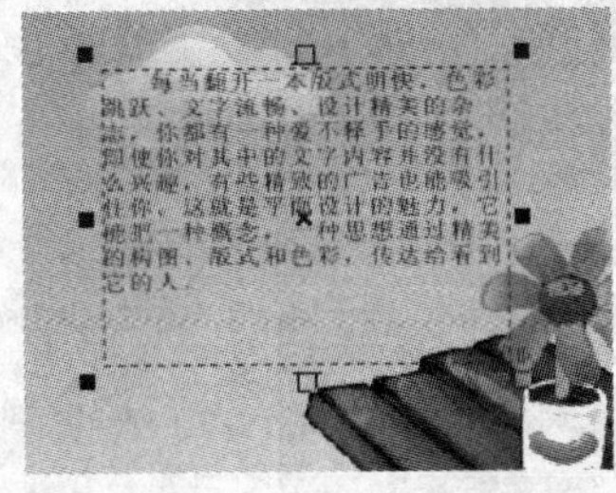

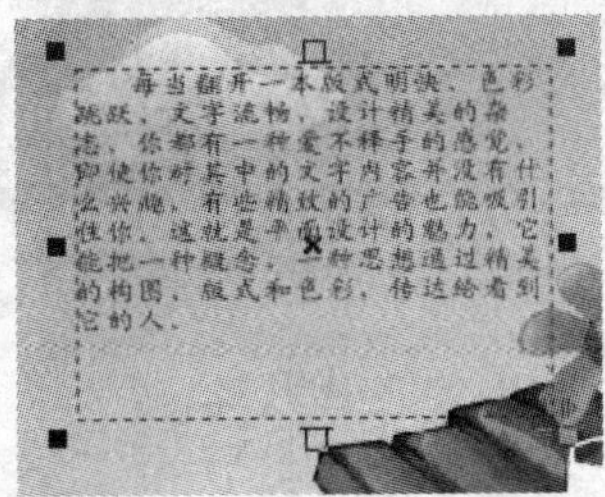

图 5.2.2　改变文本的字体

在 24 pt 输入框中输入数值，可设置文本字体的大小。

单击 B I U 按钮，可以分别为文字设置加粗、斜体和加下画线等效果，如图 5.2.3 所示。

单击按钮，利用弹出的下拉菜单可以设置文本的对齐方式。

单击按钮，可以显示或隐藏文本的项目符号。

单击按钮，可以显示或隐藏文本首字下沉效果。

单击按钮，弹出“字符格式化”泊坞窗，如图 5.2.4 所示。在该泊坞窗中可以设置字体、字号大小、字符位移和对齐方式等。

图 5.2.3　为文本添加下画线

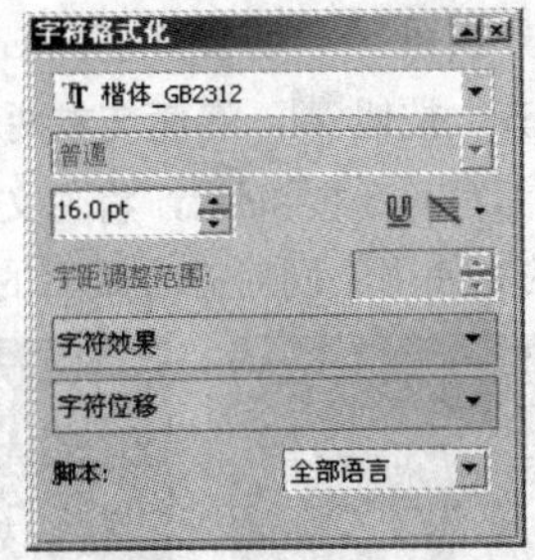

图 5.2.4　“字符格式化”泊坞窗

单击按钮，弹出“编辑文本”对话框，在该对话框中可以设置文本的字体、字号和各种字符效果等。

单击按钮，可以使竖直放置的文本水平放置。

单击按钮，可以使水平放置的文本竖直放置，如图 5.2.5 所示。

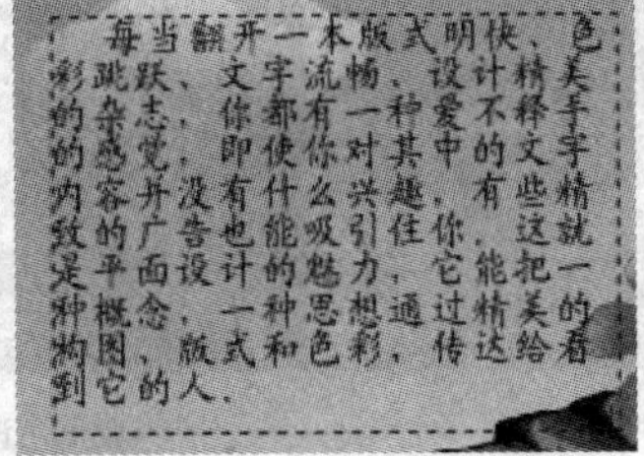

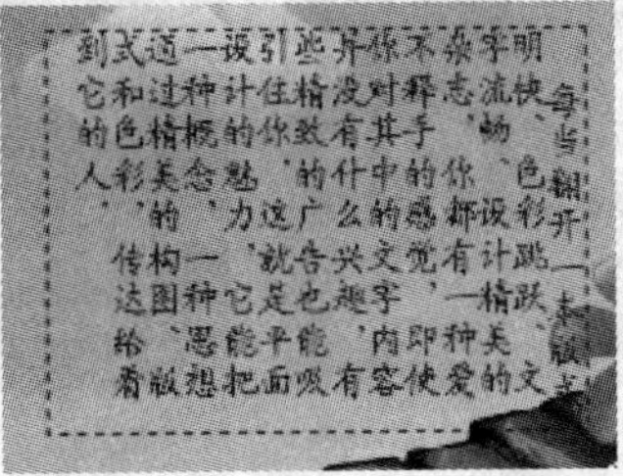

图 5.2.5　转换文本的排列方式

5.2.2 使用对话框编辑文本

选择菜单栏中的文本(T)→编辑文本(D)...命令，或者单击属性栏中的“编辑文本”按钮，都可弹出“编辑文本”对话框，如图 5.2.6 所示。

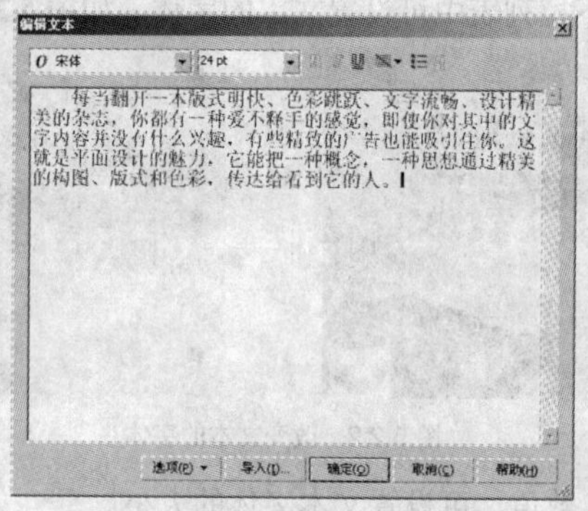

图 5.2.6 “编辑文本”对话框

在该对话框中不仅可以设置文本的字体、字号、加粗和斜体等选项参数，而且还可以选择文本的对齐方式。

单击“不对齐”按钮，文本不产生任何对齐效果。

单击“左对齐”按钮，将使文本向左对齐。

单击“居中对齐”按钮，将使文本居中对齐。

单击“右对齐”按钮，将使文本向右对齐。

单击“全部对齐”按钮，将使文本两端对齐。

单击“强制全部对齐”按钮，将使文本全部分散对齐。

图 5.2.7 所示的为使用不同对齐方式后的效果。

不对齐

左对齐

居中对齐

右对齐

全部对齐

强制全部对齐

图 5.2.7 对齐文本效果

5.2.3　手动调整美术字的大小

美术字具有矢量图形的属性，因此可作为图形对象处理，通过拖曳美术字上的控制柄，可以调节美术字的大小。

使用选择工具选择要调整大小的美术字，然后拖曳美术字周围的控制柄，即可调整美术字的大小，如图 5.2.8 所示。

图 5.2.8　手动调整美术字大小

5.2.4　使用形状工具调整文本间距

文本的间距包括字间距、行间距和段间距。创建文本后，可以使用形状工具调整文本的字、行、段间距。

1．调整文本的字间距

字间距是指一行中两个文字之间的距离，增加或减少字间距可影响文本的外观和可读性。

要使用形状工具调整文本字间距，其具体操作方法如下：

（1）使用文本工具在绘图区中输入美术字，并设置好字体与大小，如图 5.2.9 所示。

（2）单击工具箱中的“形状工具”按钮，此时美术字对象中每个文字的左下角将显示一个控制点，同时也显示出垂直箭头符号与水平箭头符号，如图 5.2.10 所示。

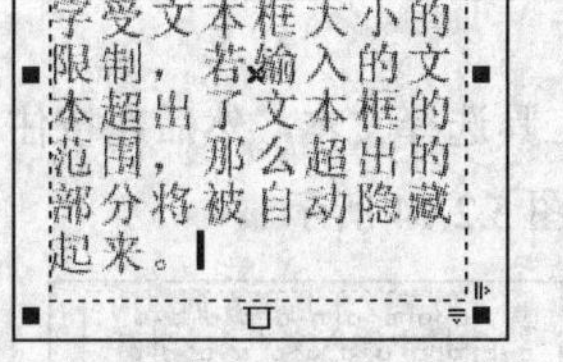

图 5.2.9　输入文字内容并设置字体与字号

段落文本是指在创建的文本框中输入文本，文本中的文字受文本框大小的限制，若输入的文本超出了文本框的范围，那么超出的部分将被自动隐藏起来。

图 5.2.10　使用形状工具选择文本

（3）将鼠标指针移至水平箭头符号上，向右或向左拖动，即可增加或减小文本对象中所有字的字间距，如图 5.2.11 所示。

（4）如果使用形状工具拖动所选字符左下方的控制点，可调节文本字符的位置，从而改变文本整体的形状，如图 5.2.12 所示。

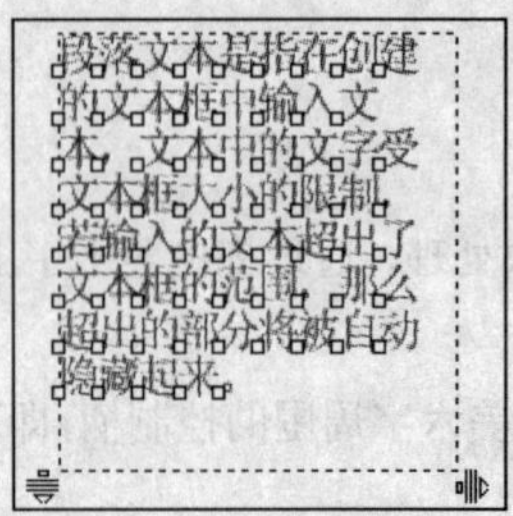

图 5.2.11　调整文本的字间距

图 5.2.12　使用形状工具调整文本字符的位置

2. 调整文本的行间距

行间距是指两个相邻文本行与行基线之间的距离。

要使用形状工具调整行间距，可先使用形状工具选择文本，将鼠标指针移至垂直箭头符号 上，按住鼠标左键向上或向下拖动，即可减小或增大行间距，如图 5.2.13 所示。

图 5.2.13　使用形状工具调整行间距

3. 调整文本段间距

段间距只针对段落文本进行调整，段间距是指两个段落之间的间隔量。在段落文本框中每按一次回车键就会创建一个段落。

要使用形状工具调整文本段间距，可先使用形状工具选择文本，然后在按住“Ctrl”键的同时向下或向上拖动垂直箭头符号 ，即可调整段间距，如图 5.2.14 所示。

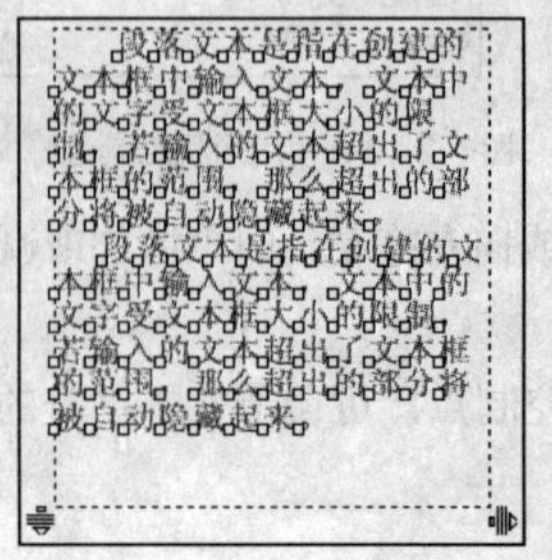
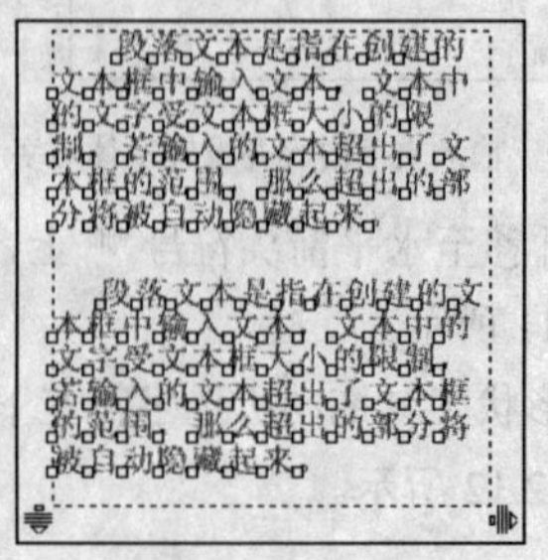

图 5.2.14　使用形状工具调整段间距

5.2.5 设置文本上标与下标

通过"字符格式化"对话框可以设置文本的位置，即设置上标或下标。使用文本工具选取文本后，在"字符格式化"泊坞窗中的"位置"下拉列表中可选择上标或下标选项来进行设置。如要在绘图区中创建文本"$\sin^2+\cos^2=1$"，其具体的操作方法如下：

（1）单击工具箱中的"文本工具"按钮字，在绘图区中单击并输入"sin2+cos2=1"，分别选中公式中的"2"。

（2）选择菜单栏中的 文本(T) → 字符格式化(F) 命令，打开"字符格式化"泊坞窗，在泊坞窗中单击"位置"下拉列表框，从弹出的下拉列表中选择 上标 选项，即可将所选的文本设置为上标，如图 5.2.15 所示。

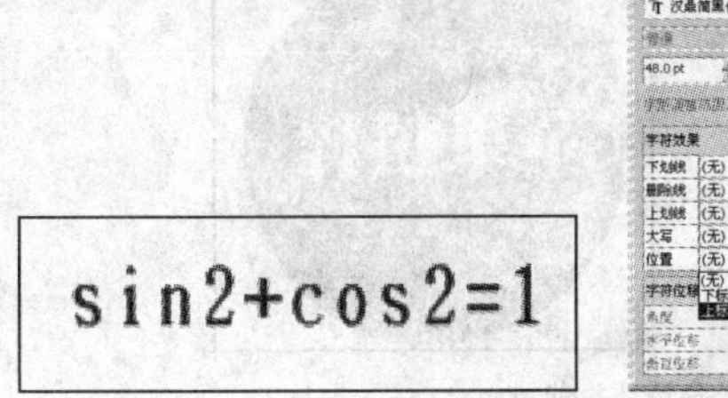

图 5.2.15 设置上标效果

5.3 文本的转换

在 CorelDRAW X3 中可以将美术字与段落文本相互转换，还可以将美术字转换为曲线，作为曲线图形进行编辑。

5.3.1 段落文本与美术字的互换

美术字与段落文本的特性不同，但可以相互转换。将段落文本转换为美术字的方法有以下 3 种：

（1）使用菜单命令转换：选中要转换的段落文本，选择 文本(T) → 转换为美术字 命令，即可将段落文本转换为美术字，如图 5.3.1 所示。

图 5.3.1 段落文本转换为美术字

（2）使用快捷键转换：选中要转换的段落文本，按"Ctrl+F8"键，可将该段落文本转换为美术字。

（3）使用快捷菜单转换：选中要转换的段落文本，单击鼠标右键，在弹出的快捷菜单中选择转换为美术字命令，即可将该段落文本转换为美术字。

将美术字转换为段落文本的方法与将段落文本转换为美术字的方法类似，在此不再赘述。

5.3.2 美术字转换为曲线

将美术字转换为曲线后，外形上虽无区别，但其属性发生了根本性的变化，不再具有文本的任何属性，而是具有了曲线的全部属性。通过删除或增加节点、拖曳节点位置、将节点间的线段进行曲直变化等一系列操作，可以达到改变美术字文本形态的目的。将美术字转换为曲线的方法有以下 3 种：

（1）使用菜单命令转换：选中美术字，选择 排列(A) → 转换为曲线(V) 命令，可将该文本转换为曲线，如图 5.3.2 所示。

图 5.3.2 美术字转换为曲线

（2）使用快捷键转换：选中美术字，按“Ctrl+Q”键，可将该文本转换为曲线。

（3）使用快捷菜单转换：选中美术字，单击鼠标右键，在弹出的快捷菜单中的选择 转换为曲线(V) 命令，即可将该文本转换为曲线。

5.4 编辑路径文本

在 CorelDRAW X3 中可以对路径文本进行特殊的编辑，如使文本分离路径、改变路径文本的方向、对齐基线以及矫正文本等。

5.4.1 使文本分离路径

在 CorelDRAW X3 中，适合路径的文本被视为一个对象。如果不需要使文本成为路径的一部分，也可以将文本与对象分离，且分离后的文本将保持它适合于路径时的形状。

使用挑选工具选择路径和适合的文本，选择菜单栏中的 排列(A) → 拆分 命令，即可拆分文本与路径，分离后就可以使用挑选工具将文本移开，如图 5.4.1 所示。

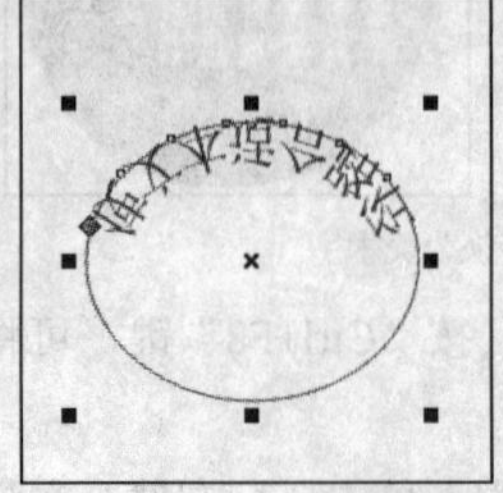

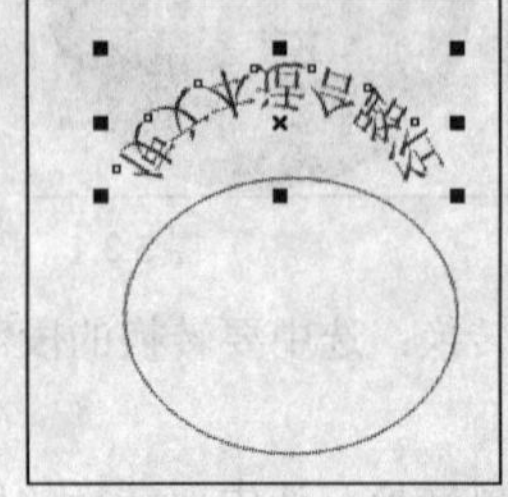

图 5.4.1 将文本与路径分离

5.4.2　改变文本方向

当文本适配路径后，可以在其属性栏中更改文本的方向，如图 5.4.2 所示。

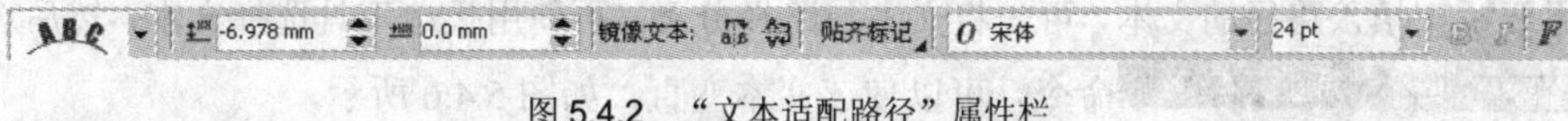

图 5.4.2　“文本适配路径”属性栏

在其属性栏中的 下拉列表中可选择文本放置在路径上的方向，如图 5.4.3 所示。

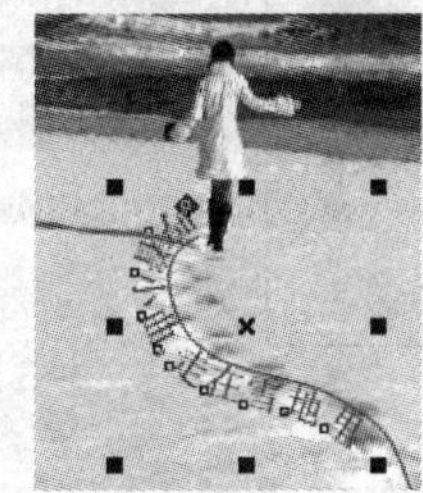
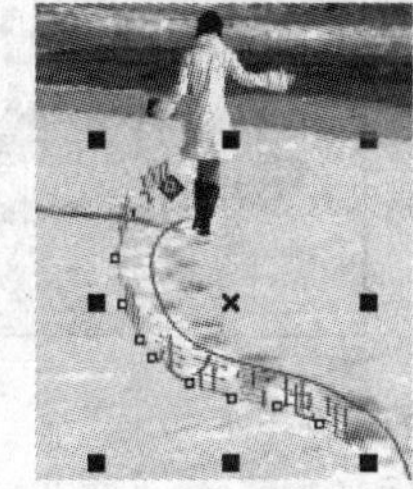
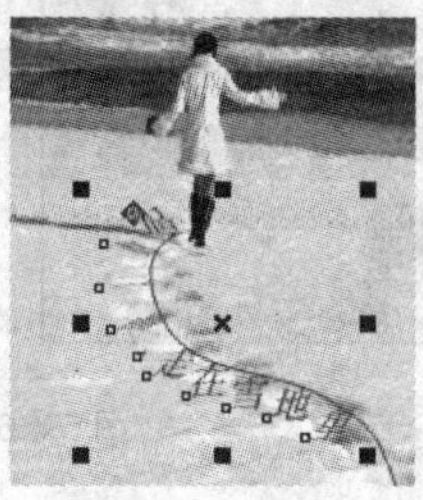
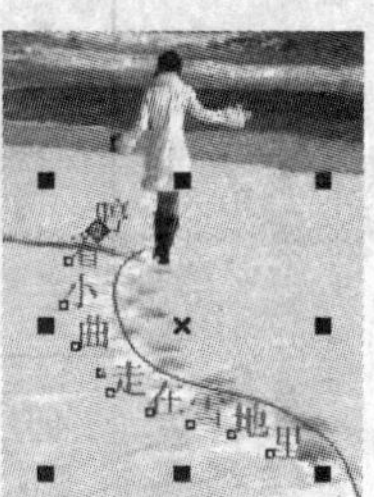

图 5.4.3　更改文本方向

5.4.3　镜像文本

使用挑选工具选择适合路径的文本，在属性栏中的 镜像文本: 选项区中单击“水平镜像”按钮，可从左向右翻转文本字符；单击“垂直镜像”按钮，可从上向下翻转文本字符，如图 5.4.4 所示。

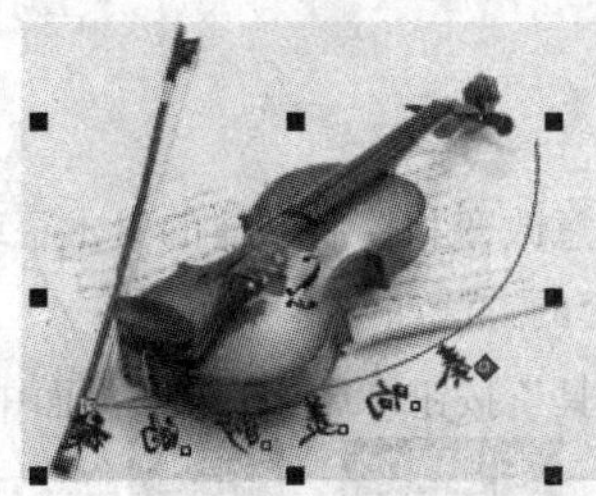

选择对象　　水平镜像　　垂直镜像

图 5.4.4　镜像适合路径的文本

5.4.4　对齐基线

使用对齐基准功能可以将位置偏移基线的字符垂直对齐文本基线。

如果要使填入路径的文本对齐基线，可先将文本与路径分离，再使用挑选工具选择文本，然后选择菜单栏中的 文本(T) → 对齐基线(A) 命令，效果如图 5.4.5 所示。

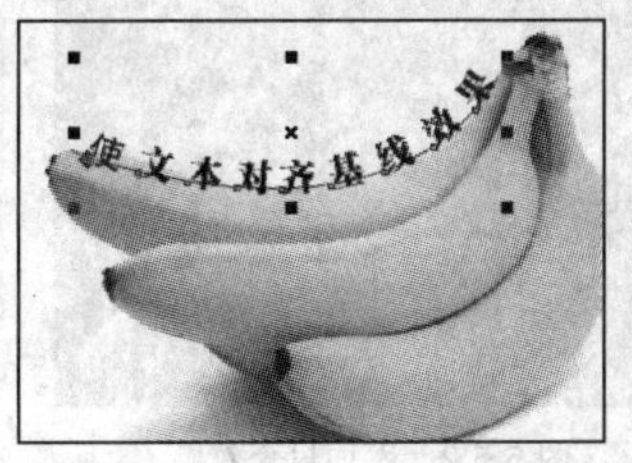

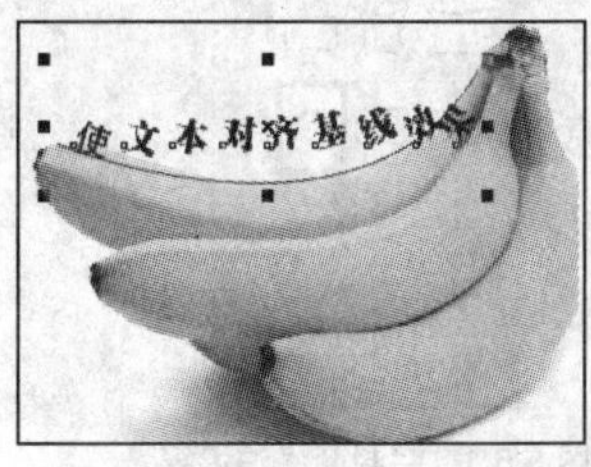

图 5.4.5　对齐文本基线

5.4.5 矫正文本

矫正文本功能与对齐基线功能相似，可以使错乱的文本排列得更整齐。

如果要矫正填入路径的文本，可先将文本与路径分离，再使用挑选工具选择文本，然后选择菜单栏中的 文本(T) → 矫正文本(S) 命令，可以使该文本变直，如图 5.4.6 所示。

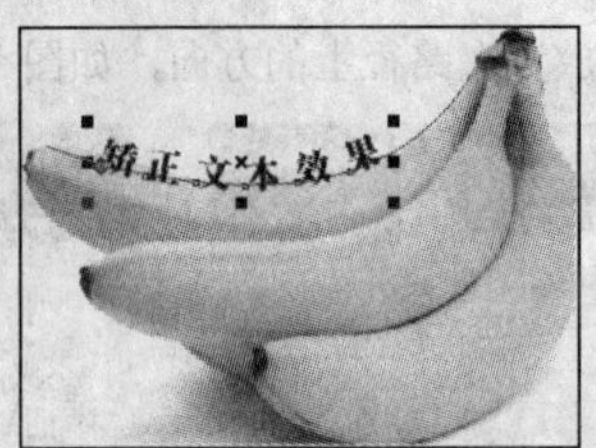

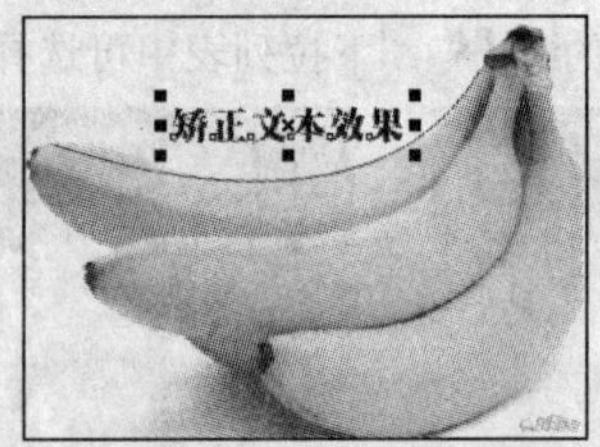

图 5.4.6 矫正文本

5.5 文本的特殊效果

CorelDRAW X3 具有非常强大的文字编辑和排版功能，利用这些功能可以添加文本封套效果、图文混排效果，插入符号字符，还可在文本中进行查找和替换操作。

5.5.1 添加文本封套

在 CorelDRAW X3 中，若想任意改变和控制创建的美术字或段落文本的大小和形状，最好的方式就是使用文本封套。添加文本封套的方法如下：

（1）单击工具箱中的“文本工具”按钮，在绘图页面中输入段落文本。

（2）选择菜单栏中的 窗口(W) → 泊坞窗(D) → 封套(E) 命令，或按“Ctrl+F7”键，弹出“封套”泊坞窗，如图 5.5.1 所示。

（3）若要使用系统内置的封套效果，单击 添加预设 按钮，可以从样式封套列表中选择所需的封套样式。

（4）单击 应用 按钮，即可将封套样式应用到所选择的文本框中，使用挑选工具拖曳文本框中的节点即可改变封套文本框的形状，如图 5.5.2 所示。

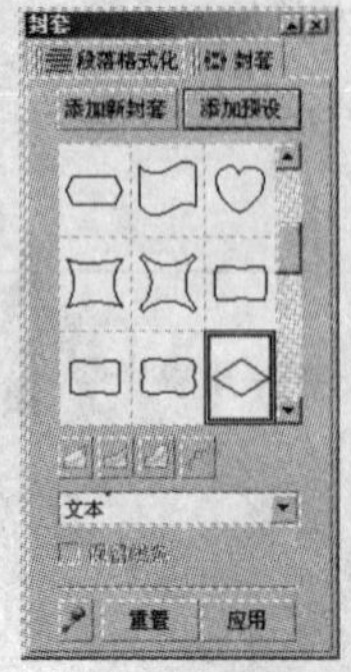

图 5.5.1 “封套“泊坞窗

图 5.5.2 添加封套效果

（5）若要自定义封套，可选择段落文本，然后单击“封套”泊坞窗中的 添加新封套 按钮，文本框轮廓将变成蓝色的虚线，并显示 8 个控制点，如图 5.5.3 所示。

（6）单击“封套”泊坞窗中的“双弧”按钮，将鼠标指针移至文本框的节点上，当鼠标指针呈形状时，按住鼠标左键并向上拖动鼠标，即可改变封套的形状，如图 5.5.4 所示。

图 5.5.3　添加封套

图 5.5.4　改变封套形状

5.5.2　设置图文混排效果

设置图文混排的方法如下：

（1）单击工具箱中的“文本工具”按钮，创建段落文本。

（2）导入一幅位图图像或创建一个图形对象。

（3）确定位图图像或图形对象为选中状态，单击属性栏中的“段落文本换行”按钮，弹出如图 5.5.5 所示的面板。

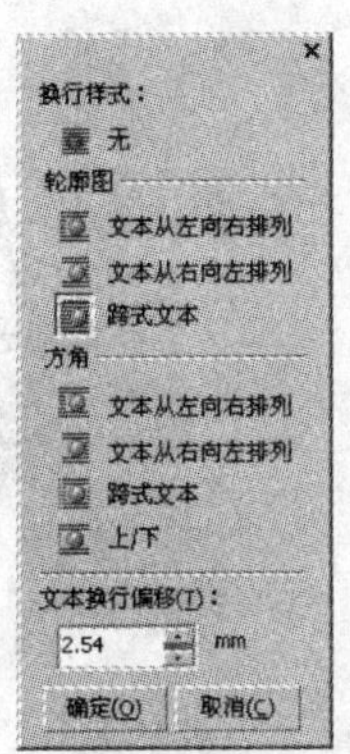

图 5.5.5　段落文本换行面板

（4）选择该面板中的各个选项可设置段落文本环绕图形的不同样式，设置好后单击 确定(O) 按钮即可。轮廓图 选项区中的样式可以使段落文本环绕图形的轮廓进行换行，如图 5.5.6 所示，而 方角 选项区中的样式，则不受图形轮廓的影响，总以方形的形式环绕图形进行换行，如图 5.5.7 所示。

图 5.5.6　段落文本环绕图形轮廓的换行

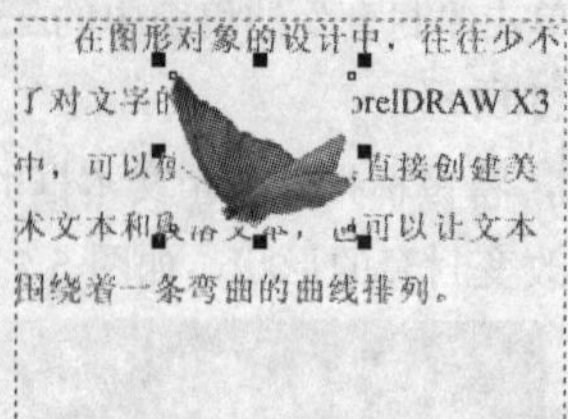

图 5.5.7　段落文本环绕图形的方形换行

5.5.3　插入符号字符

在 CorelDRAW X3 中提供了“插入字符”泊坞窗，用户可以很方便地插入特殊字符。插入符号字符的具体方法如下：

（1）选择菜单栏中的 文本(T) → 插入符号字符(H) 命令，或按“Ctrl+F11”键，弹出“插入字符”泊坞窗，如图 5.5.8 所示。

（2）在泊坞窗中的 字体(F): 下拉列表框中选择需要的字体。

（3）在下面的列表框中选择要插入的字符，单击 插入(I) 按钮，即可插入字符，效果如图 5.5.9 所示。

图 5.5.8　“插入字符”泊坞窗

图 5.5.9　插入字符效果

5.5.4　查找和替换文本

选择菜单栏中的 编辑(E) → 查找和替换(F) 命令，弹出其子菜单，通过选择其中的 查找文本(F)... 与 替换文本(A)... 命令，可以对文本进行查找和替换操作。

1. 查找文本

选择菜单栏中的 编辑(E) → 查找和替换(F) → 查找文本(F)... 命令，弹出 **查找下一个** 对话框，如图 5.5.10 所示。

图 5.5.10　“查找下一个”对话框

在 查找(F): 输入框中输入要查找的文本，选中 区分大小写(C) 复选框，单击 查找下一个(N) 按钮，即可执行查找命令，单击 关闭 按钮，将显示出查找的结果。

2．替换文本

选择菜单栏中的 编辑(E) → 查找和替换(F) → 替换文本(A)... 命令，弹出 替换文本 对话框，如图 5.5.11 所示。

图 5.5.11　“替换文本”对话框

在 查找(F): 下拉列表框中输入要查找的文本，在 替换为(R): 下拉列表框中输入用来替换的文本，单击 替换(E) 或 全部替换(P) 按钮，即可显示替换的结果，如图 5.5.12 所示。

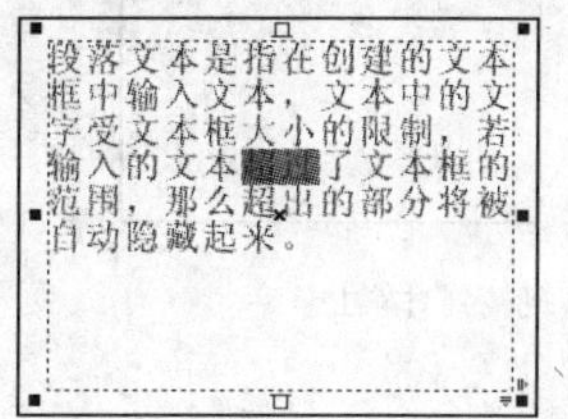

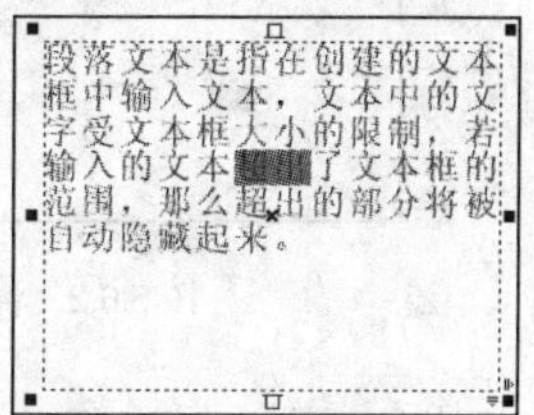

图 5.5.12　查找和替换文本效果

5.6　链 接 文 本

在 CorelDRAW X3 中，如果文本量超过第一个文本框的大小，则在链接段落文本框时，会将文本流从一个文本框导向另一个文本框。如果缩小或扩大链接的段落文本框，或改变文本的大小，则会自动调整下一个文本框中的文本量。用户可以在键入文本之前或之后链接段落文本框。

链接段落文本框之后，可以重新指定文本流从一个对象或文本框到另一个对象或文本框的方向。选择文本框或对象时，蓝色箭头指示文本流的方向。用户可以隐藏或显示这些箭头。

5.6.1　链接的使用

单击工具箱中的“挑选工具”按钮，选择两个段落文本对象，然后选择菜单栏中的 文本(T) → 段落文本框(X) → 链接(L) 命令，即可链接两个段落文本，如图 5.6.1 所示。

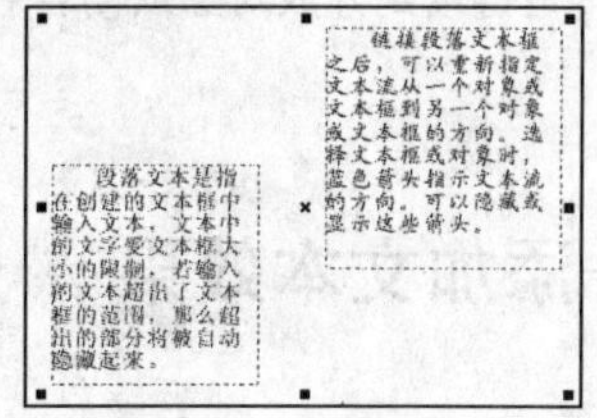

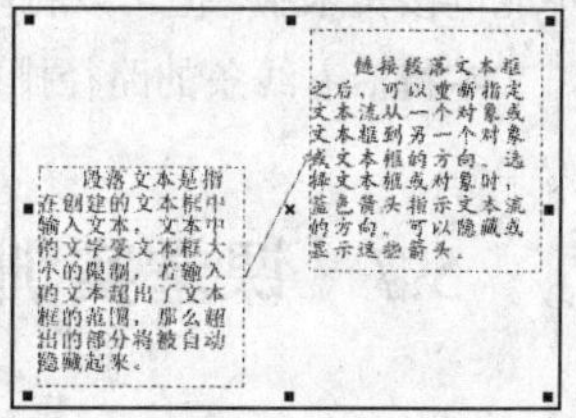

图 5.6.1　链接两个段落文本

如果要取消链接，可先使用挑选工具选择链接的文本，然后选择菜单栏中的 文本(T) →

段落文本框(X) → 断开链接(U) 命令，即可解除文本之间的链接。

5.6.2　将段落文本链接到对象上

在 CorelDRAW X3 中也可将段落文本链接到图形对象上，其方法很简单，只须将鼠标指针移至段落文本框的口或口符号上，当指针变为↕形状时，单击鼠标左键，此时指针变为形状，移动指针至要链接的图形对象上，指针显示为➡形状时，单击鼠标左键，即可将段落文本链接到对象上，如图 5.6.2 所示。

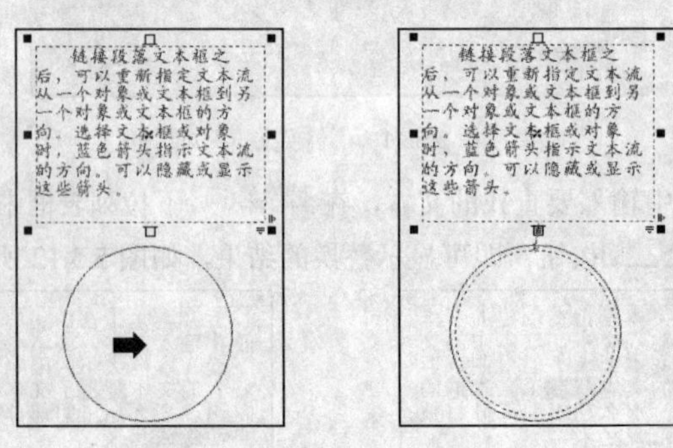

图 5.6.2　将段落文本链接到对象上

5.6.3　链接不同页面上的段落文本

使用形状工具在当前页面中选择段落文本，并将鼠标指针移至文本框的口或口符号上，当指针显示为↕形状时，单击鼠标左键，此时指针变为形状，然后移动鼠标指针至另一页面的段落文本框上，当指针显示为➡形状时，单击鼠标左键，此时页面可显示出一条蓝色虚线，并显示链接的页面，表示已将同一文档中不同页面上的文本链接，如图 5.6.3 所示。

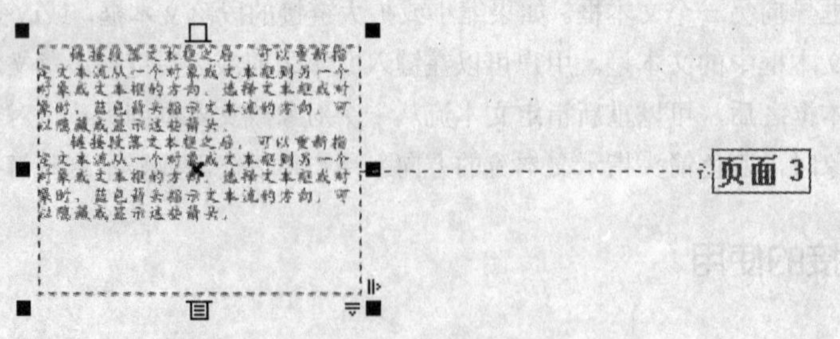

图 5.6.3　链接不同页面上的段落文本

在链接过程中不能链接美术字，但可以将段落文本框链接到开放对象或闭合对象。将段落文本框链接到开放对象时，文本将沿着线条的路径排放。

5.7　课堂实训——添加文本效果

本节主要利用前面所学的内容为卡片添加文本效果，最终效果如图 5.7.1 所示。

图 5.7.1　最终效果图

操作步骤

（1）新建一个图形文件，单击工具箱中的“矩形工具”按钮，在属性栏中设置边角圆滑度为 10，在绘图区中拖动鼠标绘制圆角矩形，如图 5.7.2 所示。

（2）在填充工具组中单击“渐变填充对话框”按钮，弹出渐变填充对话框，设置参数如图 5.7.3 所示。

图 5.7.2　绘制圆角矩形

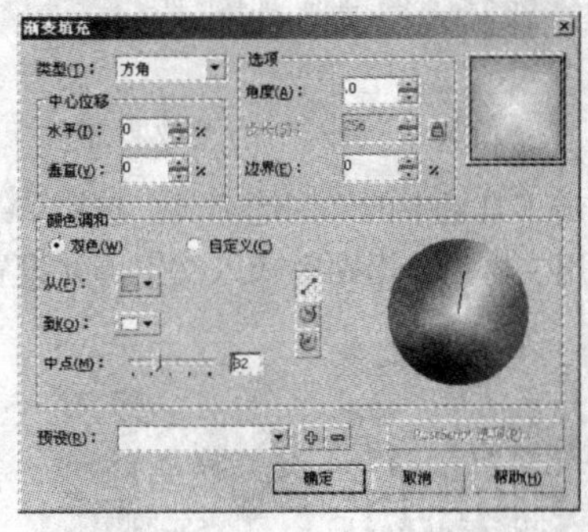

图 5.7.3　“渐变填充”对话框

（3）设置完参数后，单击确定按钮，填充渐变后的效果如图 5.7.4 所示。

（4）单击工具箱中的“文本工具”按钮，设置好文字的字体与字号，在绘图区中输入段落文字，如图 5.7.5 所示。

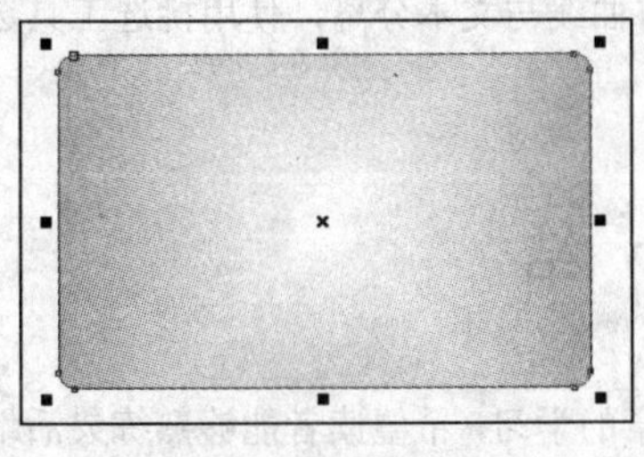

图 5.7.4　填充渐变效果

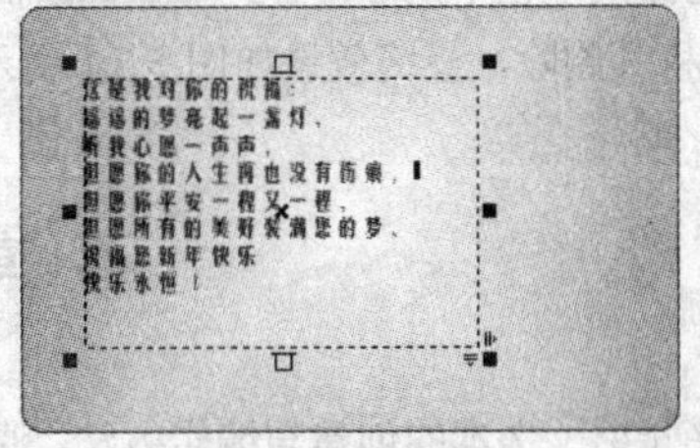

图 5.7.5　输入段落文字

（5）按“Ctrl+F7”键，弹出“封套”泊坞窗，为文本添加封套效果，并将文字的颜色改为蓝色，设置为居中对齐，如图 5.7.6 所示。

（6）在文本工具属性栏中单击“将文本改为垂直文本”按钮，在绘图页面中输入文字，并设置文字的字体与字号。

（7）在颜色面板中的红色方块上单击鼠标左键，将文字颜色填充为红色，再在黄色方块上单击鼠标右键将文字轮廓色填充为黄色，如图 5.7.7 所示。

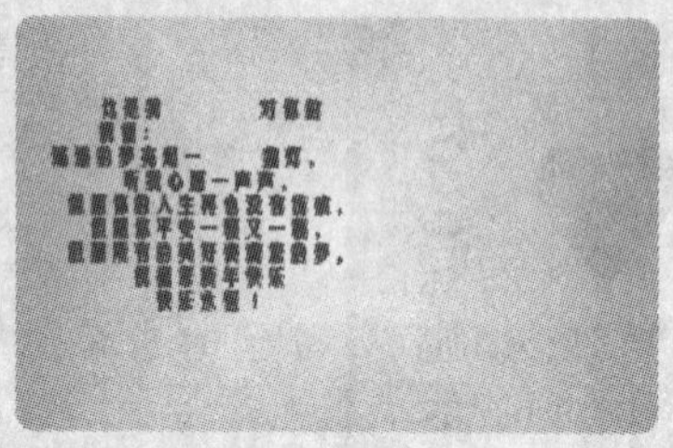

图 5.7.6　为文本添加封套效果

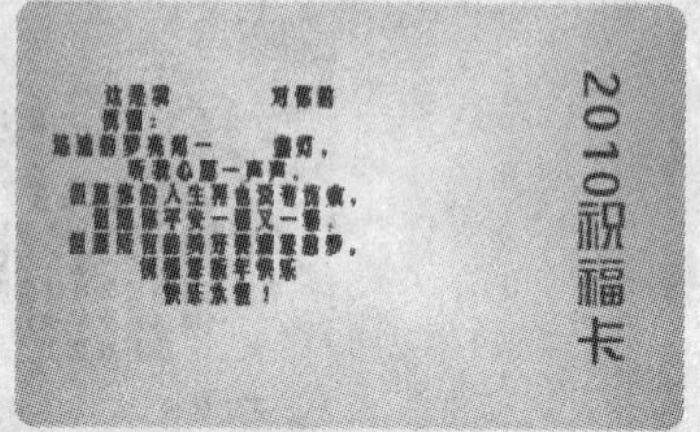

图 5.7.7　输入文字效果

（8）使用文本工具在绘图页面中输入其他文字信息，效果如图 5.7.8 所示。

（9）单击工具箱中的“基本形状”按钮，在绘图页面中绘制如图 5.7.9 所示的形状。

图 5.7.8　输入其他文字效果

图 5.7.9　绘制心形

（10）单击工具箱中的“钢笔工具”按钮，在绘图页面中绘制一条曲线，如图 5.7.10 所示。

（11）使用文本工具沿路径输入文字，并设置文字的字体与字号，如图 5.7.11 所示。

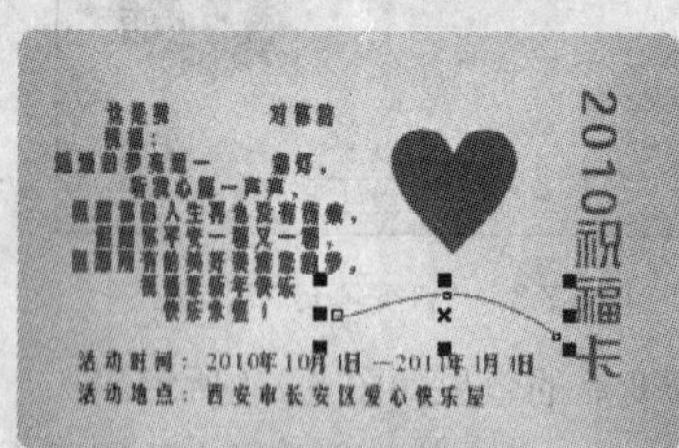

图 5.7.10　绘制曲线

图 5.7.11　沿路径输入文字并设置属性

（12）选择菜单栏中的 排列(A) → 拆分 命令，将曲线与文本分离，使用挑选工具选择曲线，按“Delete”键将其删除，最终效果如图 5.7.1 所示。

本 章 小 结

本章主要介绍了文本的创建与编辑方法，通过本章的学习，希望读者能够熟练灵活地使用文本工具制作出各种各样的文字效果。

操 作 练 习

一、填空题

1．在 CorelDRAW X3 中输入的文本类型有 3 种，即________文本、________文本和________文本。

2. 对齐文本有 6 种方式，即不对齐________、________、右对齐、________、________。

3. 段落文本与美术字文本相互转换的快捷键是________。

4. 使用________功能可以将位置偏移基线的字符垂直对齐文本基线。

5. 在链接过程中不能链接________，但可以将段落文本框链接到开放对象或闭合对象。

二、选择题

1. 要编排大量的文本，应选择（　）。

（A）段落文本　　（B）路径文本

（C）美术字文本　　（D）宋体

2. 使用（　）工具可以方便地调整文本的间距。

（A）形状　　（B）挑选

（C）文本　　（D）手绘

3. 按（　）键可以快速地将美术字转换为曲线。

（A）Ctrl+B　　（B）Ctrl+O

（C）Ctrl+Q　　（D）Ctrl+F8

4. 使用（　）功能可以使段落文本围绕图形对象的外框进行排列，此样式常见于杂志与报刊。

（A）精确剪裁　　（B）文本适合框架

（C）文本绕图　　（D）文本适合路径

三、简答题

1. 在 CorelDRAW X3 中，可以通过哪几种方法输入文字？

2. 在 CorelDRAW X3 中，如何给文本添加封套效果？

四、上机操作题

1. 绘制一个圆形，沿圆路径输入文本“西北地区十强品牌”，设置其字体与字号，并对其进行水平偏移。

2. 利用本章所学的创建与编辑文本的知识制作一个 DM 广告。

第 6 章　对象的色彩设置

色彩是平面作品不可缺少的一部分，一幅好的平面作品不仅要有好的构图，而且在色彩的运用和搭配上也非常讲究。一般对色彩的感知是靠平时的积累，只有在平时的生活中不断了解和分析色彩，才能提高自己的审美能力和对色彩的感知能力。本节将介绍与色彩相关的一些基础知识。

知识要点

- 色彩理论基础
- 色彩模式
- 使用调色板
- 选取颜色
- 对象的填充方式

6.1　色彩理论基础

色彩的搭配与运用也是一门学问。要在设计作品中灵活、巧妙地运用色彩，使作品呈现各种精彩效果，就必须学习一些色彩的相关知识。

6.1.1　色彩的产生

色彩的形成和光有着最密切的关系，光通过以下 3 种形式被视觉感知。

（1）光源光：光源发出的色光直接进入眼睛，如霓虹灯、装饰灯、蜡烛等的光线都可以直接进入眼睛。

（2）透射光：光源光穿过透明或半透明物体后再进入眼睛的光线，称为透射光，透射光的亮度和颜色取决于入射光穿过被透射物体之后所达到的光透射率及波长特征。

（3）反射光：反射光是光进入眼睛的最普遍形式，在有光线照射的情况下，眼睛能看到的任何物体都是该物体的反射光进入视觉所致。

6.1.2　色彩的构成

色彩一般分为无彩色和有彩色两大类。无彩色是指黑色、灰色、白色，如图 6.1.1 所示。

有彩色则包括红色、黄色、蓝色、绿色等常见的颜色。从原理上讲，有彩色就是具备光谱上的某种或某些色相，统称为彩调；与此相反，无彩色就没有彩调。

从视觉的角度分析，颜色包含 3 个要素：色相、纯度和明度，人眼看到的任一彩色光都是这 3 个特性的综合效果。其中色相与光波的波长有直接关系，纯度和明度则与光波的幅度有关。

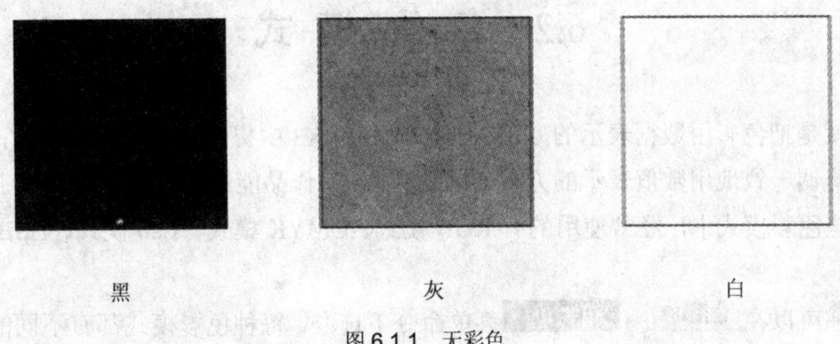

图 6.1.1　无彩色

1．色相

色相又称为色调，是指色彩的相貌，或是区别色彩的名称或色彩的种类，而色相与色彩明暗无关。苹果是红色的，红色便是一种色相。色相的种类很多，专业人士可辨认出 300～400 种普通色彩，但假如要仔细分析，色彩可有千万种之多。

2．纯度

纯度指色彩的强弱，也可以说是色彩的饱和度，调整图像的饱和度也就是调整图像的纯度。将一个彩色图像的饱和度降低为 0 时，它就会变成一个灰色的图像，增加饱和度就会增加其纯度。

3．明度

明度是指色彩的明暗程度。明度的高低要根据其接近白色或灰色的程度而定，越接近白色，明度越高，越接近灰色或黑色，其明度越低。如红色有明亮的红和深暗的红，蓝色有浅蓝和深蓝。在所有颜色中，黄色明度最高，紫色明度最低。

6.1.3　色彩的对比

在同一环境下，人对同一色彩有不同的感受，而在不同的环境下，多色彩给人另一种印象。色彩之间这种相互作用的关系称为色彩对比。

色彩对比包括两方面：一是时间隔序，即同时发生的对比；二是空间位置，即连贯性的对比。对比本来是指性质对立的双方相互作用、相互排斥，但在某种条件下，对立的双方也会相互融合、相互协调。

6.1.4　色彩的调和

色彩的调和有两层含义：一是色彩调和是配色美的一种形态，一般认为好看的配色能使人产生愉快、舒适的感觉；二是色彩调和是配色美的一种手段。色彩的调和是就色彩的对比而言的，没有对比也就无所谓调和，两者既互相排斥又互相依存，相辅相成。不过，色彩的对比是绝对的，因为两种以上的色彩在构成中总会在色相、纯度、明度等方面或多或少的有所差别，这种差别必然会导致不同程度的对比。对比过强的配色需要加强共性来调和；对比不明显的配色需要加强对比来进行协调。色彩的调和就是在各色的统一与变化中表现出来的，也就是说，当两个或两个以上的色彩搭配组合时，为了达成共同的表现目的，使色彩关系组合并调整成一种和谐、统一的画面效果，这就是色彩调和。

6.2 色彩模式

色彩模式就是把色彩用数据表示的方法。CorelDRAW X3 中提供了多种色彩模式，这些色彩模式提供了把色彩协调一致地用数值表示的方法，是设计制作的作品能够在屏幕和印刷品上成功表现的重要保障。在这些色彩模式中，经常使用的有 RGB 模式、CMYK 模式、Lab 模式、HSB 模式以及灰度模式等。

这些模式都可以在 位图(B) → 模式(D) 菜单命令下选取，每种色彩模式都有不同的色域，用户可以根据需要选择合适的色彩模式，并且可以在各个模式之间进行相互转换。

6.2.1 RGB 模式

RGB 模式是最常用的一种颜色表示模式，RGB 分别代表红色（R）、绿色（G）和蓝色（B），即三原色。这 3 种颜色的叠加可形成各种各样的颜色，电视与显示器一般使用的就是 RGB 模式。此模式为加色模式，当颜色较少时，画面就很暗，而颜色增加后，画面则会变亮。下面通过具体的操作来加深对 RGB 模式原理的理解。

（1）在绘图区中绘制一个封闭的图形对象。

（2）单击工具箱中填充工具组中的“填充对话框”按钮，弹出 均匀填充 对话框，在 模型(E): 下拉列表中选择 RGB 选项，在 组件 选项区中设置 3 个输入框中的数值都为 0，单击 确定 按钮，可填充封闭图形为黑色。

（3）在 组件 选项区中设置 3 个输入框中的数值都为 255，即将 3 种颜色的值设置为最大，单击 确定 按钮，可填充封闭图形为白色。

通过上面的操作可知，将 RGB 值调为最大时，颜色为白色，即最亮；而调为最小时，颜色为黑色，即最暗，由此也可以证实 RGB 模式是加色模式。

6.2.2 CMYK 模式

CMYK 模式是一种减色模式，即颜色越多画面越暗，颜色越少则画面越亮。CMYK 分别代表青色（C）、洋红色（M）、黄色（Y）和黑色（B），在 均匀填充 对话框中，在 模型(E): 下拉列表中选择 CMYK 选项，将 组件 选项区中的 4 个输入框中的数值都设置为 0，在 参考 选项区中的 新建: 预览框中可显示白色；而将 组件 选项区中的 4 个输入框中的数值都设置为 100，在 参考 选项区中的 新建: 预览框中可显示黑色。

6.2.3 Lab 模式

Lab 模式中的 L 代表亮度，a 代表从红色到绿色，而 b 代表从蓝色到黄色。例如，在 均匀填充 对话框中的 模型(E): 下拉列表中选择 Lab 选项，将鼠标指针移至 组件 选项区中的 a 输入框处，此时可显示出“红色/绿色组件”提示信息，即表示 a 可以控制红色到绿色之间的颜色。同样移动鼠标指针至 b 输入框处，可显示出“蓝色/黄色组件”提示信息，表示 b 可以控制蓝色到黄色之间的颜色。

6.2.4　灰度模式

在灰度模式下，每个像素用 8 个二进制位表示，能产生 2 的 8 次方即 256 级灰色调。所以，灰度图又叫 8 bit 深度图。当一个彩色文件被转换为灰度模式文件时，所有的颜色信息都将从文件中丢失。尽管 CorelDRAW 允许将灰度文件转换为彩色模式文件，但不可能将原来的颜色完全还原。

像黑白照片一样，一个灰度模式的图像只有明暗值，没有色相和饱和度这两种颜色信息。0%代表黑，100%代表白。其中的 K 值是用于衡量黑色油墨用量的。

6.2.5　HSB 模式

HSB 模式是色相、饱和度与明亮度的缩写。此模式是基于人眼对颜色的感觉发生作用的，而不是 RGB 的加色原理和 CMYK 的减色原理。色相基于从某个物体反射的光波，主要用于调整颜色，其取值范围为 0～360 之间的整数。饱和度代表色彩的浓度，是指某种颜色中所含灰色数量的多少，饱和度越高，灰色成分就越低，颜色的色度就越高，其取值范围为 0（灰色）～100%（纯色）。例如，同样是蓝色也会因为饱和度的不同而分为深蓝或淡蓝。明亮度指的是颜色的明暗程度，是对一个颜色中光强度的衡量，其取值范围为 0（黑色）～100%（白色）。

6.3　使用调色板

调色板是一组颜色的集合，使用调色板可以为图形对象快速填充颜色。在 CorelDRAW X3 中，可以在绘图页面上同时显示多个调色板，并可以使调色板作为独立的窗口浮动在绘图页面上方，也可将调色板固定在某一侧，根据需要调整调色板的大小，用户还可根据需要自定义调色板。图 6.3.1 所示为 CorelDRAW X3 提供的几种常用的调色板。

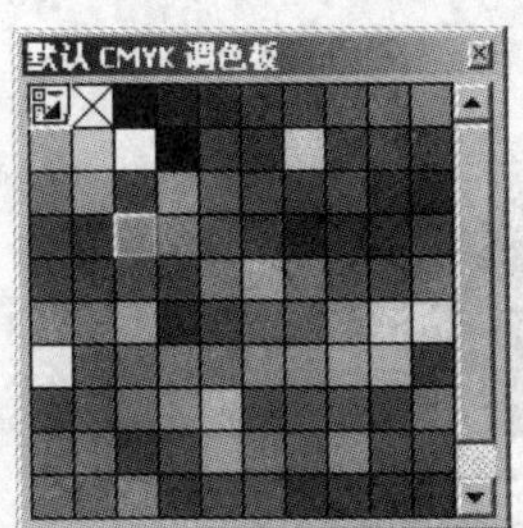

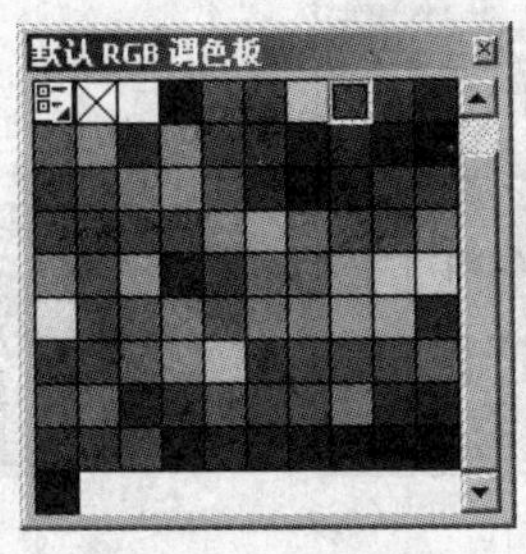

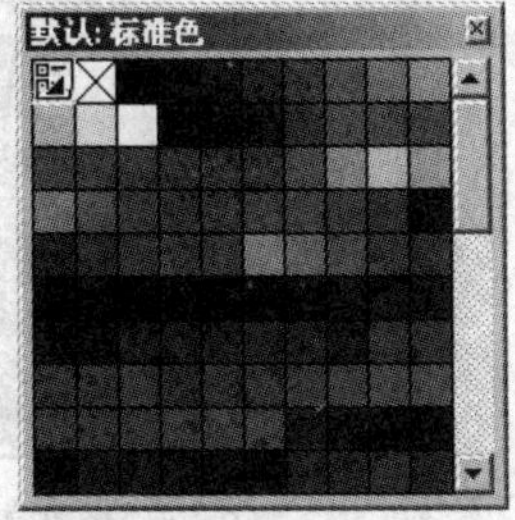

图 6.3.1　常用调色板

6.3.1　打开调色板

选择菜单栏中的 窗口(W) → 调色板(L) 命令，可弹出其子菜单，如图 6.3.2 所示。该菜单中提供了多种不同的调色板。

如果不使用调色板，可在此菜单中选择 无(N) 命令，此时可在 CorelDRAW X3 窗口中关闭所有打开的调色板。

此外，在此菜单中选择 打开调色板(O)... 命令，弹出“打开调色板”对话框，如图 6.3.3 所示。从中选择需要的调色板，单击 打开(O) 按钮，即可将所选择的调色板载入 CorelDRAW X3 中以便使用。

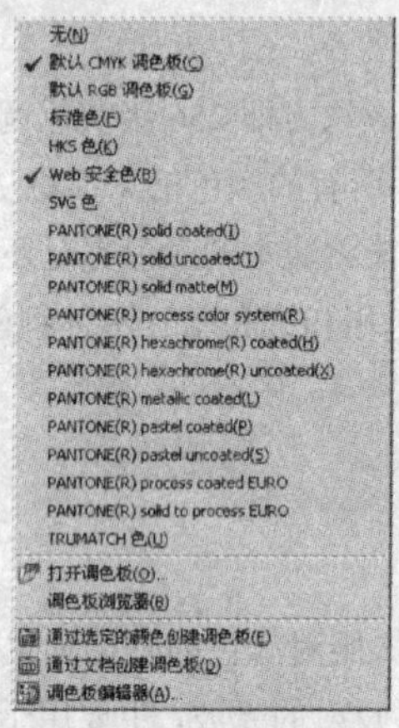

图 6.3.2　调色板子菜单

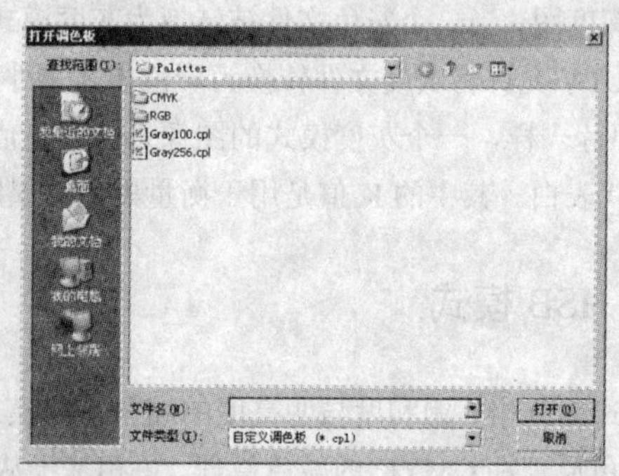

图 6.3.3　“打开调色板”对话框

6.3.2　移动调色板

CorelDRAW X3 中的调色板默认情况下处于打开状态，其位置一般在工作界面的右侧，用户也可以移动调色板至绘图窗口中。

在绘图窗口右侧，将鼠标指针移至调色板上方的图标上，按住鼠标左键将其拖曳到绘图窗口中，释放鼠标，此时的调色板为浮动窗口状态，如图 6.3.4 所示。

在调色板上方的蓝色标题栏上按住鼠标左键，可以随意拖动调色板至绘图窗口的任意位置。将鼠标指针放置在调色板四周的边框上，当鼠标指针变成↕或↔形状时，拖曳鼠标即可改变调色板的大小，如图 6.3.5 所示。若要撤销移动，双击蓝色标题栏，即可将调色板还原至绘图窗口的右侧。

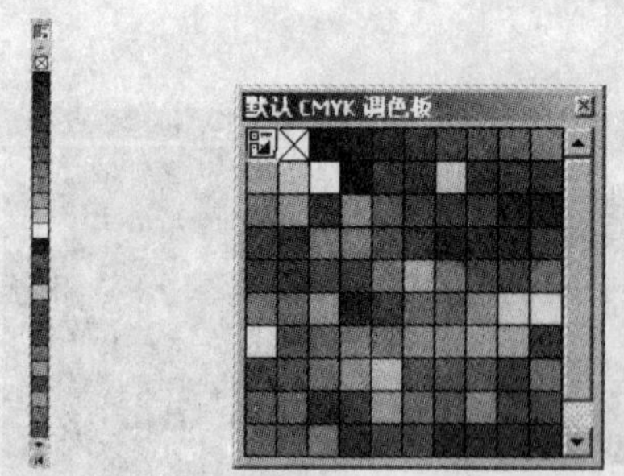

图 6.3.4　移动调色板窗口

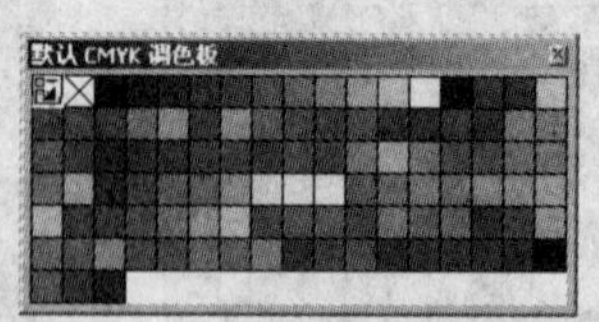

图 6.3.5　调整调色板大小

6.3.3　自定义调色板

在 CorelDRAW X3 中，用户可以根据需要自定义调色板，自定义调色板中可包含特殊颜色或任何模型产生的颜色。当经常使用某些颜色或者需要一整套看起来比较和谐的颜色时，可以将这些颜色放在自定义调色板中，并将自定义调色板保存为以.cpl 为扩展名的文件。

选择菜单栏中的 窗口(W) → 调色板(L) → 调色板浏览器(B) 命令，可打开 **调色板浏览器** 泊坞窗，如图 6.3.6 所示，在此泊坞窗中可以打开、自定义以及编辑调色板。

1．新建一个空白调色板

在调色板浏览器泊坞窗中单击“创建一个新的空白调色板”按钮，即可弹出如图6.3.7所示的保存调色板为对话框，在文件名(N):下拉列表框中可输入所要创建的调色板名称，在描述(D):输入框中可输入相关的说明文字，然后单击保存(S)按钮，即可创建一个空白的调色板。

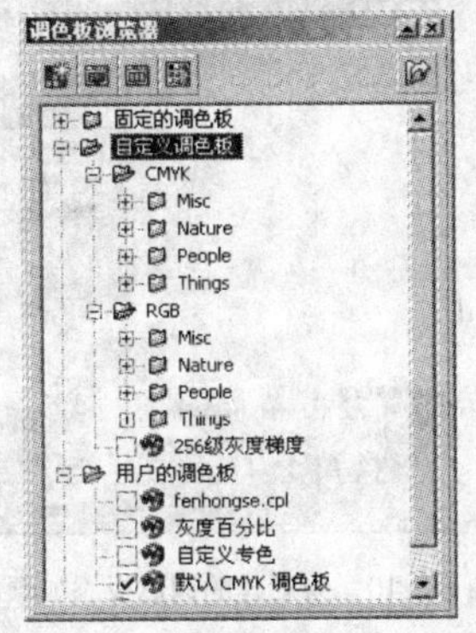

图6.3.6　“调色板浏览器”泊坞窗

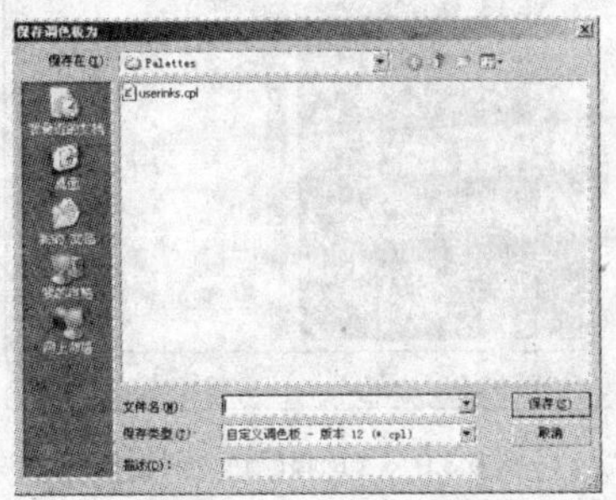

图6.3.7　“保存调色板为”对话框

2．使用所选对象创建调色板

如果要在选择对象范围内新建调色板，只要选择一个或多个对象后，在调色板浏览器泊坞窗中单击使用选定的对象创建一个调色板按钮，可弹出保存调色板为对话框，在其中可设置新建调色板的名称，然后单击保存(S)按钮即可。

3．使用文档创建调色板

在调色板浏览器泊坞窗中单击“使用文档创建一个新调色板”按钮，可以在打开的文档内新建调色板，文档中必须含有对象。单击按钮，可在弹出的保存调色板为对话框中设置创建的文件夹名称，然后单击保存(S)按钮即可。

4．使用调色板编辑器创建调色板

在调色板浏览器泊坞窗中单击“打开调色板编辑器”按钮，弹出调色板编辑器对话框，如图6.3.8所示，通过此对话框可以新建调色板，并可为新建的调色板添加所需的颜色。

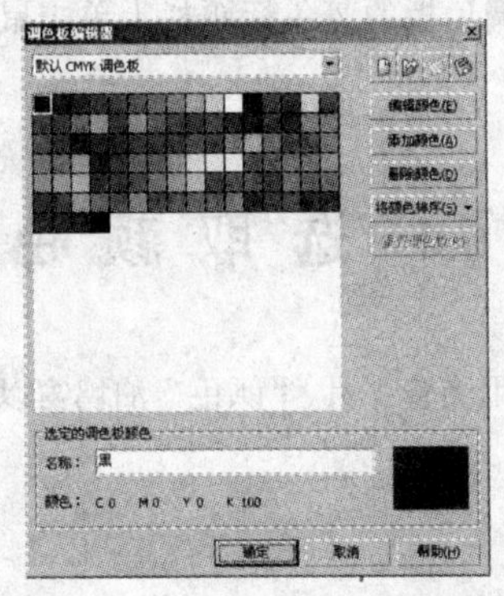

图6.3.8　“调色板编辑器”对话框

调色板编辑器的使用方法如下：

（1）在调色板编辑器对话框中单击“新建调色板”按钮，可弹出新建调色板对话框，在此对话框中的文件名(N):输入框中可输入新调色板的文件名，单击保存(S)按钮即可新建调色板。

（2）单击添加颜色(A)按钮，可弹出选择颜色对话框，如图 6.3.9 所示，在此对话框中设置要添加到调色板中的颜色，单击加到调色板(D)按钮，即可将所设置的颜色添加到新建的调色板中，如图 6.3.10 所示。

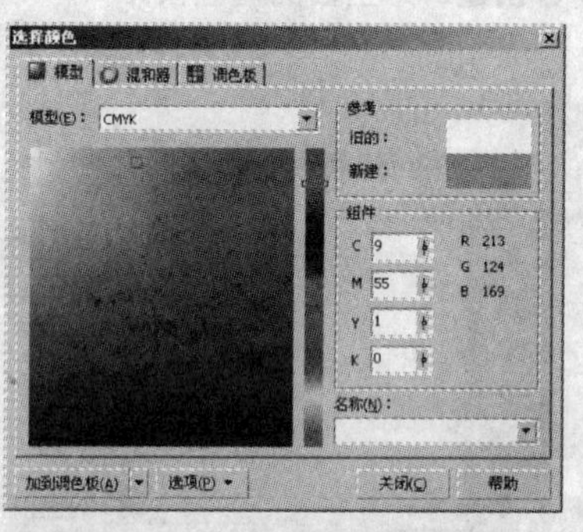
图 6.3.9 “选择颜色”对话框

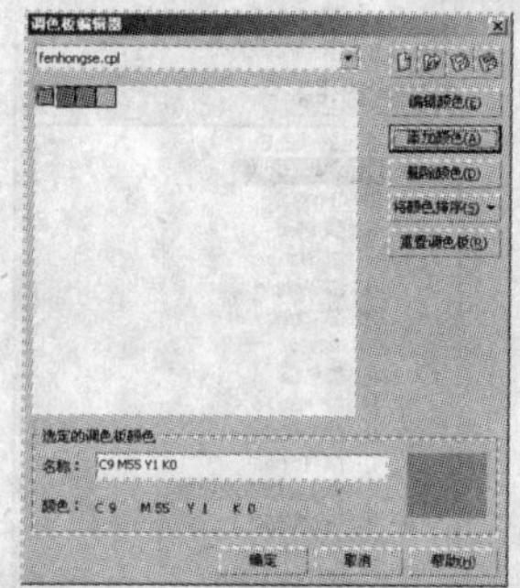
图 6.3.10 为新建的调色板添加颜色

（3）在新建的调色板中选择某个颜色后，单击删除颜色(D)按钮，即可将所选的颜色删除。

（4）在调色板编辑器对话框中单击编辑颜色(E)按钮，弹出选择颜色对话框，从中可编辑当前所选的颜色。

（5）单击重置调色板(R)按钮，可以恢复系统的默认值。

（6）在调色板编辑器对话框中单击“打开调色板”按钮，弹出打开调色板对话框，在此对话框中选择一个调色板，单击打开(O)按钮，即可打开所选的调色板。

6.3.4 关闭调色板

在设计图形的过程中，有时需要留出更多的绘图页面空间进行其他操作，此时可以关闭调色板。关闭调色板可使用以下 3 种方法。

（1）使用菜单命令关闭：选择菜单栏中的窗口(W)→调色板(L)→无(N)命令，即可关闭调色板。

（2）使用关闭按钮关闭：单击调色板右上方的“关闭”按钮即可。

（3）使用快捷菜单关闭：在调色板的蓝色标题栏上单击鼠标右键，从弹出的快捷菜单中选择隐藏(H)命令即可关闭调色板。

6.4 选 取 颜 色

在 CorelDRAW X3 中，可以使用滴管工具、“颜色”泊坞窗以及“标准填充”对话框来选取颜色。

6.4.1 使用滴管工具

使用滴管工具可以吸取绘图区中任何对象的颜色，还可以采集多个点的混合色。要用滴管工具吸取颜色，可单击工具箱中的“滴管工具”按钮，将鼠标指针移至绘图区中，此时鼠标指针显示为形状，在需要吸取颜色的对象上单击鼠标左键即可吸取颜色。

6.4.2　使用“颜色”泊坞窗

“颜色”泊坞窗是一种填充工具，在对图形对象的填充中起着辅助作用，使用起来也比较方便。选择菜单栏中的 窗口(W) → 泊坞窗(D) → 颜色(C) 命令，可打开颜色泊坞窗，如图 6.4.1 所示。在该泊坞窗中有 3 个按钮，即“显示颜色滑块”按钮、“显示颜色查看器”按钮和“显示调色板”按钮，分别单击这 3 个按钮，在打开的泊坞窗中可以设置颜色的属性。

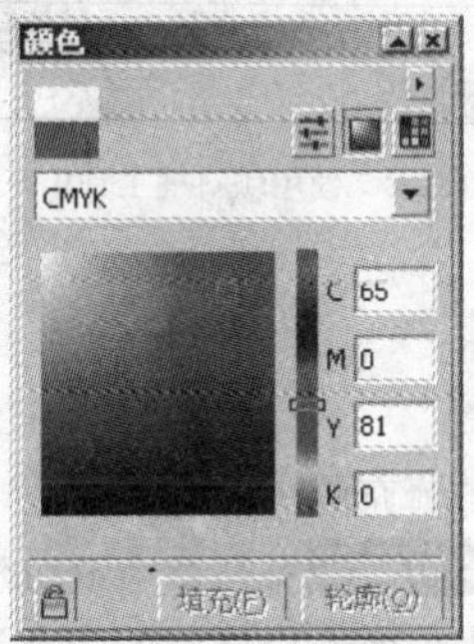

图 6.4.1　“颜色”泊坞窗

6.5　单 色 填 充

单色填充是一种标准填充方法，是 CorelDRAW X3 中最基本的填充方式。填充对象必须是具有封闭路径性质的对象，若要对一个具有开放性路径的对象进行填充，就必须先将其路径封闭，然后再对其进行填充。

6.5.1　使用调色板

使用调色板可以对任何选中或未选中的封闭图形对象进行单色填充。用户在操作过程中，若已经选中图形对象，直接单击调色板中的色块，即可为图形填充颜色；若用户在操作过程中尚未选中对象，将调色板中的色块拖曳到要填充的图形对象上，即可填充对象，如图 6.5.1 所示。

图 6.5.1　使用调色板填充对象

6.5.2　使用颜料桶工具

使用颜料桶工具可以填充对象颜色，在使用颜料桶工具之前，首先要吸取颜色，然后在滴管工具组中单击“颜料桶工具”按钮，将鼠标指针移至要填充颜色的对象上，当鼠标指针变为形状时，在对象内部单击，即可将所吸取的颜色填充到该对象中，效果如图 6.5.2 所示。

图 6.5.2 使用颜料桶工具填充对象

6.5.3 使用均匀填充工具

通过调色板为对象填充颜色是均匀填充的一种方式，另一种填充方式是通过均匀填充对话框为对象填充颜色。与调色板不同的是，在均匀填充对话框中可以精确设置颜色的数值。

单击工具箱中填充工具组中的“均匀填充对话框”按钮，弹出均匀填充对话框，如图 6.5.3 所示，此对话框中包括了模型、混和器和调色板 3 种不同的色彩模式选项卡，使用不同的选项卡可以进行各种颜色的选择。

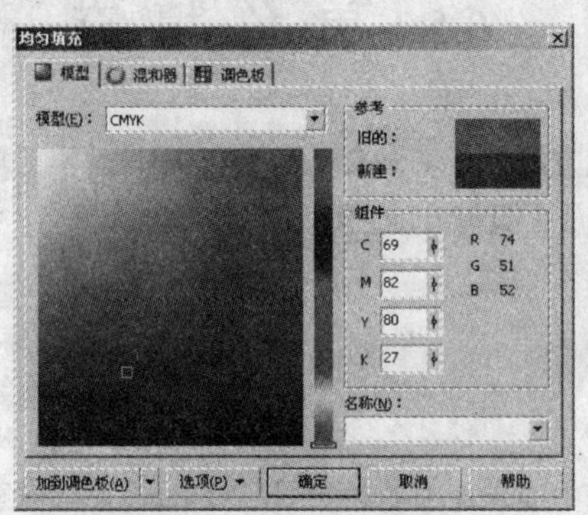

图 6.5.3 “均匀填充”对话框

1. 模型选项卡

在模型选项卡中设置颜色的方法如下：

（1）选择均匀填充对话框中的模型选项卡，在模型(E):下拉列表中选择所需的色彩模型，如图 6.5.4 所示。

（2）拖动色相滑块，选择所需的颜色类型。

（3）在色彩指示区中选择具体颜色，如图 6.5.5 所示。

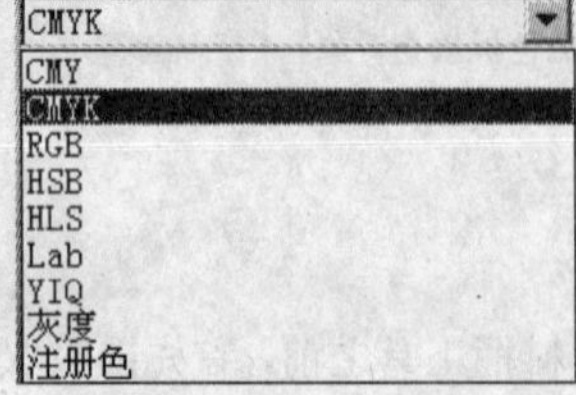

图 6.5.4 模型下拉列表

图 6.5.5 色彩指示区

2．混合器选项卡

在“混合器”选项卡中设置颜色的方法如下：

（1）选择均匀填充对话框中的混和器选项卡，如图 6.5.5 所示，在模型(E):下拉列表中可选择所需的色彩模型。

（2）在色度(H):下拉列表中选择一种色调。

（3）在变化(V):下拉列表中选择颜色的变化趋向。

（4）拖动大小(S):右侧的滑块，可设置颜色窗口中网格的多少。

（5）设置三个角的色彩，单击颜色窗口中的色块即可，如图 6.5.6 所示。

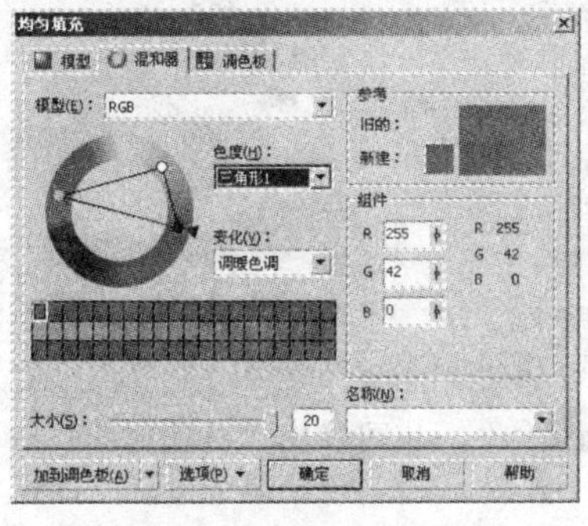

图 6.5.5　“混合器”选项卡

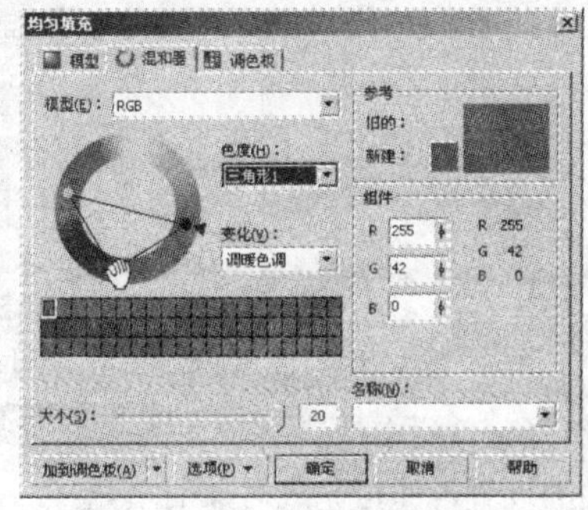

图 6.5.6　设置三个角的色彩

3．调色板选项卡

在“调色板”选项卡中设置颜色的方法如下：

（1）选择均匀填充对话框中的调色板选项卡，如图 6.5.7 所示，在调色板(P):下拉列表中可选择常见的标准调色板。

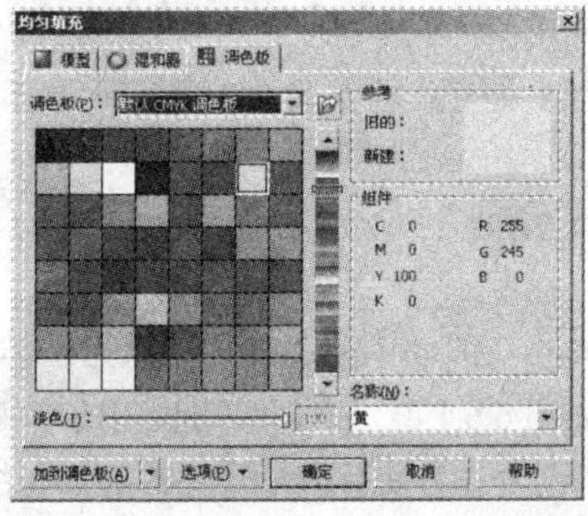

图 6.5.7　“调色板”选项卡

（2）在调色板中选择合适的色块，即可将图形填充为所选颜色，如图 6.5.8 所示。

图 6.5.8　使用均匀填充工具填充对象

6.5.4 使用"对象属性"泊坞窗

使用"对象属性"泊坞窗填充对象的方法有以下 3 种：

（1）在选择的对象上单击鼠标右键，在弹出的快捷菜单中选择属性(I)选项，弹出"对象属性"泊坞窗，在该泊坞窗中选中"填充"选项卡，在其中的填充类型:下拉列表中选择均匀填充选项，然后在下面的颜色框中选择需要的颜色，单击应用(A)按钮，即可将所选的颜色填充到选中的对象上，效果如图 6.5.9 所示。

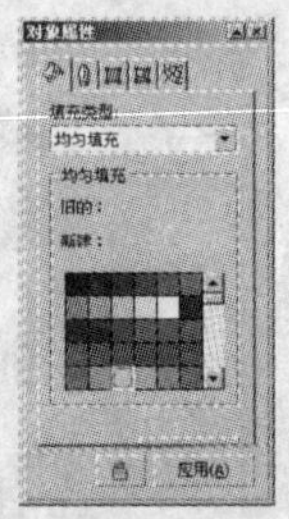

图 6.5.9 使用对象属性泊坞窗填充对象

（2）选择菜单栏中的窗口(W)→泊坞窗(D)→属性(I)命令，也可弹出"对象属性"泊坞窗，在其中进行相关的设置，即可完成对象的填充。

（3）使用挑选工具选中对象，按"Alt+Enter"键，弹出"对象属性"泊坞窗，在其中进行相关设置即可。

6.6 渐 变 填 充

渐变填充是指在同一对象上应用两种或多种颜色并实现平滑渐变的效果。在 CorelDRAW X3 中提供了两种填充渐变的工具，一种是交互式填充工具，另一种是渐变填充工具。

6.6.1 使用交互式填充工具

选择要填充的图形对象后，单击工具箱中的"交互式填充工具"按钮，在属性栏中的填充类型下拉列表中选择圆锥选项，如图 6.6.1 所示，即可用设定的渐变颜色填充对象，如图 6.6.2 所示。

从图中可以看到，虚线连接的两个小方块代表渐变色的起点与终点，在虚线的中间有一个代表渐变填充中间点的控制条，用鼠标移动控制条，就可改变渐变填充颜色的分布，如图 6.6.3 所示。如果要改变渐变颜色，可在属性栏中进行设置。

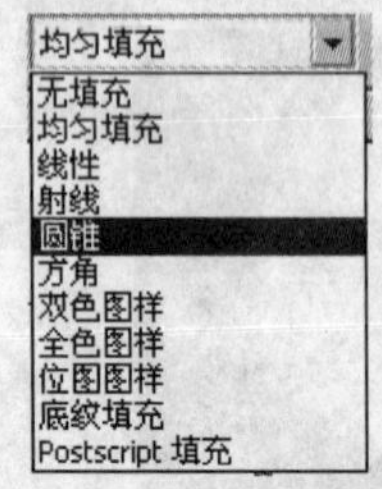

图 6.6.1 交互式填充类型

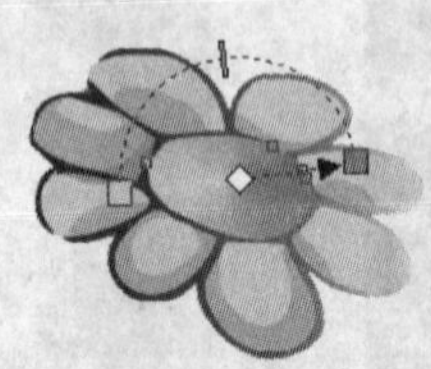

图 6.6.2 交互式填充方式

图 6.6.3 改变渐变填充颜色的分布

6.6.2　使用渐变填充工具

渐变填充的类型包括线性、射线、圆锥和方角 4 种，利用它们可以为图形对象添加多种渐变填充效果。

在填充工具组中单击“渐变填充对话框”按钮，弹出渐变填充对话框，如图 6.6.4 所示。

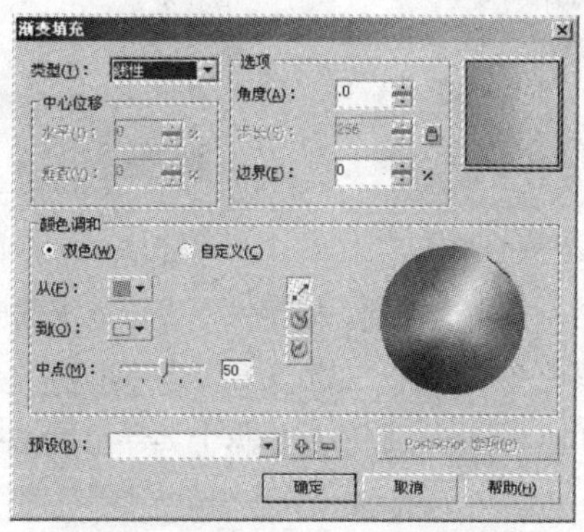

图 6.6.4　“渐变填充”对话框

在类型(T):下拉列表中选择所需的渐变类型，如线性、射线、圆锥或方角，如图 6.6.5 所示。

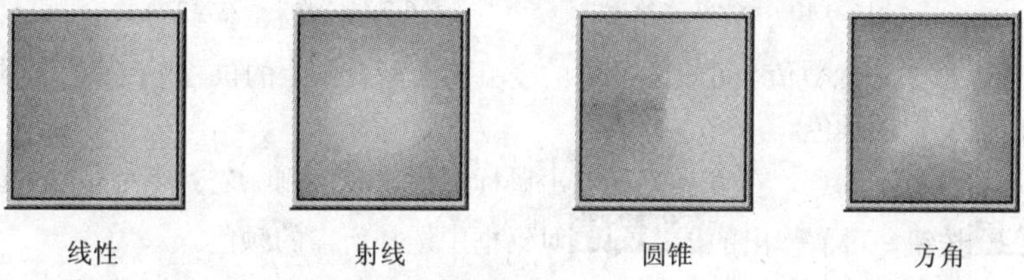

图 6.6.5　渐变填充的类型

在中心位移选项区中的水平(I):与垂直(V):输入框中输入数值，可以设置射线、圆锥或方角填充的中心在水平与垂直方向上的位移。

在角度(A):输入框中输入数值，可以设置线性、圆锥或方角填充的角度，输入数值为正值时，可按逆时针旋转；输入数值为负值时，可按顺时针旋转。

在步长(S):输入框右侧单击按钮，使其呈打开状态，即可设置步长值。在此输入框中输入的数值越大，颜色过渡越平滑；输入的数值越小，可使颜色过渡变得粗糙、不平滑，如图 6.6.6 所示。

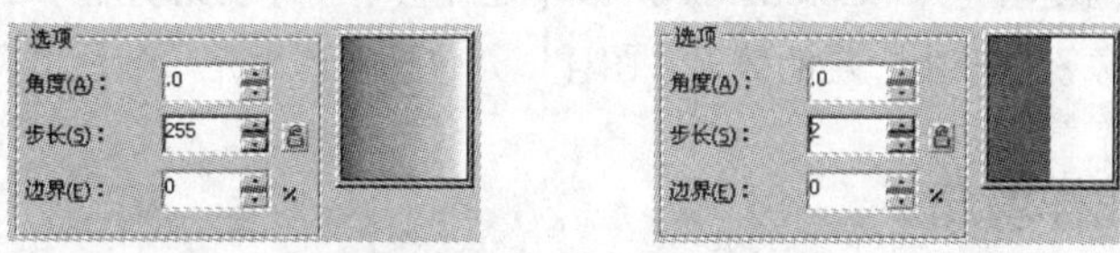

图 6.6.6　设置不同步长值时的效果

在边界(E):输入框中输入数值可设置线性、射线或方角填充方式的颜色调和比例，如图 6.6.7 所示。

图 6.6.7　设置不同边界值时的效果

在颜色调和选项区中选中双色(W)单选按钮，可在从(F):右侧单击下拉按钮，从弹出的调色板中选择所需的起始颜色，单击到(O):右侧的下拉按钮，从弹出的调色板中选择所需的终止颜色。在中点(M):输入框中输入数值或拖动滑块，设置所选两种颜色会聚的中心位置，单击按钮，可在色轮中沿直线调和颜色；单击按钮，可在色轮中以顺时针路径调和颜色；单击按钮，可在色轮中以逆时针路径调和颜色，如图 6.6.8 所示。

如在颜色调和选项区中选中自定义(C)单选按钮，此选项将显示为如图 6.6.9 所示的状态，从中可以自定义两种以上颜色之间的调和效果。

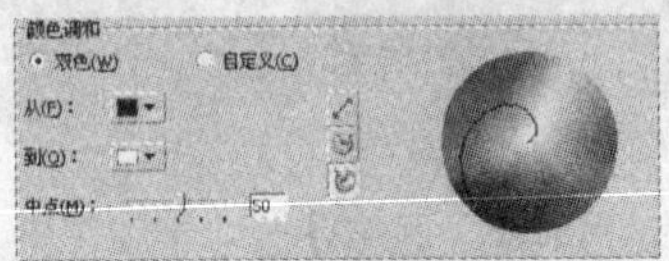

图 6.6.8　双色颜色调和

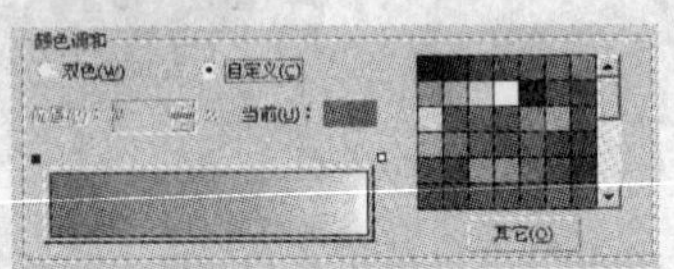

图 6.6.9　自定义颜色调和

渐变预览条上方有两个小方框，叫麦克笔。黑色方框表示处于选中状态，从右侧的调色板中选择蓝色，那么黑色方框所对应的颜色变成蓝色。在渐变预览条上的两个小方框中间双击鼠标左键，可添加一个新的麦克笔，如图 6.6.10 所示，在右侧的调色板中选择白色，即可使中间麦克笔对应的颜色变为白色，如图 6.6.11 所示。

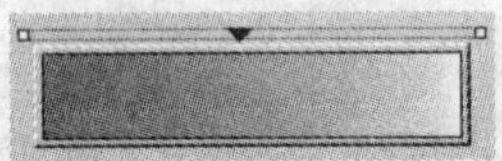

图 6.6.10　添加麦克笔

图 6.6.11　改变麦克笔的颜色

在位置(P):输入框中输入数值，可设置选中的麦克笔在渐变条上的位置。在当前(U):颜色框中显示的是当前麦克笔所在位置的颜色。

如果对添加的颜色不满意，在麦克笔处双击鼠标左键，即可删除麦克笔处添加的颜色。

单击其它(O)按钮，可从弹出的选择颜色对话框中选择所需的颜色。

在预设(R):下拉列表中可选择预设的渐变填充样式，这些样式预先设置了颜色、旋转角度、中心位置以及旋转的类型，用户也可根据自己需要改变这些预设的渐变填充样式。

设置好渐变颜色后，单击确定按钮，即可将所设置的渐变颜色填充到所选的图形对象中。

6.7　图 样 填 充

除了均匀填充与渐变填充外，CorelDRAW X3 中还提供了图样填充功能，可以根据需要选择预设的图样填充封闭的对象，以产生一定的效果。图样填充包括双色填充、全色填充和位图填充。

6.7.1　双色图样填充

双色填充可使用由两种颜色构成的图案进行填充。在填充工具组中单击“图样填充对话框”按钮，弹出图样填充对话框，选中双色(C)单选按钮，可显示该选项参数，如图 6.7.1 所示。

单击图案下拉列表框，可弹出其下拉列表，从中可以选择预设的图案，如图 6.7.2 所示。

在前部(R):与后部(K):右侧单击下拉按钮，从弹出的调色板中可选择双色图案所需的颜色。

在原点选项区中，通过设置 X，Y 输入框中的数值，可设置填充中点所在的坐标位置。

在大小(S)选项区中，通过设置宽度(W):与高度(I):输入框中的数值，可以设置图案的大小。

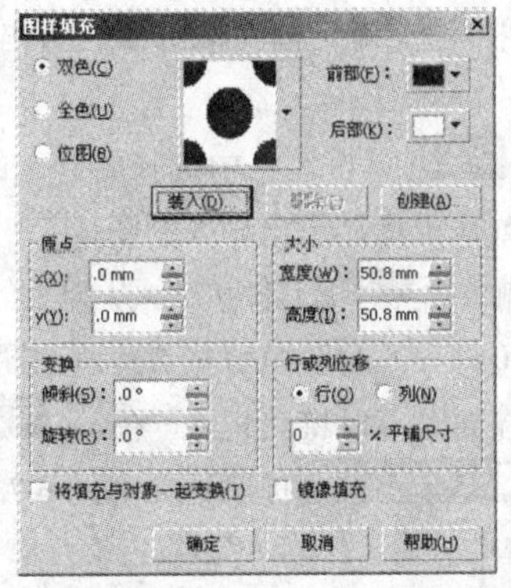

图 6.7.1　“图样填充”对话框

在变换选项区中，通过设置倾斜(S):与旋转(R):输入框中的数值，可以改变图案的倾斜角度与旋转角度。

在行或列位移选项区中，选中 行(O) 单选按钮，可设置行平铺尺寸的百分比；选中 列(U) 单选按钮，可设置列平铺尺寸的百分比；调节平铺尺寸数值可指定行或列错位的百分比。

设置好各选项参数后，单击 确定 按钮，填充双色图样后的效果如图 6.7.3 所示。

图 6.7.2　图样下拉列表

图 6.7.3　填充双色图样

如果预设的双色图样不能满足要求，则可在图样填充对话框中单击 创建(A)... 按钮，弹出双色图案编辑器对话框，在此对话框中可根据需要绘制图样。在空网格中单击或拖动鼠标左键，可使空网格被填充为黑色，而在黑色网格内单击鼠标右键将恢复网格为空网格，如图 6.7.4 所示，绘制好图样后，单击 确定 按钮，返回到图样填充对话框，即可在图样下拉列表中显示编辑的图样效果，如图 6.7.5 所示。

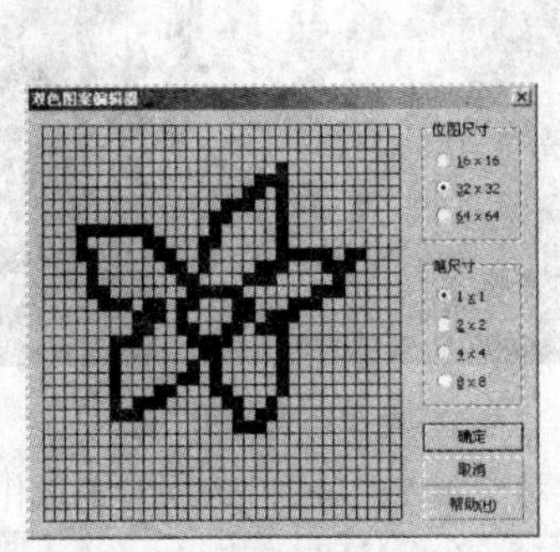

图 6.7.4　“双色图样编辑器”对话框

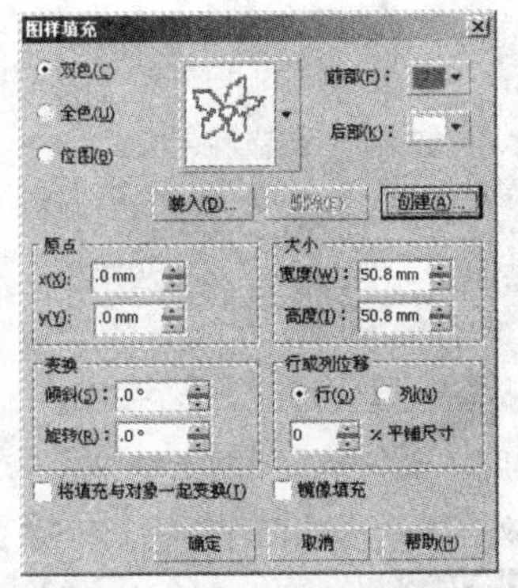

图 6.7.5　显示编辑的图样

也可通过导入功能将外部导入位图转换为双色图样并填充到图形对象中。具体的操作方法如下：

（1）在绘图区中绘制一个封闭的图形对象。

（2）在填充工具组中单击“图样填充对话框”按钮，弹出图样填充对话框，选中双色(C)单选按钮。

（3）单击装入(D)...按钮，弹出导入对话框，从中选择要导入的图像，单击导入按钮，返回到图样填充对话框，在图样下拉列表中将显示出导入的图样。

（4）在前部(R)：与后部(K)：右侧单击下拉按钮，从弹出的调色板中为图样选择所需的颜色。

（5）单击确定按钮，即可将导入的图样填充到绘制的图形对象中，如图 6.7.6 所示。

对于编辑或导入的图样，在不需要时可以将其删除，在图样填充对话框中的图样下拉列表中选择图样后，单击删除(E)按钮，弹出删除双色图样提示框，如图 6.7.7 所示，单击确定按钮即可。

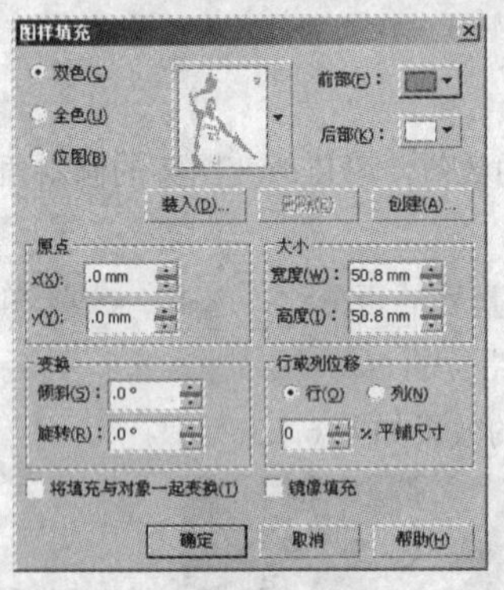

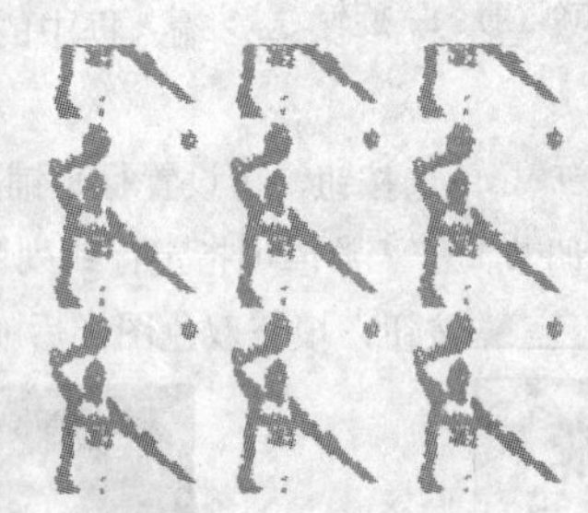

图 6.7.6　填充导入的图样

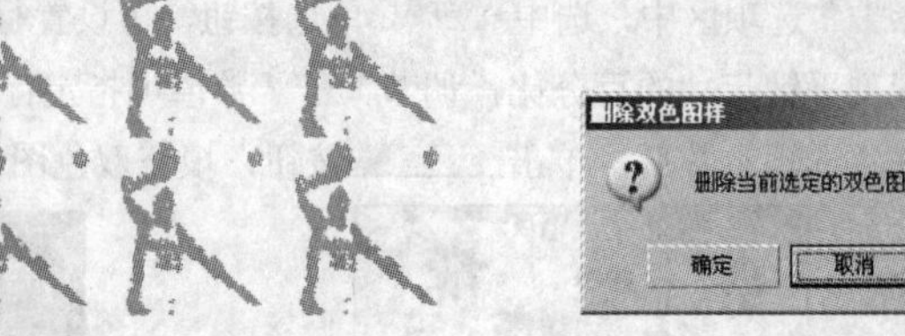

图 6.7.7　提示框

6.7.2　全色图样填充

全色图样支持更多的颜色，它使用两种以上的颜色和灰度填充对象。全色图样可以是矢量图样也可以是位图图样。在图样填充对话框中选中全色(U)单选按钮，此时对话框如图 6.7.8 所示。

单击图样下拉列表框，可从弹出的下拉列表中选择预设的全色图样。设置其他选项的参数，单击确定按钮，即可将所选的全色图样填充到对象中，如图 6.7.9 所示。

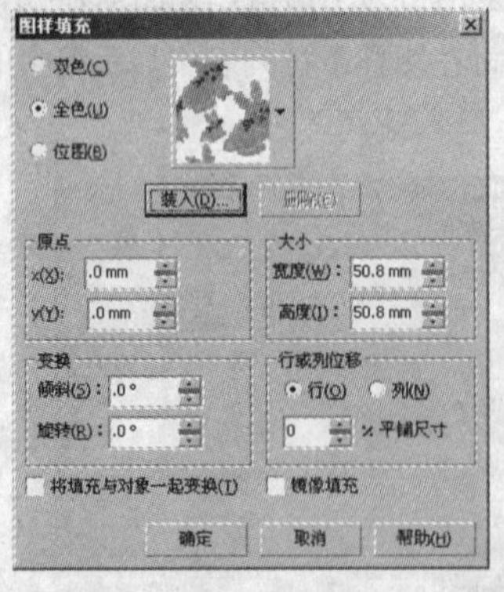

图 6.7.8　“图样填充”对话框中的全色选项

图 6.7.9　全色图样填充

也可以从外部导入一幅图像，将其转换为全色图样填充到图形对象中，具体的操作方法如下：

（1）在图样填充对话框中选中全色(U)单选按钮后，单击装入(D)...按钮，弹出导入对话框，从中选择一幅要导入的图像。

（2）单击导入按钮，在图样填充对话框中的图样下拉列表中可显示导入的图样，单击

确定按钮，即可将该图样填充到所选的图形对象中，如图 6.7.10 所示。

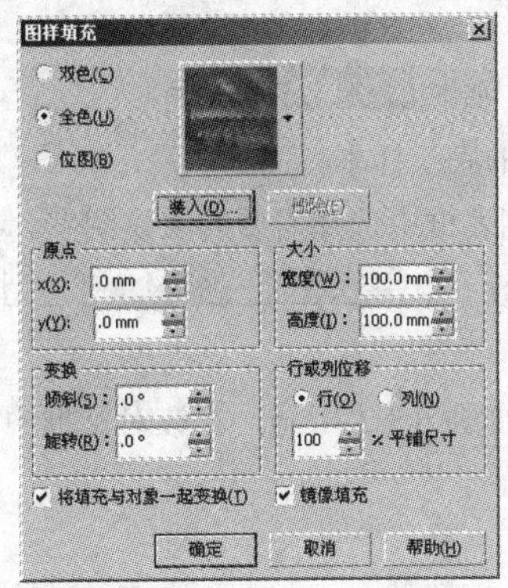

图 6.7.10　导入全色图样进行填充

技巧： 全色图样填充与双色图样不同，导入的全色图样不能被保存在图样下拉列表中，预设的全色图样也不能被删除。

6.7.3　位图图样填充

位图填充可使用预设的或导入的位图图像来填充对象，与全色填充不同的是，位图填充能使用位图进行填充，而不能使用矢量图填充，且位图图样可以被保存或删除。

要使用位图图样填充对象，可在**图样填充**对话框中选中位图(B)单选按钮，然后在图样下拉列表中选择需要的预设图样，或单击装入(D)...按钮，从弹出的**导入**对话框中选择位图图像，单击导入按钮，即可将其导入为位图图样，在**图样填充**对话框中设置其他选项参数，单击确定按钮，即可为对象填充位图图样，如图 6.7.11 所示。

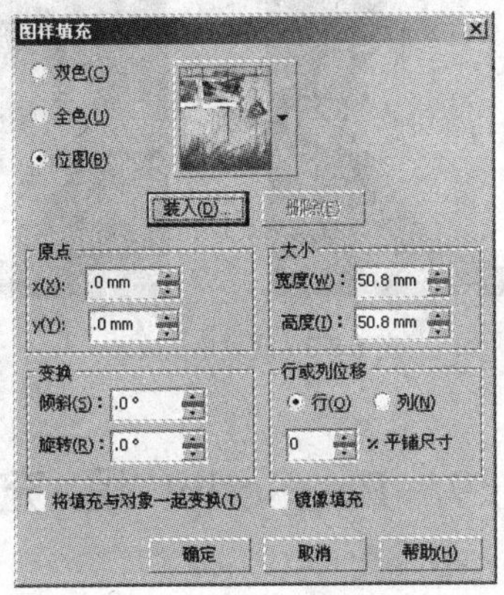

图 6.7.11　导入位图进行填充

6.8　底 纹 填 充

底纹填充是随机产生的填充，它使用小块的位图填充图形对象，可以给图形对象一个自然的外观。

单击工具箱中的“底纹填充对话框”按钮，弹出底纹填充对话框，如图 6.8.1 所示。

使用底纹填充的操作方法如下：

（1）单击工具箱中的“底纹填充对话框”按钮，弹出底纹填充对话框。

（2）在该对话框中的底纹库(L):下拉列表中选择不同的底纹样本。

（3）选择好底纹样本之后，在其下的底纹列表(T):列表框中选择需要的底纹图案。

（4）在样式名称:选项区中可进一步设置底纹的参数，单击预览(V)按钮可预览参数设置的效果。

（5）单击选项(O)...按钮可打开底纹选项对话框，如图 6.8.2 所示，在该对话框中可对底纹图案的分辨率和尺寸宽度进行设置。

图 6.8.1 “底纹填充”对话框

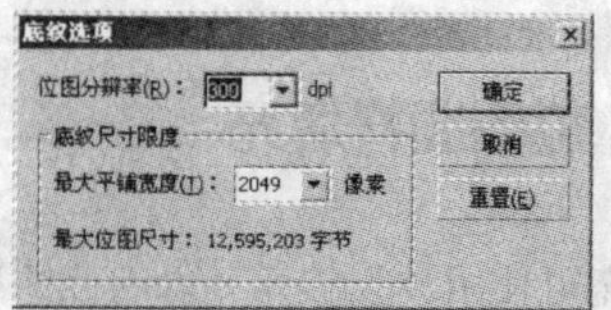
图 6.8.2 “底纹选项”对话框

（6）单击平铺(T)...按钮，可弹出平铺对话框，在该对话框中可设置底纹图案的拼接方式。

（7）单击确定按钮，底纹填充的效果如图 6.8.3 所示。

图 6.8.3 底纹填充效果

6.9 PostScript 填 充

PostScript 底纹填充是指使用 PostScript 语言设计的一种特殊填充方式。单击填充工具组中的“PostScript 填充对话框”按钮，弹出PostScript 底纹对话框。

在此对话框中选中预览填充(P)复选框，以方便选择底纹样式，在对话框左侧的下拉列表中选择填充样式，然后在参数选项区中可设置关于 PostScript 底纹的相关参数，单击刷新(R)按钮，可预览设置后的效果，设置完成后，单击确定按钮，即可将所选的 PostScript 底纹填充到所选对象中，如图 6.9.1 所示。

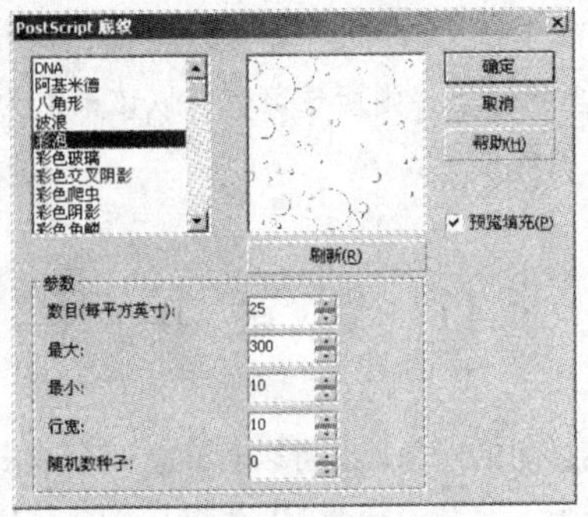

图 6.9.1 PostScript 底纹填充

6.10 交互式网状填充

使用交互式网状填充工具可以更方便、更容易地对图形对象进行变形或填充。

使用挑选工具选择图形对象后，单击工具箱中的“交互式填充工具”按钮右下角的小三角，在隐藏的工具组中单击“交互式网状填充工具”按钮，此时将会在所选的图形对象上显示出一些网格，如图 6.10.1 所示。

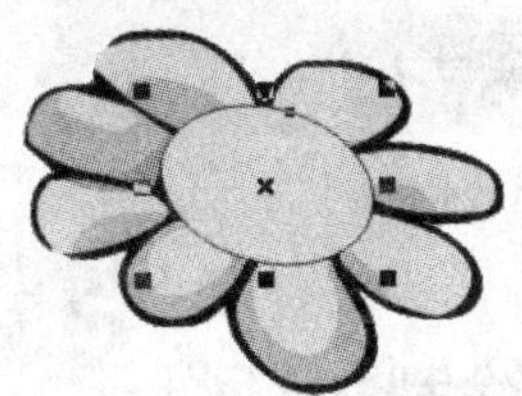

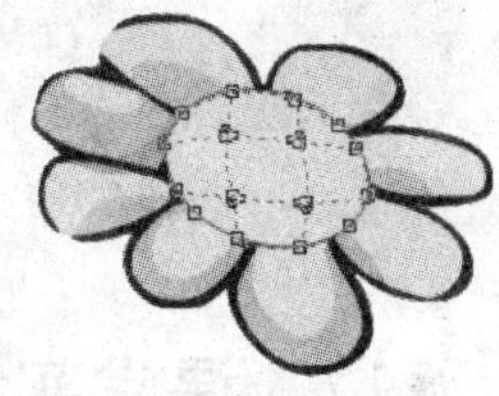

图 6.10.1 使用交互式网状填充工具

在其属性栏中可以设置水平或垂直方向上的网格数目，如图 6.10.2 所示。

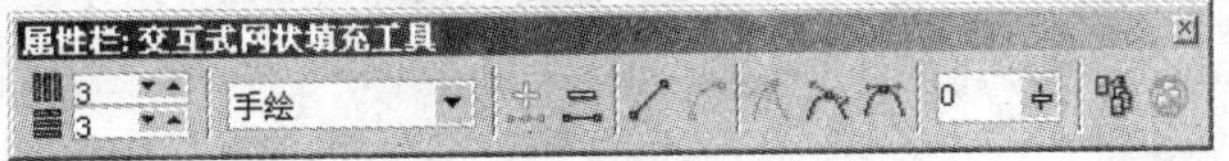

图 6.10.2 “交互式网状填充工具”属性栏

在属性栏中的网格大小输入框中改变参数，可以使网格的密度和数量发生变化。

在属性栏中单击“添加交叉点”按钮，可以在网格线上添加一个节点。

在属性栏中单击“删除节点”按钮，可以将网格线上的节点删除。

单击属性栏中的“复制网状填充属性”按钮，可将图形的网格属性复制到新的图形上。

使用鼠标在任意一个网格中单击，即可将该网格选中，此时在调色板中选择一种颜色，将会看到所选颜色以选中的网格为中心，向外分散填充，如图 6.10.3 所示。

图 6.10.3 交互式网格填充效果

提示：如果选中网格上的节点，则所选颜色将以该节点为中心向外分散填充。使用鼠标调节网格上的节点，可改变填充区域的颜色。

6.11 智 能 填 充

使用智能填充工具可以填充封闭的对象，也可以对任意两个或多个对象的重叠区域进行填色，该功能对于从事动漫创作、矢量绘画、服装设计及 VI 设计工作的人来说，无疑是一个惊喜。

使用智能填充工具填充图形的方法很简单，单击工具箱中的“智能填充工具”按钮，在要填充的图形对象上单击即可，图 6.11.1 所示的是使用智能填充工具填充的效果。

图 6.11.1 智能填充工具填充效果

6.12 课堂实训——绘制大红灯笼

本节主要利用前面所学的知识绘制大红灯笼，最终效果如图 6.12.1 所示。

图 6.12.1 最终效果图

操作步骤

（1）新建一个文件，单击工具箱中的“椭圆工具”按钮，在绘图页面中拖动鼠标绘制一个椭圆，如图 6.12.2 所示。

（2）使用挑选工具选择绘制的椭圆对象，将其轮廓线填充为黄色，然后单击工具箱中的“渐变工具”按钮，可弹出**渐变填充**对话框，设置其对话框参数如图 6.12.3 所示。单击 确定 按钮，即可将所选的椭圆填充为射线型渐变，效果如图 6.12.4 所示。

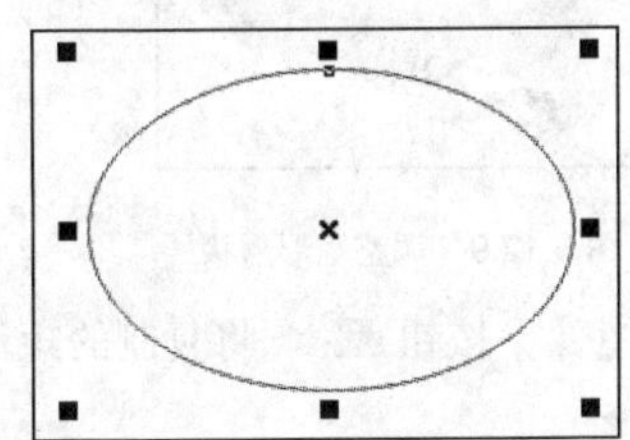

图 6.12.2　绘制椭圆形

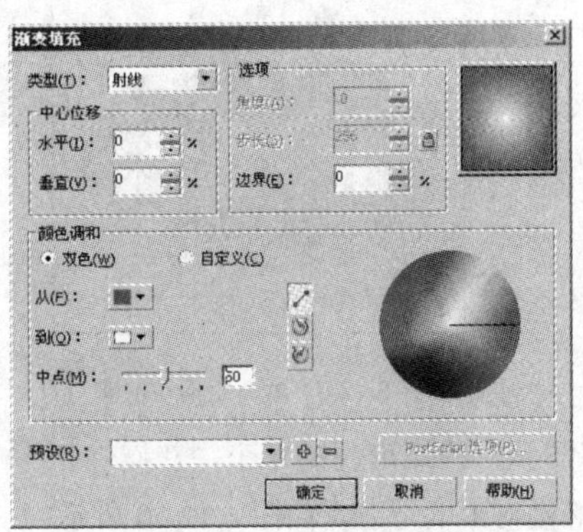

图 6.12.3　“渐变填充”对话框

（3）单击工具箱中的“交互式填充工具”按钮，调整填充的颜色效果，如图 6.12.5 所示。

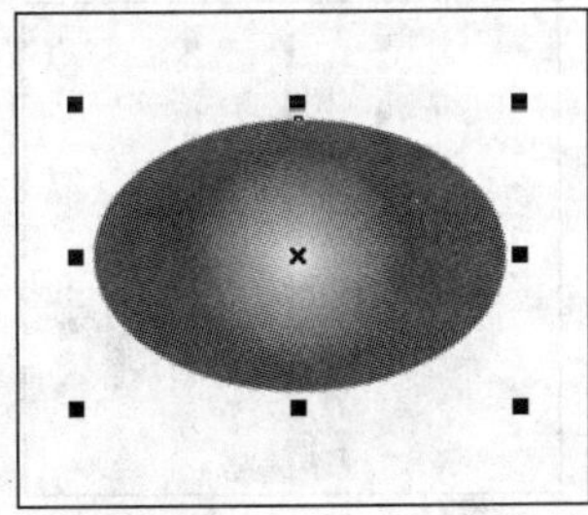

图 6.12.4　填充渐变后的效果

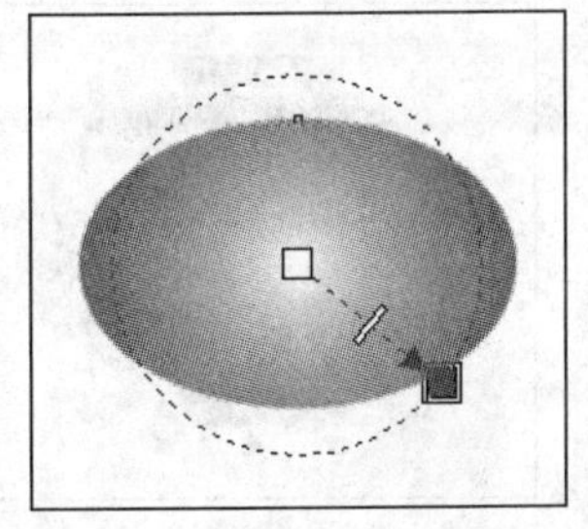

图 6.12.5　使用交互式填充工具进行调整

（4）使用挑选工具选择椭圆，按数字键上的“+”键，即可在原处复制一个椭圆，这时所选的椭圆就是新复制的椭圆，按住“Shift”键的同时拖动椭圆右边的控制点，将椭圆向内收缩，效果如图 6.12.6 所示。

（5）重复步骤（4）的操作 4 次，即可制作出灯笼的框架，效果如图 6.12.7 所示。

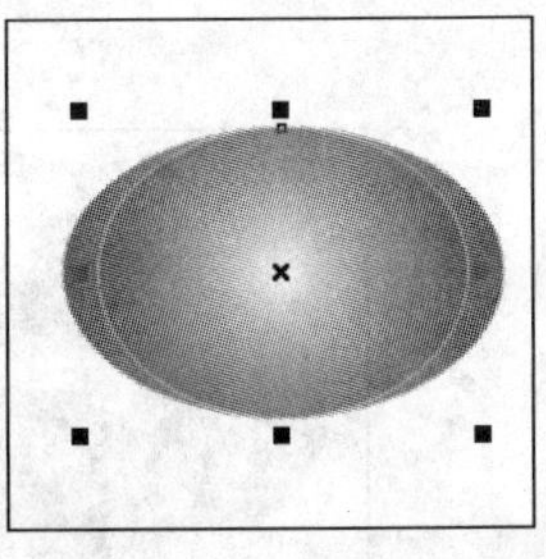

图 6.12.6　复制椭圆并将其缩小

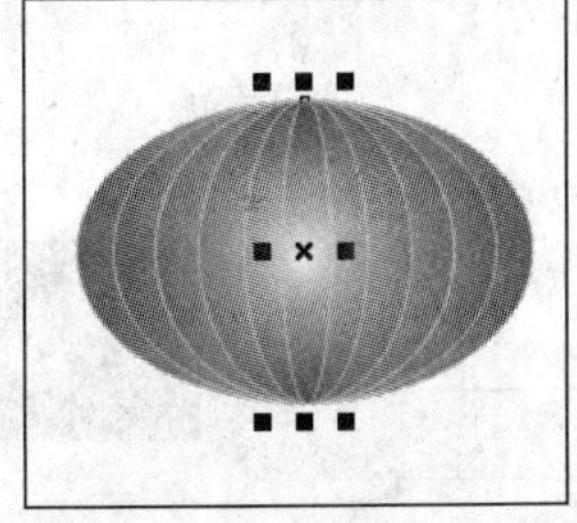

图 6.12.7　制作灯笼的框架

（6）单击工具箱中的“矩形工具”按钮，在绘图页面中的灯笼框架上拖动鼠标绘制矩形，沿标尺拖出一条辅助线，使矩形与椭圆的中心点对齐，在调色板中单击红色色块，将绘制的矩形填充为红色，再将轮廓填充为黄色，效果如图 6.12.8 所示。

（7）使用挑选工具选择填充后的矩形，按“Ctrl+Q”键将其转换为曲线，然后单击工具箱中的“形状工具”按钮，框选矩形上的所有节点，在属性栏中单击“转换直线为曲线”按钮，拖动鼠标调整矩形控制点，调整后的矩形形状如图 6.12.9 所示。

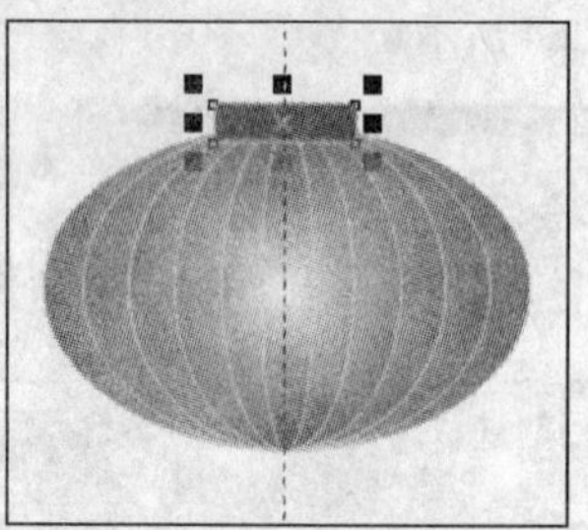

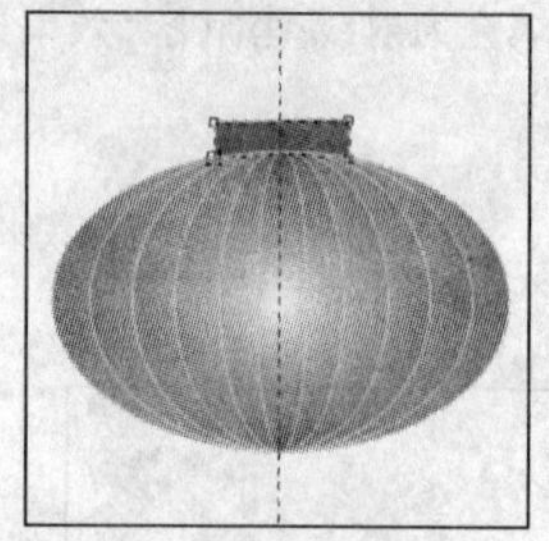

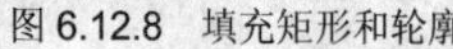

图 6.12.8 填充矩形和轮廓　　图 6.12.9 调整矩形形状

（8）将调整后的矩形复制一个，在属性栏中单击“镜像”按钮，将复制的矩形垂直翻转，并将其拖至椭圆对象的下方，如图 6.12.10 所示。

（9）单击工具箱中的“贝塞尔工具”按钮与“形状工具”按钮，在绘图页面中绘制一个挂绳形状，并将其填充为黄色，效果如图 6.12.11 所示。

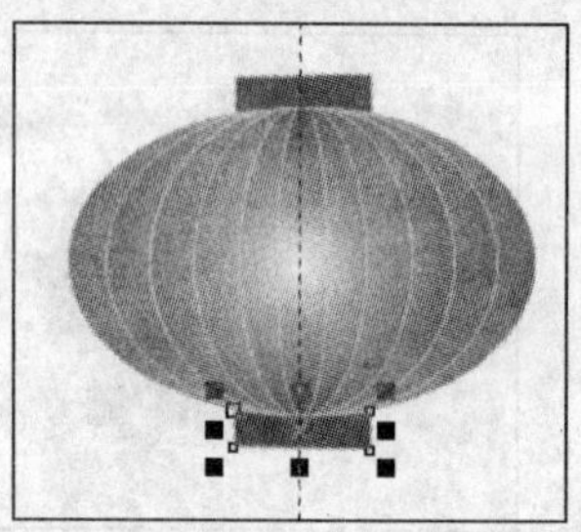

图 6.12.10 复制并镜像图形

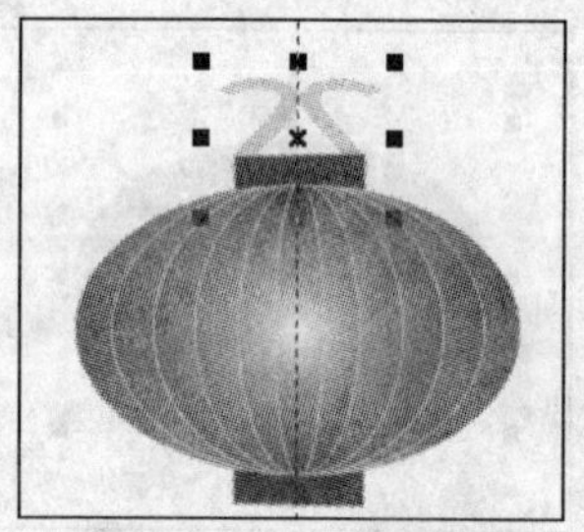

图 6.12.11 绘制灯笼的挂绳

（10）单击工具箱中的“矩形工具”按钮，在灯笼的下方拖动鼠标绘制矩形，再单击工具箱中的“渐变填充工具”按钮，弹出渐变填充对话框，设置其对话框参数如图 6.12.12 所示。单击确定按钮，即可对绘制的矩形进行填充，效果如图 6.12.13 所示。

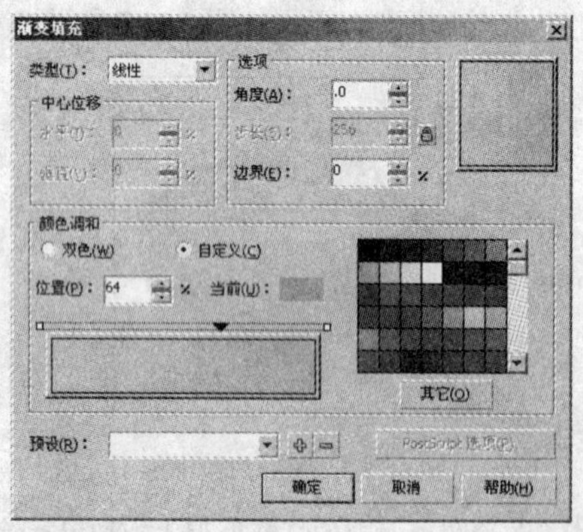

图 6.12.12 “渐变填充”对话框

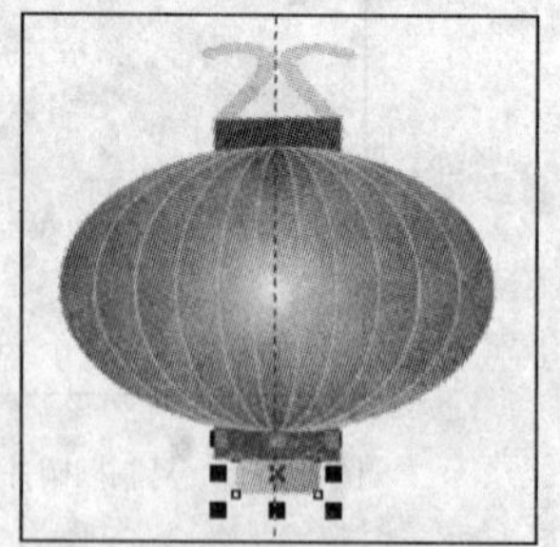

图 6.12.13 填充渐变后的效果

（11）单击工具箱中的“涂抹笔刷”按钮，沿调整后的黄色矩形下方边缘进行涂抹，效果如图 6.12.14 所示。

（12）隐藏辅助线，在工具箱中双击“矩形工具”按钮，即可创建与页面大小相等的矩形，单击工具箱中的“交互式网格工具”按钮，用鼠标单击要填充颜色处的节点，然后在调色板上单击所需的颜色块，即可在所选的节点处填充颜色，效果如图 6.12.15 所示。

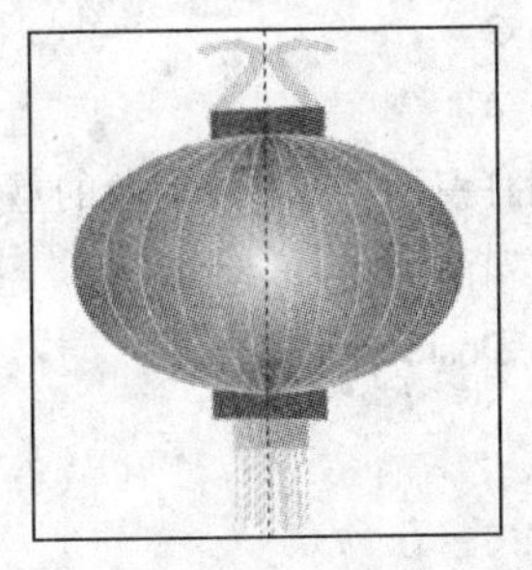

图 6.12.14 使用涂抹笔刷进行涂抹

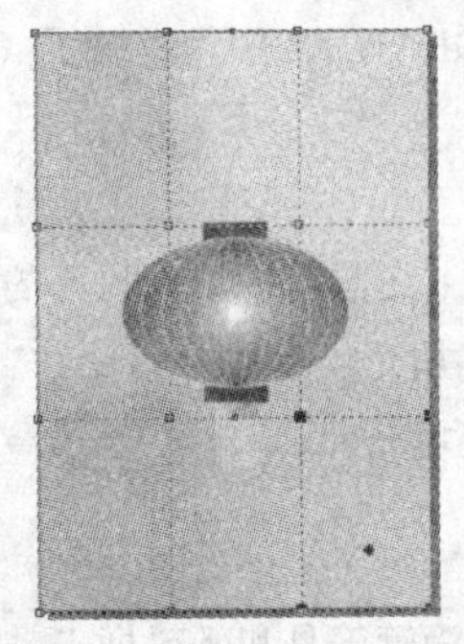

图 6.12.15 创建矩形并添加交互式网状填充

（13）单击工具箱中的“艺术笔工具”按钮，在绘图页面中添加礼花效果，最终效果如图 6.12.1 所示。

本章小结

本章主要介绍了色彩的基础理论、色彩模式、调色板以及对象的填充方式，通过本章的学习，读者应能够熟练应用调色板和填充工具填充图形对象，以制作出丰富多彩的图像效果。

操作练习

一、填空题

1．从视觉的角度分析，颜色包含 3 个要素：________、________和________。

2．在 CorelDRAW X3 中，调色板主要用于填充________的颜色。

3．________填充就是在封闭图形对象内填充单一的颜色，如红色、绿色或蓝色等，它是 CorelDRAW X3 中最基本的填充方式。

4．渐变填充的类型包括________、________、________和方角 4 种。

5．图样填充包括________、________和位图填充。

6．使用________填充工具可以更方便、更容易地对图形对象进行变形或填充。

二、选择题

1．在“均匀填充”对话框中不包含（ ）选项卡。

（A）模型　　（B）调色板

（C）混和器　　（D）填充

2．“渐变填充”对话框中提供了（ ）种设置颜色的方式。

（A）2　　（B）3

（C）4　　（D）5

3．（ ）是利用 PostScript 语言设计出来的一种特殊的图案填充。

（A）图案填充　　（B）渐变填充

（C）特殊填充　　（D）PostScript 填充

4．在 CorelDRAW X3 中，提供了（　）种交互式填充方式。

（A）1　　（B）2

（C）3　　（D）4

5．使用（　）工具可以填充封闭的对象，也可以对任意两个或多个对象的重叠区域进行填色。

（A）图案填充　　（B）渐变填充

（C）智能填充　　（D）PostScript 填充

三、简答题

1．如何应用滴管工具和颜料桶工具填充对象？

2．如何利用导入的位图进行双色图样填充？

3．如何使用交互式网格填充工具对图形对象进行填充？

四、上机操作题

1．在绘图页面中绘制封闭图形，练习使用各种填充工具对其进行填充。

2．创建一个对象，使用本章所学的知识制作出如题图 6.1 所示的效果。

题图　6.1

第 7 章　对象的轮廓线设置

在 CorelDRAW X3 中，使用基本绘图工具绘制好线条与图形对象后，可以设置线条或图形对象轮廓线的宽度、样式、箭头以及颜色等属性。本章将介绍线条或图形对象轮廓线的属性设置。

知识要点

- 设置轮廓线的颜色
- 设置轮廓线的粗细与样式
- 设置轮廓线端和箭头样式
- 创建书法轮廓
- 清除轮廓属性

7.1　设置轮廓线的颜色

对象轮廓线的颜色与填充颜色一样，都需要在精确设置好颜色后再进行填充。但与填充颜色不同的是，轮廓线只能进行单色填充，而不能进行渐变或图案等填充。

要想精确设置轮廓线颜色，可通过轮廓工具组中的轮廓颜色对话框工具和颜色泊坞窗工具来实现。

7.1.1　使用轮廓颜色对话框工具

选择要设置颜色的线条或图形，单击工具箱中轮廓工具组中的“轮廓颜色对话框”按钮，弹出轮廓色对话框，如图 7.1.1 所示。

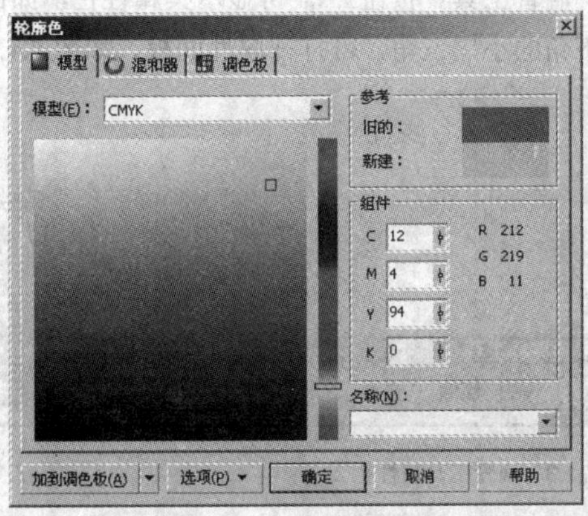

图 7.1.1　“轮廓色”对话框

通过选择 模型 、 混和器 和 调色板 选项卡，可在相应的选项卡中对线条的颜色做精确的设置，设置好颜色后，单击 确定 按钮，即可将设置的颜色应用于所选的线条或图形的轮廓上。

7.1.2 使用“颜色”泊坞窗

在 CorelDRAW X3 中除了可以使用轮廓颜色对话框工具设置颜色外，还可以使用颜色泊坞窗工具来精确设置颜色。

选择线条或图形对象后，单击轮廓工具组中的“颜色泊坞窗”按钮，打开颜色泊坞窗。在此泊坞窗中单击“显示颜色滑块”按钮、“显示颜色查看器”按钮或“显示调色板”按钮，可选择设置颜色的方式，然后即可设置颜色。

单击CMYK下拉列表框，可从弹出的下拉列表中选择色彩模式，然后依次拖动滑块或在其后的输入框中输入数值来设置颜色的 CMYK 值。

设置好颜色后，单击轮廓(O)按钮，即可为所选的对象设置轮廓颜色，如图 7.1.2 所示。

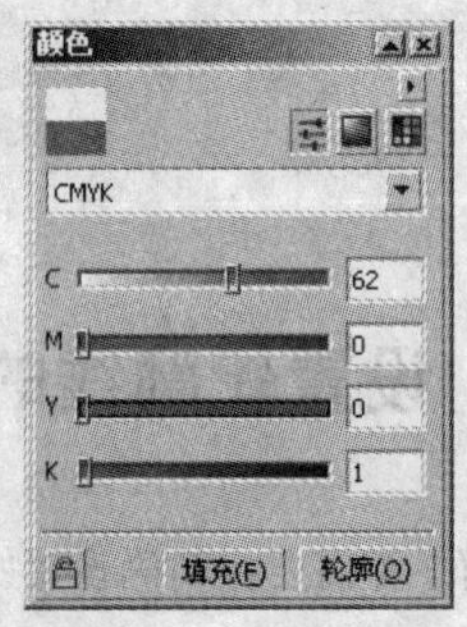

图 7.1.2 通过颜色泊坞窗设置对象轮廓颜色

7.1.3 使用滴管工具和颜料桶工具

单击工具箱中的“滴管工具”按钮右下角的小黑三角，可打开隐藏的工具组，即吸管工具与油漆桶工具。吸管工具用于吸取对象的颜色，而油漆桶工具则用于将吸管工具吸取的颜色填充到对象中。使用该工具组，可以将吸取的颜色填充到一个对象的轮廓上，具体的操作方法如下：

（1）单击工具箱中的“滴管工具”按钮，可显示其属性栏，如图 7.1.3 所示。

（2）单击属性按钮右下角的小黑三角，可打开属性面板，如图 7.1.4 所示，选中☑轮廓复选框，单击确定按钮。

图 7.1.3 滴管工具属性栏

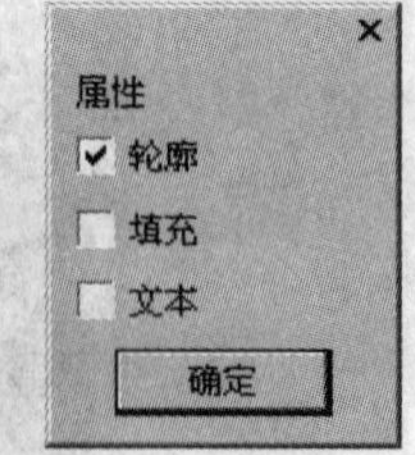

图 7.1.4 属性面板

（3）单击要吸取轮廓颜色的对象，即可吸取对象的轮廓线颜色。

（4）单击工具箱中的“颜料桶工具”按钮，将指针移至要填充对象的边缘上，当鼠标指针变为形状时，单击鼠标即可将使用滴管工具吸取的颜色填充到该对象的轮廓上，如图 7.1.5 所示。

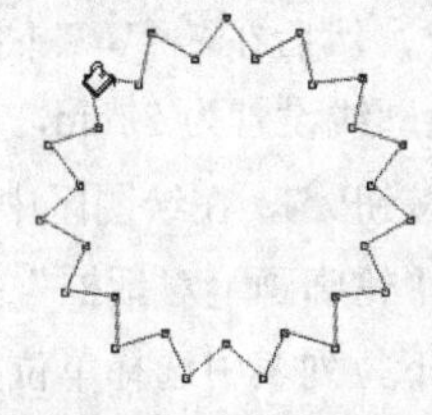

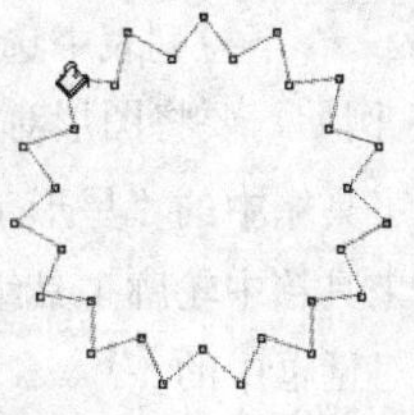

图 7.1.5　使用滴管工具与颜料桶工具为对象填充轮廓色

7.1.4　后台填充

当线条覆盖在一个内部填充的对象上时，在轮廓笔对话框中，选中☑后台填充(B)复选框，即以轮廓线为基准向外延展；如果不选中此复选框，则填充轮廓线时，轮廓的颜色会侵占填充的区域，轮廓线越粗，此选项的作用就越明显。也就是说，当选中☑后台填充(B)复选框时，轮廓线只占其宽度的一半，而另一半则被填充的颜色覆盖，如图 7.1.6 所示，从图中可以看出两者的轮廓线粗细不同，但轮廓线的宽度实际上是一样的。

线条覆盖在填色对象上

线条置于填色对象下方

图 7.1.6　选中“后台填充”复选框前后效果对比

7.2　设置轮廓线的粗细与样式

使用手绘工具或基本绘图工具绘制图形对象时，其默认的轮廓都很细，此时就可以通过轮廓画笔对话框工具来设置轮廓线的粗细，同时也可以设置轮廓线的样式。

7.2.1　设置轮廓线的粗细

单击工具箱中的“轮廓画笔对话框”按钮，弹出轮廓笔对话框，如图 7.2.1 所示。

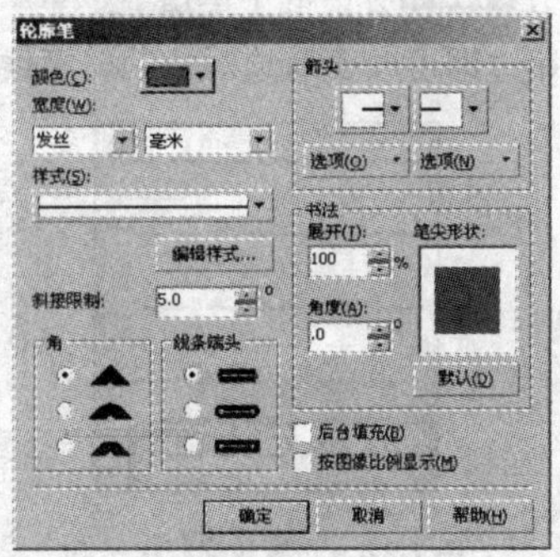

图 7.2.1　“轮廓笔”对话框

在毫米下拉列表中选择单位，然后在宽度(W):下拉列表中选择线宽，也可直接输入轮廓线的宽度数值。例如，要将图形对象的轮廓线设置为 5 mm，其具体的操作方法如下：

（1）单击工具箱中的“星形工具”按钮，在绘图区中拖动鼠标绘制星形。

（2）单击工具箱中轮廓工具组中的“轮廓画笔对话框”按钮，可弹出轮廓笔对话框。

（3）在此对话框中的毫米下拉列表中选择单位为毫米，在发丝下拉列表框中输入数值 5，单击确定按钮，即可改变轮廓线的宽度，如图 7.2.2 所示。

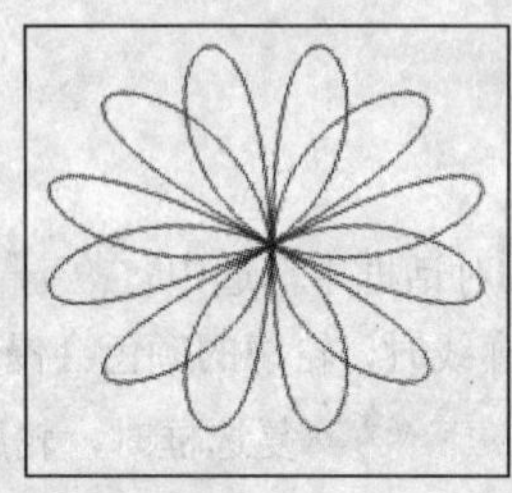

图 7.2.2　改变轮廓线的宽度

轮廓工具组中包含了一些轮廓宽度预设值，分别是无轮廓、细线轮廓、1/2 点轮廓、1 点轮廓、2 点轮廓、8 点轮廓、16 点轮廓和 24 点轮廓，使用这些预设值也可以改变图形的轮廓线宽度，如图 7.2.3 所示。

无轮廓　　细线轮廓　　8 点轮廓

图 7.2.3　使用轮廓宽度预设值

7.2.2　设置轮廓线的样式

CorelDRAW X3 中有多种轮廓线样式可供选择，当提供的样式不能满足要求时，用户还可以通过编辑样式功能编辑所需的轮廓线样式。

1．使用预设轮廓线样式

使用预设轮廓线样式的方法是在轮廓笔对话框中单击样式(S):下拉列表框，在弹出的下拉列表中选择所需的样式，单击确定按钮，即可改变所选对象的轮廓线样式，如图 7.2.4 所示。

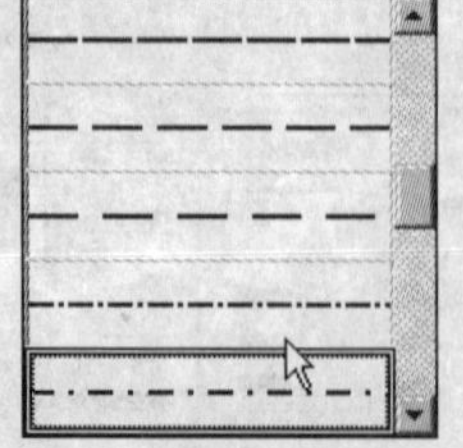
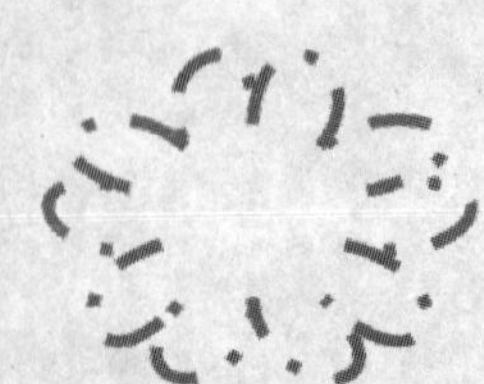

图 7.2.4　设置轮廓线样式

2．编辑轮廓线样式

在轮廓笔对话框中单击编辑样式...按钮，可弹出编辑线条样式对话框，如图 7.2.5 所示。在此对话框中可以编辑新的轮廓线样式，其具体的操作方法如下：

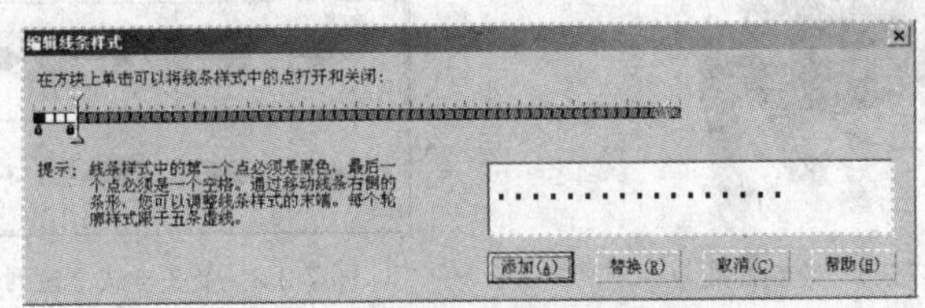

图 7.2.5　“编辑线条样式”对话框

（1）使用鼠标移动调节杆的滑块，可调整线条样式的端点，并调整端点之间的间隔，但线条样式第一点必须是黑色，而最后一点必须是白色，其中黑色在线条中表示为可见，白色表示不可见，这样就形成了虚线。

（2）在白色区域单击可使其变为黑色，也可通过拖动鼠标的方式快速将连续的白色区域变为黑色，如图 7.2.6 所示。

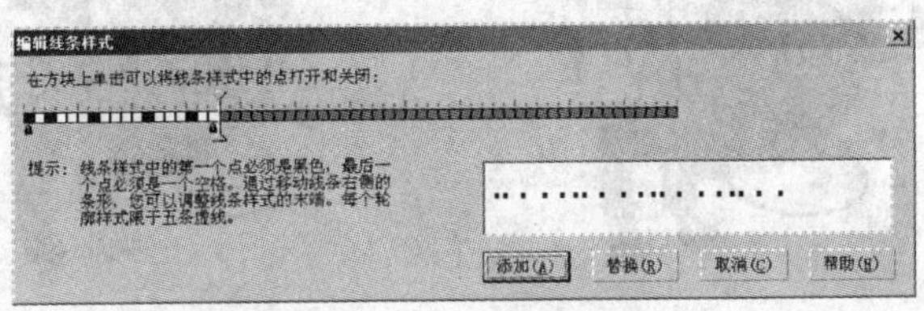

图 7.2.6　编辑线条样式

（3）完成编辑后，单击添加(A)按钮，可将编辑的线条样式添加到样式(S):下拉列表中，并使其位于列表的最下方。

（4）返回轮廓笔对话框，在样式(S):下拉列表中选择编辑的样式，即可将其应用于对象上。

7.3　设置轮廓线端和箭头样式

在轮廓笔对话框中除了可以设置轮廓线的宽度和样式外，还可以设置轮廓的线端样式与箭头样式，从而方便地绘制出箭头的形状。

7.3.1　线端与箭头样式的设置

线端样式与箭头样式只针对线条对象而言，对于闭合图形对象则看不出任何效果。设置线端与箭头样式的具体操作如下：

（1）单击工具箱中的“贝塞尔工具”按钮，在绘图区中拖动鼠标绘制曲线，设置曲线的宽度，如图 7.3.1 所示。

（2）单击工具箱中的“轮廓画笔对话框”按钮，弹出轮廓笔对话框。

（3）在线条端头选项区中选中单选按钮，使曲线端头呈圆滑状，在箭头选项区中单击下拉按钮，可从弹出的下拉列表中选择一种箭头样式，如图 7.3.2 所示。

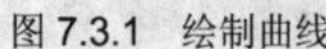
图 7.3.1　绘制曲线

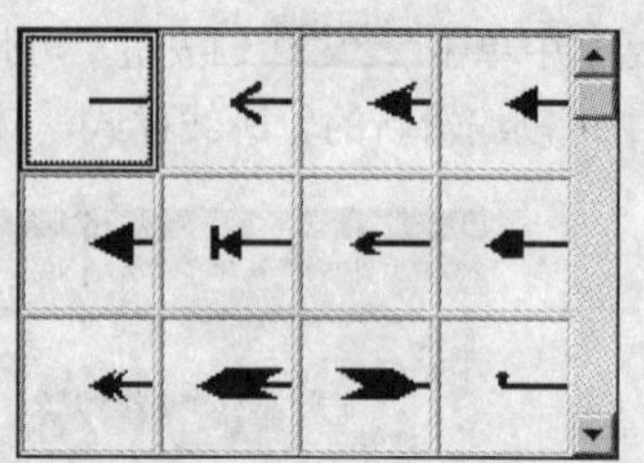

图 7.3.2　箭头样式下拉列表

（4）单击 确定 按钮，即可在曲线的起始端添加箭头，如图 7.3.3 所示。

如果要在曲线的起点位置添加箭头，而使末端为圆滑状，可通过反转曲线方向的方法来完成。单击工具箱中的“形状工具”按钮，并在属性栏中单击“反转曲线的方向”按钮，即可反转曲线的方向，如图 7.3.4 所示。

图 7.3.3　在曲线起始端添加箭头

图 7.3.4　反转曲线方向

如果对预设的箭头样式不满意，可在原有箭头的基础上进行修改，如将箭头缩小、放大或压扁等，具体操作如下：

（1）在 轮廓笔 对话框中的 箭头 选项区中单击下拉按钮，从弹出的下拉列表中选择一种箭头样式，然后单击 选项(N) 按钮，在弹出的下拉菜单中选择 编辑(E)... 命令，弹出 编辑箭头尖 对话框，如图 7.3.5 所示。

（2）在此对话框中可以看到箭头的周围有 8 个黑色的控制点，拖动控制点可以改变箭头的形状大小，如 7.3.6 所示。

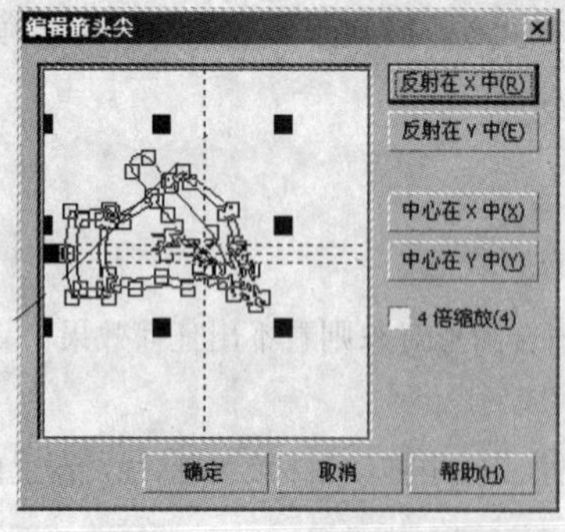

图 7.3.5　“编辑箭头尖”对话框

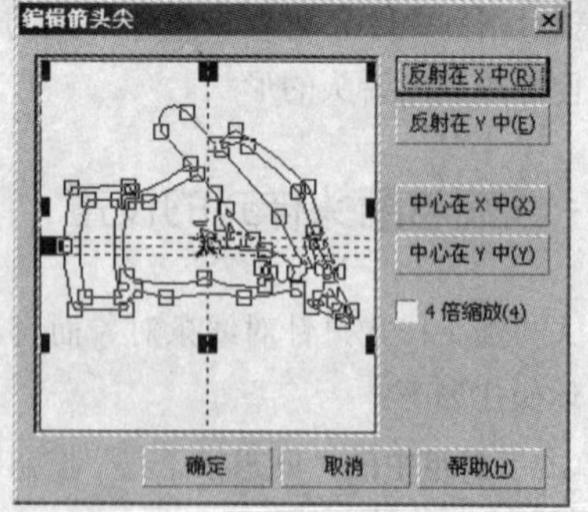

图 7.3.6　设置箭头的形状大小

（3）单击 反射在 X 中(R) 按钮，可水平翻转箭头；单击 反射在 Y 中(E) 按钮，可垂直翻转箭头；单击 中心在 X 中(X) 按钮，可将箭头的中心置于 X 轴的 0 点；单击 中心在 Y 中(Y) 按钮，可将箭头的中心置于 Y 轴的 0 点；选中 4 倍缩放(4) 复选框，可将箭头图形放大 4 倍显示。

（4）编辑完成后，单击确定按钮，即可在绘图区中看到改变形状后的箭头。

7.3.2　设置转角样式

在轮廓笔对话框中可以设置转角的样式，如锐角、圆角或梯形角，但转角的样式只能应用于两边都是直线的转角。如要将矩形的转角样式设为梯形角，其具体的操作如下：

（1）单击工具箱中的“星形工具”按钮，在绘图区中拖动鼠标绘制一个星形。

（2）设置星形对象的轮廓线为 16 mm，然后在轮廓工具组中单击“轮廓画笔对话框”按钮，弹出轮廓笔对话框，在角选项区中选中单选按钮，单击确定按钮，即可改变星形的转角为圆形角，如图 7.3.7 所示。

图 7.3.7　设置转角为圆形角

7.4　创建书法轮廓

在 CorelDRAW X3 中，可以在绘制的文字或输入文字的基础上创建书法轮廓。通过在轮廓笔对话框中的书法选项区中设置展开和角度数值，可以创建出书法轮廓的效果。下面使用手绘工具绘制“书法”字样，并设置它为书法效果，具体操作如下：

（1）单击工具箱中的“手绘工具”按钮，在绘图区中绘制文字。

（2）使用挑选工具选中绘制的文字，单击工具箱中轮廓工具组中的“轮廓画笔对话框”按钮，弹出轮廓笔对话框。

（3）设置轮廓线的宽度为 4 mm，在书法选项区中的笔尖形状:设置窗口中按住鼠标左键拖动，可快速改变笔尖的形状，此时展开(T):与角度(A):输入框中的数值也随之改变，也可直接在这两个输入框中输入数值，单击默认(D)按钮，即可恢复笔尖的形状。

（4）设置完成后，单击确定按钮，设置文字的书法效果如图 7.4.1 所示。

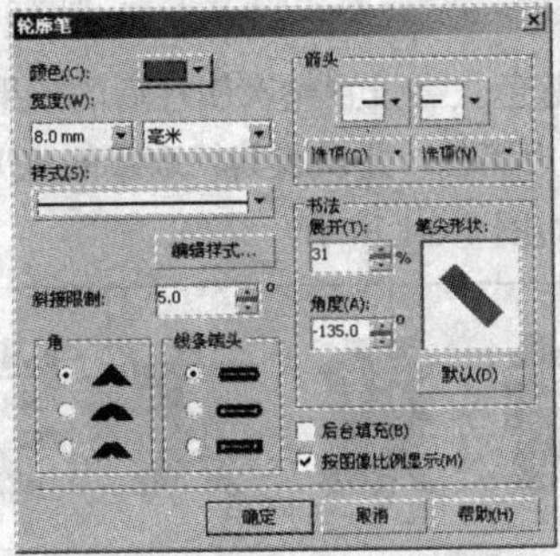

图 7.4.1　文字的书法效果

7.5　清除轮廓属性

由于 CorelDRAW 绘图时默认显示轮廓线，但有些情况下，用户并不要求所绘图形显示轮廓线，所以需要将原有的轮廓线清除。消除轮廓线的方法很简单，只须选择要清除轮廓线的对象，在工具箱中单击无轮廓按钮即可，或者在调色板中的上单击鼠标右键，也可清除对象的轮廓。

7.6　课堂实训——制作立体字

本节主要利用前面所学的内容制作立体字，最终效果如图 7.6.1 所示。

图 7.6.1　最终效果图

操作步骤

（1）新建一个图形文件，单击工具箱中的“文本工具”按钮，在绘图区中输入蓝色文字，如图 7.6.2 所示。

（2）单击工具箱中轮廓工具组中的“轮廓画笔对话框”按钮，弹出轮廓笔对话框，设置轮廓颜色为红色，设置其他参数如图 7.6.3 所示。

图 7.6.2　输入红色文字

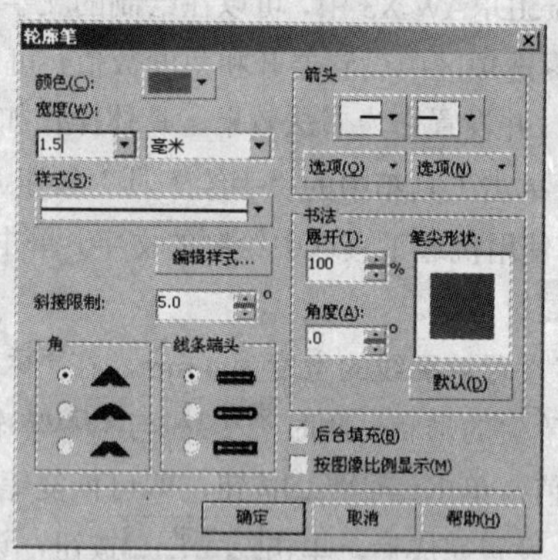

图 7.6.3　“轮廓笔”对话框

（3）单击确定按钮，为蓝色文字设置轮廓属性后的效果如图 7.6.4 所示。

（4）复制蓝色文字，将其填充为黑色，并设置其轮廓线的宽度为 3 mm，颜色为黑色，将其放置到红色轮廓对象的下方，最终效果如图 7.6.1 所示。

特效文字

图 7.6.4　设置轮廓属性效果

本 章 小 结

本章主要介绍了在 CorelDRAW X3 中设置轮廓线的颜色、粗细与样式、线端和箭头样式的方法，通过本章的学习，读者可以充分运用这些设置，制作出精美的轮廓效果。

操 作 练 习

一、填空题

1．在 CorelDRAW X3 中除了可以使用轮廓颜色对话框工具设置颜色外，还可以使用________工具来精确设置颜色。

2．在轮廓笔对话框中提供了 3 种转角的样式，分别为________、________和________。

3．在轮廓工具组中单击_______按钮，可设置轮廓线的样式。

二、选择题

1．在 CorelDRAW X3 中可为绘制的图形设置角的形状，有（　）种可选形状。

（A）4　　（B）3

（C）2　　（D）1

2．轮廓笔中的线条端头有（　）。

（A）平头　　（B）圆头

（C）直头　　（D）方头

3．工具箱中的图标表示的是（　）。

（A）轮廓画笔工具　　（B）滴管工具

（C）填充工具　　（D）钢笔工具

三、简答题

1．如何更改轮廓线的颜色和粗细？

2．如何设置一个圆形的转角为梯形转角？

3．如何自定义轮廓线样式？

四、上机操作题

1．在绘图区中使用手绘工具绘制一个线条，分别设置其轮廓颜色、宽度以及箭头样式。

2．在绘图区中绘制对象，并为其设置书法轮廓效果。

第 8 章　对象的特殊效果

在 CorelDRAW X3 中，路径工具是绘图的一个得力助手。它提供了一种按矢量的方法来处理图像的途径，从而使得许多图像处理操作变得简单而准确。本章将介绍有关路径的各种操作。

知识要点

- 交互式效果
- 透镜效果
- 透视点效果

8.1　交互式调和效果

使用交互式调和工具可以对两个不同形状和颜色的对象进行调和，从而制作出逐渐过渡的图像效果。

8.1.1　直线调和效果

直线调和效果的具体应用方法如下：

（1）在绘图区中创建两个不同的图形对象。

（2）单击工具箱中的“交互式调和工具”按钮，将鼠标指针移至要调和的两个对象中的其中一个上，按住鼠标左键，拖动鼠标到另一个图形，当发现两个图形中均出现一个矩形时，释放鼠标即可得到直线调和效果，如图 8.1.1 所示。

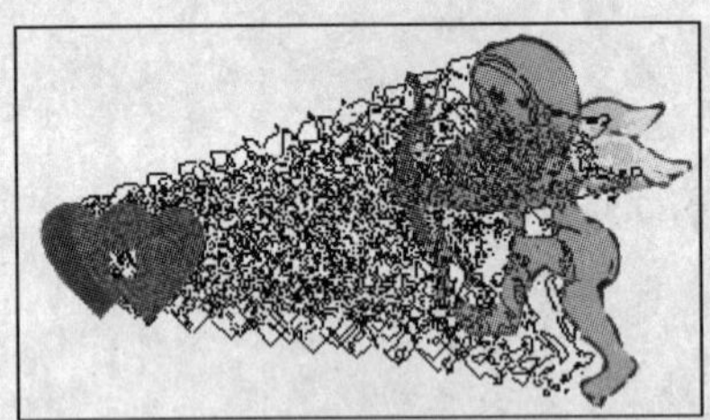
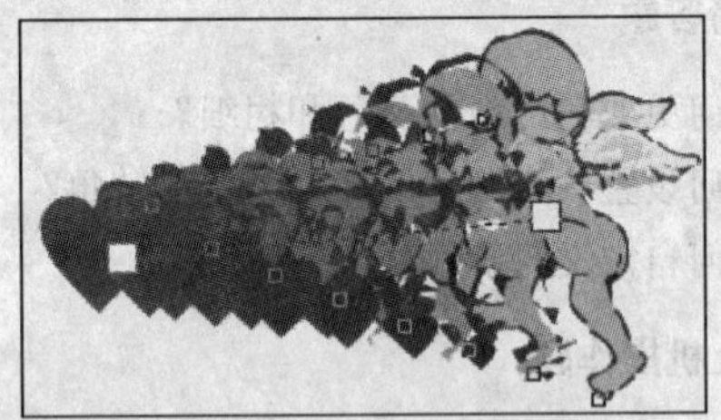

图 8.1.1　直线调和效果

8.1.2　沿路径调和

运用调和处理时，可将调和对象沿着一条指定的路径进行调和。其具体操作方法如下：

使用手绘工具在页面中随意绘制出一条曲线路径，然后将已经完成直线调和的图形对象选中，在交互式调和工具属性栏中单击“路径属性”按钮，可弹出其下拉菜单，在此菜单中选择新路径命令，此时鼠标指针变为形状，然后在曲线路径上单击，可将已经完成的调和图形应用到绘制的曲线路径上，如图 8.1.2 所示。

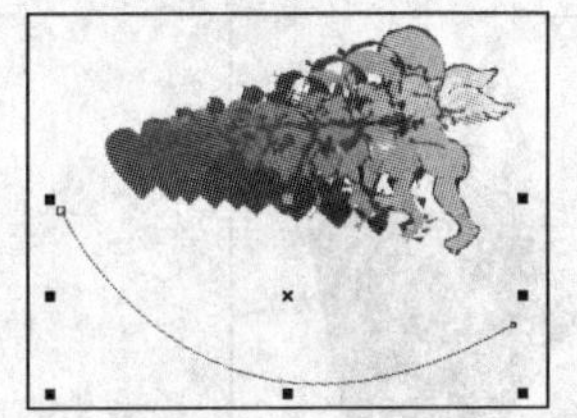

图 8.1.2 沿路径调和效果

8.1.3 复合调和效果

复合调和效果是创建多个图形调和效果。其具体操作方法如下：

使用手绘工具在页面中绘制 3 个图形对象，并分别填充不同的颜色，如图 8.1.3 所示。单击工具箱中的“交互式调和工具”按钮，在 3 个图形对象间直接使用直线调和的方法调和对象即可，调和的效果如图 8.1.4 所示。

图 8.1.3 绘制的图形

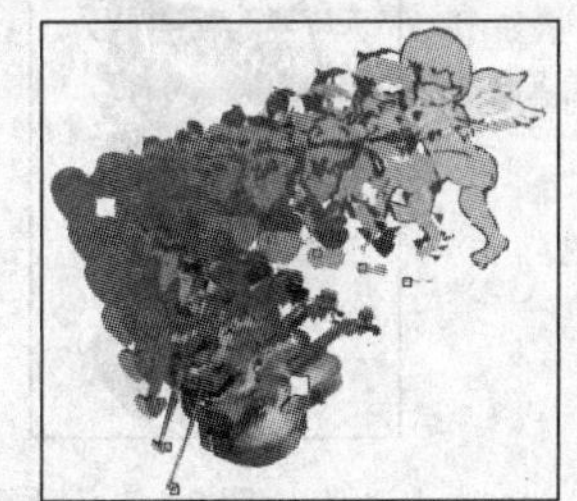

图 8.1.4 复合调和效果

8.1.4 拆分调和效果

为对象添加调和效果后，路径与调和对象是群组对象，在设计过程中，往往不需要显示路径，以免影响视觉效果，这时可以将创建好的调和效果拆分，然后将路径删除。其方法是：选择挑选工具，在调和图形上单击鼠标右键，从弹出的快捷菜单中选择拆分命令，或者按“Ctrl+K”键，即可将调和中间的过渡对象分离，拖动中间对象，效果如图 8.1.5 所示。

图 8.1.5 拆分调和效果

8.1.5 编辑调和效果

创建了调和效果后，可以通过交互式调和工具属性栏对调和对象进行设置，通过调整属性栏中的参数，可以设置调和步数、调和方向及调和形状之间的偏移量，还可使对象沿路径调和、分离调和。

在属性栏中的步数输入框 9 中输入数值，可设置调和对象之间的中间图形数量，步数值越大，中间的对象就越多，如图 8.1.6 所示。

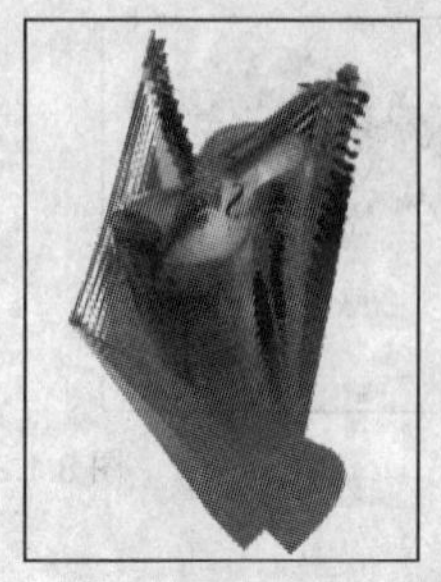

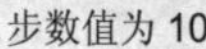

步数值为 10　　　　步数值为 30

图 8.1.6　不同步数值产生的调和效果

在调和方向输入框 0 ° 中输入数值，可设置中间生成图形在调和过程中的旋转角度，如图 8.1.7 所示。

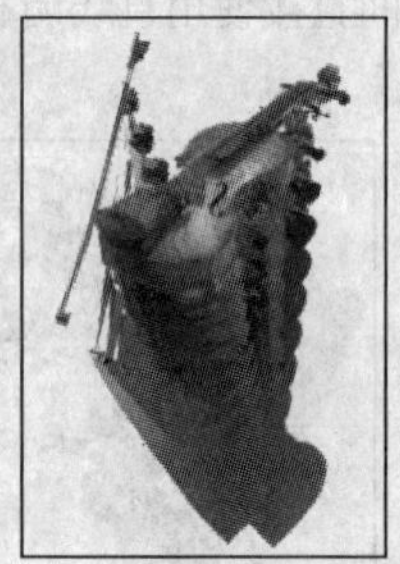

图 8.1.7　不同调和方向产生的调和效果

设置调和方向后，可激活交互式调和工具属性栏中的“环绕调和”按钮，单击此按钮，可使调和对象中间生成一种弧形旋转调和效果，如图 8.1.8 所示。

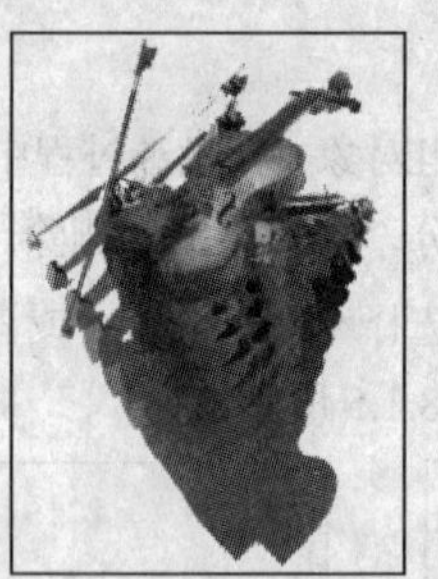

图 8.1.8　环绕调和效果

在属性栏中还提供了 3 种类型的交互式调和顺序，即直接调和、顺时针调和和逆时针调和，使用不同的类型，可使调和过程中的图形色彩产生不同的变化，如图 8.1.9 所示。

图 8.1.9　改变调和顺序效果

提示：如果要将一个调和效果应用于其他调和对象上，只要选中要改变属性的调和对象，再单击属性栏中的“复制调和属性”按钮，并将鼠标指针移至用于复制属性的调和对象上，单击即可将该调和属性应用到所选的调和对象上。

8.2　交互式轮廓图效果

使用交互式轮廓图工具可以为线条、美术字和图形等对象添加轮廓图效果。

8.2.1　创建轮廓图效果

在工具箱中单击交互式工具组中的“交互式轮廓图工具”按钮，将鼠标指针移至要制作轮廓图的对象上，按住鼠标左键并拖动，即可创建轮廓图效果，如图 8.2.1 所示。

图 8.2.1　轮廓图效果

8.2.2　轮廓图效果的设置

创建了轮廓图效果后，可以通过轮廓图工具属性栏来设置轮廓图效果的方向、轮廓步数、轮廓图偏移值以及轮廓效果的颜色等。

在交互式轮廓图工具属性栏中单击“到中心”按钮，设置轮廓图效果的方向为向中心；单击“向内”按钮，可设置轮廓图效果的方向为向内；单击“向外”按钮，可设置轮廓图效果的方向为向外，如图 8.2.2 所示。

图 8.2.2　设置轮廓图效果的方向

轮廓图步长就是轮廓图效果产生的轮廓层数。在属性栏中的轮廓图步长输入框 9 中输入数值，可设置轮廓图的步长数。

在属性栏中的轮廓图偏移输入框 2.04 mm 中输入数值，可设置轮廓图偏移值。轮廓图偏移值就是轮廓图效果对象产生的轮廓与原对象之间，或轮廓与轮廓之间的距离，轮廓图偏移值越大，所产生的轮廓越粗；轮廓图偏移值越小，所产生的轮廓越细，如图 8.2.3 所示。

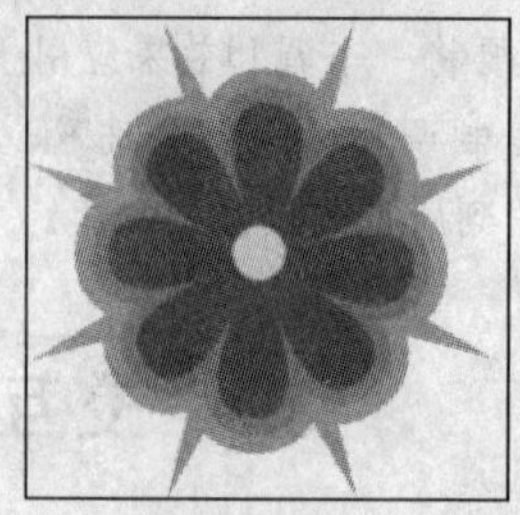

图 8.2.3　不同轮廓图偏移值的效果

轮廓图的颜色可以通过属性栏中的轮廓色与填充色下拉按钮来设置，具体的操作方法如下：

（1）选择轮廓图效果对象。

（2）在属性栏中单击填充色下拉按钮，从弹出的调色板中选择所需的颜色，即可改变轮廓图的填充色，如图 8.2.4 所示。

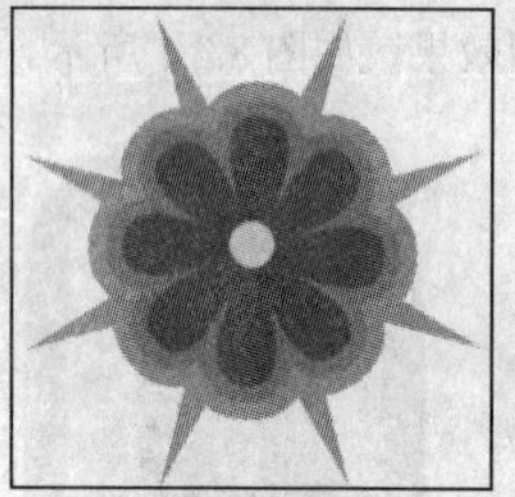

图 8.2.4　设置轮廓图效果的颜色

8.3　交互式阴影效果

使用交互式阴影工具可以为图形对象添加各种阴影效果，以增强图形对象外观的层次感和空间感，使图形对象更加形象逼真。

8.3.1　添加阴影效果

要为对象添加阴影效果，可先选择要添加阴影的对象，然后在工具箱中的交互式工具组中单击“交互式阴影工具”按钮，将鼠标指针移至图形对象上，按住鼠标左键向其他位置拖动，松开鼠标即可添加阴影效果，如图 8.3.1 所示。

图 8.3.1　添加阴影效果

8.3.2　编辑阴影效果

通过交互式阴影工具属性栏可以对阴影效果进行编辑，如设置阴影的不透明度、阴影羽化的方向、阴影羽化的程度以及阴影的颜色等。

在属性栏中的阴影羽化输入框中输入数值，可设置阴影羽化的清晰程度，羽化值越大，阴影的范围也越大。

要设置阴影羽化的方向，可在属性栏中单击“阴影羽化方向”按钮，弹出羽化方向面板，从中可以选择阴影羽化的方向，有向内、中间、向外以及平均 4 种方式，默认的设置为平均。

单击属性栏中的“阴影羽化边缘”按钮，可打开羽化边缘面板，从此面板中可以选择不同的羽化边缘。

在属性栏中的阴影不透明度输入框中输入数值，可设置阴影的不透明度，数值越大，阴影的不透明度就越强，如图 8.3.2 所示。

图 8.3.2　设置阴影不透明度

在属性栏中单击阴影颜色下拉按钮，可从弹出的调色板中选择阴影的颜色。

此外，单击属性栏中的下拉列表框，可从弹出的下拉列表中选择不同的透视类型，如图 8.3.3 所示。

图 8.3.3　选择预置的阴影效果

8.4　交互式变形效果

使用交互式变形工具可以快速地改变对象的外形。当选择交互式变形工具后，通过属性栏中显示的 3 种类型可对图形进行推拉变形、拉链变形以及扭曲变形，从而创建出更复杂的图形对象。

单击工具箱中的“交互式变形工具”按钮，其属性栏如图 8.4.1 所示。

单击“推拉变形”按钮，可对图形进行推拉变形。

图 8.4.1 “交互式变形工具”属性栏

单击“拉链变形”按钮，可使图形产生像拉链一样的锯齿形状变形。

单击“扭曲变形”按钮，可在图形上拖动鼠标进行扭曲变形。

在推拉失真振幅输入框中输入数值，可以很精确地调整变形的幅度。

8.4.1 推拉变形

推拉变形可以使图形对象产生推和拉两种变形效果，推是将图形的节点推离扭曲变形的中心；拉是指将图形的节点拉近扭曲变形的中心。为对象进行推拉变形的具体步骤如下：

（1）在绘图区中绘制图形对象，然后单击交互式工具组中的“交互式变形工具”按钮，并在其属性栏中单击“推拉变形”按钮。

（2）将鼠标指针移至图形对象上，单击鼠标左键并拖动，此时会在单击鼠标处产生一个菱形控制点，在鼠标指针当前位置产生一个方形控制点，该对象就会随着起始点的位置、控制点的拖拉方向及位移大小而变形，如图 8.4.2 所示。

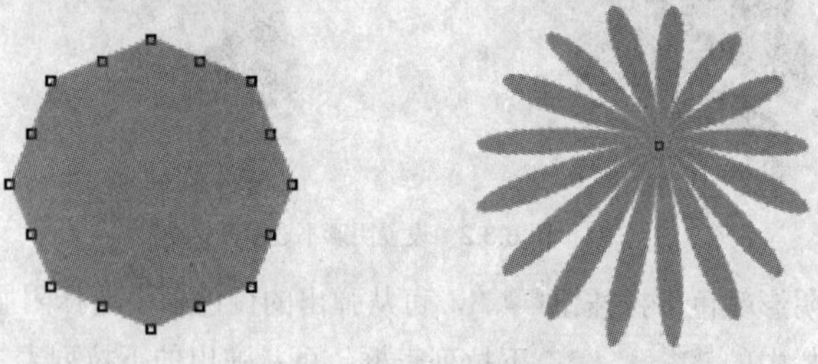

图 8.4.2 推拉变形效果

（3）当鼠标拖拉的方向与位移的大小不同时，将会得到不同的效果，如图 8.4.3 所示。

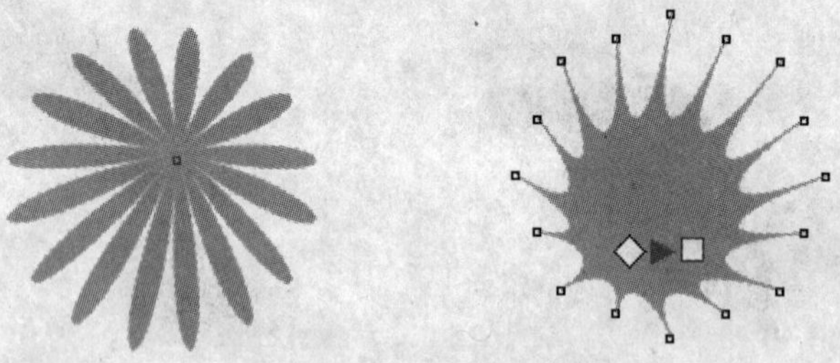

图 8.4.3 不同的推拉变形效果

（4）用鼠标拖动起始处与终点处的控制点，可对变形后的图形进行再次变形，如图 8.4.4 所示。

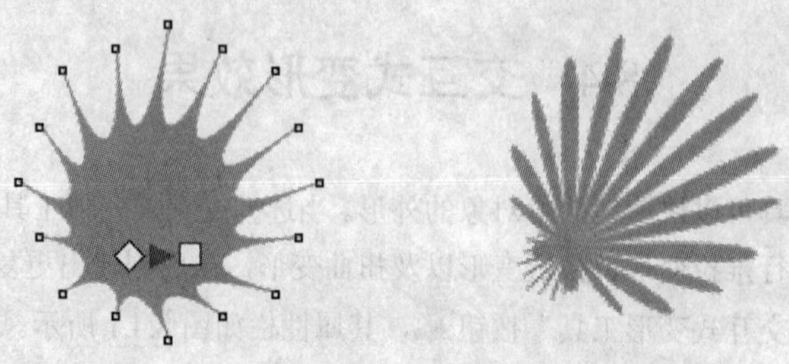

图 8.4.4 再次变形效果

单击属性栏中的“中心变形”按钮，可以将变形对象的起始点移到对象的中心，从而使对象的推拉变形从中心点开始，变为比较对称的图形，如图 8.4.5 所示。

图 8.4.5　中心变形效果

单击属性栏中的“添加新的变形”按钮，可以添加另外一个变形效果到所选择的已变形的图形对象上。

在属性栏中的推拉失真振幅输入框中输入数值，可以调节推拉变形对象的变形程度。

对图形进行对称变形后，如果要进一步对变形后的图形进行调整，可单击属性栏中的“转换为曲线”按钮，即可将图形转换为曲线，然后通过调整各部位外框上的节点来任意修改其外形。

如要将一个推拉变形对象的属性应用到其他对象上，则应先选择要进行推拉变形的对象，然后在交互式变形工具属性栏中单击“复制变形属性”按钮，此时鼠标指针变为➡形状，将其移至推拉变形效果对象上，单击即可将该推拉变形效果的属性应用于所选对象上，如图 8.4.6 所示。

图 8.4.6　复制推拉变形属性

如果要清除推拉变形对象的变形效果，选中该对象后，在属性栏中单击“清除变形”按钮即可。

8.4.2　拉链变形

拉链变形功能可以方便地将对象的轮廓变成一定参数设置下随机生成的节点和折线，从而产生锯齿效果。选中要使用拉链变形的对象，单击工具箱中的“交互式变形工具”按钮，并在属性栏中单击“拉链变形”按钮，在对象上按住鼠标左键并拖动，可创建拉链变形效果，如图 8.4.7 所示。

图 8.4.7　拉链变形效果

在属性栏中的拉链失真频率输入框中输入数值，可对拉链变形所产生的波峰频率进行设置，不同失真频率的效果如图 8.4.8 所示。

图 8.4.8　不同失真频率的效果

在拉链变形属性栏中还提供了 3 种变形按钮，即随机变形按钮、平滑变形按钮与局部变形按钮，分别单击这 3 种按钮，可使图形对象产生不同的变形效果，如图 8.4.9 所示。

随机变形

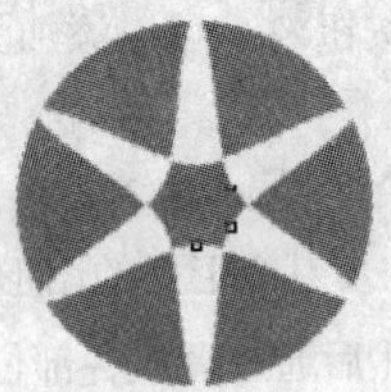
平滑变形

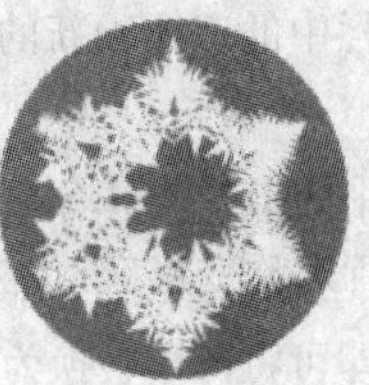
局部变形

图 8.4.9　拉链变形属性栏中的 3 种变形效果

8.4.3　扭曲变形

扭曲变形功能可使对象以一个固定点为中心进行螺旋旋转变形。使用挑选工具选择需要扭曲变形的对象，在交互式变形工具属性栏中单击“扭曲变形”按钮，将鼠标指针移至图形上，按住鼠标左键并拖动，即可使图形按一定方向旋转，从而改变图形形状，效果如图 8.4.10 所示。

图 8.4.10　扭曲变形效果

在属性栏中的完全旋转输入框中输入数值，可设置扭曲对象的旋转圈数，如图 8.4.11 所示。

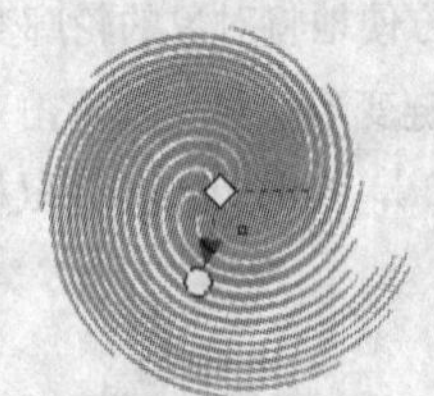

图 8.4.11　设置完全旋转后的变形效果

在属性栏中的附加角度输入框中输入数值，可设置所选扭曲对象在原来旋转基础上旋转的角度。

在扭曲变形属性栏中单击“顺时针旋转”按钮，可以将对象按顺时针旋转的方式进行扭曲变

形；单击“逆时针旋转”按钮，可以将对象按逆时针旋转的方式进行扭曲变形；单击“中心变形”按钮，所选对象将以中心旋转的方式进行扭曲变形。

如果要将添加的变形效果清除，先选择变形对象，然后在属性栏中单击“清除变形”按钮即可。

8.5　交互式封套效果

使用交互式封套工具可以为对象添加封套效果。添加封套效果后，可以通过调整节点的位置来改变封套的外形，从而改变图形对象的形状。

封套工具属性栏与形状工具的属性栏有很多相同的选项，如图 8.5.1 所示。

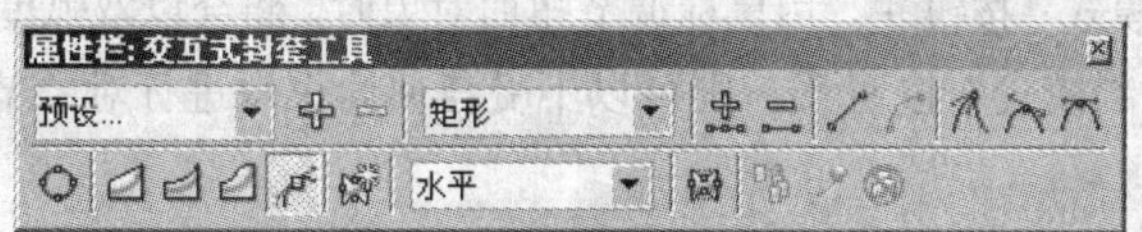

图 8.5.1　“交互式封套工具”属性栏

8.5.1　添加封套

使用交互式封套工具为对象添加封套的具体操作方法如下：

（1）选择要添加封套效果的图形对象。

（2）在工具箱中单击交互式工具组中的“交互式封套工具”按钮，此时将会为所选的图形对象添加一个由节点控制的矩形封套，如图 8.5.2 所示。

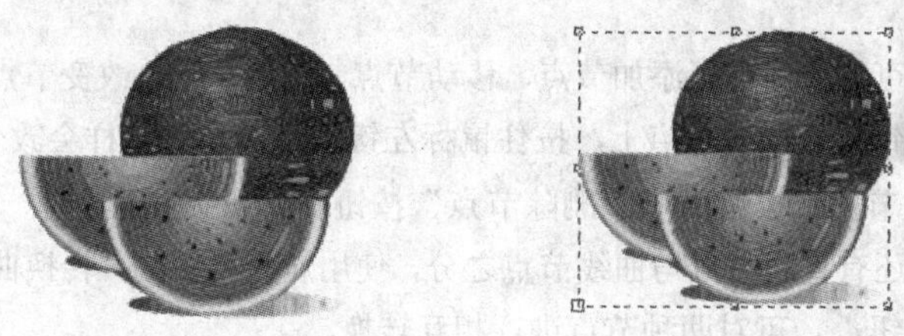

图 8.5.2　添加封套

（3）在属性栏中的预设下拉列表中可选择预设的封套，如图 8.5.3 所示。

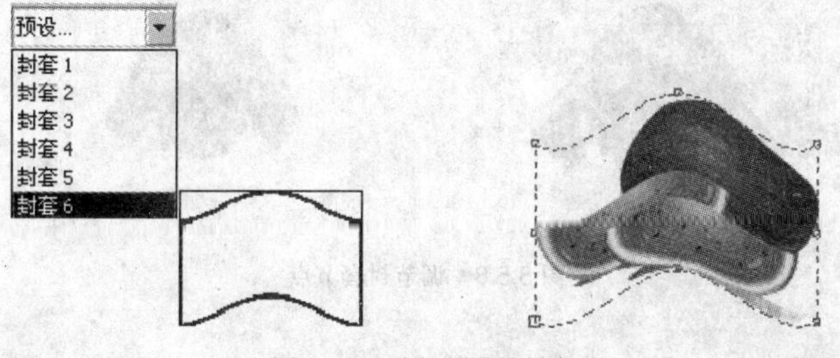

图 8.5.3　选择预设的封套

8.5.2　封套的类型模式

CorelDRAW X3 中提供的封套模式有直线模式、单弧模式、双弧模式以及非强制模式。

单击封套工具属性栏中的“封套的直线模式”按钮，将鼠标指针移至封套节点上，调节封套节点扭曲对象时，将以直线进行扭曲，如图 8.5.4 所示。

单击“封套的单弧模式”按钮，用鼠标调节封套节点扭曲对象时，将以单一弧度进行扭曲，如图 8.5.5 所示。

图 8.5.4　直线模式

图 8.5.5　单弧模式

单击“封套的双弧模式”按钮，用鼠标调节扭曲对象时，将会以双弧度扭曲，如图 8.5.6 所示。

单击“封套的非强制模式”按钮，则可以不受任何约束地进行对象节点的扭曲，如图 8.5.7 所示。

图 8.5.6　双弧模式

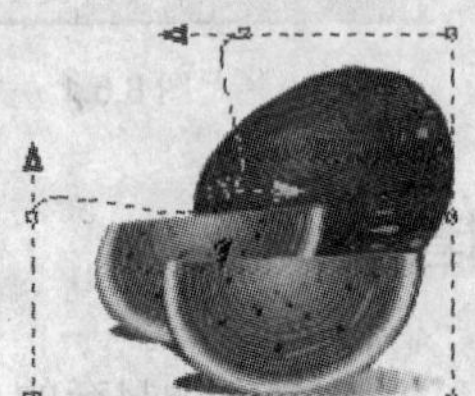
图 8.5.7　非强制模式

8.5.3　编辑封套节点

创建一个封套后，可以对其进行添加节点、移动节点、删除节点、改变节点等操作。要移动封套上的节点，可将鼠标指针移至封套节点上，按住鼠标左键拖动即可，这样会改变封套中对象的形状。使用属性栏中的“添加节点”按钮和“删除节点”按钮，可在封套的某一位置添加一个节点或将某个节点删除。节点还有直线节点与曲线节点之分，使用属性栏中的“转换曲线为直线”按钮与“转换直线为曲线”按钮，可对两种节点进行相互转换。

通过属性栏设置节点的尖突、平滑和对称属性，可以调整封套中对象的形状，如图 8.5.8 所示。

图 8.5.8　调节封套节点

8.5.4　封套的映射模式

单击交互式封套工具属性栏中的映射模式下拉列表框 自由变形 ，可从弹出的下拉列表中选择不同的映射模式，不同模式的功能如下：

垂直映射模式：垂直映射模式可先伸展图形对象以适合封套的基本尺寸，再垂直压缩它以适合封套的形状。

水平映射模式：水平映射模式可先伸展图形对象以适合封套的基本尺寸，再水平压缩它以适合封套的形状。

原始的映射模式：此映射模式先将图形边角的控制点映射到封套的边角节点上，然后再将其他节点沿图形的边缘线性映射。

自由变形映射模式：此映射模式只将图形边角的控制点映射到封套的边角节点上，其他节点都被忽略。自由变形映射模式产生的效果没有原始映射模式产生的效果强烈。

在属性栏中单击“创建封套自”按钮，可以以一个指定对象的形状为依据建立一个新的封套，如图 8.5.9 所示。

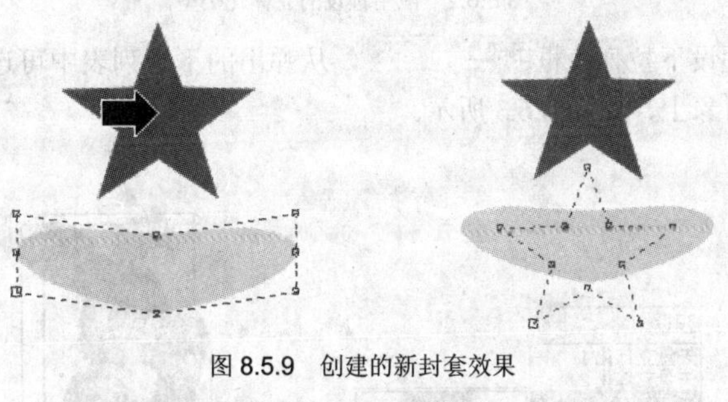

图 8.5.9　创建的新封套效果

8.6　交互式立体化效果

使用交互式立体化工具，可以为图形对象添加三维效果，使对象产生立体感，并可以更改图形对象立体效果的颜色、轮廓，为图形对象添加照明效果。

8.6.1　创建立体化效果

创建对象后，在交互式工具组中单击“交互式立体化工具”按钮，将鼠标指针移至对象上，此时鼠标指针显示为形状，按住鼠标左键拖动，即可产生立体化效果，如图 8.6.1 所示。

图 8.6.1　创建立体化效果

8.6.2　设置立体化类型

创建了立体化效果后，在 CorelDRAW X3 中还可以设置立体化的类型。在交互式立体化工具属性栏中单击立体化类型下拉列表框，在弹出的下拉列表中可选择一种预设的立体化类型，如图 8.6.2 所示。

图 8.6.2 应用预设的立体化类型

在属性栏中单击预设下拉列表框预设...，从弹出的下拉列表中可选择一种预设的立体化样式应用于所选的图形对象上，如图 8.6.3 所示。

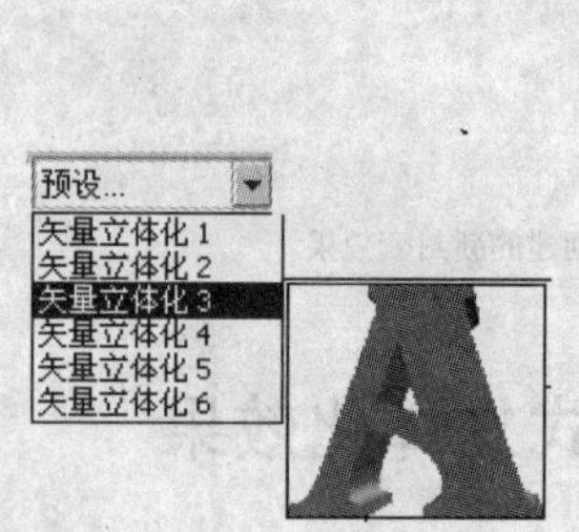

图 8.6.3 应用预设的立体化样式

8.6.3 旋转立体化

单击交互式立体化工具属性栏中的“立体的方向”按钮，可打开立体化方向控制面板，使用鼠标直接拖动该面板中的圆盘即可旋转所选的立体化对象，即调整立体化对象的旋转方向，效果如图 8.6.4 所示。

图 8.6.4 旋转立体化对象

使用鼠标单击处于选中状态的立体化对象，此时立体化对象上可出现一个圆形的旋转调节器，将鼠标指针移至旋转调节器 4 个控制点的任意一个上，按住鼠标左键并拖动，即可旋转立体化对象。将鼠标指针移至调节器内，鼠标指针变为形状，按住鼠标左键拖动，可以对立体对象进行任意角度的旋转。

8.6.4　变形立体化

在交互式立体化工具属性栏中的深度输入框 中输入数值，可设置立体化对象的深度，如图 8.6.5 所示。

图 8.6.5　不同变形深度的立体化效果

灭点是一个设想的点，它在对象后面的无限远处，当对象向消失点变化时，就产生了透视感。在属性栏中的灭点坐标输入框 中输入数值，可以设置灭点的位置。单击属性栏中的灭点属性下拉列表框 ，可在弹出的下拉列表中选择立体化对象的属性。

8.6.5　倒角立体化对象

单击属性栏中的“斜角修饰边”按钮 ，打开斜角修饰边面板，在此面板中的斜角修饰边深度输入框 与斜角修饰边角度输入框 中分别输入适当的斜角深度与角度数值，即可制作出带有斜边的立体效果，如图 8.6.6 所示。

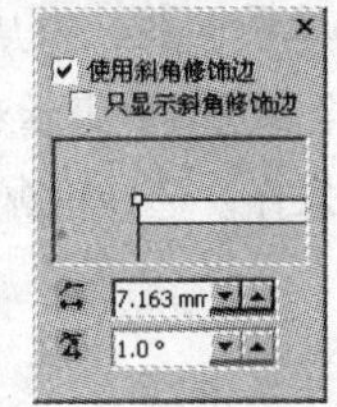

图 8.6.6　带有斜边的立体化效果

如果选中 复选框，将会得到一个仅有斜边而没有深度的立体效果，如图 8.6.7 所示。

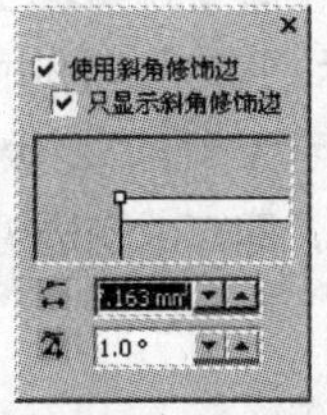

图 8.6.7　只显示斜角修饰边效果

8.7　交互式透明效果

交互式透明工具可以使对象透明，从而产生隔着玻璃看图形的效果。它可对图形对象应用标准透

明效果、渐变透明效果以及底纹透明效果等。

8.7.1　标准透明效果

单击交互式工具组中的“交互式透明工具”按钮，在其属性栏中单击透明度类型下拉列表框标准，在弹出的下拉列表中可以看到常见的几种透明类型，从中选择标准选项，其属性栏如图 8.7.1 所示。

图 8.7.1　“交互式均匀透明度”属性栏

在标准透明度属性栏中的开始透明输入框50中输入数值，可设置透明的程度。其取值范围在 0～100 之间，0 表示无透明效果，100 表示完全透明。图 8.7.2 所示的即为不同透明度的效果。

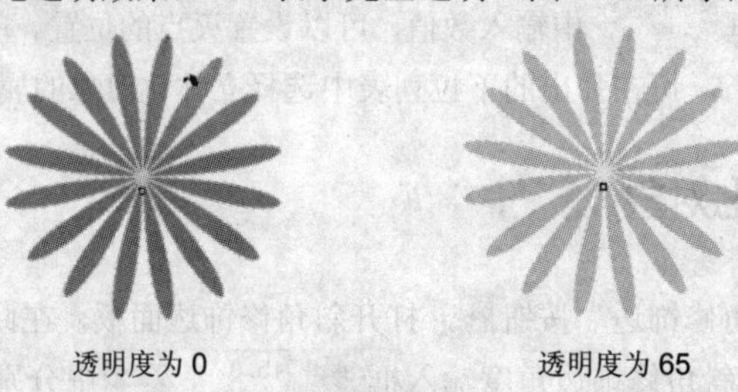

图 8.7.2　不同透明程度下的标准透明效果

单击属性栏中的透明目标下拉列表框全部，可从弹出的下拉列表中选择透明的范围，其中有 3 个选项，即全部、填充与轮廓。选择全部选项，表示对象轮廓与填充同时进行透明变化；选择填充选项，表示只对对象填充区域进行透明操作；选择轮廓选项，表示只对对象轮廓进行透明操作。

8.7.2　渐变透明效果

渐变透明与渐变填充一样，也是由透明到有色区域的过渡，可以是线性、圆锥、射线以及方形的过渡。

在交互式透明工具属性栏中的透明度类型下拉列表标准中选择线性选项，此时所选的对象将变为交互式状态，如图 8.7.3 所示。用户可以利用颜色控制色块直接对透明的效果进行调整。移动鼠标指针至白色控制色块时，指针显示为“十”字状态，在白色控制色块上单击，即可选中白色色块，直接在调色板中单击要改变的颜色，即可改变透明效果的起始颜色。

图 8.7.3　交互式渐变透明

8.7.3　图样透明效果

图样透明与图样填充一样，也有双色、全色与位图图样 3 种。在交互式透明工具属性栏中的透明度类型下拉列表标准中选择双色图样选项，其属性栏如图 8.7.4 所示。

图 8.7.4　“交互式图样透明度”属性栏

在属性栏中单击下拉按钮，从弹出的预设图案样式中选择一种所需的图案，即可应用于所选的对象，如图 8.7.5 所示。在属性栏中还可设置图样透明填充的起始与终止透明度及模式等。

图 8.7.5　交互式图样透明填充

将鼠标指针移至控制色块上，按住鼠标左键拖动，即可旋转图样透明填充，如图 8.7.6 所示。

图 8.7.6　旋转图样透明填充

8.7.4　底纹透明效果

底纹透明与底纹填充是一样的，都可通过预设的底纹样式来填充对象。在交互式透明工具属性栏中的透明度类型下拉列表标准中选择底纹选项，可在属性栏中显示出该选项的参数，如图 8.7.7 所示。

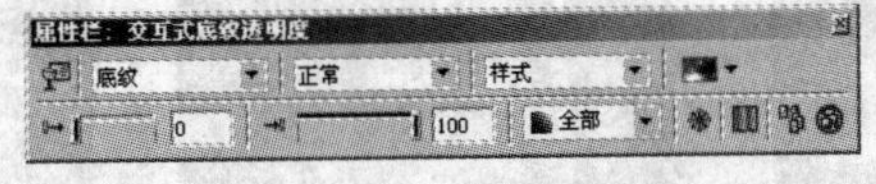

图 8.7.7　“交互式底纹透明度”属性栏

在底纹库下拉列表样本中选择底纹库，然后单击下拉按钮，从打开的预设底纹样式面板中选择一种所需的底纹，即可将其应用于所选的对象中，如图 8.7.8 所示。在属性栏的开始透明与结束透明输入框中可设置底纹的不透明度，在调色板中单击相应的颜色可改变底纹的颜色。

图 8.7.8　交互式底纹透明

8.8 透镜效果

使用透镜泊坞窗，可以为对象添加各种透镜效果，透镜效果用于改变透镜下方对象的显示方式，而不改变其实际属性。透镜效果可以应用于 CorelDRAW X3 创建的各类封闭路径，如椭圆、矩形、多边形等封闭的形状和闭合曲线，以及由手绘工具创建的对象。应用透镜效果的具体操作方法如下：

（1）打开一幅如图 8.8.1 所示的图像文件，单击工具箱中的“椭圆工具”按钮，在打开的图像上方绘制一个无轮廓的黄色椭圆，效果如图 8.8.2 所示。

图 8.8.1　打开的图像

图 8.8.2　绘制图形

（2）选择菜单栏中的效果(C)→透镜(L)命令，可打开透镜泊坞窗，如图 8.8.3 所示。

图 8.8.3　“透镜”泊坞窗

（3）在该泊坞窗的无透镜效果下拉列表中可选择合适的透镜效果，如图 8.8.4 所示。

颜色添加　色彩限度　放大

热图　反显　自定义彩色图

图 8.8.4　透镜效果

（4）选中☑冻结复选框，可在不影响外观的情况下捕捉透镜中的当前内容，如图 8.8.5 所示。

图 8.8.5　冻结效果

（5）选中☑视点复选框，可改变被透镜覆盖的区域。选中该复选框，用户可在不移动透镜的情况下移动视点，以显示透镜下图像的特定部分，单击该复选框后的编辑按钮，在其参数设置区中调整视角的 X，Y 值，效果如图 8.8.6 所示。

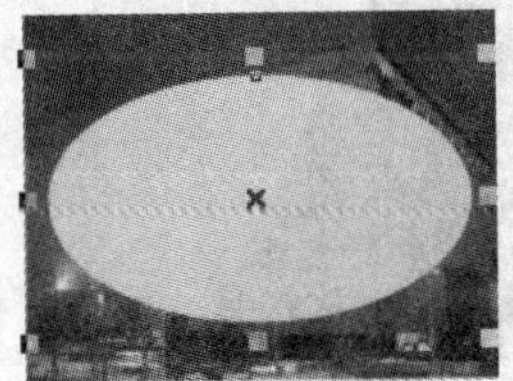

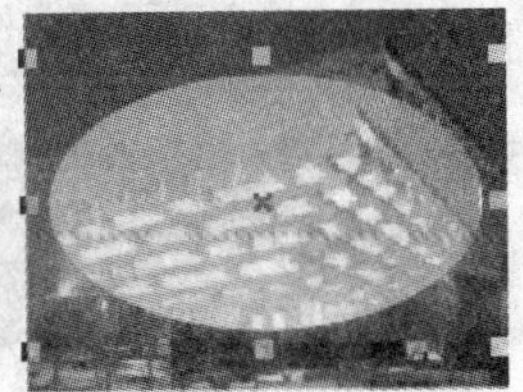

图 8.8.6　视点效果

（6）选中☑移除表面复选框，则可在透镜覆盖的位置显示透镜。

8.9　透视点效果

在 CorelDRAW X3 中可以使对象产生具有三维空间距离和深度的视觉透视效果。透视效果是将一个对象的一边或相邻的两边缩短而产生的，因此可将透视分为单点透视和双点透视。

8.9.1　单点透视

单点透视通过改变对象一条边的长度，使对象呈现出向一个方向后退的效果。

在绘图区选择要进行单点透视的对象后，选择菜单栏中的效果(C)→添加透视点(A)命令，此时所选的对象周围会出现一个虚线外框和 4 个黑色控制点，如图 8.9.1 所示。

图 8.9.1　为对象添加透视点

将鼠标指针移至四角的任意一个控制点上，按住“Ctrl”键的同时拖动控制点，即可创建出单点透视效果，如图 8.9.2 所示。

图 8.9.2 单点透视效果

如果按住“Ctrl+Shift”键的同时拖动控制点，则可将相邻的一组节点进行相向方向的移动，如图 8.9.3 所示。

图 8.9.3 创建相邻节点的相向移动单点透视效果

在制作透视效果时，可将鼠标指针移至消失点✕上，按住鼠标左键拖动，也可制作出各种角度的透视效果。

8.9.2 双点透视

双点透视就是改变对象两条边的长度，从而使对象呈现出向两个方向后退的效果。

要添加双点透视，其具体的操作方法如下：

（1）创建要进行双点透视的对象，并使用挑选工具将其选中。

（2）选择菜单栏中的 效果(C) → 添加透视(P) 命令，此时所选的对象周围出现一个虚线外框和 4 个黑色控制点。

（3）将鼠标指针移至任意一个控制点上，按住鼠标左键沿着图形的对角线方向拖动，即可创建出双点透视效果，如图 8.9.4 所示。

图 8.9.4 双点透视效果

如果要修改已经创建的透视效果，在选择对象后，使用形状工具调整控制点或消失点即可。

提示：如果要取消透视效果，可选择菜单栏中的 效果(C) → 清除透视点 命令，即可使对象恢复为原始状态。

8.10　课堂实训——制作透视图

本节综合运用前面所学的知识制作透视图效果，最终效果如图 8.10.1 所示。

图 8.10.1　最终效果图

操作步骤

（1）新建一个图形文件，按“Ctrl+I”键导入一幅位图对象，如图 8.10.2 所示。

（2）单击工具箱中的“挑选工具”按钮，选中左边的对象，选择 效果(C) → 透镜(S) 命令，打开 透镜 泊坞窗，设置其泊坞窗参数如图 8.10.3 所示。

图 8.10.2　导入位图

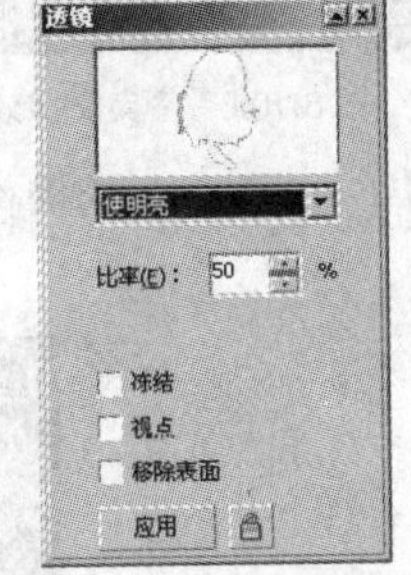

图 8.10.3　“透镜”泊坞窗

（3）设置完参数后，单击 应用 按钮，得到的效果如图 8.10.4 所示。

（4）使用挑选工具选中右边的对象，选择 效果(C) → 透镜(S) 命令，打开 透镜 泊坞窗，设置其泊坞窗参数如图 8.10.5 所示。

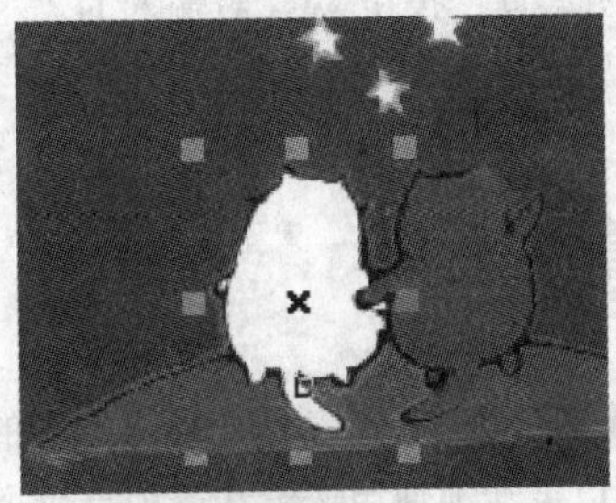

图 8.10.4　应用透镜效果

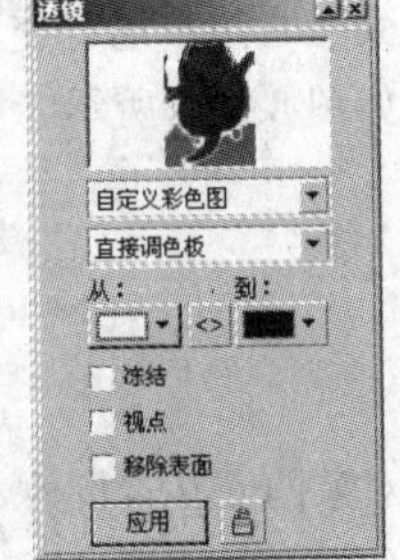

图 8.10.5　“透镜”泊坞窗

（5）设置完参数后，单击 应用 按钮，得到的效果如图 8.10.6 所示。

（6）使用挑选工具选中星星图形，对其进行复制与粘贴操作，选择 效果(C) → 添加透视(P) 命令，为星星图形添加透视点，然后用鼠标拖动控制点，编辑透视效果，如图 8.10.7 所示。

图 8.10.6　自定义彩色图透镜效果

图 8.10.7　应用透视效果

（7）单击工具箱中的“文本工具”按钮，在绘图区中输入美术字，并单击调色板中的黄色方块，将文字填充为黄色，效果如图 8.10.8 所示。

（8）选择菜单栏中的 效果(C) → 添加透视(P) 命令，为文字添加透视点，然后用鼠标拖动控制点，编辑透视效果，效果如图 8.10.9 所示。

图 8.10.8　图案文字效果

图 8.10.9　添加透视效果

（9）重复步骤（7）和（8）的操作，在编辑区中输入文本“星辰”，并对其添加透视效果，如图 8.10.10 所示。

图 8.10.10　添加透视效果

（10）单击交互式工具组中的“交互式透明工具”按钮，对输入的“星辰”文本添加交互式透明效果，最终效果如图 8.10.1 所示。

本 章 小 结

本章主要介绍了对象的交互式特效、透镜效果以及透视点效果。通过本章的学习，读者应能够熟练运用交互式工具制作出多种特殊的图形，并可以灵活地使用透镜和透视点命令为制作的图形对象添加特殊效果。

操作练习

一、填空题

1．使用__________工具可以制作出两图像之间逐渐过渡的效果。

2．使用__________工具可以使对象透明，从而产生隔着玻璃看图形的效果。

3．交互式变形工具可以对对象创建 3 种变形效果，即__________、__________和__________。

4．透镜效果是指通过改变对象外观或改变_________的方式而取得的特殊效果，但不会改变对象实际属性。

5．利用_________透镜可以使对象区域变亮或变暗，并可设置对象区域亮度或暗度的比率。

6．利用_________透镜可以使透镜后面的对象产生放大或缩小的效果。

7．_________透镜的原理是将透镜下方的颜色变为它的互补色，这种互补颜色是基于 CMYK 颜色模式的，原始色和它的互补色处于调色板上的相对位置。

8．使用_________透镜效果时，透镜对象下方的对象应为矢量图。

9．透视效果是将一个对象的一边或相邻的两边缩短而产生的，因此可将透视分为_________和_________。

10．_________透视通过改变对象一条边的长度，使对象呈现出向一个方向后退的效果。

二、选择题

1．在 CorelDRAW X3 中提供了（　）种交互式工具。

（A）7　　（B）6

（C）8　　（D）5

2．不可以将交互式阴影效果应用到（　）对象上。

（A）链接的群　　（B）修剪

（C）合并　　（D）群组

3．在 CorelDRAW X3 中提供了（　）种封套模式。

（A）3　　（B）4

（C）5　　（D）6

4．使用交互式变形工具可实现（　）效果。

（A）拉链变形　　（B）自由变形

（C）扭曲变形　　（D）推拉变形

5．在交互式透明工具属性栏中的透明度类型中提供了（　）种渐变透明填充的方式。

（A）1　　（B）2

（C）3　　（D）4

6．（　）透镜是对透镜对象颜色的冷暖度进行偏移。

（A）热图　　（B）反显

（C）放大　　（D）鱼眼

7．使用（　）透镜时，就像透过有色玻璃看物体一样。

（A）色彩限度　　（B）使明亮

（C）透明度　　（D）灰度浓淡

8．为对象添加透视点后，按住（　）键的同时拖动控制点，即可创建出单点透视效果。

（A）Alt　　（B）Shift

（C）Ctrl　　（D）Alt+Ctrl

9．为对象添加透视点后，按住（　）键的同时拖动控制点，可将相邻的一组节点进行相向方向的移动。

（A）Ctrl　　（B）Ctrl+Shift

（C）Alt　　（D）Alt+Ctrl

三、简答题

1．如何将一个推拉变形对象的属性应用到其他对象上？

2．如何为对象添加放大透镜效果？

3．如何为对象添加双点透视？

四、上机操作题

1．绘制一幅图像，利用本章所学的交互式特效功能制作出不同的特殊效果。

2．导入一幅图书封面图像，利用本章所学的知识为封面的书脊部分添加透视效果。

3．运用本章所学的知识制作如题图 8.1 所示的效果。

题图 8.1　效果图

第 9 章　位图的编辑与应用

在 CorelDRAW X3 中，可以将矢量图转换为位图进行编辑，也可对指定的位图进行重新取样、扩充边框、图框精确剪裁以及遮罩等操作。

知识要点

- 导入位图
- 编辑位图
- 位图的特殊设置
- 调整位图的颜色

9.1　导入位图

在 CorelDRAW 中编辑和使用位图之前必须先将其导入(CorelDRAW 支持多种位图格式的导入)。用户可以导入一幅位图，也可以同时导入多幅位图，并将它们放在同一个页面中处理，还可以通过裁切位图功能将位图中不需要的部分裁剪掉。

9.1.1　导入一幅位图

(1) 选择菜单栏中的 文件(F) → 导入(I)... Ctrl+I 命令，弹出如图 9.1.1 所示的 导入 对话框。

(2) 在对话框的 文件类型(T): 所有文件格式 下拉列表中选择文件类型，它支持的格式如图 9.1.2 所示。

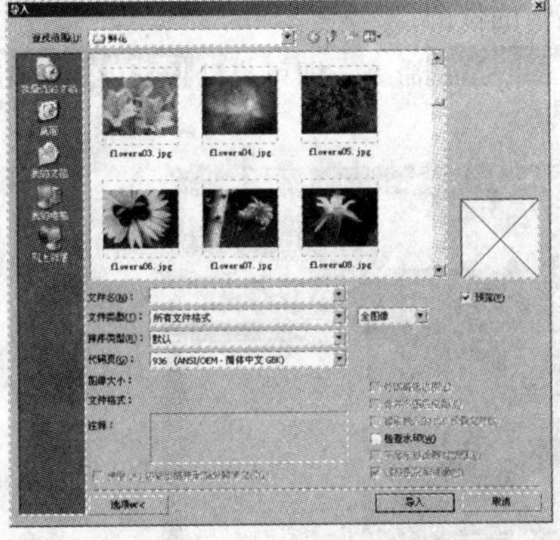

图 9.1.1　“导入”对话框

所有文件格式
CDR - CorelDRAW
CLK - Corel R.A.V.E.
DES - Corel DESIGNER
CSL - Corel Symbol Library
CMX - Corel Presentation Exchange
AI - Adobe Illustrator
EPS, PS, PRN - PostScript
WPG - Corel WordPerfect Graphic
WMF - Windows Metafile

图 9.1.2　文件类型

(3) 选中要导入的文件，单击 导入 按钮，鼠标指针在工作区的形状将变为 火苗.jpg，在绘图区域单击鼠标，即可导入一幅位图。

9.1.2 导入多幅位图

导入多幅位图的操作步骤如下：

（1）选择菜单栏中的 文件(F) → 导入(I)... Ctrl+I 命令，弹出导入对话框，按住“Ctrl”键在该对话框中依次单击，可以同时选中多个文件，如图 9.1.3 所示。

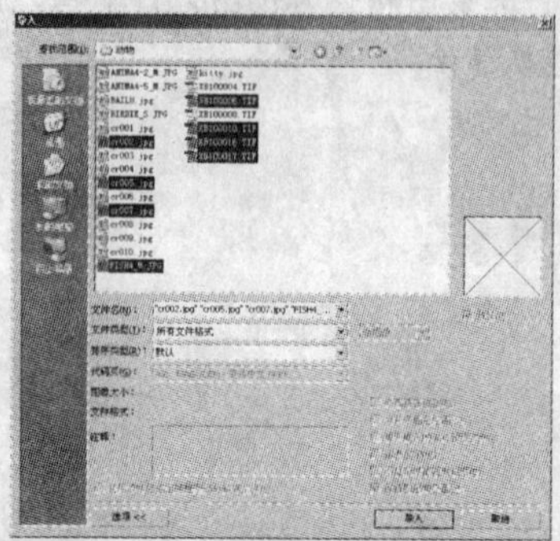

图 9.1.3 选择多个文件

（2）在对话框中单击 导入 按钮，即可将多幅位图导入到绘图区域中。

9.2 编辑位图效果

在 CorelDRAW 中可以对位图图像进行多种处理，如编辑位图、裁剪位图、重新取样、扩充位图、遮罩位图以及图框精确剪裁位图。

9.2.1 编辑位图

CorelDRAW X3 中提供了附加程序 Corel PHOTO-PAINT X3，通过该程序可以编辑位图。具体的操作方法如下：

（1）使用挑选工具在绘图区中选中要编辑的位图。

（2）选择菜单栏中的 位图(B) → 编辑位图(E)... 命令，即可启动 Corel PHOTO-PAINT X3 应用程序，其界面如图 9.2.1 所示。

图 9.2.1 Corel PHOTO-PAINT X3 界面

（3）在 Corel PHOTO-PAINT X3 应用程序中，在工具箱中选择适当的绘图工具对图像添加一些特殊的效果，也可对其进行一些其他的编辑操作。

（4）编辑完成后，选择菜单栏中的 文件(F) → 保存(S)... 命令，保存图像后，再关闭 Corel PHOTO-PAINT X3 应用程序窗口，返回到 CorelDRAW X3 中，此时即可看到编辑后的位图效果，如图 9.2.2 所示。

图 9.2.2 编辑位图前后的效果

提示：使用挑选工具在绘图区中选择位图后，在属性栏中单击"编辑位图"按钮，也可启动 Corel PHOTO-PAINT X3 应用程序。

9.2.2 裁剪位图

在 CorelDRAW X3 中可以对导入的位图进行裁剪，从而改变位图的形状。要使用形状工具裁剪位图，其具体的操作方法如下：

（1）按"Ctrl+I"键导入一幅位图对象。

（2）使用形状工具选择导入的位图对象，将鼠标指针移至位图轮廓上，当鼠标指针显示为形状时，双击鼠标左键，可在位图轮廓上添加节点。

（3）将鼠标指针移至位图轮廓右上角的节点上，按住鼠标左键向左下方拖动，松开鼠标，即可裁剪位图，如图 9.2.3 所示。

图 9.2.3 裁剪位图

如果要将位图轮廓的一边设置为曲度形状，可使用形状工具选择相应的节点，在属性栏中单击"转换直线为曲线"按钮，然后用鼠标拖动控制柄进行调整即可。

9.2.3 扩充位图边框

在 CorelDRAW X3 中对位图图像进行特殊效果处理时，有时会在图像的边缘或边角上出现没有进行特效处理的现象，此时就可以使用扩充位图边框命令对位图做适当的扩充处理，从而使所有的特效都能应用于整个图像。

使用挑选工具在绘图区中选择位图，然后选择 位图(B) → 扩充位图边框(F) → 自动扩充位图边框(A) 命令，可自动地为位图扩充出默认的边沿；也可选择 位图(B) → 扩充位图边框(F) → 手动扩充位图边框(M)... 命令，将弹出 位图边框扩充 对话框，如图 9.2.4 所示。

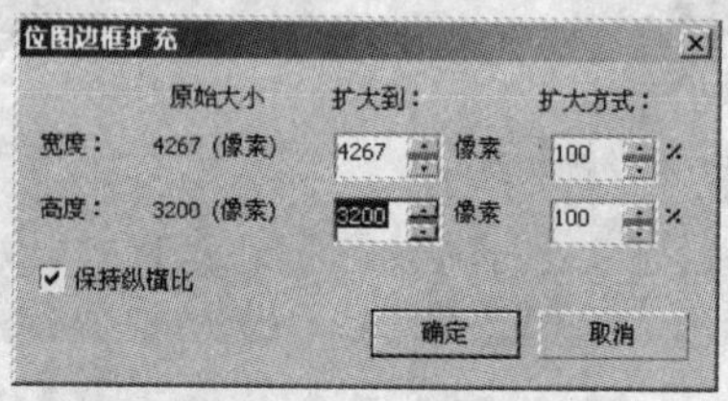

图 9.2.4 “位图边框扩充”对话框

在该对话框中，可以设置扩充边框的大小，单击 确定 按钮，即可为图像扩充边框。图 9.2.5 所示的即为使用 扩充位图边框(F) 命令调整图像前后的效果对比。

图 9.2.5 对位图扩充边框前后效果对比

未扩充边框和已扩充边框的位图图像，在添加其他特殊效果后，所制作出的效果是不同的。图 9.2.6 所示的即为未扩充边框和已扩充边框的位图图像，在添加交互式封套后的效果对比。

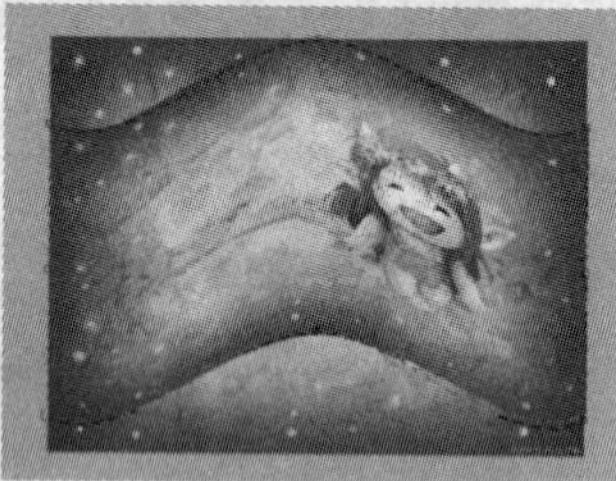
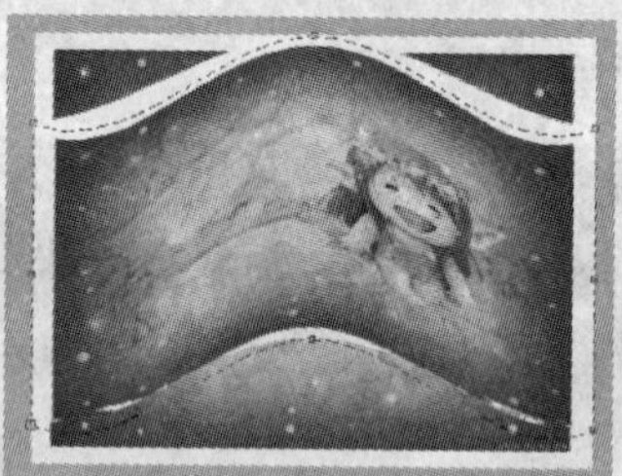

图 9.2.6 对不同位图图像应用交互式封套的效果对比

9.2.4 位图颜色遮罩

在 CorelDRAW X3 中对位图进行编辑时，可以显示或隐藏位图图像中指定区域的颜色，从而可产生一些特殊的图像效果。具体的操作方法如下：

（1）使用挑选工具选择位图对象，然后选择菜单栏中的 位图(B) → 位图颜色遮罩(M) 命令，打开

位图颜色遮罩泊坞窗，在泊坞窗中有隐藏颜色和显示颜色两种颜色遮罩模式，选择不同的颜色遮罩模式，会显示不同的颜色遮罩效果。

（2）在泊坞窗的列表框中选中第一个复选框，单击“颜色选择”按钮，将鼠标指针移至位图对象中需要显示的颜色上，单击可选择该颜色，此时第一个复选框后的颜色将变为所选择的颜色。

（3）在泊坞窗的容限：输入框中输入数值或拖动滑块，可遮罩与所选颜色相近的颜色，容限值越大，遮罩的颜色范围越大，如图 9.2.7 所示。

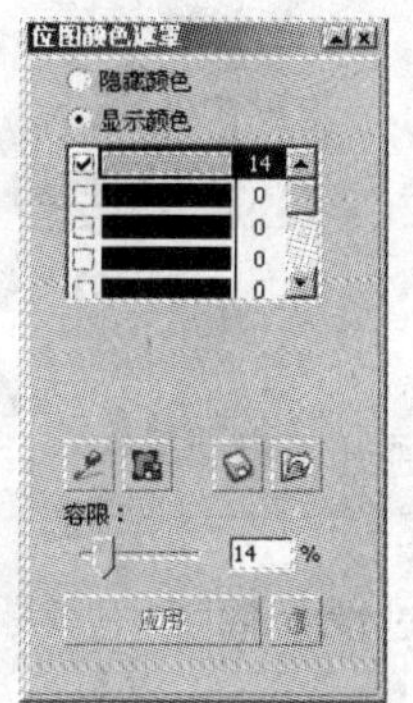

图 9.2.7　选择图像中的颜色并设置容限值

（4）分别在列表框中选中相应的复选框，如图 9.2.8 所示，使用相同的方法选择需要显示的颜色，所选择的颜色可显示在列表框的颜色条上。

（5）在位图颜色遮罩泊坞窗中单击应用按钮，此时位图中的所选颜色将显示出来，其他未选颜色将被遮罩，如图 9.2.9 所示。

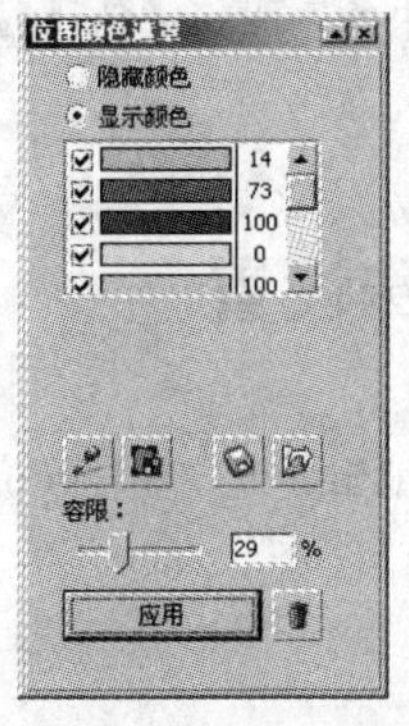

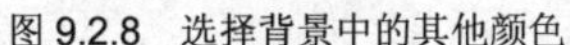

图 9.2.8　选择背景中的其他颜色

图 9.2.9　颜色遮罩效果

（6）单击“保存遮罩”按钮，可将遮罩以.INI 格式进行保存。

（7）单击“打开遮罩”按钮，弹出“打开”对话框，可从中选择遮罩样式文件应用于当前图像中。

（8）单击“移除遮罩”按钮，可删除图像中应用的任何遮罩。

9.2.5　重新取样

将位图图像重新取样，可以改变位图的大小及水平和垂直分辨率，还可选择重新取样位图的印刷质量，使图像变得平滑、清晰。

使用挑选工具选择位图图像，然后选择菜单栏中的 位图(B) → 重取样(R)... 命令，弹出 重新取样 对话框，如图 9.2.10 所示。

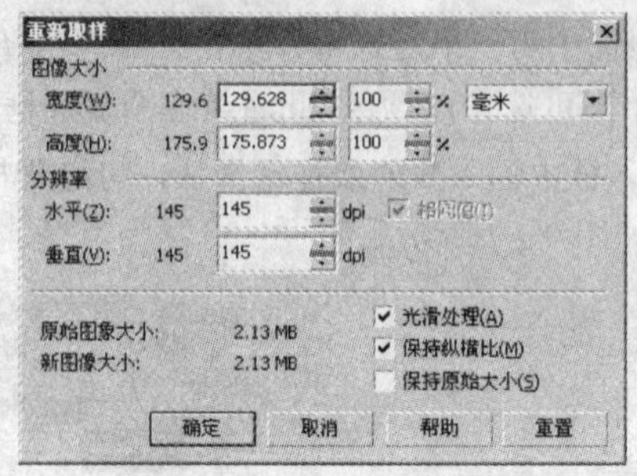

图 9.2.10 “重新取样”对话框

对话框中各选项含义如下：

图像大小 选项区：可以通过调整 宽度(W): 与 高度(H): 输入框中的数值，来改变位图图像的尺寸以及所使用的单位。

分辨率 选项区：可以通过设置 水平(Z): 与 垂直(V): 输入框中的数值，来设置图像水平与垂直方向的分辨率。

光滑处理(A) 复选框：可以使重新取样后的图像边缘更平滑。

保持纵横比(M) 复选框：可以在重新取样的过程中保持原图像的大小比例。如果取消选中，可激活 相同值(I) 复选框，选中此复选框，可保持图像水平与垂直方向的分辨率相同。

保持原始大小(S) 复选框：可以使重新取样后的图像仍保持原来尺寸。

提示：导入图像时，在弹出的“导入”对话框中的 全图像 下拉列表中选择 重新取样 选项，也可对位图进行重新取样。

9.3 位图的特殊设置

在 CorelDRAW X3 中，可以对位图图像进行特殊的编辑处理，如转换位图的色彩模式、将矢量图转换为位图、将位图转换为矢量图以及将位图链接到绘图。

9.3.1 位图色彩模式的转换

位图的色彩模式有 RGB 模式、CMYK 模式、灰度模式、双色调模式及 Lab 模式等。用户可以根据需要选择不同的位图色彩模式，如要在显示器上查看图像，可使用 RGB 模式；而需要输出印刷时则应使用 CMYK 模式。

在 CorelDRAW X3 中可对位图的色彩模式进行转换，具体的操作方法如下：

（1）使用挑选工具在绘图区中选择位图对象，然后选择菜单栏中的 位图(B) → 模式(O) 命令，弹出其子菜单，如图 9.3.1 所示。

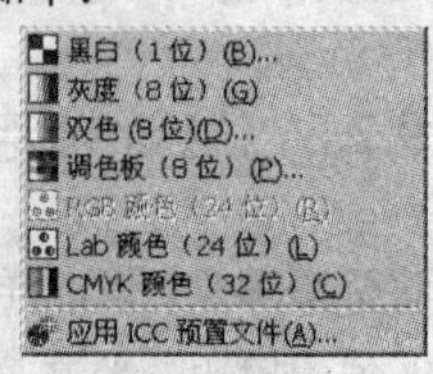

图 9.3.1 “模式”子菜单

（2）从弹出的子菜单中可以看到“Lab 模式（24 位）”显示为灰色，表示当前所选位图的色彩模式为 Lab 模式。如果要将位图的色彩模式转换为 RGB 模式，只要将鼠标指针移至 RGB 颜色（24 位）(R) 命令上单击即可。

9.3.2　将矢量图转换为位图

位图是由像素或点的网格组成的图像，不同于矢量图形和文本。在 CorelDRAW X3 中，可以将矢量图形转换为位图，对其应用位图的特殊效果。

使用挑选工具选择要转换的矢量图，然后选择菜单栏中的 位图(B) → 转换为位图(_)... 命令，弹出“转换为位图”对话框，如图 9.3.2 所示。

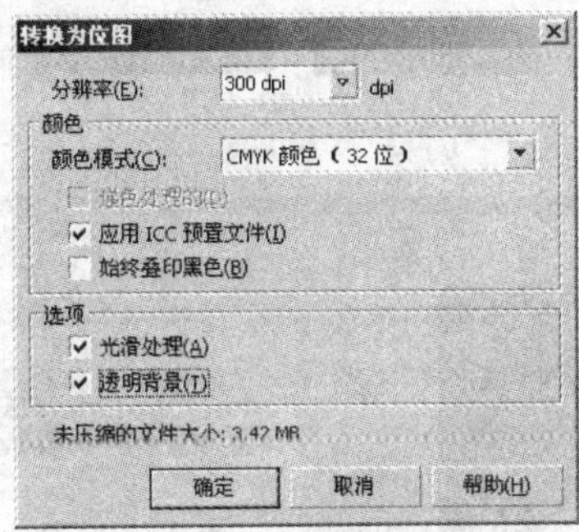

图 9.3.2　“转换为位图”对话框

对话框中主要选项的含义如下：

分辨率(E): 下拉列表，用于选择位图的分辨率，如图 9.3.3 所示。若图像中没有过多的细节，选择较低的分辨率同样可以得到较高的图形质量。分辨率越高，所包含的像素越多，位图对象的信息量就越大，文件也就越大。

在 颜色模式(C): 下拉列表中，可选择矢量图转换成位图后的颜色类型，如图 9.3.4 所示。

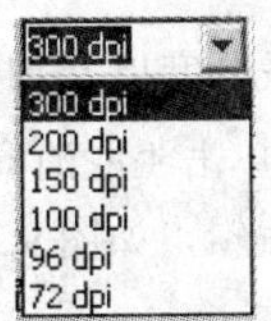

图 9.3.3　选择分辨率

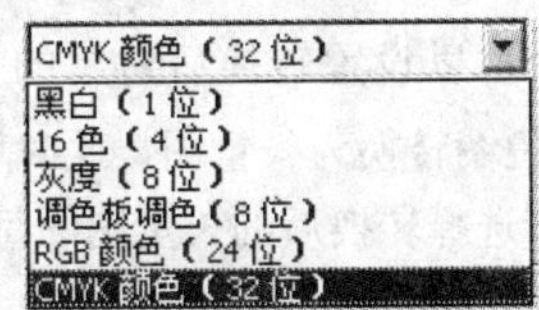

图 9.3.4　选择颜色模式

选中 应用 ICC 预置文件(I) 复选框，可以使当前的分色片预置文件转换为位图。

选中 始终叠印黑色(B) 复选框，将图形对象的黑色部分相叠印。

选中 光滑处理(A) 复选框，可以在转换图形的过程中消除锯齿，使边缘更平滑。

选中 透明背景(T) 复选框，可以除去矢量图转换为位图后图像四周的白色框。

提示：若要给转换后的位图应用各种位图效果，在转换时，必须将颜色设置在 24 位以上。

9.3.3　将位图转换为矢量图

在 CorelDRAW 中可以将位图矢量化，例如将照片或扫描的图像转换为可编辑、可缩放的矢量图形，从而可以很轻松地将矢量图形融入到图形设计中。还可以在 PowerTRACE 中跟踪位图，可以在其中预览和调整跟踪结果。

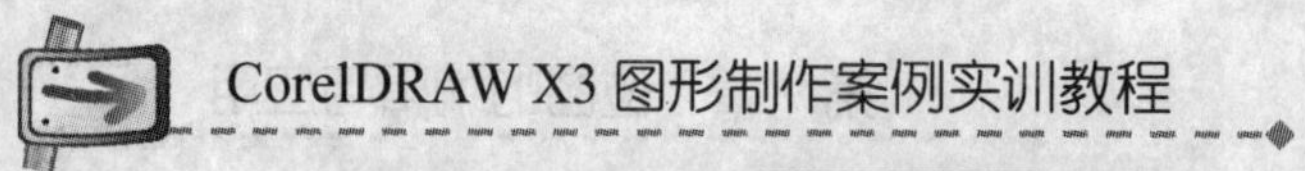

选择菜单栏中的 位图(B) → 描摹位图(T) 命令，可弹出其子菜单，如图 9.3.5 所示。

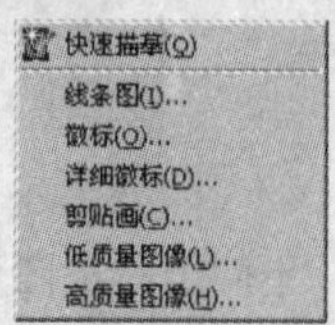

图 9.3.5　描摹位图子菜单

从中选择相应的命令，可以对位图进行矢量化处理。具体的操作方法如下：

（1）选择要转换的位图对象。

（2）选择菜单栏中的 位图(B) → 描摹位图(T) → 高质量图像(H)... 命令，弹出 PowerTRACE 对话框，如图 9.3.6 所示。

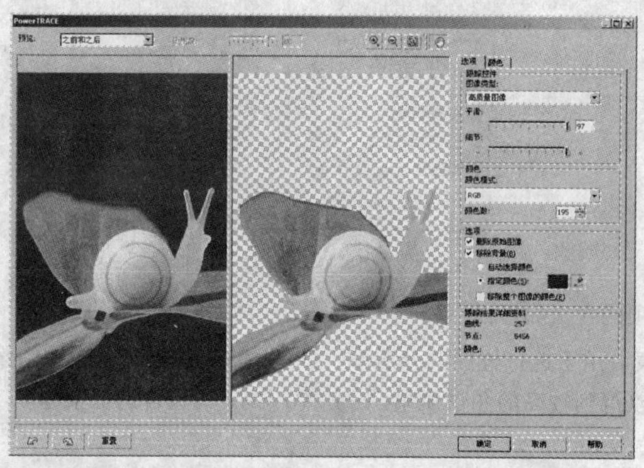

图 9.3.6　“Power TRACE”对话框

（3）在此对话框中可以设置转换后对象的颜色数量、平滑度以及细节等，设置好后，单击 确定 按钮，即可将位图转换为矢量图，此时可在属性栏中单击“取消群组”按钮，取消对象的群组，使用挑选工具可选择转换后的矢量图的每一部分进行编辑，如图 9.3.7 所示。

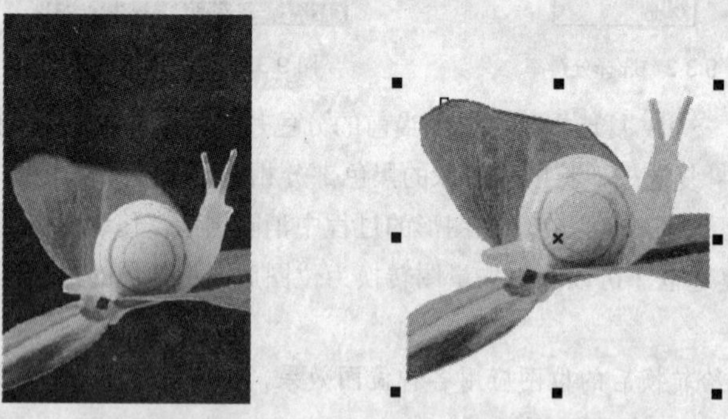

图 9.3.7　转换位图为矢量图

9.3.4　将位图链接到绘图

在 CorelDRAW X3 中将位图链接到绘图，可以显著减小文件占用的空间。链接后，实质上出现在绘图中的位图是位于其他路径的图像文件的缩略形式。

1．创建链接位图

创建链接的操作步骤如下：

（1）选择菜单栏中的 文件(F) → 导入(I)... Ctrl+I 命令。

（2）从 文件类型(T): 所有文件格式 下拉列表中选择一种文件格式。

（3）再选择文件名，选中 外部链接位图(E) 复选框，单击 导入 按钮即可。

使用挑选工具选定对象，然后选择 位图(B) → 自链接更新(U) 命令，可以更新链接位图。

2．取消链接

用挑选工具选中对象，然后选择菜单栏中的 位图(B) → 中断链接(K) 命令即可取消链接。

9.3.5 图框精确剪裁位图

矢量对象和位图图像可放置在另一个闭合路径的对象中，比容器大的部分将被剪掉，从而可以创建一个图框精确剪裁对象。

1．创建图框精确剪裁效果

为对象创建精确剪裁效果，可先使用挑选工具选择要剪裁的位图或矢量图对象，然后选择菜单栏中的 效果(C) → 图框精确剪裁(W) → 放置在容器中(P)... 命令，将鼠标指针移至可作为容器的对象上，单击即可。例如要将一幅位图置入心形对象中，其具体的操作方法如下：

（1）导入一幅位图对象，再使用矩形工具在绘图区中绘制一个圆角矩形，如图 9.3.8 所示。

图 9.3.8 绘制圆角矩形

（2）使用挑选工具选择位图对象，然后选择 效果(C) → 图框精确剪裁(W) → 放置在容器中(P)... 命令，此时鼠标指针显示为 ➡ 形状，在圆形对象上单击，即可将位图对象置入绘制的圆角矩形对象中，如图 9.3.9 所示。

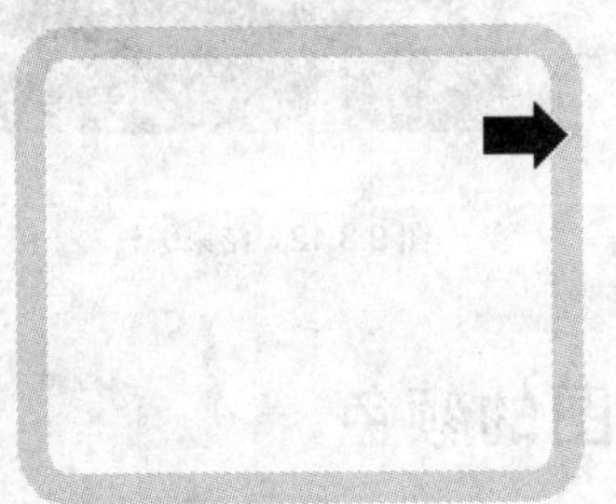

图 9.3.9 图框精确剪裁效果

2．提取内容

将对象放置在指定的容器中后，还可以将其提取出来。具体的操作方法如下：

使用挑选工具选中容器与对象，再选择菜单栏中的 效果(C) → 图框精确剪裁(W) → 提取内容(X) 命令，即可将对象从精确剪裁的容器中提取出来，此时内置的对象和容器又分为两个对象，如图 9.3.10 所示。

图 9.3.10 提取内容

3．编辑内容

创建精确剪裁对象后，可以将其提取出来，也可以对其进行编辑，在删除或修改内容时容器不会随之而改变。

使用 编辑内容(E) 命令可以对放置在容器中的对象进行编辑；使用 结束编辑(F) 命令可以结束对象的编辑，使对象重新放置在容器中。这两个命令通常结合在一起使用，具体的使用方法如下：

（1）使用挑选工具选中应用精确剪裁效果的图形。

（2）选择菜单栏中的 效果(C) → 图框精确剪裁(W) → 编辑内容(E) 命令，此时，放置在容器中的对象被完整地显示出来，容器将以灰色线框模式显示，如图 9.3.11 所示。

（3）对显示出来的对象进行编辑，即进行移动、放大或缩小等操作，编辑完成后，选择菜单栏中的 效果(C) → 图框精确剪裁(W) → 结束编辑(F) 命令，可结束对容器中对象的编辑，这时，将只显示包含在容器内的内容，如图 9.3.12 所示。

图 9.3.11 应用编辑内容命令后的效果

图 9.3.12 结束编辑

9.4 调整位图的颜色

调整位图的颜色包括调整图像的色泽、对比度、亮度与饱和度等。选择菜单栏中的 效果(C) →

调整(A)命令，可弹出子菜单，如图 9.4.1 所示。在调整子菜单中选择相应的命令，可调整位图图像的颜色，从而更有效地改善位图的质量。

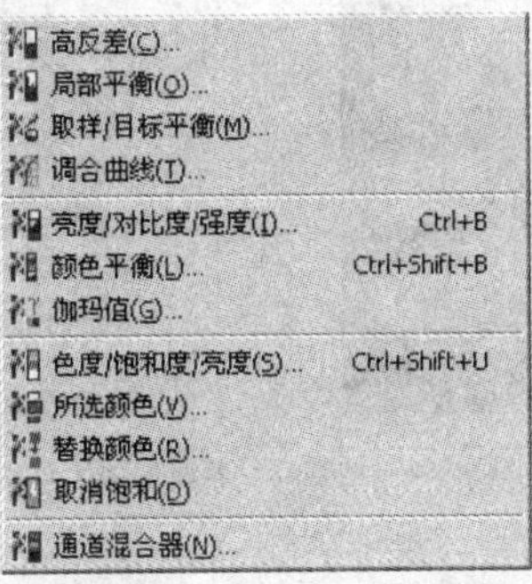

图 9.4.1　“调整”子菜单

9.4.1　高反差

使用高反差命令可以调整图像的暗部与亮部的细节，从而使图像的颜色达到平衡的效果。

使用挑选工具选择要调整的位图对象，然后选择效果(C)→调整(A)→高反差(C)...命令，弹出高反差对话框，如图 9.4.2 所示。

在通道(C)下拉列表中可选择一种颜色类型；单击选项(T)...按钮，可弹出自动调整范围对话框，在黑色限定(B):与白色限定(W):输入框中可设置图像的边界颜色限度，如图 9.4.3 所示。

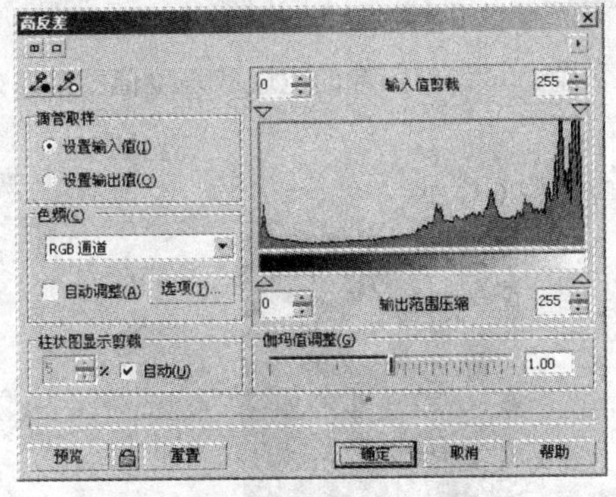

图 9.4.2　“高反差”对话框

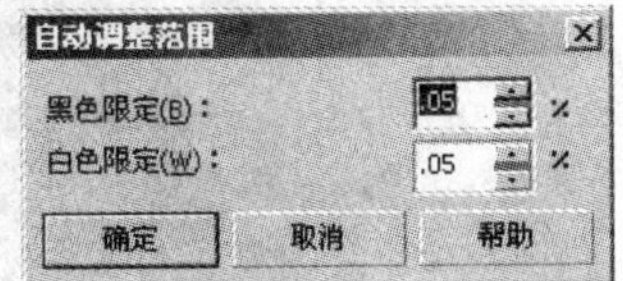

图 9.4.3　“自动调整范围”对话框

高反差对话框中的柱状图显示剪裁选项区中的☑自动(U)复选框在默认情况下处于选中状态，也就是说，在默认状态下，柱状图显示剪裁的显示方式是系统自动设置的。如果要自定义显示方式，取消选中☐自动(U)复选框，并在其左边的输入框中输入数值，此时在预览窗口中会预览到曲线的变化。

在输入值剪裁左边的输入框中输入数值，可使图像变暗，在右边的输入框中输入数值，可使图像变亮。

在输出范围压缩左边与右边的输入框中输入数值，可改变图像的灰度。也可以用黑色吸管工具从所选的图像中吸取暗色，或用白色吸管工具从所选的图像中吸取亮色。

在伽玛值调整(G)输入框中输入数值，可设置图像的伽玛值。

单击预览按钮，可预览调整后的位图效果，预览满意后，单击确定按钮，效果如图 9.4.4 所示。

图 9.4.4　调整高反差前后效果对比

9.4.2　局部平衡

使用局部平衡命令可以改变图像各颜色边缘的对比度，从而调整图像的暗部与亮部细节。选择菜单栏中的效果(C)→调整(A)→局部平衡(Q)...命令，弹出局部平衡对话框，如图 9.4.5 所示。

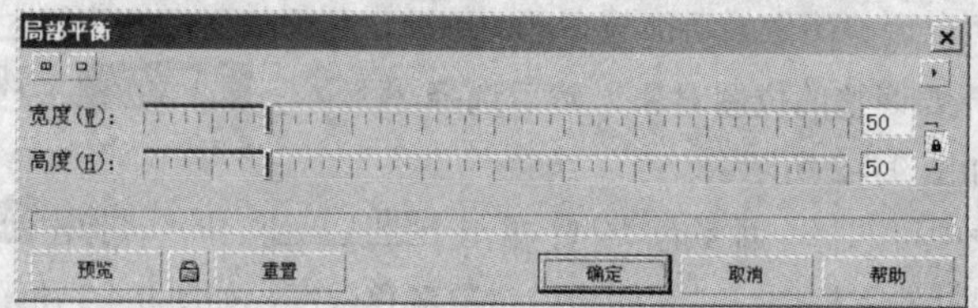

图 9.4.5　“局部平衡”对话框

在宽度(W):和高度(H):后边的输入框中输入数值，可调整图像的宽度和高度值；单击按钮，可以解除锁定的数值框，对宽度和高度进行单独调整。

设置好参数后，单击确定按钮，效果如图 9.4.6 所示。

图 9.4.6　调整局部平衡前后效果对比

9.4.3　取样/目标平衡

使用取样/目标平衡命令可以将所选的目标色应用到从图像中吸取的每一个样本色，从而使样本色与目标色达到平衡。

选择位图对象后，选择菜单栏中的效果(C)→调整(A)→取样/目标平衡(M)...命令，弹出取样/目标平衡对话框，如图 9.4.7 所示。

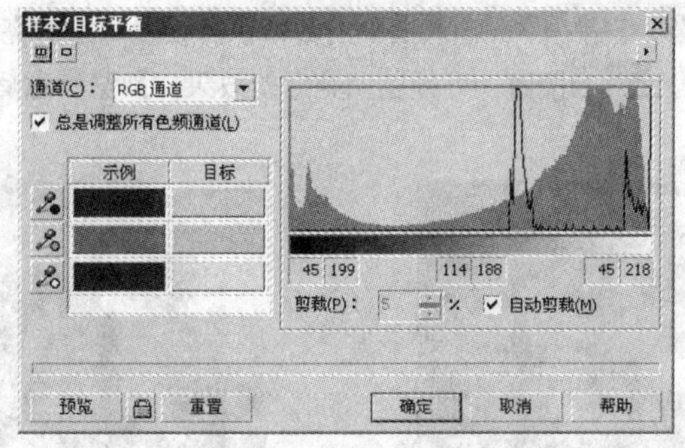

图 9.4.7　“取样/目标平衡”对话框

在 通道(C): 下拉列表中可选择一种颜色类型，使用 、 与 工具可在图像中吸取 示例 的暗部、中间与亮部样本颜色，然后单击 目标 下面的颜色块，可在弹出的 选择颜色 对话框中选择目标色的暗部、中间与亮部的颜色。在默认状态下， 自动剪裁(M) 复选框处于选中状态，则表示系统自动设置剪裁方式；如果要自定义修剪的方式，可取消选中此复选框，然后在 剪裁(P): 输入框中设置剪裁的数值即可。

设置好参数后，单击 预览 按钮，可预览其效果，满意后，单击 确定 按钮，效果如图 9.4.8 所示。

图 9.4.8　调整取样/目标平衡前后效果对比

9.4.4　亮度/对比度/强度

使用亮度/对比度/强度命令可以调整位图图像的亮度、对比度以及强度。其中，亮度是指图像的明亮度；对比度是指图像中白色区域与黑色区域的反差；强度是指图像中的色彩强弱程度。

选择位图对象后，选择菜单栏中的 效果(C) → 调整(A) → 亮度/对比度/强度(I)... 命令，弹出 亮度/对比度/强度 对话框，如图 9.4.9 所示。

亮度/对比度/强度
亮度(B): 44
对比度(C): 57
强度(I): -21
预览　重置　确定　取消　帮助

图 9.4.9　“亮度/对比度/强度”对话框

调整亮度(B):、对比度(C):与强度(I):输入框中的数值，可设置对象的亮度、对比度与强度。

设置好参数后，单击预览按钮，可预览调整后的效果，预览满意后，单击确定按钮，图像效果如图 9.4.10 所示。

图 9.4.10　调整亮度/对比度/强度前后效果对比

9.4.5　调合曲线

使用调合曲线命令可以改变位图对象色彩的色调。

选择要调整的位图对象后，选择菜单栏中的效果(C)→调整(A)→调合曲线(T)...命令，弹出调合曲线对话框，如图 9.4.11 所示。

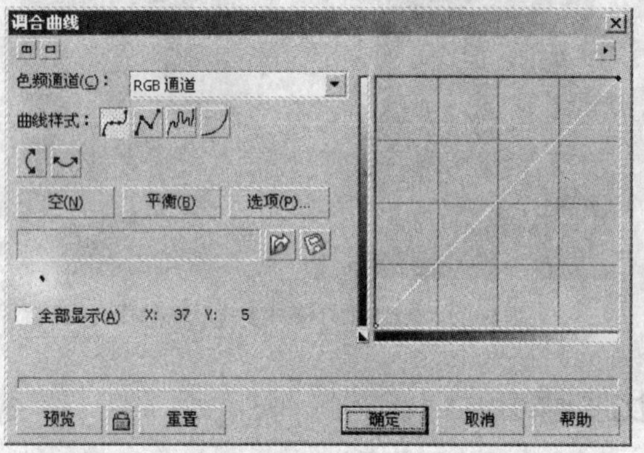

图 9.4.11　“调合曲线”对话框

在通道(C):下拉列表中选择一种颜色通道，如混合通道 RGB 与各个单色通道。

在曲线样式:选项区中提供了 4 种曲线样式，单击按钮，可在曲线框中以平滑曲线进行调节；单击按钮，可在曲线框中以两节点间保持平直且尖锐的曲线进行调节；单击按钮，可在曲线框中以手绘曲线的方式来调整；单击按钮，在曲线框中以两节点间保持平滑曲线的方式来调整。

单击与按钮，可以将调节的色调曲线旋转 90°，如再次单击这两个按钮，可将曲线恢复为原来设置。

单击空(N)按钮，曲线将恢复到零值，即不改变图像色调。

选中☑全部显示(A)复选框，曲线框中将出现一条蓝色的直线，以显示曲线的原始位置。

设置好参数后，单击确定按钮，位图图像效果如图 9.4.12 所示。

图 9.4.12　调整曲线前后效果对比

9.4.6　颜色平衡

使用颜色平衡命令可以将青色或红色、品红色或绿色、黄色或蓝色添加到位图图像选定的色调中，以调整位图对象的色彩平衡。

选择要调整的位图后，选择菜单栏中的 效果(C) → 调整(A) → 颜色平衡(L)... 命令，弹出 颜色平衡 对话框，如图 9.4.13 所示。

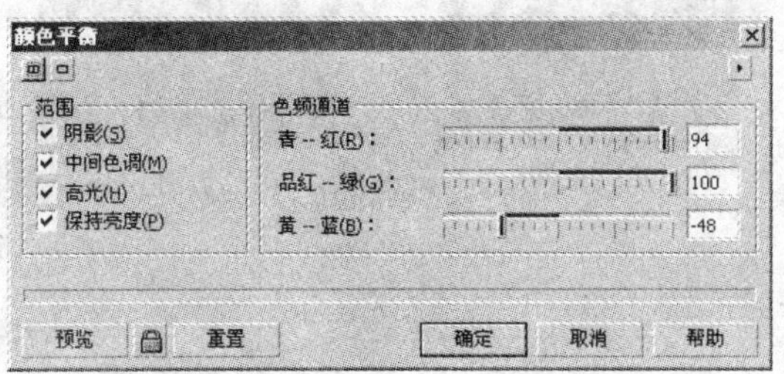

图 9.4.13　“颜色平衡”对话框

在 范围 选项区中可以选择调整图像的范围，如阴影、中间色调、高光或保持亮度。在 通道 选项区中可调整相应的颜色，如青到红、洋红到绿以及黄到蓝的颜色参数。

调整好参数后，单击 确定 按钮，图像效果如图 9.4.14 所示。

图 9.4.14　调整颜色平衡前后效果对比

9.4.7　伽玛值

使用伽玛值命令可以使图像中所有的色调都向中间色调偏移。

选择要调整的位图后，选择菜单栏中的 效果(C) → 调整(A) → 伽玛值(G)... 命令，弹出伽玛值对话框，如图 9.4.15 所示。

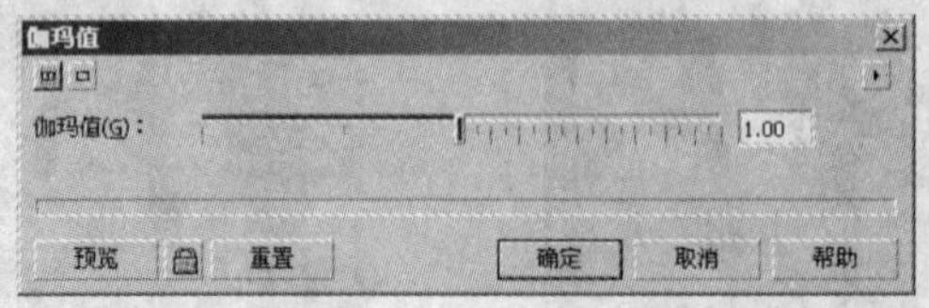

图 9.4.15 “伽玛值”对话框

调节伽玛值(G)：参数，可设置中间色调的偏移，数值越大，其中间色调越浅；数值越小，中间色调越深。

调整好参数后，单击 确定 按钮，图像效果如图 9.4.16 所示。

图 9.4.16 调整伽玛值前后效果对比

9.4.8 所选颜色

使用所选颜色命令可以校正图像中的色彩平衡。它可以增加或减少任何原色中印刷色的数量，而不会影响其他原色。

选择菜单栏中的 效果(C) → 调整(A) → 所选颜色(V)... 命令，弹出所选颜色对话框，如图 9.4.17 所示。

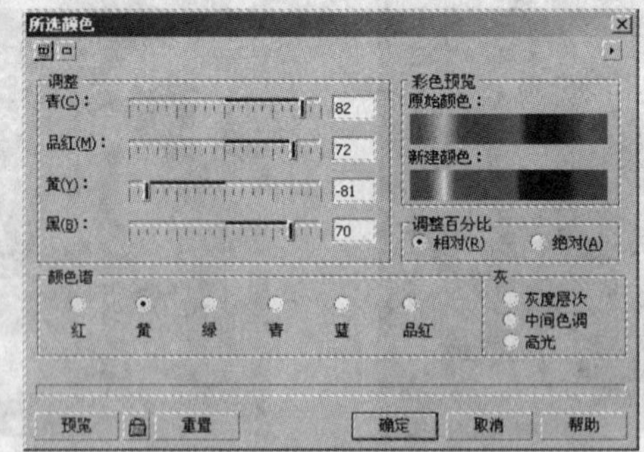

图 9.4.17 “所选颜色”对话框

在颜色谱选项区中，可以选择一种合适的颜色光谱，或在灰选项区中选择一种色调范围。

在调整选项区中，可以调整各颜色的参数值以改变图像颜色。

在彩色预览选项区中的原始颜色：颜色条上可显示出原始颜色，在新建颜色：颜色条上可显示出新调整的颜色。

调整好参数后，单击 确定 按钮，图像效果如图 9.4.18 所示。

图 9.4.18 调整所选颜色前后效果对比

9.4.9 色度/饱和度/亮度

使用色度/饱和度/亮度命令可以调整图像的色度、饱和度或亮度。

选择菜单栏中的 效果(C) → 调整(A) 命令，弹出 色度/饱和度/亮度(S)... 对话框，如图 9.4.19 所示。

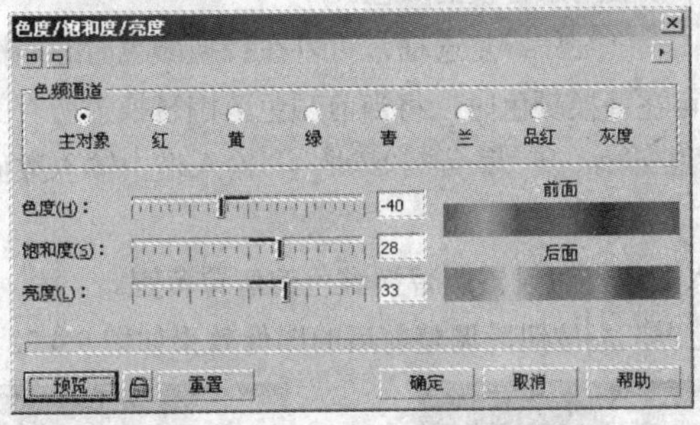

图 9.4.19 “色度/饱和度/亮度”对话框

在 通道 选项区中可选择一种颜色作为要调整的颜色，当选中“主对象”单选按钮时，可整体设置图像的效果。在 色度(H): 、饱和度(S): 和 亮度(L): 输入框中输入数值，可调整所选的颜色。

调整好参数后，单击 确定 按钮，图像效果如图 9.4.20 所示。

图 9.4.20 调整色度/饱和度/光度前后效果对比

9.4.10 替换颜色

使用替换颜色命令可以将图像中原有的颜色替换为新的颜色。

选择位图后，选择菜单栏中的效果(C)→调整(A)→替换颜色(R)...命令，弹出替换颜色对话框，如图9.4.21所示。

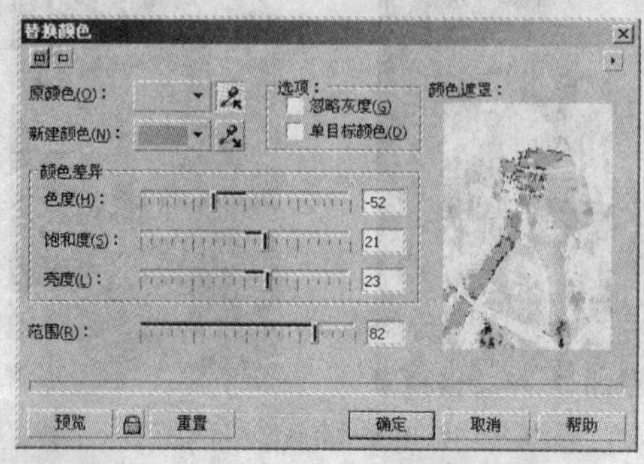

图9.4.21 “替换颜色”对话框

在原颜色(O):右侧单击下拉按钮，可从打开的调色板中选择一种需要被替换的颜色，或使用按钮在图像中吸取需要被替换的颜色。

在新建颜色(N):右侧单击下拉按钮，可从打开的调色板中选择一种用于替换的颜色，或单击按钮，在所选的图像中吸取用来替换的颜色。

在选项:选项区中选中忽略灰阶(G)复选框，可以在替换颜色时忽略图像中的灰度像素；如果选中单目标颜色(D)复选框，可在替换颜色时，将当前颜色范围替换为所有颜色。

在颜色差异选项区中的色度(H):、饱和度(S):和光度(L):输入框中输入数值，可调整图像新颜色的色度、饱和度以及亮度。

在范围(R):输入框中输入数值，可设置所替换颜色的遮罩范围。

设置好参数后，单击确定按钮，调整前后的图像效果如图9.4.22所示。

图9.4.22 调整替换颜色前后效果对比

9.4.11 通道混合器

使用通道混合器命令可以通过调整所选的通道数值来改变图像的色彩。

选择效果(C)→调整(A)→通道混合器(N)...命令，弹出通道混合器对话框，如图9.4.23所示。

在色彩模型(M):下拉列表中选择一种色彩模式，并在输出通道(U):下拉列表中选择所需的通道。

在输入通道(I)选项区中可以调整各颜色通道的数值。如果在色彩模型(M):下拉列表中选择RGB模式，在输入通道(I)选项区中可调整红、绿和蓝色颜色通道的数值；如果在色彩模型(M):下拉列表中选择CMYK模式，则可在输入通道(I)选项区中调整青、品红、黄和黑颜色通道的数值。

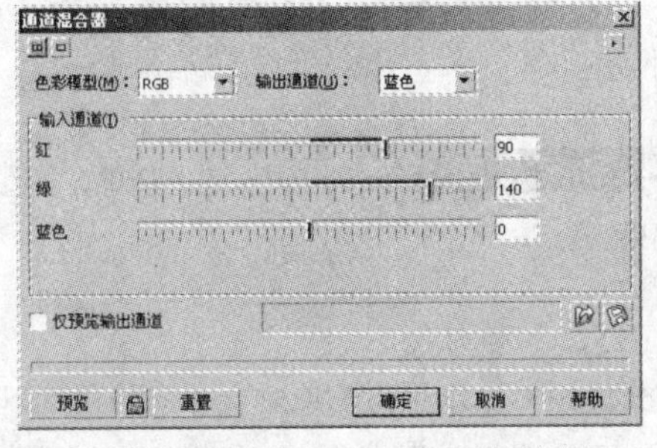

图 9.4.23　“通道混合器”对话框

设置好参数后，单击 确定 按钮，图像效果如图 9.4.24 所示。

图 9.4.24　调整通道混合器前后效果对比

9.4.12　取消饱和

使用取消饱和命令可以将图像中所有颜色的饱和度值降低为 0，即去除图像中的所有彩色成分，这样可以不改变图像色彩模式而将彩色图像变为灰度图像来显示。

选择菜单栏中的 效果(C) → 调整(A) → 取消饱和(D) 命令，图像效果如图 9.4.25 所示。

图 9.4.25　取消饱和前后效果对比

9.5　位图的滤镜效果

在 CorelDRAW X3 中，不仅可以对位图进行颜色的调整和各种编辑操作，还可使用滤镜功能来为位图添加各种特殊效果，如卷页、浮雕、模糊、风、旋涡和虚光等效果。

9.5.1 三维效果

选择菜单栏中的 位图(B) → 三维效果(3) 命令，弹出其子菜单，如图 9.5.1 所示，选择相应的命令可以对位图应用不同的三维效果。

1. 三维旋转

使用三维旋转命令可以改变位图对象水平方向或垂直方向的角度，以模拟三维空间的方式来旋转位图，从而产生立体透视的效果。选择位图对象后，选择菜单栏中的 位图(B) → 三维效果(3) → 三维旋转(3)... 命令，弹出三维旋转对话框，在垂直(V):与水平(H):输入框中输入数值，可设置旋转角度，选中 最适合(B) 复选框，使图像以最合适的大小显示。

预览满意后，单击 确定 按钮，即可将效果应用于所选的位图中，如图 9.5.2 所示。

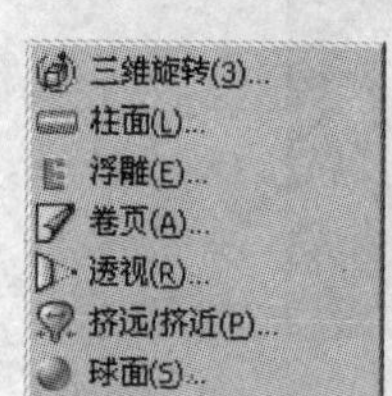

图 9.5.1 “三维效果”子菜单

图 9.5.2 应用三维旋转前后效果对比

2. 浮雕

使用浮雕命令可以设置深度与光线的方向，通过高对比度的手法，使平面图像产生一种三维浮雕效果。使用挑选工具选择位图图像后，选择菜单栏中的 位图(B) → 三维效果(3) → 浮雕(E)... 命令，弹出浮雕对话框。

在深度(D):输入框中输入数值或调节滑块，可改变浮雕的凹凸程度，设置的数值越大，凹凸程度越明显。在层次(L):输入框中输入数值或调节滑块，可设置浮雕颜色包含背景颜色的数量。在方向(C):输入框中输入数值，可设置浮雕的光照角度。

预览满意后，单击 确定 按钮，即可将效果应用于所选的位图中，如图 9.5.3 所示。

图 9.5.3 浮雕效果

3. 卷页

使用卷页命令可以从图像的 4 边角开始，将位图的部分区域像纸一样卷起。选择位图后，选择菜单栏中的 位图(B) → 三维效果(3) → 卷页(A)... 命令，弹出卷页对话框。

在对话框左侧提供了 4 种卷页类型，可以选择其中一种；在定向选项区中可选择卷页的方向；在

纸张选项区中可选择卷页部分是否透明；在颜色选项区中可设置卷曲(C):与背景(B):的颜色；在宽度%(W):与高度%(I):输入框中可设置卷页区域的宽度与高度。

预览满意后，单击确定按钮，位图对象的效果如图 9.5.4 所示。

图 9.5.4　应用卷页前后效果对比

4．挤远/挤近

使用挤远/挤近命令可以使位图图像产生类似被压下或捏起的效果。选择菜单栏中的位图(B)→三维效果(3)→挤远/挤近(P)...命令，弹出挤远/挤近对话框。

在对话框中单击按钮，可在预览窗口的原图像上单击，确定捏起或挤压的中心点位置。在挤远/挤近(P):输入框中输入数值或拖动滑块，可设置图像的挤远或挤近程度，输入数值为正值时，表示挤远；数值为负值时，表示挤近。

预览满意后，单击确定按钮，位图对象的效果如图 9.5.5 所示。

图 9.5.5　挤远/挤近的效果

5．球面

使用球面命令可产生出类似于将位图对象粘贴在球体上的视觉效果。选择位图后，选择菜单栏中的位图(B)→三维效果(3)→球面(S)...命令，弹出球面对话框，在优化选项区中可选择优化方式；在百分比(P):输入框中输入数值，可设置球面是凹下或凸起的程度；单击按钮，将鼠标指针移至位图对象上，单击可确定球体的中心位置。

预览满意后，单击确定按钮，位图对象的效果如图 9.5.6 所示。

图 9.5.6　球面效果

9.5.2 艺术笔触

使用艺术笔触滤镜可以使位图对象产生某种艺术画的风格，如水彩画、油画、素描以及水印画等。

1．炭笔画

使用炭笔画滤镜可以将位图图像转换为具有素描效果的图像。选择位图后，选择菜单栏中的位图(B)→艺术笔触(A)→炭笔画(C)...命令，弹出炭笔画对话框。在该对话框中拖曳大小(S):滑块，可以改变笔的粗细；拖曳边缘(E):滑块，可以改变图像的边缘效果。

预览满意后，单击确定按钮，位图对象的效果如图 9.5.7 所示。

图 9.5.7 炭笔画效果

2．单色蜡笔画

使用单色蜡笔画命令可以为图像创建单色蜡笔绘画效果。选择位图后，选择菜单栏中的位图(B)→艺术笔触(A)→单色蜡笔画(O)...命令，弹出单色蜡笔画对话框。在该对话框中的单色选项区中选择不同的颜色，设置使用滤镜的位图图像的颜色；在纸张颜色(C):下拉列表框中可以选择纸张的颜色；拖曳压力(P):滑块，可以在不同压力下模糊蜡笔绘制的效果；拖曳底纹(T):滑块，可以改变蜡笔笔头的大小。

预览满意后，单击确定按钮，位图对象的效果如图 9.5.8 所示。

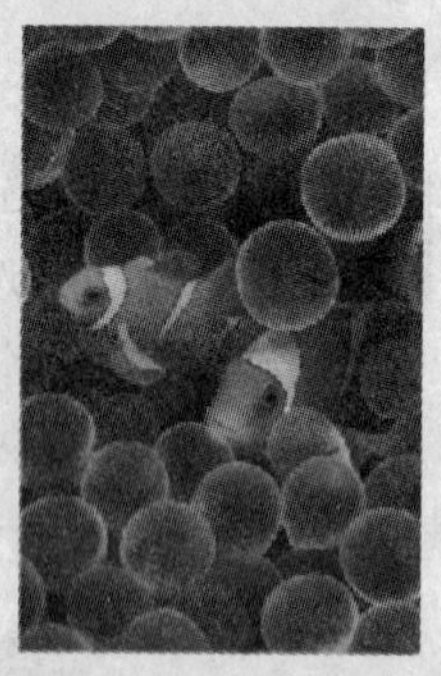

图 9.5.8 单色蜡笔画效果

3．蜡笔画

使用蜡笔画滤镜可以将位图图像的像素分散，使其产生蜡笔画纹理的效果。选择位图(B)→艺术笔触(A)→蜡笔画(R)...命令，弹出蜡笔画对话框。在对话框中拖曳大小(S):滑块，可以调整蜡笔笔头的大小；拖曳轮廓(L):滑块，可以改变轮廓的细节。

预览满意后，单击确定按钮，位图对象的效果如图 9.5.9 所示。

图 9.5.9 蜡笔画效果

4．点彩派

使用点彩派命令可以对图像中的主要颜色进行分析并将其转换为小点。选择位图对象后，选择菜单栏中的位图(B)→艺术笔触(A)→点彩派(L)...命令，弹出点彩派对话框。在该对话框中拖曳大小(S):滑块，可设置点的大小；拖曳亮度(B):滑块，可设置色彩的亮度。

预览满意后，单击确定按钮，位图对象的效果如图 9.5.10 所示。

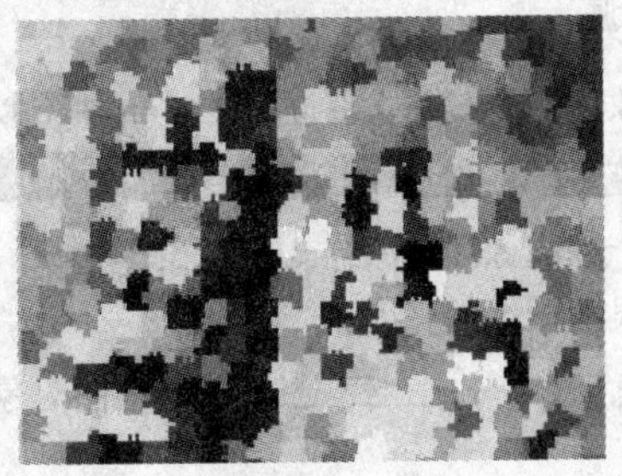

图 9.5.10 点彩派效果

5．素描

运用素描命令可以使图像产生类似于铅笔素描的效果。选择位图对象后，选择菜单栏中的位图(B)→艺术笔触(A)→素描(K)...命令，弹出素描对话框。在铅笔类型选项区中可选择一种铅笔类型，即石墨或彩色；调节样式(S):输入框中的数值，可设置图像的平滑度；调节压力(P):输入框中的数值，可设置使用的铅笔类型；调节轮廓(O):输入框中的数值，可设置图像的轮廓线宽度。

预览满意后，单击确定按钮，位图对象的效果如图 9.5.11 所示。

图 9.5.11 素描效果

6. 木版画

使用木版画命令可以使图像产生一种类似刮痕的效果。选择要编辑的图像，然后选择菜单栏中的位图(B)→艺术笔触(A)→木版画(S)...命令，弹出木版画对话框。在此对话框中的刮痕至选项区中可选择色彩的类型，即彩色与白色；调节密度(D):输入框中的数值，可设置刮痕的密度大小；调节大小(S):输入框中的数值，可设置刮痕线条的尺寸大小。

预览满意后，单击确定按钮，位图对象的效果如图 9.5.12 所示。

图 9.5.12　木版画效果

7. 印象派

运用印象派命令，可以使位图产生一种类似于绘画艺术中印象派风格的效果。选择位图后，选择菜单栏中的位图(B)→艺术笔触(A)→印象派(I)...命令，弹出印象派对话框。在该对话框中的样式选项区中选择一种图像印象派样式，拖曳笔触(T):、着色(C):和亮度(B):右侧的滑块，设置图像的色块大小、染色效果和图像的亮度。

预览满意后，单击确定按钮，位图对象的效果如图 9.5.13 所示。

图 9.5.13　印象派效果

9.5.3　模糊效果

运用中文版 CorelDRAW X3 提供的模糊命令，可以创建出柔和、平滑和动态的图像效果。中文版 CorelDRAW X3 提供了 9 种用于位图对象的模糊效果，如动态模糊、高斯模糊、低通道滤波器等，下面将具体介绍它们的使用方法。

1. 动态模糊

使用动态模糊命令，可以使图像产生类似低速相机拍摄运动物体所产生的模糊效果。使用挑选工具选择位图后，选择位图(B)→模糊(B)→动态模糊(M)...命令，弹出动态模糊对话框。在此对话框中的间隔(D):输入框中输入数值，可设置动态模糊效果图像与原图像之间的距离。在方向(C):输入框中输入数值或用鼠标拖动圆盘中的箭头，可设置图像运动的角度；并可在图像外围取样选项区中选择一种运动图像的取样模式。

预览满意后，单击确定按钮，位图对象的效果如图 9.5.14 所示。

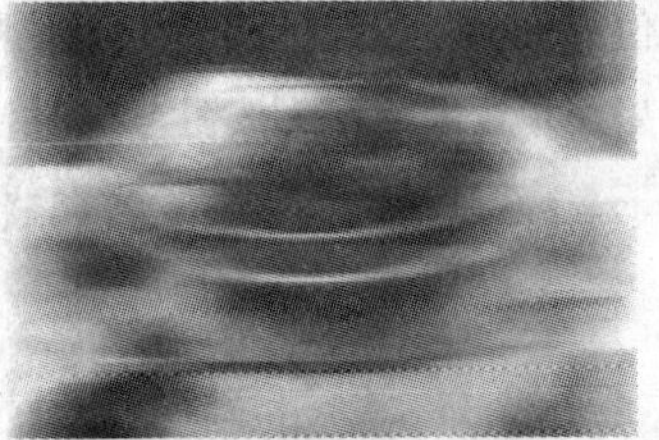

图 9.5.14　动态模糊效果

2．放射式模糊

使用放射式模糊命令可以使图像产生由中心向边缘放射的模糊效果。使用挑选工具选择位图后，选择位图(B)→模糊(B)→放射式模糊(R)...命令，弹出放射状模糊对话框。在此对话框中的数量(A):输入框中输入数值，可设置放射模糊的数量。单击按钮，在所选的原图像或预览窗口的原图像中单击，可确定放射的中心。

预览满意后，单击确定按钮，位图对象的效果如图 9.5.15 所示。

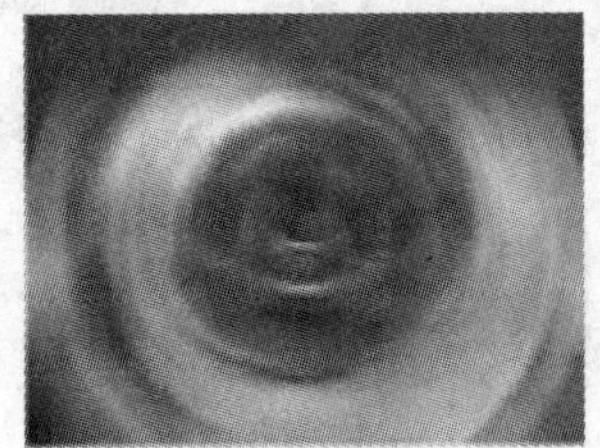

图 9.5.15　放射式模糊效果

3．缩放

使用缩放命令可以从图像中心向外扩散，从而产生模糊效果。

使用挑选工具选择位图后，选择菜单栏中的位图(B)→模糊(B)→缩放(Z)...命令，弹出缩放对话框。在此对话框中的数量(A):输入框中输入数值或拖动滑块，可设置缩放效果的明显程度。单击按钮，在原图像上单击可确定缩放中心。

预览满意后，单击确定按钮，位图对象的效果如图 9.5.16 所示。

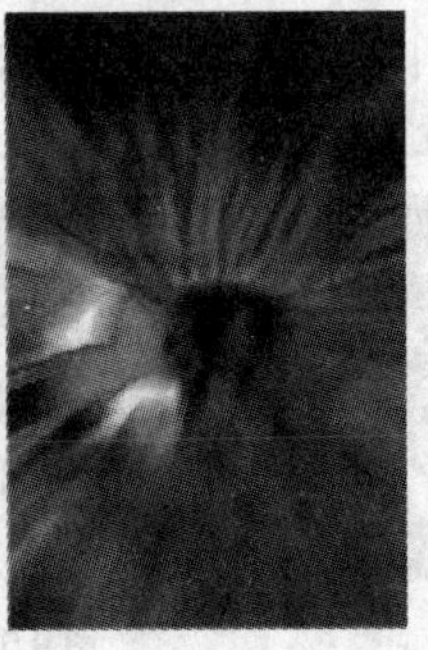

图 9.5.16　缩放效果

4. 高斯式模糊

使用高斯式模糊命令可以使图像根据高斯分配产生朦胧效果。选择位图图像后，选择菜单栏中的 位图(B) → 模糊(B) → 高斯式模糊(G)... 命令，弹出 高斯式模糊 对话框。在此对话框中的 半径(R): 输入框中输入数值或拖动滑块，可使图像产生薄雾效果。

预览满意后，单击 确定 按钮，位图对象的效果如图 9.5.17 所示。

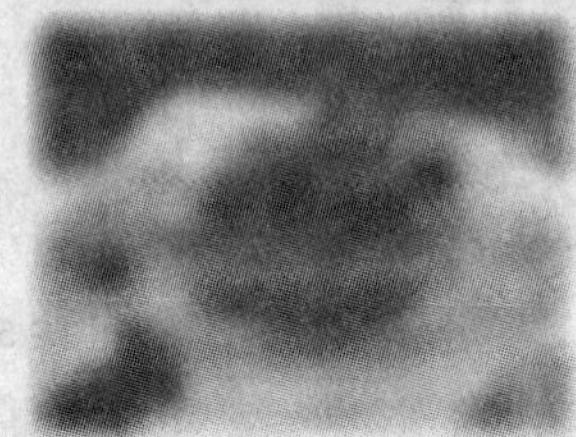

图 9.5.17　高斯式模糊效果

5. 低通滤波器

使用低通滤波器命令可以将位图的边缘和细节移除，使其只剩下滑阶与低频区域。选择要处理的位图，然后选择菜单栏中的 位图(B) → 模糊(B) → 低通滤波器(L)... 命令，弹出 低通滤波器 对话框。在此对话框中的 百分比(P): 输入框中输入数值，可设置图像边缘的平滑程度；在 半径(R): 输入框中输入数值，可设置图像的模糊程度。

预览满意后，单击 确定 按钮，位图对象的效果如图 9.5.18 所示。

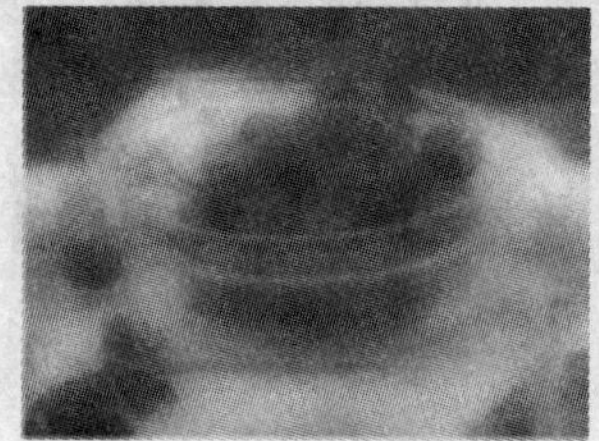

图 9.5.18　低通滤波器效果

6. 锯齿状模糊

使用锯齿状模糊命令可以在图像中散播色彩，并以最小的变形产生轻微的模糊效果。使用挑选工具选择位图后，选择菜单栏中的 位图(B) → 颜色转换(L) → 锯齿状模糊(T)... 命令，弹出 锯齿状模糊 对话框。在此对话框中拖曳 宽度(W): 和 高度(H): 滑块，可以调整位图图像横向和纵向的像素数量；选中 ☑均衡(S) 复选框，可以同时改变宽度和高度的参数值。

预览满意后，单击 确定 按钮，位图对象的效果如图 9.5.19 所示。

图 9.5.19　锯齿状模糊效果

9.5.4　颜色变换

在 CorelDRAW X3 中对位图图像的颜色进行转换，可以使位图的整体效果发生改变，从而形成具有特殊效果的艺术图像。

选择菜单栏中的 位图(B) → 颜色转换(L) 命令，弹出其子菜单，从中选择相应的命令即可对图像的色彩进行转换。

1．位平面

使用位平面命令可将位图转换成由许多颜色组成的图像，每一个颜色都是由 3 种颜色组成的，即红、绿、蓝。使用挑选工具选择位图后，选择菜单栏中的 位图(B) → 颜色转换(L) → 位平面(B)... 命令，弹出 位平面 对话框。在此对话框中的 红(R)：、绿(G)：与 蓝(B)：输入框中输入数值，可设置图像的颜色；选中 应用于所有位面(A) 复选框，可使 3 种颜色的参数同时变化，若不选中此复选框，可单独调节 3 种颜色。

预览满意后，单击 确定 按钮，位图对象的效果如图 9.5.20 所示。

图 9.5.20　位平面效果

2．半色调

使用半色调命令可以为位图图像创建彩色的半色调效果，从而使位图产生网格效果。使用挑选工具选择位图后，选择菜单栏中的 位图(B) → 颜色转换(L) → 半色调(H)... 命令，在弹出的 梦幻色调 对话框中设置相应的参数，预览满意后，单击 确定 按钮，位图对象的效果如图 9.5.21 所示。

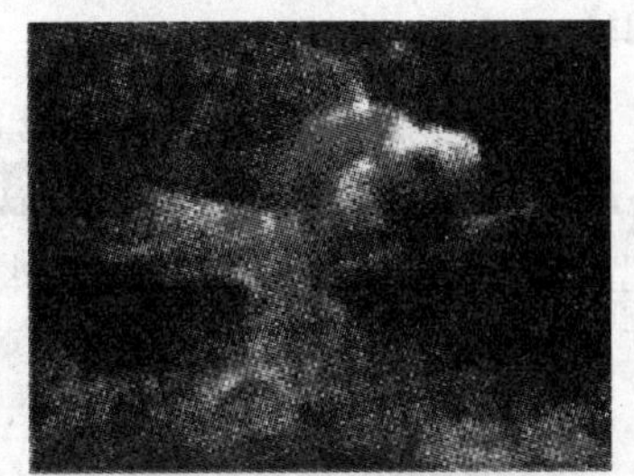

图 9.5.21　半色调效果

3．梦幻色调

使用梦幻色调命令可以将图像中的颜色转换为很亮的电子颜色。选择菜单栏中的 位图(B) → 颜色转换(L) → 梦幻色调(P)... 命令，在弹出的 梦幻色调 对话框中设置相应的参数，预览满意后，单击 确定 按钮，位图对象的效果如图 9.5.22 所示。

图 9.5.22 梦幻色调效果

9.5.5 轮廓图

选择菜单栏中的 位图(B) → 轮廓图(O) 命令，弹出其子菜单，从中选择相应的命令可以检测与强调位图的轮廓。

1. 边缘检测

使用边缘检测命令可以在图像中添加不同的边缘效果。选择菜单栏中的 位图(B) → 轮廓图(O) → 边缘检测(E)… 命令，弹出 边缘检测 对话框。在此对话框中的 背景色 选项区中可以设置检测的背景颜色；拖曳 灵敏度(S): 滑块，可以调整图像检测的灵敏度。

预览满意后，单击 确定 按钮，位图对象的效果如图 9.5.23 所示。

图 9.5.23 边缘检测效果

2. 查找边缘

查找边缘命令可以使图像的边缘轮廓以较高的亮度显示。选择菜单栏中的 位图(B) → 轮廓图(O) → 查找边缘(F)... 命令，弹出 查找边缘 对话框。在此对话框中的 边缘类型: 选项区中可选择一种边缘类型，并通过调节 层次(L): 参数值来设置边缘亮度。

预览满意后，单击 确定 按钮，位图对象的效果如图 9.5.24 所示。

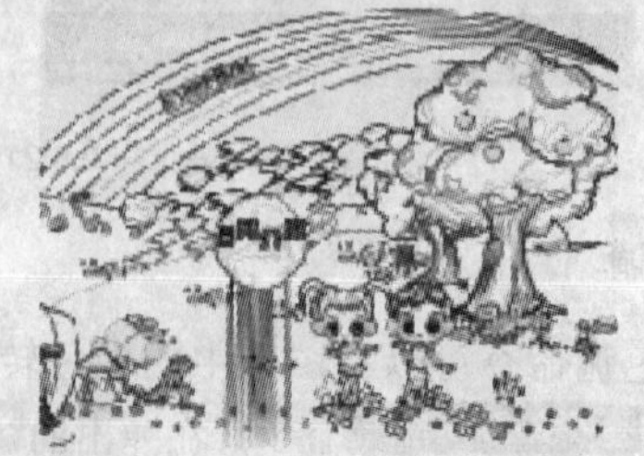

图 9.5.24 边缘检测效果

3．描摹轮廓

使用描摹轮廓命令可以将位图的边缘勾勒出来，达到描边的效果。

选择菜单栏中的位图(B)→轮廓图(O)→描摹轮廓(T)...命令，弹出描摹轮廓对话框。在此对话框中拖曳层次(L)：右侧的滑块，可设置描绘轮廓的程度。在边缘类型：选项区中可设置轮廓的类型。

预览满意后，单击确定按钮，位图对象的效果如图 9.5.25 所示。

图 9.5.25　描摹轮廓效果

9.5.6　创造性

运用创造性命令可以对图像应用不同的底纹和形状。创造性效果是中文版 CorelDRAW X3 中变化显著的特殊效果，共包括 4 种，即模仿工艺品、纺织物的表面效果，生成马赛克、碎块的效果，生成透过不同玻璃看到的效果，模拟雪、雾等气象效果，下面将介绍其中最常用的几种。

1．工艺

使用工艺命令可以使位图图像产生类似传统工艺品的效果。使用挑选工具选择位图后，选择菜单栏中的位图(B)→创造性(V)→工艺(C)...命令，弹出工艺对话框。在此对话框中的样式(S)：下拉列表中可选择一种工艺样式。在大小(Z)：输入框中输入数值或拖动滑块，可设置所选工艺样式的大小。在完成(C)：输入框中输入数值或拖动滑块，可设置应用工艺样式的面积。在亮度(B)：输入框中输入数值或拖动滑块，可设置所选工艺样式的亮度。在旋转(R)：输入框中输入数值或拖动滑块，可设置所选工艺样式的旋转角度。

预览满意后，单击确定按钮，位图对象的效果如图 9.5.26 所示。

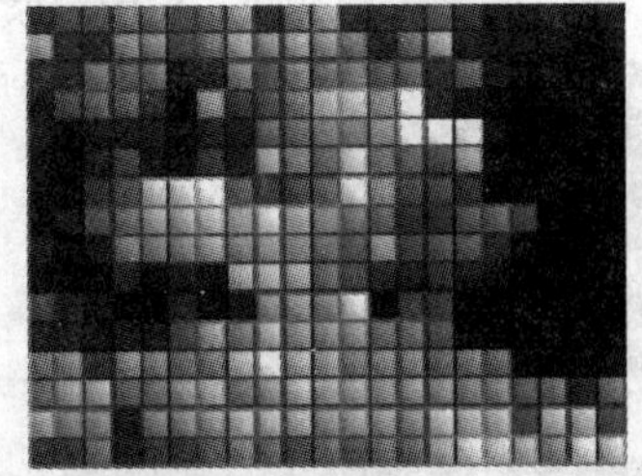

图 9.5.26　工艺效果

2．晶体化

运用晶体化命令可以使位图图像产生一种类似透明水晶拼接起来的画面效果。选择要添加晶体化效果的位图对象后，选择菜单栏中的位图(B)→创造性(V)→晶体化(Y)...命令，弹出晶体化对话框。在此对话框中拖曳大小(S)：右侧的滑块，或在其数值框中输入数值，可设置晶体化颗粒的大小程度，从而使图像产生水晶破碎的效果。

预览满意后，单击 确定 按钮，位图对象的效果如图 9.5.27 所示。

图 9.5.27　晶体化效果

3．织物

使用织物命令可以使位图对象产生一种类似于纺织品外观的效果。选择要添加织物效果的位图对象后，选择 位图(B) → 创造性(V) → 织物(F)... 命令，弹出 织物 对话框。在此对话框中的 样式(S)： 下拉列表框中可选择一种织物样式。拖曳 大小(Z)： 右侧的滑块，可设置织物的纤维大小。拖曳 完成(C)： 右侧的滑块，可设置对象被纤维覆盖的百分比。拖曳 亮度(B)： 右侧的滑块，可设置对象的亮度。

预览满意后，单击 确定 按钮，位图对象的效果如图 9.5.28 所示。

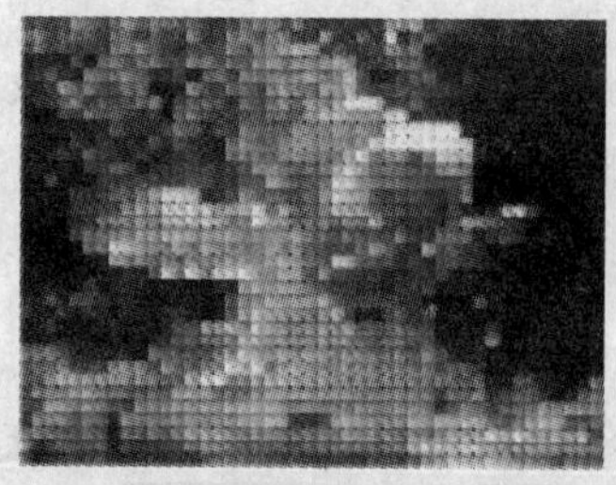

图 9.5.28　织物效果

4．框架

使用框架命令可以为位图图像的边缘创建一种画框效果。选择菜单栏中的 位图(B) → 创造性(V) → 框架(R)... 命令，弹出 框架 对话框。在此对话框中的 选择 选项卡中，可选择合适的框架样式。在 修改 选项卡中可对所选的框架进行编辑。

预览满意后，单击 确定 按钮，位图对象的效果如图 9.5.29 所示。

图 9.5.29　边框效果

5．虚光

使用虚光命令可以在图像周围添加椭圆形、矩形、圆形或正方形的不同颜色的虚光效果。选择菜单栏中的 位图(B) → 创造性(V) → 虚光(V)... 命令，弹出 虚光 对话框。在此对话框中的 颜色 选项区域中，可设定所选虚光的颜色。在 形状 选项区域中可设定所选虚光的形状。拖曳 偏移(O): 滑块，可

设定虚光中心区的大小。拖曳褪色(A):滑块，可以设定虚光和图片的过渡。

预览满意后，单击确定按钮，位图对象的效果如图 9.5.30 所示。

图 9.5.30　虚光效果

6．旋涡

使用旋涡命令可以使图像产生类似旋涡形状的效果。选择菜单栏中的位图(B)→创造性(V)→旋涡(X)...命令，弹出旋涡对话框。在此对话框中的样式(S):下拉列表中可设置旋动类型。调节大小(Z):数值，可设置旋动的大小程度。调节内部方向(I):数值，可设置向内旋动的角度。调节外部方向(O):数值，可设置向外旋动的角度。

预览满意后，单击确定按钮，位图对象的效果如图 9.5.31 所示。

图 9.5.31　旋涡效果

7．天气

使用天气命令可以使位图对象模拟各种气候特征。选择位图对象后，选择菜单栏中的位图(B)→创造性(V)→天气(W)...命令，弹出天气对话框，在此对话框中的预报选项区中可选择一种天气类型，即雪、雨或雾；在浓度(T):输入框中输入数值，可设置雪、雨或雾的大小程度；在大小(Z):输入框中输入数值，可设置雪、雨或雾的大小。

预览满意后，单击确定按钮，位图对象的效果如图 9.5.32 所示。

图 9.5.32　天气效果

9.5.7　扭曲

选择菜单栏中的位图(B)→扭曲(D)命令，弹出其子菜单，从中选择相应的命令可使位图对象产生相应的扭曲效果。

1. 块状

使用块状命令可以使位图对象产生由若干块小图像拼合而成的图像效果。选择位图后，选择菜单栏中的位图(B)→扭曲(D)→块状(B)...命令，弹出块状对话框。在该对话框中的未定义区域下拉列表中可以选择图像扭曲时空白区的填充色类型；在块宽度(W):与块高度(T):输入框中输入数值，可设置每一个扭曲块的宽度和高度；调整最大偏移(%)(M):输入框中的数值，可设置扭曲块的偏移程度。

预览满意后，单击确定按钮，位图对象的效果如图 9.5.33 所示。

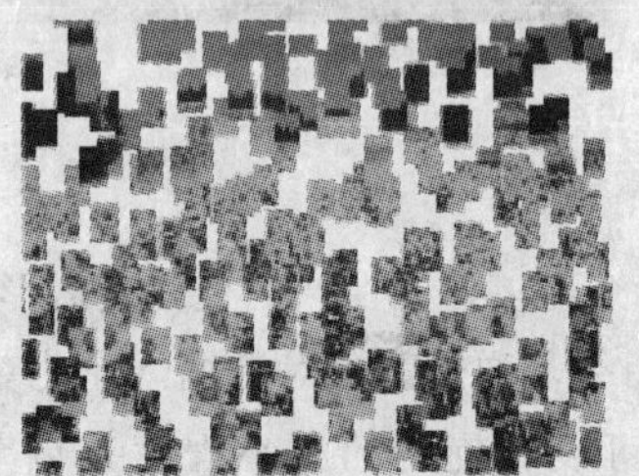

图 9.5.33　块状效果

2. 龟纹

使用龟纹命令可以使图像产生龟纹效果。选择菜单栏中的位图(B)→扭曲(D)→龟纹(R)...命令，弹出龟纹对话框。在此对话框中的主波纹(R)选项区中的周期(P):输入框中输入数值，可设置龟纹的周期大小；在振幅(A):输入框中输入数值，可设置龟纹的振幅大小。

在优化选项区中可选择一种优化方式，即速度或质量。选中垂直波纹(E)复选框，可以在图像中设置垂直龟纹，并通过调节振幅(M):数值来设置垂直方向上的龟纹振幅大小。选中扭曲龟纹(D)复选框，可使波纹发生扭曲，在角度(G):输入框中输入数值，可设置波纹的扭曲角度。

预览满意后，单击确定按钮，位图对象的效果如图 9.5.34 所示。

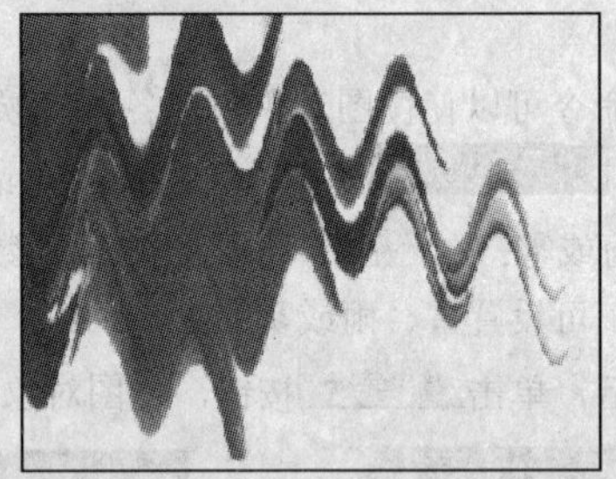

图 9.5.34　龟纹效果

3. 偏移

使用偏移命令可以使图像产生偏移效果。选择菜单栏中的位图(B)→扭曲(D)→偏移(O)...命令，弹出偏移对话框。在此对话框中的位移选项区中设置水平(H):和垂直(V):参数值；选中位移值做为尺度的 %(S)复选框，则可以设置与位图大小相关的水平和垂直偏移值。在未定义区域选项区中单击环绕右侧的下拉按钮，在弹出的样式下拉列表中选择所需要的类型；单击右侧的下拉按钮或“颜色选择”按钮，选择填充空白区域的颜色。

预览满意后，单击确定按钮，位图对象的效果如图 9.5.35 所示。

图 9.5.35　偏移效果

4．平铺

使用平铺命令可以使位图对象在水平或垂直方向上产生多个图像的平铺效果。选择菜单栏中的位图(B)→扭曲(D)→平铺(T)...命令，弹出平铺对话框。在此对话框中的水平平铺(H):与垂直平铺(V):输入框中输入数值，可设置图像在水平与垂直方向上的平铺数量；在重叠(O)(%):输入框中输入数值，可设置图像水平与垂直方向平铺图像相重叠的数量。

预览满意后，单击确定按钮，位图对象的效果如图 9.5.36 所示。

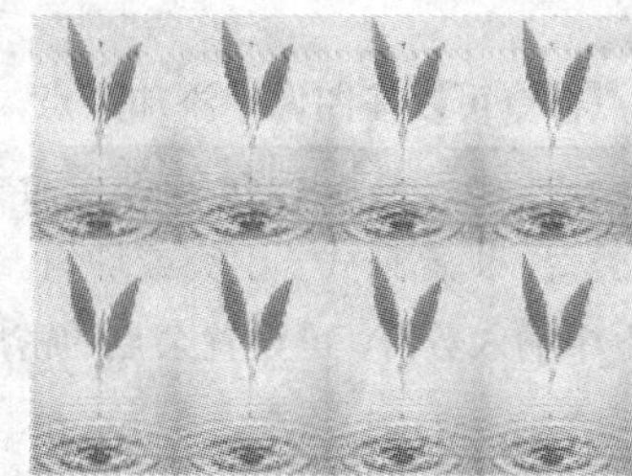

图 9.5.36　平铺效果

5．湿笔画

使用湿笔画命令可以使位图对象的颜色产生向下流的效果。选择菜单栏中的位图(B)→扭曲(D)→湿笔画(W)...命令，弹出湿笔画对话框。在此对话框中的润湿(W):输入框中输入数值，可设置颜色下滴的程度。调节百分比(P):数值，可设置颜色液滴的大小。

预览满意后，单击确定按钮，位图对象的效果如图 9.5.37 所示。

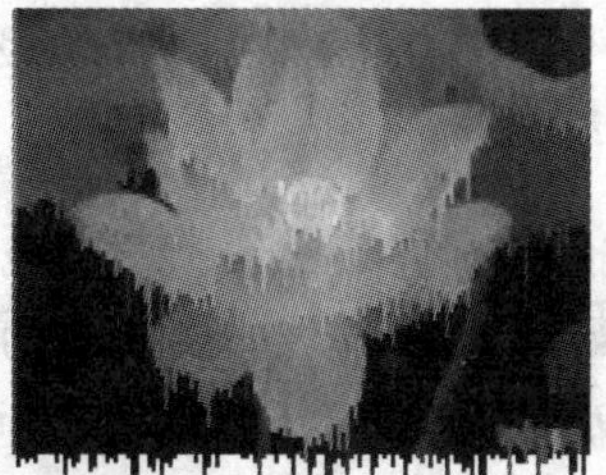

图 9.5.37　湿笔画效果

6．风吹效果

使用风吹命令可以使图像产生不同程度的风化效果。选择位图后，选择菜单栏中的位图(B)→扭曲(D)→风吹效果(N)...命令，弹出风吹效果对话框，在该对话框中的浓度(S):输入框中输入数值，可设置风化效果的强弱；在不透明(O):输入框中输入数值，可设置风化的透明程度；在角度(A):输入框中输入数值，可设置吹风的角度方向。

预览满意后，单击 确定 按钮，位图对象的效果如图 9.5.38 所示。

图 9.5.38 风吹效果

9.5.8 杂点

选择菜单栏中的 位图(B) → 杂点(N) 命令，弹出其子菜单，从中选择相应的杂点命令可以对位图对象进行各种杂点操作。

1. 添加杂点

使用添加杂点命令可以在图像中添加杂点，为平板或比较混杂的图像制作粒状效果。选择菜单栏中的 位图(B) → 杂点(N) → 添加杂点(A)... 命令，弹出 添加杂点 对话框。在此对话框中的 杂点类型 选项区中可选择杂点类型，即高斯式、尖突或均匀。在 层次(L): 输入框中可设置杂点的强度和颜色值范围。在 密度(D): 输入框中输入数值，可设置杂点的密度。在 颜色模式 选项区中可选择一种添加到位图对象上的杂点颜色模式。

预览满意后，单击 确定 按钮，位图对象的效果如图 9.5.39 所示。

图 9.5.39 添加杂点效果

2. 最大值

使用最大值命令可根据图像的最大值颜色调整位图对象的颜色，从而去除杂点。选择 位图(B) → 杂点(N) → 最大值(M)… 命令，在弹出的 最大值 对话框中进行各项设置，设置完成后，单击 确定 按钮即可应用设置的效果，如图 9.5.40 所示。

图 9.5.40 最大值效果

3．去除杂点

使用去除杂点命令可自动设置位图中杂点的数量，也可通过调节阈值来设置位图对象中的杂点数量。选择菜单栏中的 位图(B) → 杂点(N) → 去除杂点(R)… 命令，弹出 去除杂点 对话框。若选中 ☑ 自动(A) 复选框，可以自动去除图像杂点；若取消选择，可以通过拖曳 阈值(T): 滑块来调整去除图像杂点的范围。

预览满意后，单击 确定 按钮，位图对象的效果如图 9.5.41 所示。

图 9.5.41　去除杂点效果

4．最小

选择菜单栏中的 位图(B) → 杂点(N) → 最小(I)… 命令，弹出 最小 对话框，调节 百分比(P): 和 半径(R): 输入框中的数值，以设置图像中的杂点大小和亮度，可以根据图像的最小像素来调整整个图像中的颜色，从而去除杂点。

预览满意后，单击 确定 按钮，位图对象的效果如图 9.5.42 所示。

图 9.5.42　最小效果

5．中值

使用中值命令可使图像的颜色均匀分布，去除位图对象中的杂点与空白颜色，从而使图像显得很平滑。

选择菜单栏中的 位图(B) → 杂点(N) → 中值(E)… 命令，弹出 中值 对话框，通过调节 半径(R): 输入框中的数值，可使图像的颜色均匀分布，去除杂点，使图像显得特别平滑。

预览满意后，单击 确定 按钮，位图对象的效果如图 9.5.43 所示。

图 9.5.43　中值效果

9.5.9 鲜明化

运用鲜明化滤镜可以使图像产生鲜明化效果，以突出和强化边缘。鲜明化效果主要包括适应非鲜明化、定向柔化、高频通行、鲜明化和非鲜明化遮罩效果等，下面将介绍几种常用的鲜明化效果。

1. 鲜明化

使用鲜明化滤镜可以找到图像的边缘并增加相邻像素点与背景之间的对比度，进而突出图像的边缘。选择 位图(B) → 鲜明化(S) → 鲜明化(S)... 命令，在弹出的 鲜明化 对话框中设置相应的参数，可使图像边缘的对比度增大，产生颜色鲜明的效果，如图 9.5.44 所示。

图 9.5.44 鲜明化效果

2. 适应非鲜明化

使用适应非鲜明化命令可以使图像边缘的颜色更加鲜明。选择菜单栏中的 位图(B) → 鲜明化(S) → 适应非鲜明化(A)... 命令，在弹出的 适应非鲜明化 对话框中设置相应的参数，可使图像边缘的颜色更加鲜明，如图 9.5.45 所示。

图 9.5.45 适应非鲜明化效果

3. 非鲜明化遮罩

使用非鲜明化遮罩命令可以强调位图对象边缘的细节，并使非锐化平滑的区域变得明显。选择 位图(B) → 鲜明化(S) → 非鲜明化遮罩(U)... 命令，在弹出的 非鲜明化遮罩 对话框中设置相应的参数，可强调图像边缘的细节，使图像中非鲜明化的区域变得明显，如图 9.5.46 所示。

图 9.5.46 非鲜明化遮罩效果

4．高通滤波器

使用高通滤波器滤镜可以为位图图像设置灰度效果，从而消除图像中的细节部分。选择 位图(B) → 鲜明化(S) → 高通滤波器(H)… 命令，弹出 高通滤波器 对话框。在该对话框中拖曳 百分比(P): 滑块，可调整高通滤波器的效果；拖曳 半径(R): 滑块，可调整颜色渗出的距离。

预览满意后，单击 确定 按钮，位图对象的效果如图 9.5.47 所示。

图 9.5.47　高通滤波器效果

9.6　课堂实训——制作彩色玻璃效果

本节利用前面所学的知识制作彩色玻璃效果，最终效果如图 9.6.1 所示。

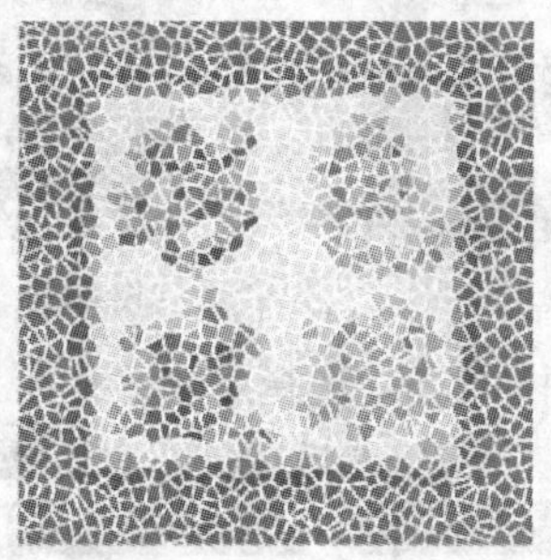

图 9.6.1　最终效果图

操作步骤

（1）新建一个图形文件，单击工具箱中的“矩形工具”按钮，按住“Ctrl”键，在绘图区中绘制一个颜色为秋菊红色的正方形，效果如图 9.6.2 所示。

（2）单击工具箱中的“挑选工具”按钮，按住“Shift”键，向内侧拖曳图形右上角的控制点，将图形成比例缩小至适当位置后，单击鼠标右键，复制一个新图形，并将其填充为藤灰色，效果如图 9.6.3 所示。

图 9.6.2　绘制并填充正方形

图 9.6.3　复制并填充正方形

（3）重复步骤（2）的操作，在最内侧绘制一个正方形，并将其填充为淡黄色，效果如图 9.6.4 所示。

（4）单击工具箱中的“文本工具”按钮，在最内侧的正方形上输入文本“彩色玻璃”，效果如图 9.6.5 所示。

图 9.6.4　复制并填充正方形

图 9.6.5　输入文本

（5）单击工具箱中的“形状工具”按钮，单击“彩”字的空心节点将其选取，更改其颜色为绿色，效果如图 9.6.6 所示。

（6）重复步骤（5）的操作，更改其他字的颜色，效果如图 9.6.7 所示。

图 9.6.6　更改文本颜色

图 9.6.7　更改文本颜色

（7）使用挑选工具框选所有图形对象，选择菜单栏中的 位图(B) → 转换为位图(_)... 命令，弹出 **转换为位图** 对话框，如图 9.6.8 所示。设置好参数后，单击 确定 按钮。

（8）选择菜单栏中的 位图(B) → 创造性(V) → 彩色玻璃(T)... 命令，弹出 **彩色玻璃** 对话框，设置其对话框参数如图 9.6.9 所示。

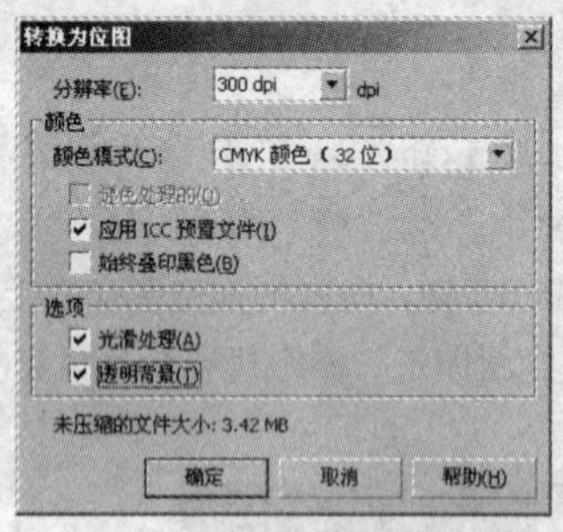

图 9.6.8　“转换为位图”对话框

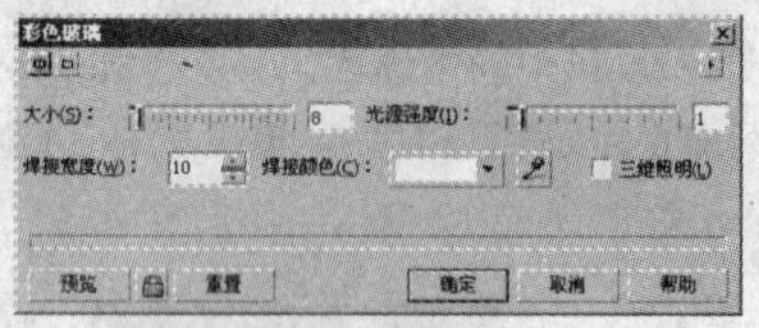

图 9.6.9　“彩色玻璃”对话框

（9）设置好参数后，单击 确定 按钮，最终效果如图 9.6.1 所示。

本 章 小 结

本章主要介绍了导入位图、编辑位图、位图的特殊设置、调整位图的颜色以及位图的滤镜效果，通过本章的学习，读者应熟练掌握位图色彩模式的转换、位图的编辑技巧以及调整位图颜色的方法，并能灵活应用各种位图滤镜效果。

操 作 练 习

一、填空题

1．若要给转换后的位图应用各种位图效果，在转换时，必须将颜色设置在__________位以上。

2．CorelDRAW X3 中提供了位图颜色遮罩功能，使用它可以__________或__________位图中指定的颜色，也可以改变位图的__________，从而产生一些特殊的效果。

3．重新取样可以重新改变位图的_________和实际尺寸大小等属性。

4．在 CorelDRAW X3 中使用__________功能，可以将一个对象内置于另一个容器对象中，从而可以对位图图像的矢量轮廓进行控制。

二、选择题

1．风吹效果命令是（　）子菜单中的命令之一。

（A）模糊　　（B）杂点

（C）扭曲　　（D）三维特效

2．使用（　）命令可自动设置位图中杂点的数量，也可通过调节阈值来设置位图对象中的杂点数量。

（A）最大值　　（B）添加杂点

（C）中间值　　（D）去除杂点

3．使用（　）命令可以为位图图像设置灰度效果，从而消除图像中的细节部分。

（A）高通滤波器　　（B）高斯式模糊

（C）动感模糊　　（D）放射式模糊

三、简答题

1．如何使用扩充位图边框命令对一幅位图做扩充处理？

2．位图的色彩模式有哪几种？

3．如何对一幅位图进行裁剪和图框精确裁剪？

四、上机操作题

1．在绘图区中导入一幅位图，并将其转换为矢量图。

2．利用本章所学的替换颜色和图框精确剪裁知识，制作如题 9.1 所示的效果。

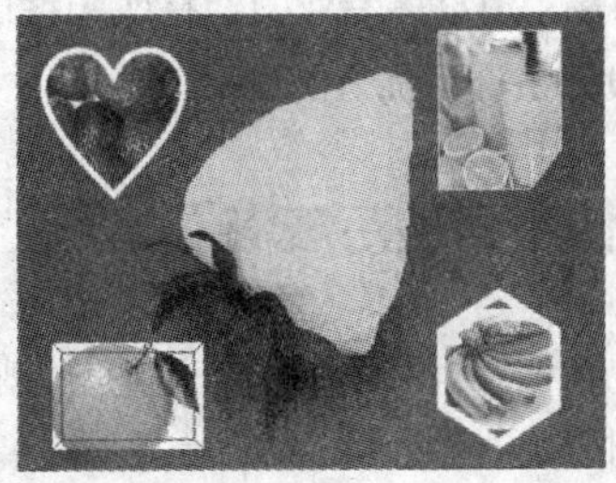

题图　9.1

第 10 章　文件的打印与输出

在 CorelDRAW X3 中绘制完作品后，最后的工作就是打印作品。在打印作品前，先要设置打印选项，并对作品进行打印预览。

知识要点

- 输入图像
- 打印设置
- 打印预览
- 打印文档

10.1　输 入 图 像

在 CorelDRAW X3 中处理图形对象，需要用到图像资料，这些图像资料可以通过扫描仪、数码相机或素材光盘等途径输入到计算机中。

10.1.1　使用数码相机输入

数码相机是一种获取数字化图像的设备，要将数码相机中的图像输入到计算机中，首先要安装数码相机的驱动程序，并用数据线将数码相机与计算机连接起来。连接好后，选择 文件(F) → 获取图像(Q) → 获取(A)… 命令，在弹出的对话框中找到数码相机所在的文件夹路径即可输入图像。

10.1.2　使用扫描仪输入

扫描仪可以将需要的照片和图像扫描后输入到计算机中，在安装扫描仪后，在 CorelDRAW X3 中选择菜单栏中的 文件(F) → 获取图像(Q) → 选择源(S)… 命令，在弹出的对话框中设置相应的参数，即可将扫描的图像输入到计算机中。

10.1.3　使用素材光盘输入

目前，在市场上有许多专业的素材库光盘供应，为图形图像设计者提供了丰富的图像素材，使用这些素材可以设计出许多优秀的作品。

10.1.4　使用其他方法输入

用户还可以从网上下载需要的图像素材，或使用裁图软件从计算机屏幕以及电影图像上直接截取需要的图像素材。

10.2 打印设置

在 CorelDRAW X3 中可以对打印前的作品进行打印设置。所谓打印设置就是对打印机的型号以及其他各种打印事项进行设置。

10.2.1 设置打印机属性

在打印设置对话框中可以选择适当的打印机，也可观察打印机的状态、类型与端口位置。

如果需要打印的图形不能按照系统默认的设置来进行打印，那么就必须通过“打印机属性”对话框进行设置。打印机的设置与具体的打印机有关。

10.2.2 设置纸张选项

选择菜单栏中的文件(F)→打印设置(U)...命令，弹出打印设置对话框，如图 10.2.1 所示。

在此对话框中显示了打印机的相关信息，如打印机的名称、状态与类型等。单击属性(P)按钮，默认状态下，可弹出如图 10.2.2 所示的对话框。

图 10.2.1　“打印设置”对话框

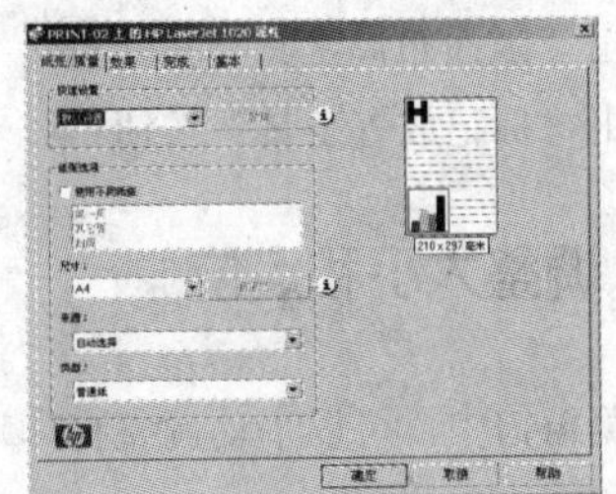
图 10.2.2　设置“打印机属性”对话框

在纸张选项选项区中包含着用来设置打印机纸张属性的相关选项，如纸张尺寸、纸张来源与纸张类型，用户可根据实际进行设置。

10.3 打印预览

用户可以使用全屏打印预览来查看作品被送到打印设备以后的确切外观以及图像在打印纸上的位置与大小。

10.3.1 预览打印作品

预览打印作品的具体操作步骤如下：

（1）选择菜单栏中的文件(F)→打印预览(R)...命令，进入打印预览模式，如图 10.3.1 所示。

（2）单击“打印样式另存为”按钮，可将当前预览框中的打印对象另存为一个新的打印类型。

（3）单击“打印选项”按钮，可弹出打印选项对话框，在此对话框中可具体设置打印的相关事项。

（4）单击 到页面 下拉列表框，弹出其下拉列表，如图 10.3.2 所示，从中可以选择不同的缩放比例来对对象进行打印预览。

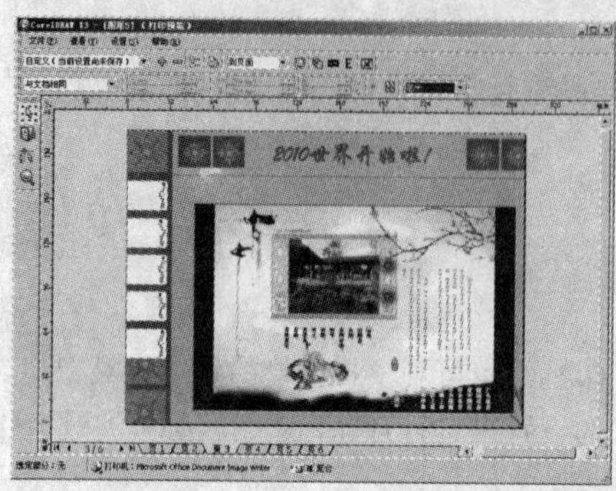

图 10.3.1　打印预览窗口

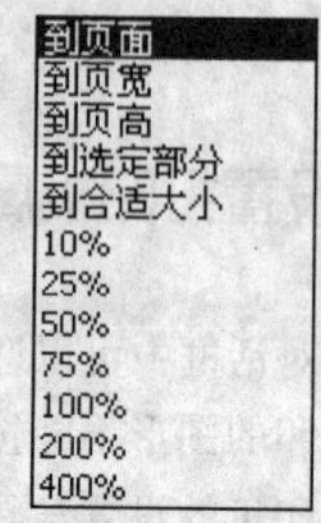

图 10.3.2　缩放下拉列表

（5）单击“满屏”按钮，可将打印的对象满屏预览。

（6）单击“启用分色”按钮，表示将一幅作品分成四色打印。

（7）单击“反色”按钮，可将打印预览的对象以底片的效果打印。

（8）单击“镜像”按钮，可将打印的对象镜像打印出来。

（9）单击“关闭”按钮，可关闭打印预览窗口，返回到正常的编辑状态。

（10）单击“版面布局工具”按钮，可以指定和编辑拼版版面。

（11）单击“标记放置工具”按钮，可以增加、删除、定位打印标记。

10.3.2　调整大小和定位

在打印预览窗口中，可以手动调整打印对象的大小，具体的操作方法如下：

（1）单击预览窗口左侧工具箱中的“挑选工具”按钮选择图形，此时图像上可出现 8 个控制点（此时所选的是整个页面中的内容）。

（2）将鼠标指针移到控制点处时，指针变为双箭头形状，此时按住鼠标左键拖动，即可调整所选图形的大小。

（3）如果将鼠标指针移至图形上，按住鼠标左键拖动，可改变图形在打印页面中的位置。

（4）当绘图页面中含有位图对象时，更改图像大小要注意。因为如果放大图像，则位图可能会呈现出锯齿状。

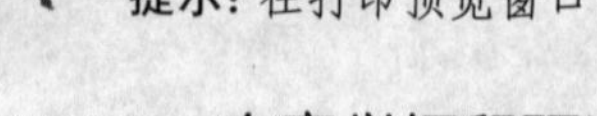

提示：在打印预览窗口中调整打印对象的大小，不会改变原始图形的大小及图像所在位置。

10.3.3　自定义打印预览

更改预览图像的质量，可以加快打印预览的重绘速度，还可以指定预览的图像是彩色图像还是灰度图像。

要自定义打印预览，其具体的操作方法如下：

（1）在打印预览窗口中选择菜单栏中的 查看(V) → 显示图像(I) 命令，此时图像由一个框表示，如图 10.3.3 所示。

（2）选择菜单栏中的 查看(V) → 颜色预览(C) 命令，弹出其子菜单，如图 10.3.4 所示，从中选择相应的命令可改变对象显示的颜色。

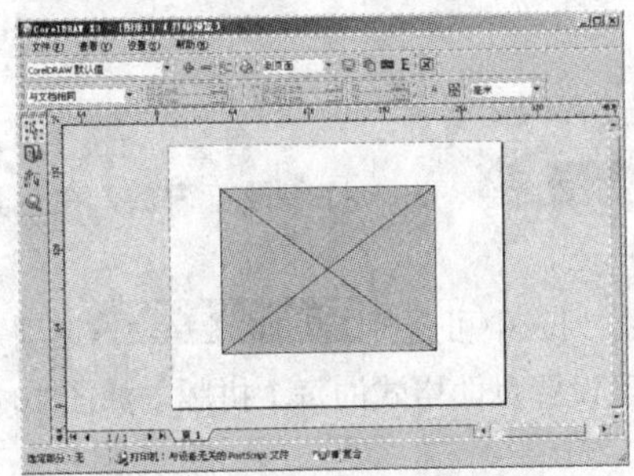

图 10.3.3　图像显示为灰色

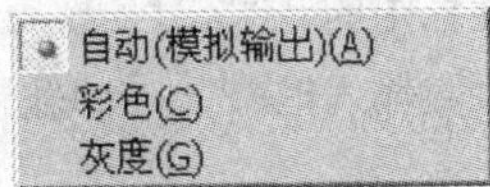

图 10.3.4　颜色预览子菜单

1）选择彩色(C)命令，图像即显示为彩图。

2）选择灰度(G)命令，图像可显示为灰度图。默认选择自动(模拟输出)(A)选项，它可根据所用打印机的不同而显示为灰度或彩色图像。

10.4　打印文档

当设置好打印机属性，并使预览效果满意后，就可以打印作品了。打印到纸张或底片后，便可进行印刷。如果打印的是一般的图像，直接单击工具栏中的“打印”按钮即可。但如果要打印多页文档或打印文档指定部分时，就要设置更多的打印选项。

10.4.1　打印大幅文件

如果要打印的作品比打印纸大，可以把它“平铺”到几张纸上，然后把各个分离的页面组合在一起，以构成完整的图像作品。其操作步骤如下：

（1）选择文件(F)→打印(P)...命令，弹出打印对话框，在此对话框中打开版面选项卡，如图 10.4.1 所示。

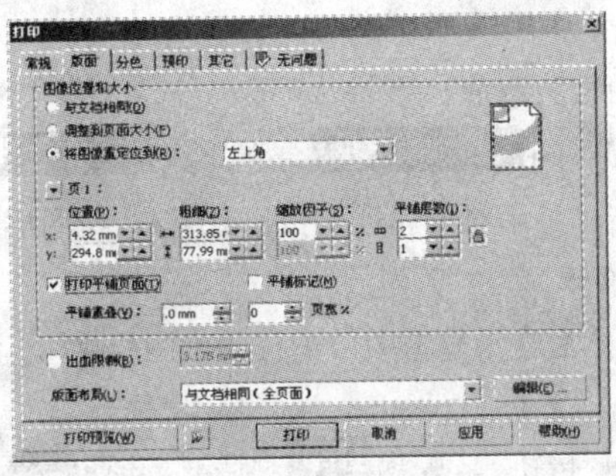

图 10.4.1　“版面”选项卡

（2）选中打印平铺页面(T)复选框，在平铺重叠(V):输入框中可输入数值或页面大小的百分比，并指定平铺纸张的重叠程度。

（3）单击打印按钮，可开始打印，也可单击打印预览(W)按钮，进入打印预览窗口查看结果。在预览窗口中将鼠标指针移向页面，可观察打印作品的重叠部分及需要使用的纸张数目。

10.4.2 打印多个副本文件

要打印多个副本图形，其具体操作步骤如下：

（1）选择菜单栏中的 文件(F) → 打印预览(R)... 命令，进入打印预览窗口，在工具箱中单击“版面布局工具”按钮，此时属性栏如图 10.4.2 所示。

（2）在属性栏中的 编辑基本设置 下拉列表中可选择 编辑基本设置 选项，然后在属性栏中的交叉/向下页数输入框中输入数值，可设置页面格式的每个拼版，如图 10.4.3 所示。

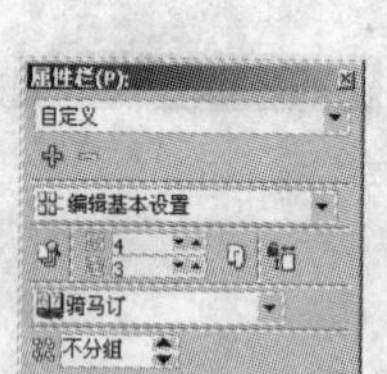

图 10.4.2 版面布局工具属性栏

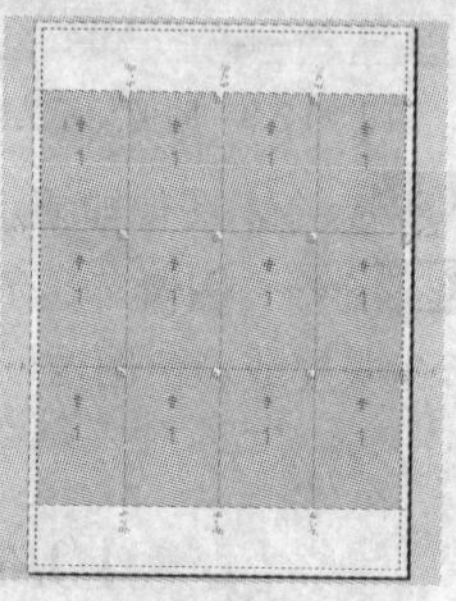

图 10.4.3 设置页面格式

（3）在预览窗口中单击“打印”按钮，可将设置页面格式后的所有放置在绘图页面中的版面依次打印到一张纸上。

10.4.3 指定打印内容

在 CorelDRAW X3 中也可以对指定的页面、指定的某个对象或某个图层进行打印，此时在对象管理器中选择可打印图标即可，也可指定打印的数量以及是否将副本排序。排序对于打印多页文档是非常有用的。

1. 打印指定的图层

如果创建的作品具有多个图层，而有时需要打印的只是单独的一个图层，可通过对象管理器来打印指定的图层。具体的操作方法如下：

（1）打开一个包含多个图层的图形。

（2）选择菜单栏中的 工具(O) → 对象编辑器(N) 命令，打开 对象管理器 泊坞窗，如图 10.4.4 所示。

（3）在泊坞窗中分别单击“显示对象属性”按钮与“跨图层编辑”按钮，可显示出该文档中所包含的每一个图层中的对象。

（4）选择要打印的图层，然后在泊坞窗中单击打印机图标，以使其显示为可用状态，表示选定打印机。

（5）单击工具栏中的“打印”按钮，弹出 打印 对话框，选择 常规 选项卡，从中选中 选定内容(S) 单选按钮，再单击 打印 按钮，即可打印所选图层中的对象。

2. 打印指定类型的对象

在 CorelDRAW X3 中，不但可以打印文档中的某个图层（在对象管理器中设置），还可以打印指定类型的对象，例如，只选择矢量图或文本进行打印。

要打印指定类型的对象，其具体的操作方法如下：

（1）在打印预览窗口中单击属性栏中的“打印选项”按钮，弹出打印选项对话框，此对话框中的设置与打印对话框完全相同。

（2）选择其它选项卡，可显示该选项中的相关参数设置，如图 10.4.5 所示。

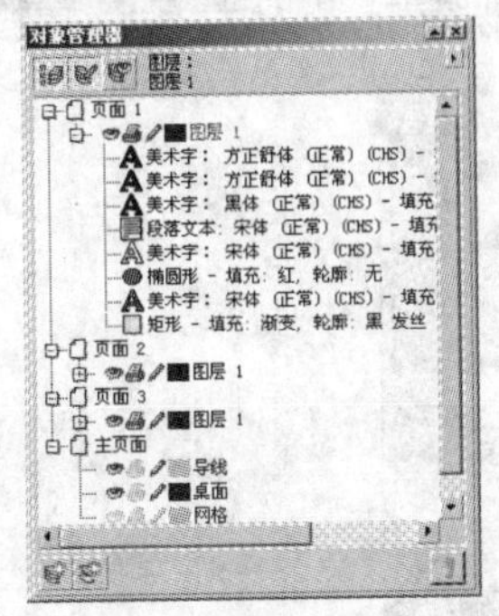

图 10.4.4 “对象管理器”泊坞窗

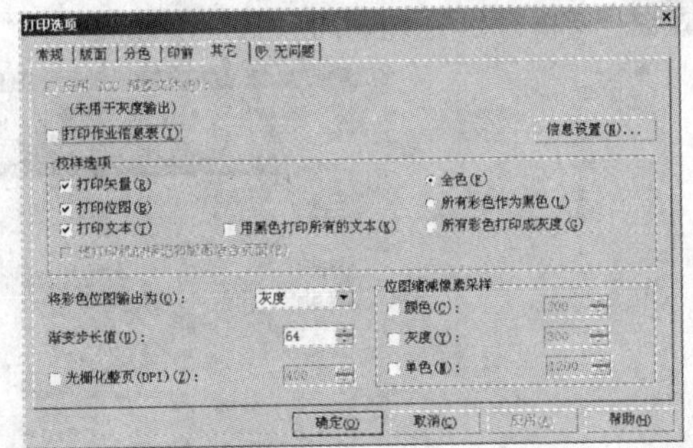

图 10.4.5 “其他”选项卡

（3）在校样选项选项区中可选择需要打印的对象，有打印矢量图、打印位图以及打印文本，然后单击确定(O)按钮，即可按所选择的类型进行打印。

10.4.4 分色打印

分色打印主要用于专业的出版印刷，如果给输出中心或印刷机构提交了彩色作品，那么就要创建分色片。分色片是通过将图像中的各颜色分离成印刷色或专色来创建的，用每一种颜色的分色片来制作一张胶片，然后在每一张胶片上使用一种颜色的油墨，这样才能最终印刷成彩色作品。

彩色作品可以分离为印刷四色分色片，即 CMYK。分离四色片的操作方法如下：

（1）选择菜单栏中的文件(F)→打印(P)...命令，弹出打印对话框，打开分色选项卡，可显示出相应的参数，如图 10.4.6 所示。

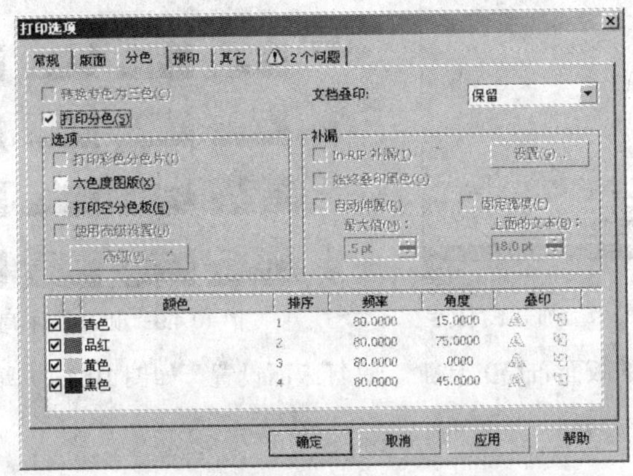

图 10.4.6 “分色”选项卡

（2）选中☑打印分色(S)复选框，单击应用(A)按钮，此时将会把作品分为青色、洋红、黄色与黑色分色片。

也可单击打印预览(W)按钮，在打印预览窗口中查看分色片。

当打印作品中包含有专色时，选中☑打印分色(S)复选框，可为每一个专色创建一个分色片。如果使用的专色大于 4 个，可以将它们转换为印刷色，以节约印刷成本。

10.4.5 版面布局设置

在打印预览中设置好打印属性后，即可对文件进行打印。选择菜单栏中的文件(F)→打印(P)...命令，弹出打印对话框，如图 10.4.7 所示。

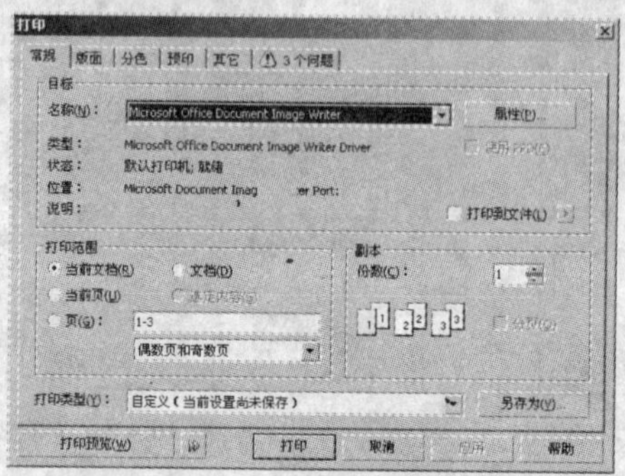

图 10.4.7 “打印”对话框

1. 使用预置的 N-up 格式

如果要将多个同样的作品（如名片、标签之类的小东西）打印到同一张纸上，就要选择和设置 N-up 格式；如果把 N-up 格式与一种已经在一张纸上放了几个绘图页面（如折叠卡片）的拼版样式一起使用，图像将被放在一个图文框中当做一个绘图对象使用。

（1）选择打印对话框中的版面选项卡，单击版面布局(L)：下拉列表，如图 10.4.8 所示。

（2）在版面布局下拉列表中选择一种布局样式，单击打印预览(W)按钮，弹出打印预览(R)...窗口，可以预览版面布局，如图 10.4.9 所示。

图 10.4.8 版面布局下拉列表

图 10.4.9 预览版面布局

（3）单击工具箱中的版面布局工具，进行版面设置，如图 10.4.10 所示。

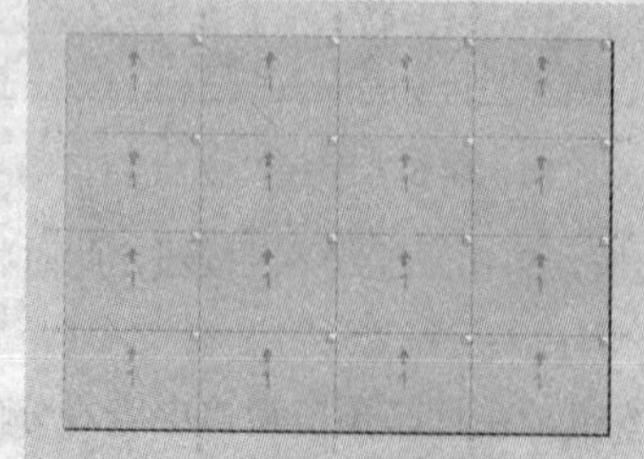

图 10.4.10 版面设置

（4）选中左上角的图像，用鼠标拖动调整位置。

（5）用鼠标单击页面上的灰色箭头，可以颠倒图像。

2．编辑页面属性

在打印预览(R)...窗口中单击版面布局工具，在其属性栏下拉列表中选择编辑页边距选项，单击“自动设置页边距”按钮，打印对象自动居中显示，效果如图 10.4.11 所示。

在其属性栏的下拉列表中选择编辑装订线和修饰选项，在3.0 mm微调框中可设置横向和纵向装订线的大小，效果如图 10.4.12 所示。

图 10.4.11　修改页边距

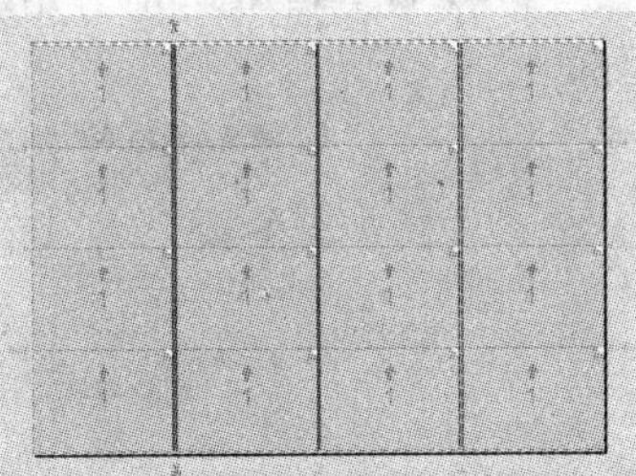

图 10.4.12　编辑装订线和修饰效果

10.4.6　拼版

拼版样式决定了如何将打印作品的各页放置到打印页面中。例如，要将制作的三折页输出到打印机，以适合折叠需要时，就要用到拼版。其具体操作步骤如下：

（1）在 CorelDRAW X3 中打开一个要打印的文件（文件为自定义大小、横向，而当前打印纸为 A4，方向为纵向）。

（2）选择菜单栏中的文件(F)→打印预览(R)...命令，如果此时打印机的打印方向是纵向的，则会显示一个提示框，单击否(N)按钮，即可自动调整打印纸的方向；单击是(Y)按钮，即可手动调整纸张的方向。

（3）在此，单击是(Y)按钮，在打印预览窗口中单击“版面布局工具”按钮，在其属性栏中的如在文档中(全页面)下拉列表中选择侧折卡选项，即可在预览窗口中显示出侧拆卡的预览效果，如图 10.4.13 所示。

（4）在属性栏中单击“模板/文档预览”按钮，可以在看到模板的同时观察绘图的位置及打印方向。

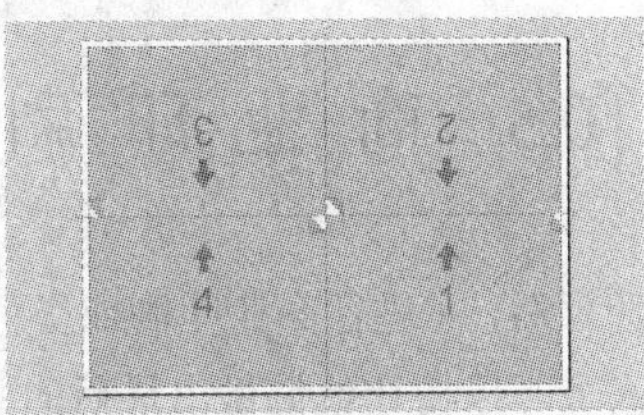

图 10.4.13　预览侧折卡的拼版效果

10.4.7　设置印刷标记

在 CorelDRAW X3 中可以对打印作品设置印刷标记，这样可以将颜色校准、裁剪标记等信息输送到打印页面，以利于在印刷输出中心校准颜色和裁剪。

1．设置出血限制

出血是指在打印文件时指定的多出打印页面的部分。这样设置可以在裁剪时不出现缺印现象，可以有效地提高印刷效率，降低印刷成本。在“版面”选项卡中选中☑ 出血限制(B): 复选框，设置出血量。

2．设置印刷标记

选择 文件(F) → 打印(P)... 命令，弹出 打印 对话框，打开 预印 选项卡，可显示相应的参数，如图 10.4.14 所示。

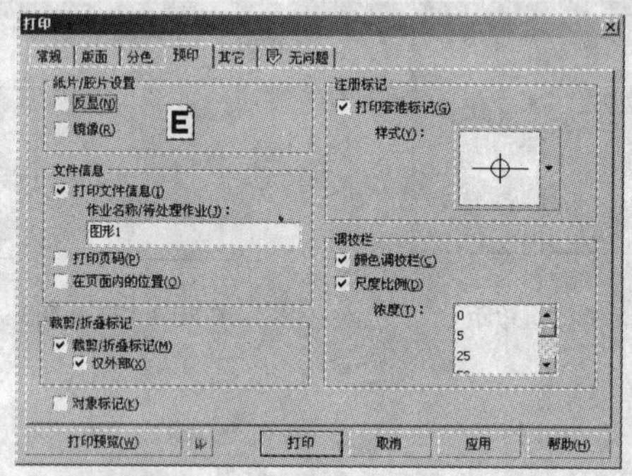

图 10.4.14 “预印”选项卡

在 纸片/胶片设置 选项区中，可指定以负片形式打印以及设置胶片的感光面是否向下。

在 文件信息 选项区中，可在打印作品底部设置打印文件名、当前日期、时间以及应用的平铺纸张数与页码。

在 裁剪/折叠标记 选项区中选中 ☑ 裁剪/折叠标记(M) 复选框，可以将裁剪和折叠页面的标记打印出来；选中 ☑ 仅外部(X) 复选框，在打印时只打印图像外部的裁剪/折叠记号。

在 注册标记 选项区中，可以设置在每一张工作表上打印出套准标记，这些标记可用做对齐分色片的指引标记。

在 调校栏 选项区中有两个选项，选中 ☑ 颜色调校栏(C) 复选框，将在作品旁边打印出包含 6 种基本颜色的颜色条(红、绿、蓝、青、品红、黄)，这些颜色条用于校准打印输出的质量；选中 ☑ 尺度比例(D) 复选框，可以在每个分色工作表上打印密度计刻度，借助密度计可以检查输出内容的精确性和一致性。

单击 打印预览(W) 按钮，即可在绘图区看到以上的设置效果。

10.5 商 业 印 刷

当完成了一幅作品并设置好各选项后，在进行商业印刷或交付彩色输出中心时，要把作品印刷的各项设置告诉商业印刷机构的技术人员，以便让他们做出最后的鉴定，并估计存在的问题。

10.5.1 准备印刷作品

商业印刷机构需要用户提供 PRN，CDR，EPS 文件，存储文件时应该注意这一点。同时，要提供一份最后的文件信息给商业印刷机构。

1. PRN 文件

如果能全权控制印前的设置，可以把打印作品存储为 PRN 文件，商业打印机构可以直接把这种打印文件传送到输出设备上。将打印作品存储为 PRN 文件时，还要附带一张工作表，上面标出所有指定的印前设置。

2. CDR 文件

如果没有时间或不知道如何准备打印文件，可以把打印作品存储为 CDR 文件，只要商业打印机构配有 CorelDRAW 软件，就可以进行印前设置。

3. EPS 文件

有些商业打印机构能够接受 EPS 文件（如同从 CorelDRAW X3 中导出一样），输出中心可以把这类文件导入其他应用程序，然后进行调整和印刷。

使用彩色输出中心向导可以指导用户为彩色输出中心准备文件。如果商业印刷机构的彩色输出中心提供了输出中心预置文件，则应用该向导会非常有效。预置文件是使用为输出中心预置文件的向导创建的。

选择菜单栏中的 文件(F) → 为彩色输出中心做准备 命令，可弹出 配备"彩色输出中心"向导 提示框，如图 10.5.1 所示，按照向导的提示，可以一步步地完成印刷文件的准备工作。

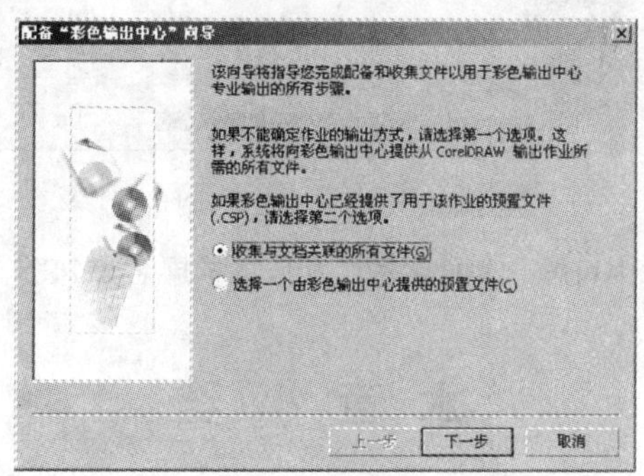

图 10.5.1　提示框

10.5.2　打印到文件

如果要将 PRN 文件提交到商业输出中心，以便在大型照排机上输出，就要把作品打印到文件。当要打印到文件时，要考虑以下几点。

（1）打印作品的页面（如文档制成的胶片）应当比文档的页面（即文档自身）大，这样才能容纳打印机的标记。

（2）照排机在胶片上产生图像，这时胶片通常是负片，所以在打印到文件时可以设置打印作品产生负片。

（3）如果使用 PostScript 设备打印，那么可以使用 JPEG 格式来压缩位图，以使打印作品更小。

打印到文件的具体操作方法如下：

（1）选择菜单栏中的 文件(F) → 打印(P)... 命令，弹出 打印 对话框，如图 10.5.2 所示。

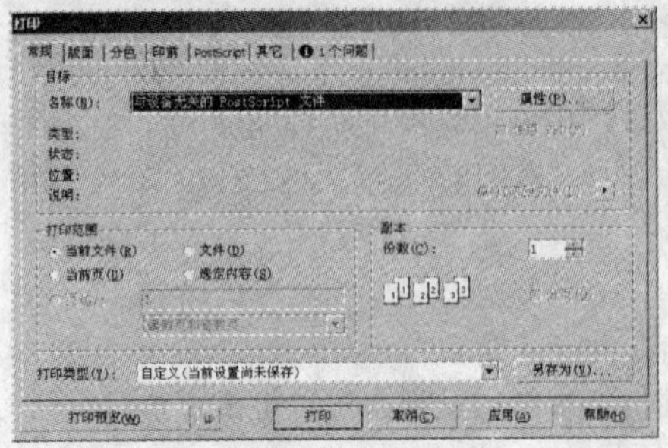

图 10.5.2 “打印”对话框

（2）选中☑打印到文件(L)复选框，单击打印按钮，弹出打印到文件对话框，如图 10.5.3 所示。

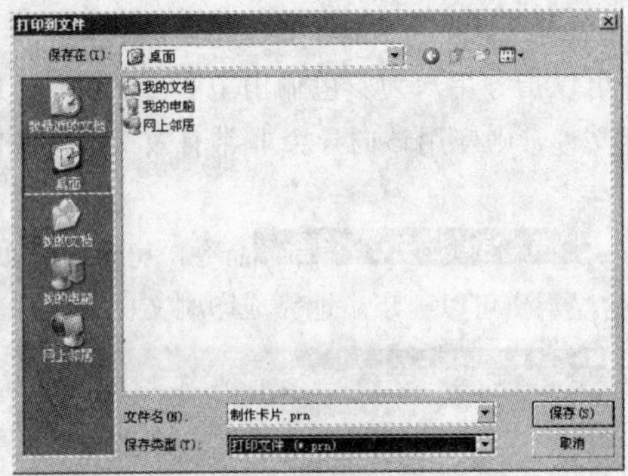

图 10.5.3 “打印到文件”对话框

在文件名(N):下拉列表框中可输入文件名称，相应的扩展名为.PRN。

本 章 小 结

本章主要介绍将设计好的作品进行打印的方法与技巧，包括输入图像的方法、打印设置、打印预览、打印文档以及商业印刷等。通过本章的学习，读者应能够轻松地打印出自己满意的作品。

操 作 练 习

一、填空题

1．所谓________就是对打印机的型号以及其他各种打印事项进行设置。

2．在 CorelDRAW X3 中设计制作好作品后，在进行打印之前，首先要进行________，以定义纸张的大小、类型和模式等。

3．在打印预览窗口中单击按钮，可将打印的对象________。

4．在打印之前进行________可以及时修改作品，提高整体的工作效率，避免造成纸墨浪费。

5．打印命令的快捷键是________。

6．________主要用于专业的出版印刷，如果给输出中心或印刷机构提交了彩色作品，那么就要创建分色片。

7．商业印刷机构需要用户提供________、________和________文件。

二、选择题

1．在“打印”对话框中的副本选项中可设置打印的（　）。

（A）内容　　（B）个数

（C）数量　　（D）份数

2．文件（　）是导出文件的主要方式之一。

（A）设计　　（B）预览

（C）打印　　（D）创意

3．在CorelDRAW X3中，（　）是指在打印文件时，指定多出打印页面的部分。

（A）版面　　（B）出血

（C）拼版　　（D）印刷标记

三、简答题

1．输入图像的方法有哪几种？

2．如何将一幅彩色作品分为4色进行打印？

四、上机操作题

练习使用扫描仪输入一幅图像，并尝试对其进行打印。

第 11 章　综 合 案 例

为了更好地了解并掌握 CorelDRAW X3 的应用技巧，本章准备了一些具有代表性的综合实例。所举实例由浅入深地贯穿本书的知识点，可使读者深入了解 CorelDRAW 的相关功能和具体应用方法。

知识要点

- 标志设计
- 台历设计
- 卡片设计
- 宣传广告设计
- 封面设计

案例 1　标 志 设 计

案例内容

本例主要进行标志设计，最终效果如图 11.1.1 所示。

图 11.1.1　最终效果图

设计思路

在设计过程中，将用到椭圆工具、文本工具、贝塞尔工具、渐变填充对话框、轮廓笔工具、交互式变形工具以及轮廓图等命令。

操作步骤

（1）启动 CorelDRAW X3 应用程序，选择菜单栏中的 文件(F) → 新建(N) 命令，再选择菜单栏中的 版面(L) → 页面设置(P)... 命令，弹出“选项”对话框，设置其页面大小参数如图 11.1.2 所示。

（2）在弹出的“选项”对话框中选择辅助线→水平选项，在其面板中输入“45”，然后单击添加(A)按钮。选择垂直选项，设置其面板参数如图 11.1.3 所示，单击确定按钮，在页面中添加水平与垂直辅助线。

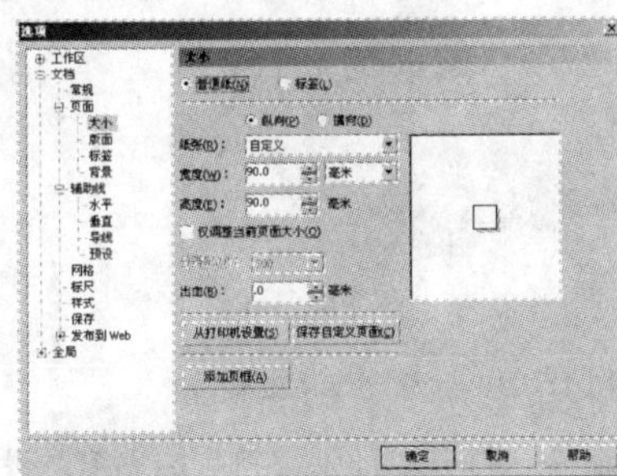

图 11.1.2 “选项”对话框

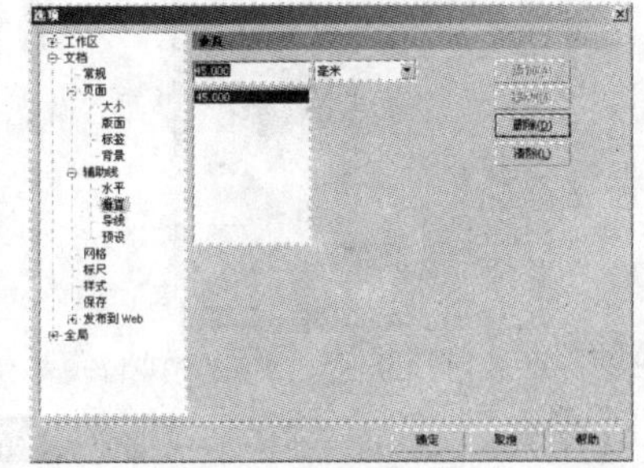

图 11.1.3 添加垂直辅助线

（3）单击工具箱中的“椭圆工具”按钮，按住“Shift+Ctrl”键的同时，以辅助线交叉点为圆心在绘图区中绘制一个圆。

（4）单击工具箱中的“交互式变形工具”按钮，设置其属性栏参数如图 11.1.4 所示。

图 11.1.4 “交互式变形工具”属性栏

（5）设置好参数后，在绘图区中拖曳鼠标，对绘制的圆进行推拉变形，效果如图 11.1.5 所示。再单击属性栏中的“扭曲变形”按钮，对绘图区中的图形对象进行扭曲变形，效果如图 11.11.6 所示。

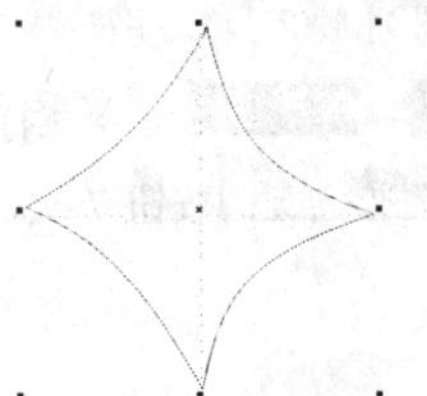

图 11.1.5 推拉变形效果

图 11.1.6 扭曲变形效果

（6）单击工具箱中的“渐变填充对话框”按钮，弹出“渐变填充”对话框，设置其对话框参数如图 11.1.7 所示。

（7）设置完成后，单击确定按钮，效果如图 11.1.8 所示。

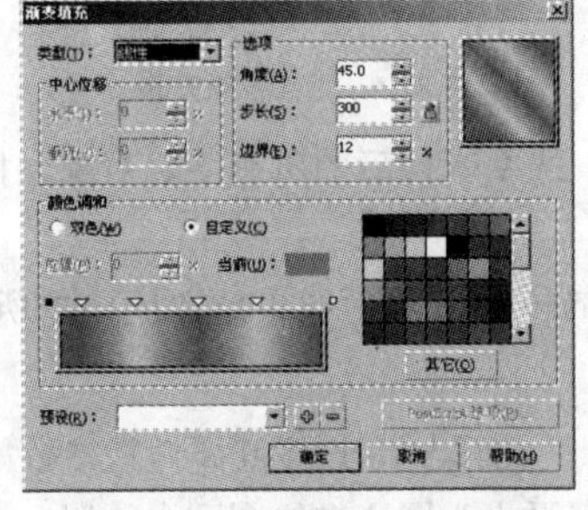

图 11.1.7 “渐变填充”对话框

图 11.1.8 应用渐变填充效果

（8）隐藏辅助线，选择菜单栏中的效果(C)→轮廓图(C)命令，打开“轮廓图”泊坞窗，设置其参数如图 11.1.9 所示。

（9）设置完成后，单击 应用 按钮，效果如图 11.1.10 所示。

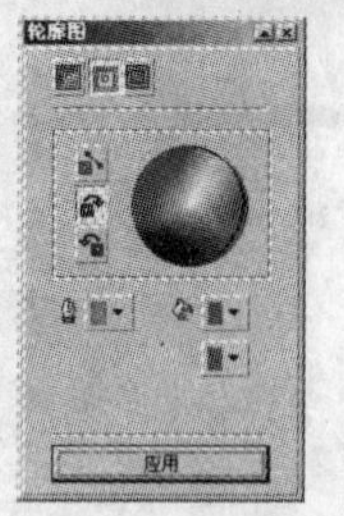

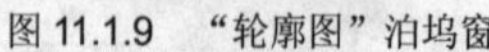

图 11.1.9 “轮廓图”泊坞窗　　　　图 11.1.10 应用轮廓图效果

（10）选择菜单栏中的 文本(T) → 插入符号字符(H) 命令，打开“插入字符”泊坞窗，设置其参数如图 11.1.11 所示。

（11）选中需要的字符，将其拖曳到绘图区中，单击调色板中的白色方块□，将其填充为白色，再用鼠标右键单击调色板中的“无外框”图标☒去掉外框，效果如图 11.1.12 所示。

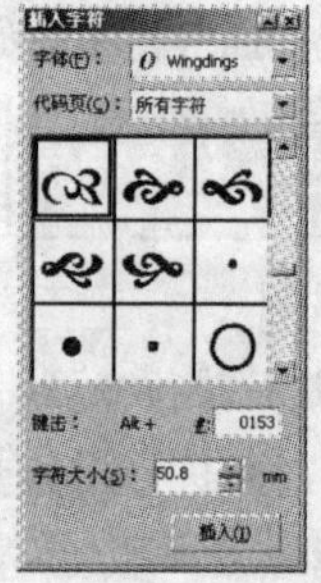

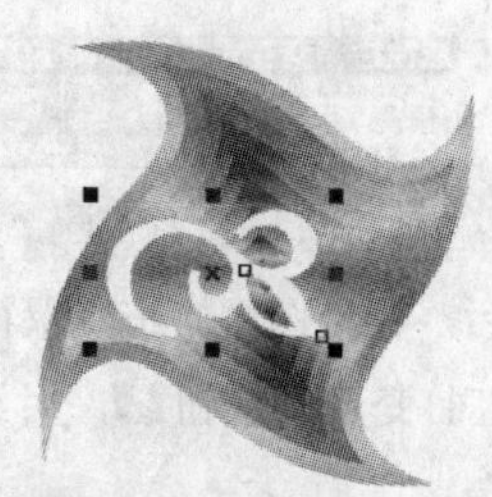

图 11.1.11 “插入字符”泊坞窗　　　　图 11.1.12 填充字符效果

（12）选中字符，选择菜单栏中的 排列(A) → 变换(T) → 旋转(R) 命令，打开“变换”泊坞窗，设置其参数如图 11.1.13 所示，设置完成后，单击 应用到再制 按钮 7 次，效果如图 11.1.14 所示。

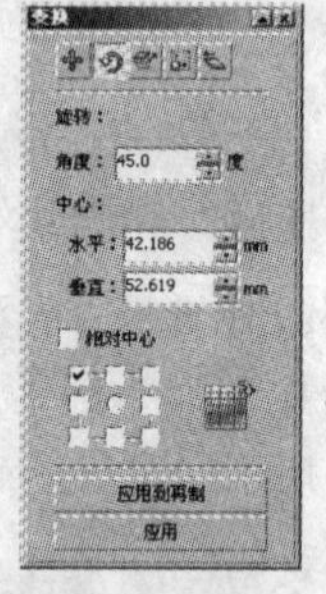

图 11.1.13 “变换”泊坞窗　　　　图 11.1.14 应用变换效果

（13）单击工具箱中的“挑选工具”按钮，选中变换后的所有字符对象，按“Ctrl+G”键对其进行群组。

（14）使用挑选工具将其移至绘图区中合适的位置，然后选中绘图区中的所有图形对象，按“Ctrl+G”键对所有图形对象进行群组。

（15）显示辅助线，单击工具箱中的“椭圆工具”按钮，设置其属性栏参数如图 11.1.15 所示。

（16）按住“Shift+Ctrl”键的同时，以辅助线交叉点为圆心在绘图区中绘制一个圆，使用鼠标右键单击调色板中的橘红色方块，对绘制的圆形轮廓进行填充。

图 11.1.15　“椭圆工具”属性栏

（17）选中群组后的图形对象，选择菜单栏中的效果(C)→图框精确剪裁(W)→放置在容器中(P)…命令，此时将鼠标指针放置在圆形对象上，指针变成➡形状，单击鼠标左键，对群组后的图形对象进行图框精确剪裁，效果如图 11.1.16 所示。

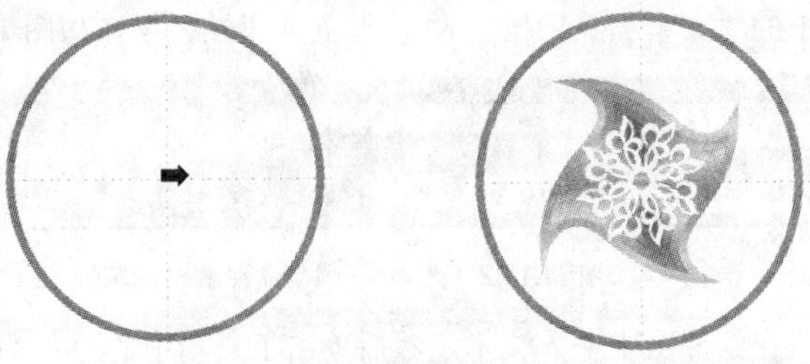

图 11.1.16　应用图框精确剪裁效果

（18）选择菜单栏中的效果(C)→图框精确剪裁(W)→编辑内容(E)命令，对群组的图形对象进行调整，调整好后，选择效果(C)→图框精确剪裁(W)→结束编辑(F)命令，效果如图 11.1.17 所示。

（19）重复步骤（10）和（11）的操作，在绘图区中插入字符，并将字符颜色填充为橘红色，效果如图 11.1.18 所示。

图 11.1.17　编辑后的图形对象效果

图 11.1.18　插入字符效果

（20）使用鼠标左键单击字符对象，将字符对象的中心点拖曳到辅助线的交叉点处，如图 11.1.19 所示。

（21）选择菜单栏中的排列(A)→变换(T)→旋转(R)命令，打开“变换”泊坞窗，设置其参数如图 11.1.20 所示。

图 11.1.19　改变中心点位置

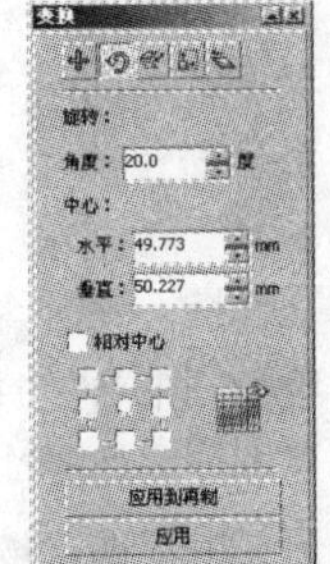

图 11.1.20　应用变换效果

（22）设置完成后，单击应用到再制按钮 17 次，得到的效果如图 11.1.21 所示。

图 11.1.21　应用变换效果

（23）单击工具箱中的“文本工具”按钮，设置其属性栏参数如图 11.1.22 所示。

图 11.1.22　“文本工具”属性栏

（24）设置完成后，在绘图区中输入文本，然后单击工具箱中的“贝塞尔工具”按钮，在绘图页面中绘制一个路径，效果如图 11.1.23 所示。

（25）选择 文本(T) → 使文本适合路径(T) 命令，将文本填入路径，效果如图 11.1.24 所示。

图 11.1.23　绘制路径

图 11.1.24　将文本填入路径

（26）使用挑选工具框选路径和文本，选择 排列(A) → 拆分 在一路径上的文本(B) 命令，选取路径并将其删除。

（27）重复步骤（23）～（25）的操作，得到的效果如图 11.1.25 所示。

（28）单击工具箱中的“文本工具”按钮，设置字体与字号后，输入如图 11.1.26 所示的文字。

图 11.1.25　创建文本路径效果

图 11.1.26　输入文字

（29）单击工具箱中的“形状工具”按钮，在绘图区中选中小黑点底部的小方块，然后将小黑点移动至辅助线的交叉点处，效果如图 11.1.27 所示。

（30）选中圆形对象，单击调色板中的淡黄色方块，对圆进行填充，效果如图 11.1.28 所示。

（31）隐藏辅助线，使用挑选工具选中绘图区中的所有图形对象，按“Ctrl+G”键对其进行群组，最终效果如图 11.1.1 所示。

图 11.1.27　调整文本位置

图 11.1.28　填充图形对象

案例 2　台 历 设 计

案例内容

本例主要进行台历设计，最终效果如图 11.2.1 所示。

图 11.2.1　最终效果图

设计思路

在设计过程中，将用到矩形工具、交互式阴影工具、交互式调和工具、轮廓工具、文本工具、框架滤镜以及对齐等命令。

操作步骤

（1）启动 CorelDRAW X3 应用程序，新建一个图形文件，单击工具箱中的“矩形工具”按钮，在绘图页面中拖动鼠标绘制矩形对象，并将其填充为白色。

（2）按“Ctrl+I”键，导入一幅位图对象，使用挑选工具将其移至矩形对象上，效果如图 11.2.2 所示。

（3）选择菜单栏中的位图(B)→创造性(V)→框架(R)...命令，弹出“框架”对话框，选择选择选项卡，单击下拉按钮，从弹出的下拉列表中选择一种框架样式，然后选择修改选项卡，从中对所选的框架进行修改，效果如图 11.2.3 所示。

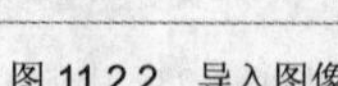

图 11.2.2　导入图像

图 11.2.3　应用框架滤镜效果

（4）单击工具箱中的“矩形工具”按钮，在绘图页面中绘制矩形对象，并将其填充为浅灰色，如图 11.2.4 所示。

（5）使用椭圆工具在绘图区中绘制椭圆对象，再使用矩形工具在椭圆对象左侧绘制矩形对象，然后选择排列(A)→造形(P)→造形(P)命令，打开“造形”泊坞窗，在其下拉列表中选择修剪选项，单击修剪按钮，在椭圆对象上单击，即可用矩形对象修剪椭圆对象，效果如图 11.2.5 所示。

图 11.2.4　绘制矩形并填充

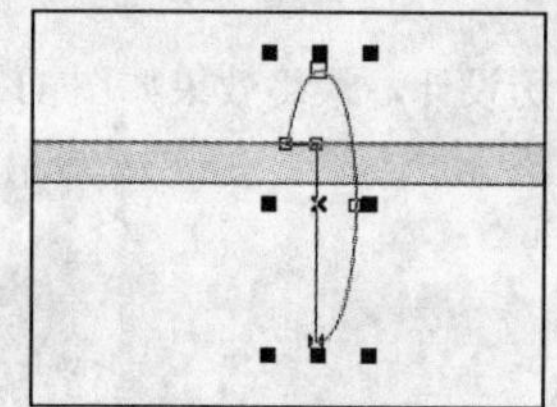

图 11.2.5　修剪对象

（6）单击工具箱中的“形状工具”按钮，选择修剪后对象上的节点，并在属性栏中单击“分离曲线”按钮，然后在分离的曲线节点上双击，可拆分分离后的曲线，使修剪后的椭圆变为如图 11.2.6 所示的形状。

（7）在属性栏中更改调整后曲线的宽度为 1.4 mm，再将其复制并水平向右移动，效果如图 11.2.7 所示。

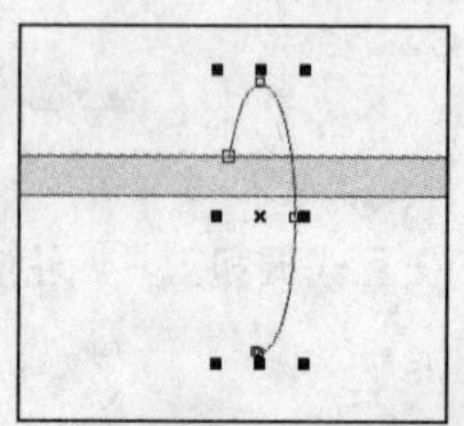

图 11.2.6　使用形状工具调整形状

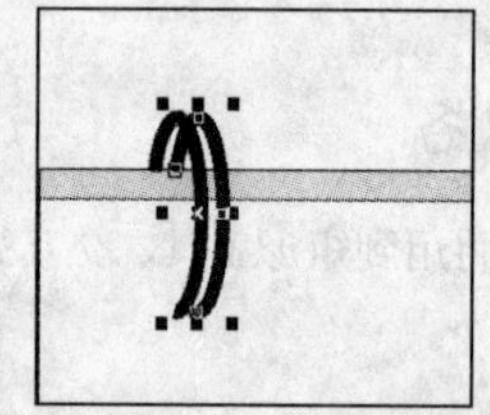

图 11.2.7　复制对象并移动

（8）单击工具箱中的“矩形工具”按钮，在绘图页面中的线条对象下方绘制一个正方形，并将其填充为黑色。

（9）使用挑选工具框选正方形与两个线条对象，按“Ctrl+G”键，对其进行群组，然后将其水平向右复制，如图 11.2.8 所示。

（10）单击工具箱中的“交互式调和工具”按钮，在群组的对象与复制的群组对象之间创建交互式调和效果，如图 11.2.9 所示。

（11）单击工具箱中的“文本工具”按钮，在绘图页面中输入数字，如图 11.2.10 所示。

图 11.2.8 复制并移动图形对象

图 11.2.9 调和效果

（12）将鼠标指针依次移至数字（1 到 6，8 到 13，15 到 20，22 到 27，29 到 30）前，通过按键盘上的空格键，将数字调整至如图 11.2.11 所示的状态。

123456
78910111213
14151617181920
21222324252627
282930

图 11.2.10 输入数字

1 2 3 4 5 6
7 8 9 10 11 12 13
14 15 16 17 18 19 20
21 22 23 24 25 26 27
28 29 30

图 11.2.11 调整数字

（13）单击工具箱中的“形状工具”按钮，选择调整后的数字，将鼠标指针移至左下方的图标上，按住鼠标左键向下拖动，可调整数字的行间距，效果如图 11.2.12 所示。

（14）选择菜单栏中的 排列(A) → 拆分 命令，将数字拆分，此时的效果如图 11.2.13 所示。

1 2 3 4 5 6
7 8 9 10 11 12 13
14 15 16 17 18 19 20
21 22 23 24 25 26 27
28 29 30

图 11.2.12 调整数字的行间距

1 2 3 4 5 6
7 8 9 10 11 12 13
14 15 16 17 18 19 20
21 22 23 24 25 26 27
28 29 30

图 11.2.13 拆分数字

（15）重复步骤（14）的操作，将数字再次打散，此时的效果如图 11.2.14 所示。

（16）分别选择第 2 行、第 3 行、第 4 行与第 5 行的数字，按“Ctrl+K”键将其拆分，使每一个数字为一个单独的对象。

（17）使用挑选工具框选中第 1 列数字，然后选择菜单栏中的 排列(A) → 对齐和分布(A) → 对齐和分布(A)… 命令，弹出“对齐与分布”对话框，设置其对话框参数如图 11.2.15 所示。单击 应用(A) 按钮，对齐后的效果如图 11.2.16 所示。

1 2 3 4 5 6
7 8 9 10 11 12 13
14 15 16 17 18 19 20
21 22 23 24 25 26 27
28 29 30

图 11.2.14 再次拆分数字

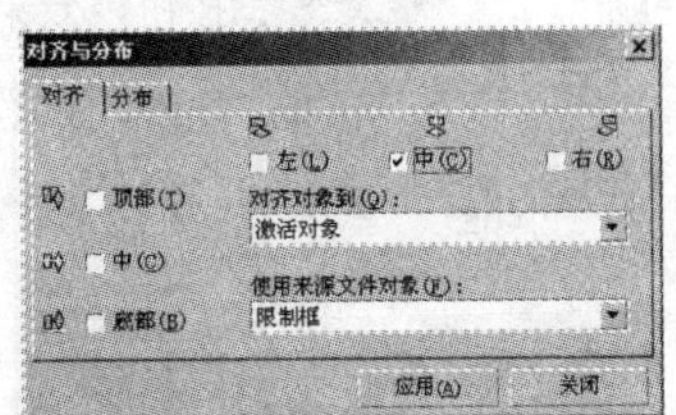

图 11.2.15 “对齐与分布”对话框

（18）重复步骤（17）的操作，分别将第 2 列、第 3 列、第 4 列、第 5 列、第 6 列、第 7 列的数字中心对齐，对齐后的效果如图 11.2.17 所示。

（19）单击工具箱中的“文本工具”按钮，设置好字体与字号后，在绘图页面中分别输入如

图 11.2.18 所示的文字。

图 11.2.16 使所选的一列对象对齐　　图 11.2.17 对齐其他列对象

（20）再使用文本工具在绘图页面中输入中文和英文的月份，效果如图 11.2.19 所示。

图 11.2.18 输入文本　　图 11.2.19 输入月份

（21）使用文本工具在绘图页面中输入文本“2010”，并单击工具箱中的“交互式阴影工具”按钮，设置其属性参数如图 11.2.20 所示，添加交互式阴影的效果如图 11.2.21 所示。

图 11.2.20 “交互式阴影工具”属性栏

（22）再使用文本工具在绘图页面中输入文本“农历庚寅属虎”，并设置其字体与字号，效果如图 11.2.22 所示。

图 11.2.21 输入文本　　图 11.2.22 输入文本

（23）使用挑选工具选中矩形对象，然后单击工具箱中的“轮廓工具”按钮，弹出“轮廓笔”对话框，设置其对话框参数如图 11.2.23 所示。

（24）设置完成后，单击确定按钮，效果如图 11.2.24 所示。

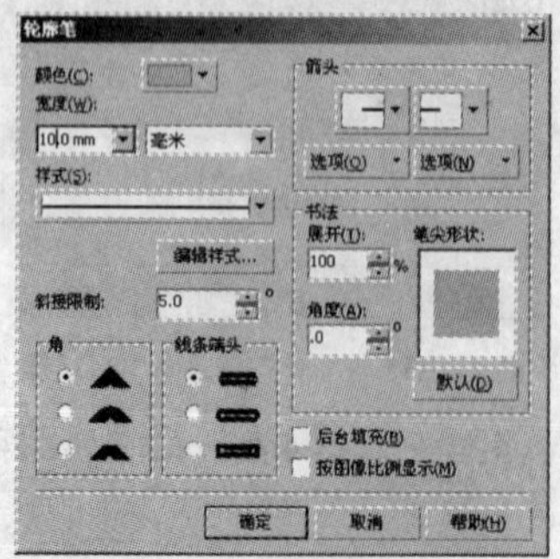

图 11.2.23 “轮廓笔”对话框　　图 11.2.24 添加轮廓效果

（25）单击工具箱中的“多边形工具”按钮，在绘图页面中绘制一个三角形对象。

（26）单击工具箱中的“渐变填充对话框”按钮，弹出“渐变填充”对话框，设置其对话框参数如图 11.2.25 所示。

（27）设置好参数后，单击 确定 按钮，效果如图 11.2.26 所示。

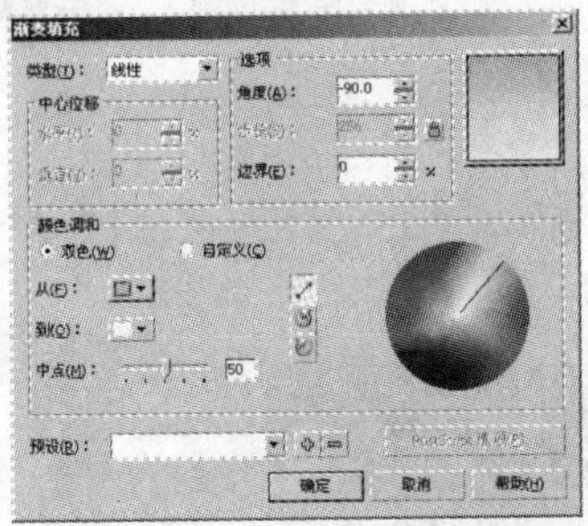

图 11.2.25　“渐变填充”对话框

图 11.2.26　渐变填充效果

（28）单击工具箱中的“钢笔工具”按钮，在三角形对象的下方绘制如图 11.2.27 所示的图形对象。

（29）重复步骤（28）的操作，在绘图页面中拖曳鼠标，绘制一个倒梯形，效果如图 11.2.28 所示。

图 11.2.27　使用钢笔工具绘制图形

图 11.2.28　使用钢笔工具绘制倒梯形

（30）选择菜单栏中的 编辑(E) → 复制属性自(M)... 命令，弹出“复制属性”对话框，设置其对话框参数如图 11.2.29 所示。

（31）设置完成后，单击 确定 按钮，此时鼠标指针变为➡形状，在填充渐变的三角形对象上单击，可将其填充色应用到所选的图形对象上。

（32）使用挑选工具依次选择三角形对象与使用钢笔工具绘制的两个图形对象，按“Ctrl+G”键将其群组，然后选择菜单栏中的 排列(A) → 顺序(O) → 到后部(B) 命令，可将其放置在所有图形的下方，并移至适当位置，效果如图 11.2.30 所示。

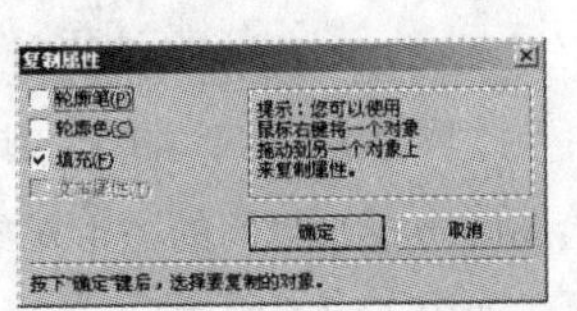

图 11.2.29　“复制属性”对话框

图 11.2.30　群组对象并调整其位置

（33）重复步骤（23）的操作，对群组后的图形对象添加轮廓效果，最终效果如图 11.2.1 所示。

案例3　卡 片 设 计

案例内容

本例主要进行卡片设计，最终效果如图 11.3.1 所示。

图 11.3.1　最终效果图

设计思路

在设计过程中，将用到矩形工具、文本工具、手绘工具、交互式调和工具、贝塞尔工具以及交互式阴影工具等。

操作步骤

（1）启动 CorelDRAW X3 应用程序，选择菜单栏中的 文件(F) → 新建(N) 命令，再选择 版面(L) → 页面设置(P)... 命令，弹出“选项”对话框，设置其页面大小参数如图 11.3.2 所示。

（2）单击工具箱中的“渐变填充对话框”按钮，弹出“渐变填充”对话框，设置其对话框参数如图 11.3.3 所示，设置完成后，单击 确定 按钮。

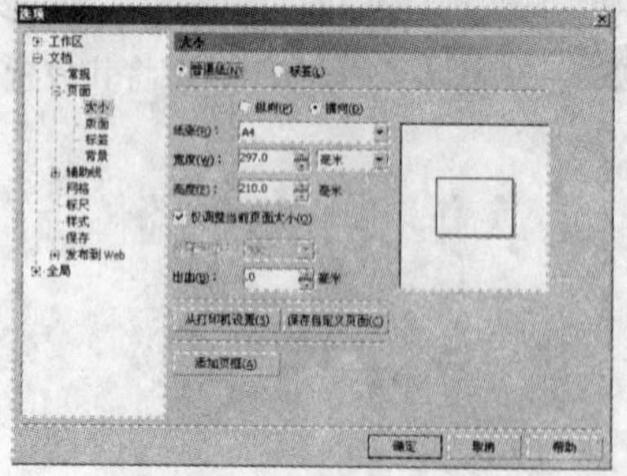

图 11.3.2　“选项”对话框

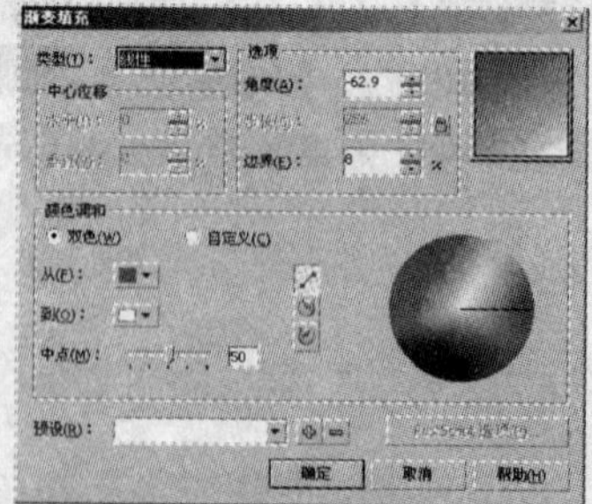

图 11.3.3　“渐变填充”对话框

（3）单击工具箱中的“手绘工具”按钮，在绘图区中绘制封闭的图形对象，如图 11.3.4 所示。在调色板中单击白色色块，可填充封闭的图形对象，如图 11.3.5 所示。

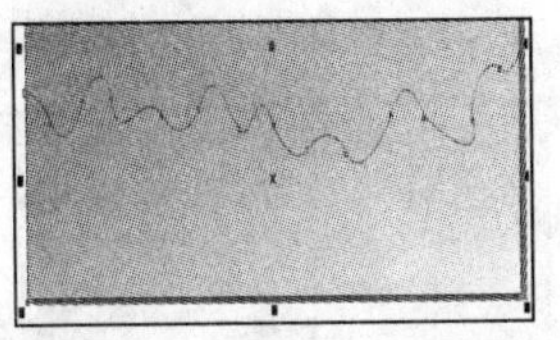
图 11.3.4 绘制封闭图形

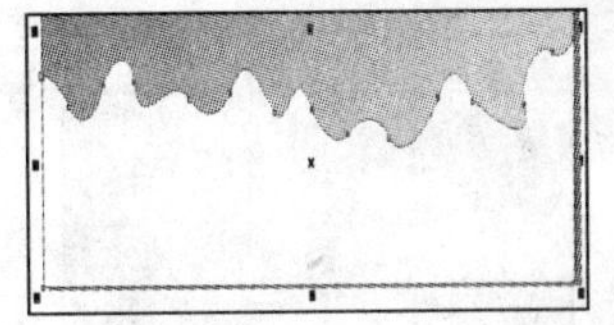
图 11.3.5 填充对象

（4）单击工具箱中的“贝塞尔工具”按钮，在绘图区中拖动鼠标绘制一个封闭的图形，如图 11.3.6 所示。再使用涂抹笔刷工具在绘制的图形上拖动鼠标进行涂抹，效果如图 11.3.7 所示。

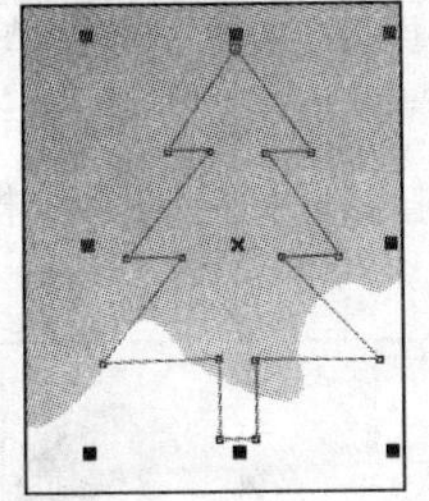
图 11.3.6 绘制封闭的对象

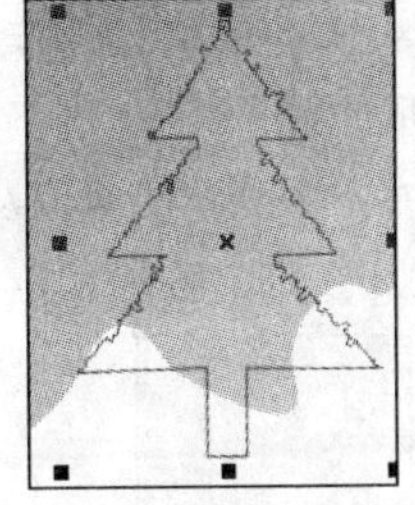
图 11.3.7 涂抹后的效果

（5）在调色板中单击土黄色色块，可将图形填充为土黄色，如图 11.3.8 所示。

（6）按住“Shift+Alt”键的同时拖动图形右上角的控制点，可缩放图形，至适当大小后单击鼠标右键复制图形，在调色板中单击白色色块，将复制的图形填充为白色，并移至土黄色图形的下方，如图 11.3.9 所示。

图 11.3.8 填充图形

图 11.3.9 制作白色图形

（7）单击工具箱中的“钢笔工具”按钮与“形状工具”按钮，在绘图区中拖动鼠标绘制图形并将其填充为深紫色，如图 11.3.10 所示。

（8）单击工具箱中的“手绘工具”按钮，在绘图区中拖动鼠标绘制一个不规则的圆角四边形，并将其填充为淡紫色，作为房顶图形，如图 11.3.11 所示。

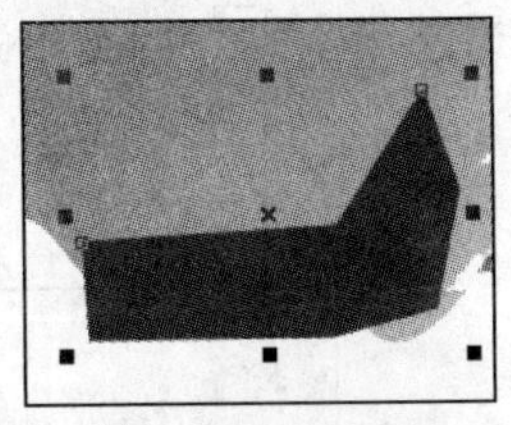
图 11.3.10 绘制深紫色图形

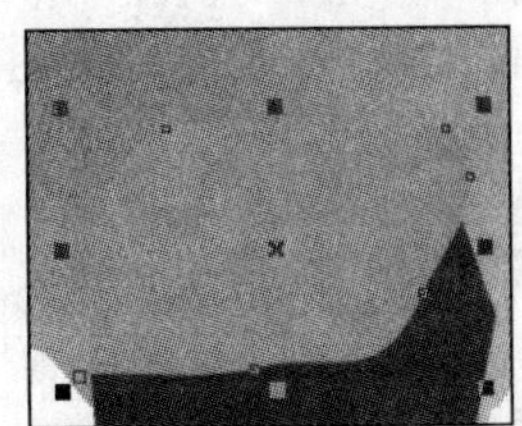
图 11.3.11 绘制房顶图形

（9）按小键盘上的“+”键，在原位置复制房顶图形，然后将复制图形适当缩小，并填充为白色，如图 11.3.12 所示。

（10）单击工具箱中的“交互式调和工具”按钮，在两个房顶图形之间添加交互式调和效果，如图 11.3.13 所示。

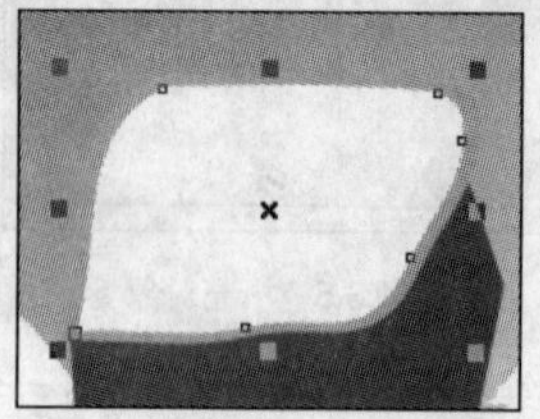

图 11.3.12　制作白色图形

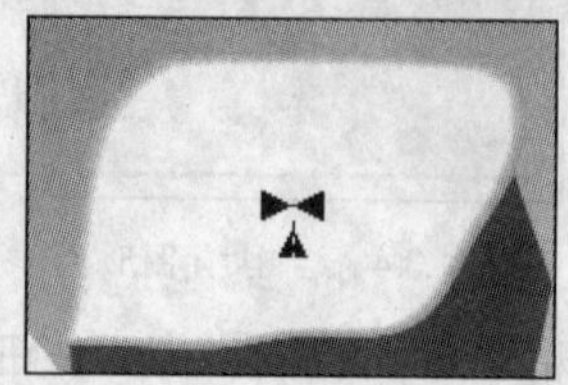

图 11.3.13　制作调和效果

（11）重复步骤（8）～（10）的操作，使用手绘工具与交互式调整工具绘制房子后面的房顶图形，效果如图 11.3.14 所示。

（12）使用工具箱中的贝塞尔工具以及形状工具，在绘制的房子图形上拖动鼠标绘制窗户图形，并将其填充为淡黄色，如图 11.3.15 所示。

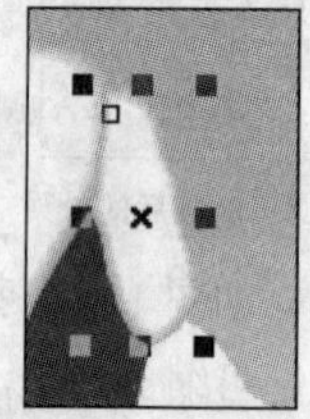

图 11.3.14　制作后面房顶图形

图 11.3.15　填充图形

（13）单击工具箱中的“矩形工具”按钮在房顶上绘制烟囱图形，并使用形状工具调整其节点，效果如图 11.3.16 所示。

（14）按“Ctrl+C”键复制烟囱图形，再按“Ctrl+V”键进行粘贴，然后使用键盘上的方向键将其水平向右移动至如图 11.3.17 所示的位置。

图 11.3.16　绘制烟囱图形

图 11.3.17　复制的图形

（15）单击工具箱中的“椭圆工具”按钮，在绘图区拖动鼠标绘制椭圆图形，在填充工具组中单击“渐变填充对话框”按钮，弹出“渐变填充”对话框，设置其对话框参数如图 11.3.18 所示。单击 确定 按钮，可为椭圆对象填充渐变效果，在调色板中的☒图标上单击鼠标右键，可去掉其轮廓线，如图 11.3.19 所示。

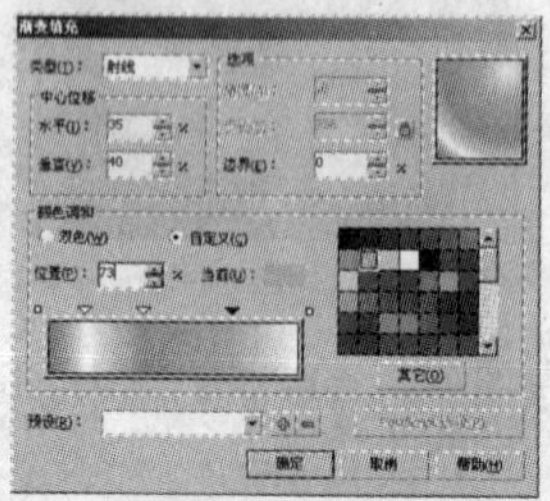

图 11.3.18　“渐变填充”对话框

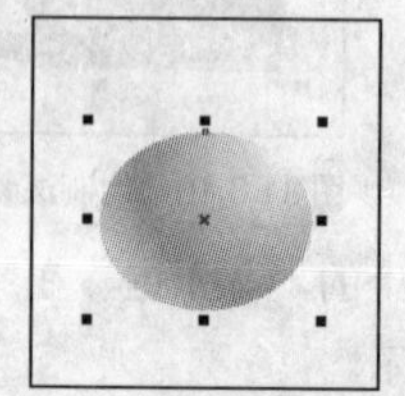

图 11.3.19　填充椭圆对象

（16）复制填充渐变效果的椭圆对象，将其向下移动一些距离并适当放大，作为雪人的身体，如图 11.3.20 所示。选择菜单栏中的 排列(A) → 顺序(O) → 到页面后面(B) 命令，可将复制的椭圆放在小椭圆对象的下方，如图 11.3.21 所示。

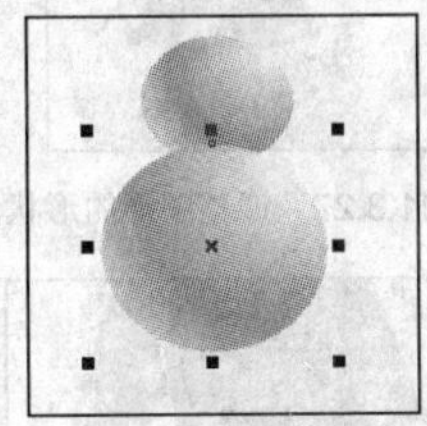
图 11.3.20 复制图形并放大

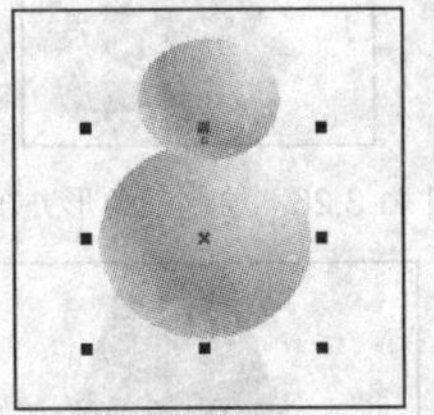
图 11.3.21 调整对象的位置

（17）单击工具箱中的“椭圆工具”按钮，在雪人的头部绘制眼睛，然后在填充工具组中单击“渐变填充对话框”按钮，弹出“渐变填充”对话框，设置渐变颜色为黑色与白色，其他参数设置如图 11.3.22 所示。单击 确定 按钮，填充眼睛图形的效果如图 11.3.23 所示。

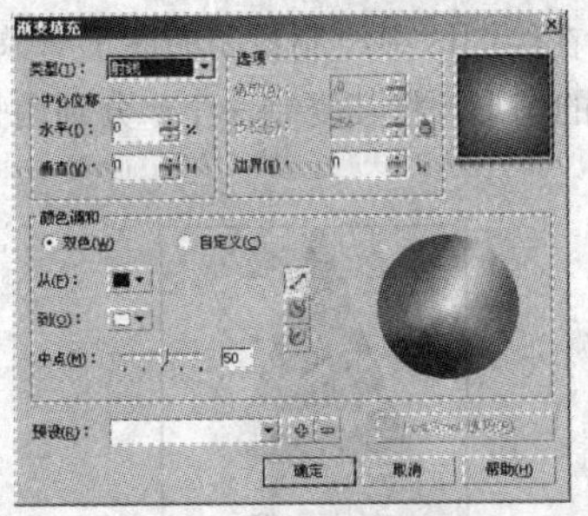

图 11.3.22 “渐变填充”对话框

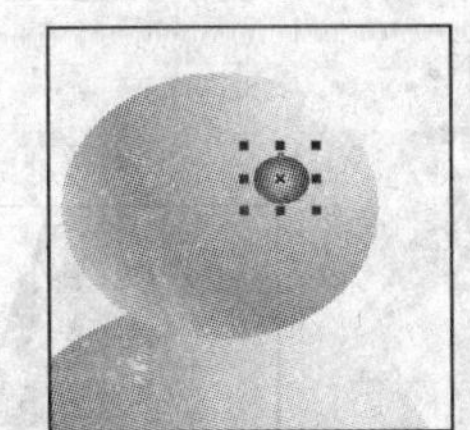
图 11.3.23 绘制的眼睛图形

（18）使用挑选工具选择填充后的眼睛图形，按住鼠标左键将其拖至适当位置后，单击鼠标右键，可复制对象，即制作出另一只眼睛图形，如图 11.3.24 所示。

（19）单击工具箱中的“手绘工具”按钮，在绘图区中拖动鼠标绘制雪人的鼻子，在调色板中单击深灰色色块，将其填充为深灰色，如图 11.3.25 所示。

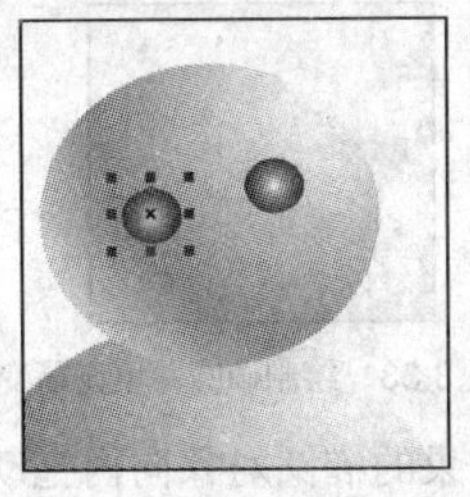
图 11.3.24 复制对象

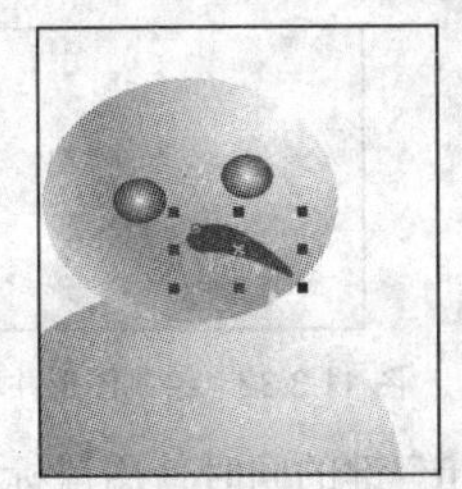
图 11.3.25 绘制鼻子图形

（20）单击工具箱中的“多边形工具”按钮，在属性栏中设置多边形的端点数为 3，在绘图区中拖动鼠标绘制三角形对象，在调色板中单击蓝色色块，将其填充为蓝色，并去掉其轮廓线，如图 11.3.26 所示。

（21）使用挑选工具选择三角形对象，按“Ctrl+Q”键将其转换为曲线，使用形状工具调整三角形的形状，如图 11.3.27 所示。

（22）单击工具箱中的“贝塞尔工具”按钮，在图形的下方绘制如图 11.3.28 所示的封闭图形。在调色板中单击黄色色块，可将其填充为黄色，再去掉对象的轮廓线，如图 11.3.29 所示。

图 11.3.26　绘制三角形并填充

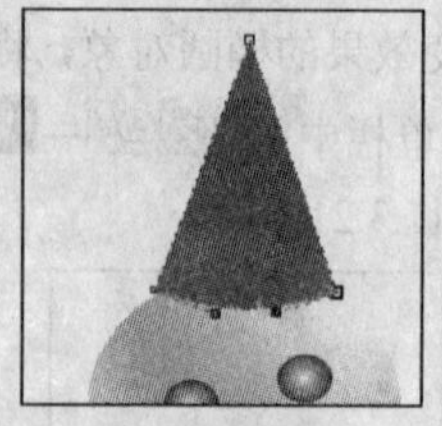

图 11.3.27　调整图形的形状

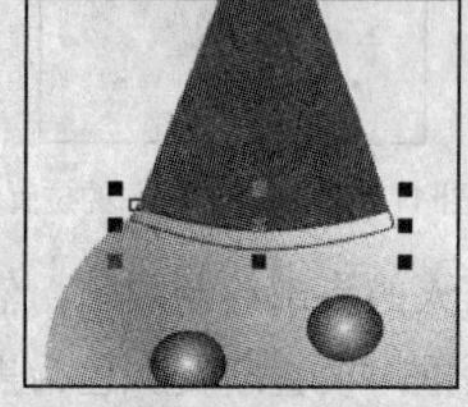

图 11.3.28　绘制封闭图形

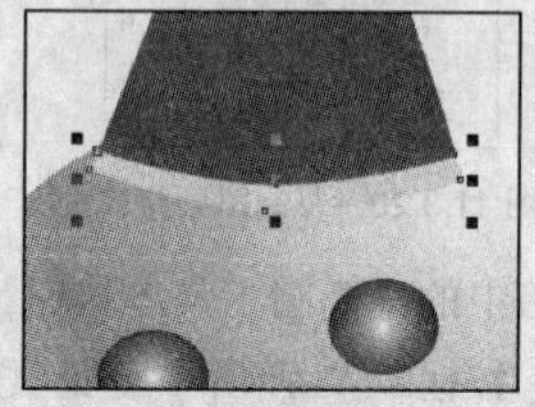

图 11.3.29　填充图形并去除轮廓线

（23）单击工具箱中的“手绘工具”按钮，在绘图区中绘制封闭的图形对象，并将其填充为黄色，如图 11.3.30 所示。使用挑选工具选择填充后的图形，将其复制 3 个，分别调整其大小与位置，如图 11.3.31 所示。

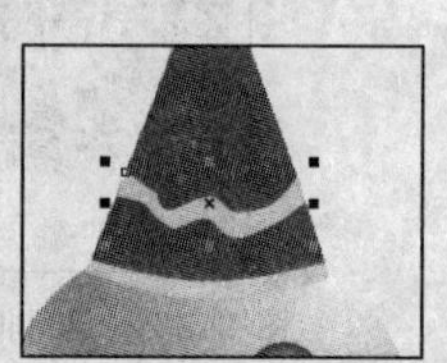

图 11.3.30　绘制图形并填充

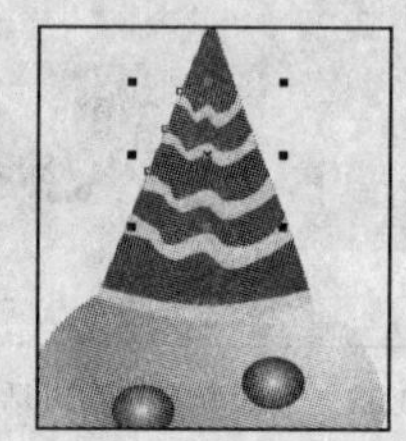

图 11.3.31　调整复制图形的位置与大小

（24）单击工具箱中的“贝塞尔工具”按钮，在蓝色图形的顶部拖动鼠标绘制封闭的图形并填充为黄色，如图 11.3.32 所示。

（25）使用椭圆工具在绘图区中绘制椭圆对象并为其填充渐变效果，如图 11.3.33 所示。

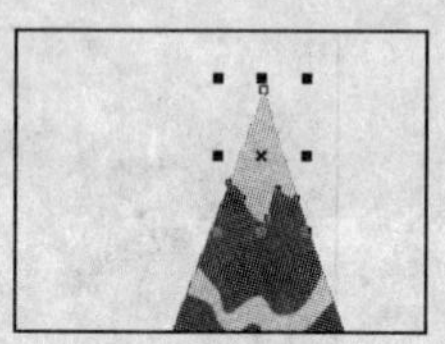

图 11.3.32　绘制图形并填充

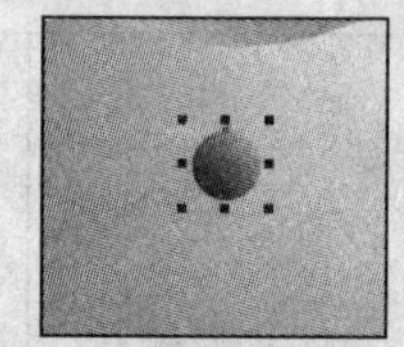

图 11.3.33　绘制椭圆并填充渐变

（26）按住“Shift”键的同时使用鼠标将填充渐变效果的椭圆对象向内拖动，至适当位置后单击鼠标右键，可等比例缩小并复制对象，将缩小复制的对象旋转一定的角度，效果如图 11.3.34 所示。

（27）使用挑选工具框选绘制的两个椭圆对象，按“Ctrl+G”键将其群组为一个整体，并将其复制 3 个垂直向下排列，如图 11.3.35 所示。

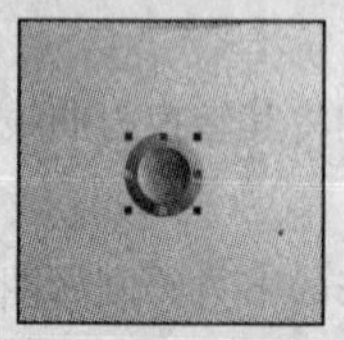

图 11.3.34　复制对象并旋转

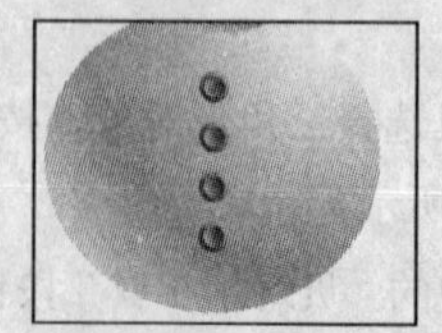

图 11.3.35　排列复制的对象

（28）导入一幅图像文件，将其移动到如图11.3.36所示的位置，再复制一个，使用属性栏中的水平镜像按钮对其进行翻转，并将其移动到适当位置，效果如图11.3.37所示。

图11.3.36 导入图像

图11.3.37 镜像图像

（29）导入几幅图像文件，分别对树和雪人进行修饰，效果如图11.3.38所示。再使用艺术笔工具在图像中拖动鼠标绘制艺术喷涂，效果如图11.3.39所示。

图11.3.38 导入图像

图11.3.39 艺术喷涂效果

（30）选中绘制的月亮图案，单击鼠标右键从弹出的快捷菜单中选择拆分 艺术笔 群组(B)命令，对图案进行拆分，再按“Ctrl+U”键取消群组，删除小月亮图案。并将大月亮图案旋转一定的角度，移动旁边的星星图案，将其填充为黄色，效果如图11.3.40所示。

（31）选择位图(B)→转换为位图(_)…命令，将绘制的对象转换为位图，然后选择位图(B)→创造性(V)→天气(W)…命令，弹出“天气”对话框，设置其对话框参数如图11.3.41所示。单击确定按钮，对图像添加雪景，效果如图11.3.42所示。

图11.3.40 删除图像

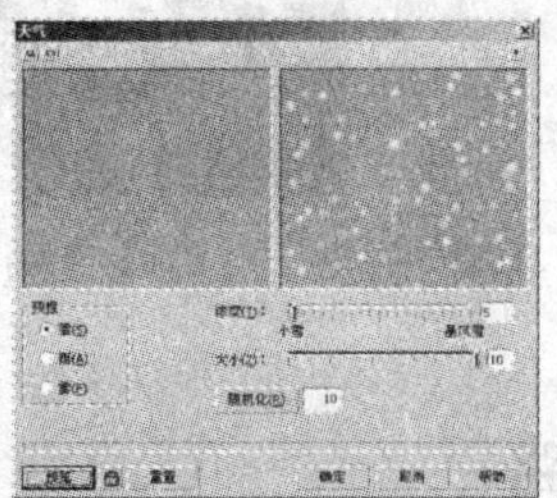

图11.3.41 “天气”对话框

（32）单击工具箱中的“艺术笔工具”按钮，在图像中拖动鼠标绘制艺术喷涂，效果如图11.3.43所示。

图11.3.42 添加雪景效果

图11.3.43 艺术喷涂效果

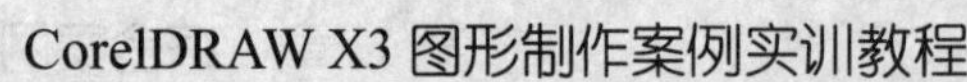

（33）单击工具箱中的“文本工具”按钮，分别在属性栏中设置好字体与字号后，在图像中输入如图 11.3.44 所示的文字。

图 11.3.44　输入文字

（34）选中“祝福贺卡”文字，单击工具箱中的“交互式阴影工具”按钮，对文字应用交互式阴影效果，最终效果如图 11.3.1 所示。

案例 4　宣传广告设计

案例内容

本例主要进行宣传广告设计，最终效果如图 11.4.1 所示。

图 11.4.1　最终效果图

设计思路

在设计过程中，将用到渐变填充对话框、三点椭圆形工具、交互式阴影工具、交互式轮廓图工具、贝塞尔工具、星形工具、轮廓笔工具以及图框精确裁剪等命令。

操作步骤

（1）选择菜单栏中的 文件(F) → 新建(N) 命令，新建一个文件。选择菜单栏中的 版面(L) → 页面设置(P)... 命令，弹出“选项”对话框，设置对话框参数如图 11.4.2 所示。

（2）双击工具箱中的“矩形工具”按钮，绘制一个与页面大小相符的矩形对象，然后单击工具箱中的“渐变填充对话框”按钮，弹出“渐变填充”对话框，设置对话框参数如图 11.4.3 所示，设置完成后，单击 确定 按钮，效果如图 11.4.4 所示。

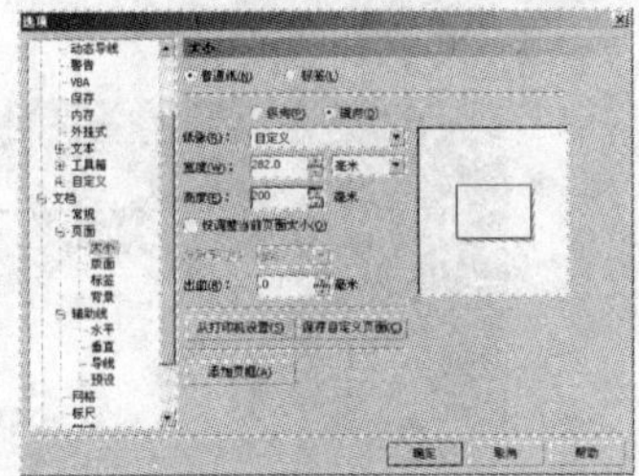

图 11.4.2 “选项”对话框

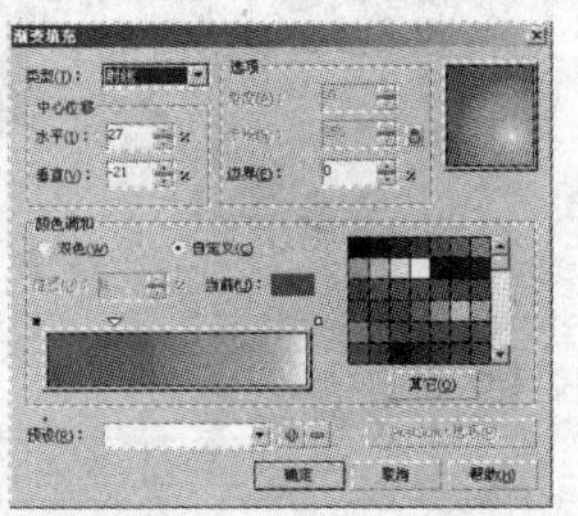

图 11.4.3 “渐变填充”对话框

（3）单击工具箱中的“三点椭圆形工具”按钮，在绘图区中绘制一个椭圆，使用鼠标左键单击调色板中的白色色块，为其填充白色，并删除轮廓，效果如图 11.4.5 所示。

图 11.4.4 渐变填充矩形

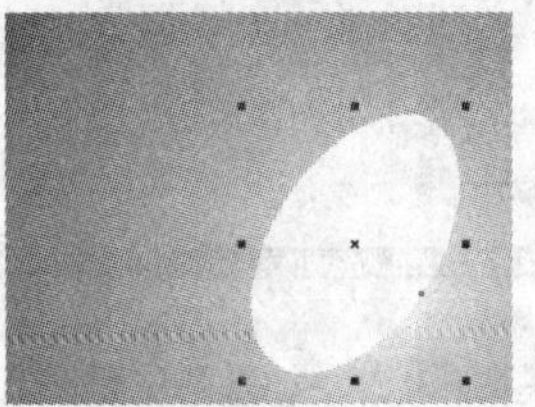

图 11.4.5 绘制椭圆并填充

（4）单击工具箱中的“交互式阴影工具”按钮，其属性设置如图 11.4.6 所示，在绘制的椭圆上拖动鼠标左键，为其添加阴影，如图 11.4.7 所示。

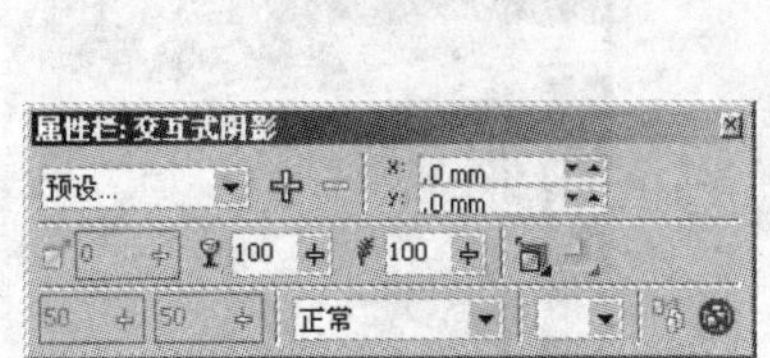

图 11.4.6 “交互式阴影工具”属性栏

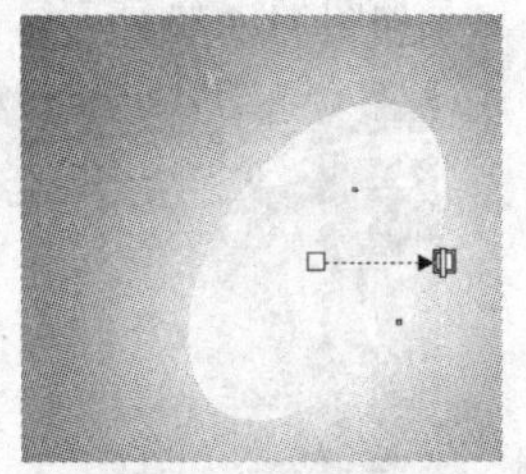

图 11.4.7 添加阴影效果

（5）选择菜单栏中的 排列(A) → 拆分 阴影群組(B) 命令，拆分椭圆形和阴影，选择椭圆形并将其删除，效果如图 11.4.8 所示。

（6）单击工具箱中的“贝塞尔工具”按钮，在绘图区中绘制一个封闭图形，如图 11.4.9 所示。

图 11.4.8 删除椭圆效果

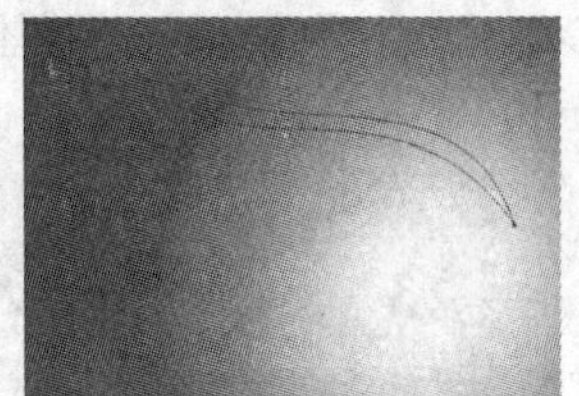

图 11.4.9 绘制封闭图形

（7）单击工具箱中的“填充对话框”按钮，弹出“均匀填充”对话框，设置对话框参数如图 11.4.10 所示。单击 确定 按钮，完成封闭图形的填充，并删除其轮廓线，效果如图 11.4.11 所示。

（8）单击工具箱中的“交互式轮廓图工具”按钮，其属性设置如图 11.4.12 所示。设置好参数后，在绘图区中拖曳鼠标为绘制的封闭图形添加轮廓图，效果如图 11.4.13 所示。

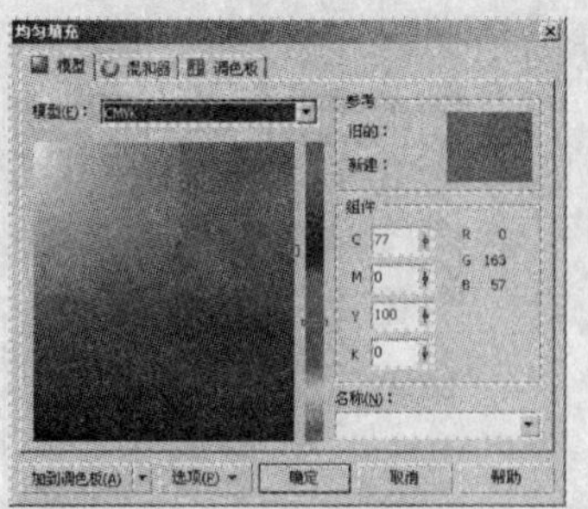
图 11.4.10 “均匀填充”对话框

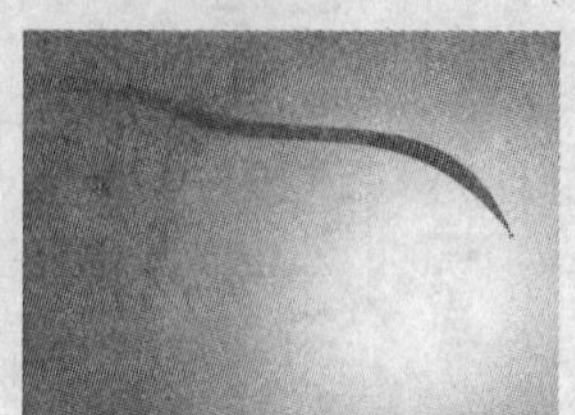
图 11.4.11 填充封闭图形

（9）选择轮廓图对象，按住鼠标左键并拖曳鼠标至合适的位置，释放鼠标左键的同时单击鼠标右键，复制图形对象。单击调色板中的橘红色色块，填充复制的轮廓图颜色为橘红色，效果如图 11.4.14 所示。

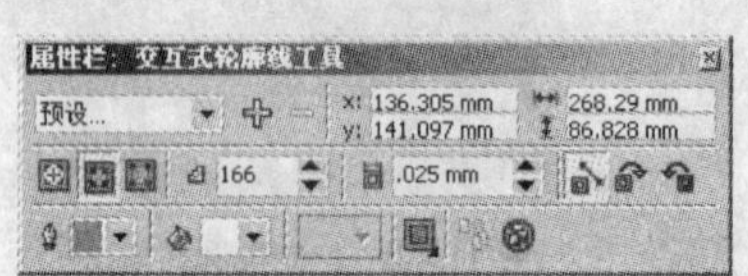
图 11.4.12 “交互式轮廓图工具”属性栏

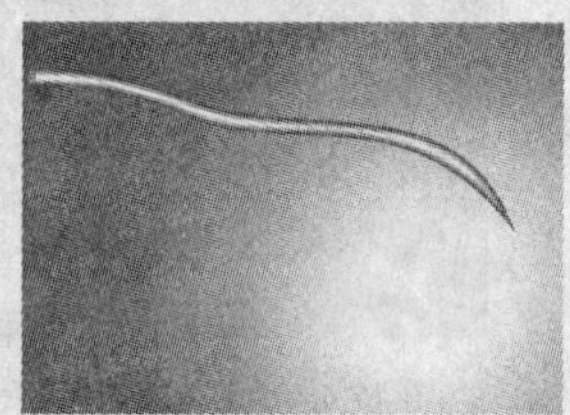
图 11.4.13 交互式轮廓图效果

（10）重复步骤（9）的操作，对绘制的图形对象进行复制，然后单击调色板中的浅紫色色块，为其填充颜色，效果如图 11.4.15 所示。

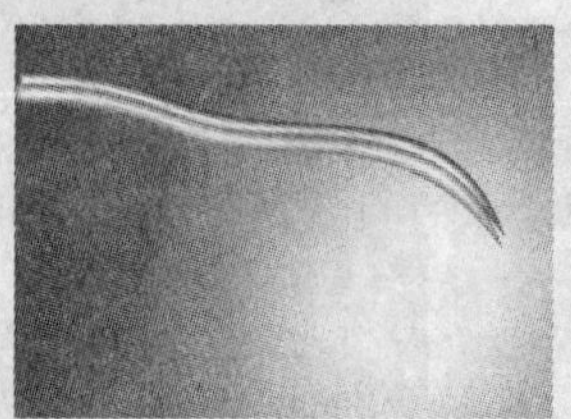
图 11.4.14 复制图形并更改颜色

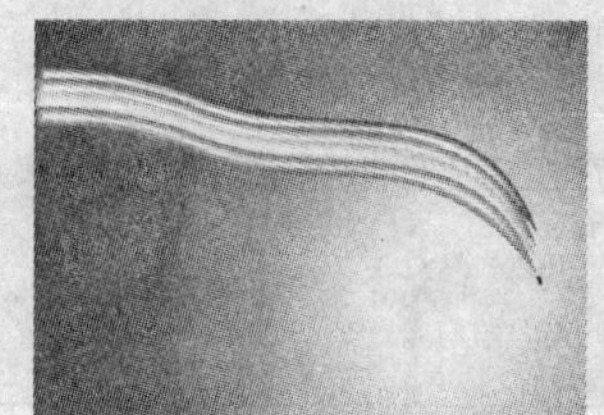
图 11.4.15 复制并更改图形颜色

（11）使用挑选工具框选绘图区中使用贝塞尔工具绘制的所有图形，按“Ctrl+G”键对其进行群组，然后选择菜单栏中的排列(A)→变换(F)→旋转(R)命令，对图形对象进行垂直翻转，效果如图 11.4.16 所示。

（12）按“Ctrl+I”键，导入一幅位图图像，并使用挑选工具调整其大小及位置，效果如图 11.4.17 所示。

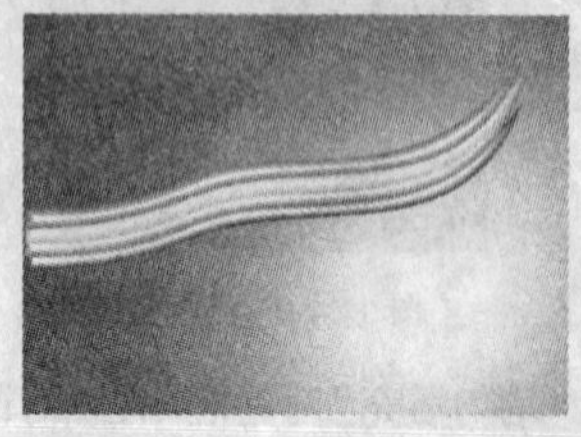
图 11.4.16 垂直翻转效果

图 11.4.17 导入图像

（13）单击工具箱中的“星形工具”按钮，设置其属性栏参数如图 11.4.18 所示。

（14）在绘图区中合适的位置绘制星形，单击调色板中的白色色块，为其填充颜色，删除其轮廓线，效果如图 11.4.19 所示。

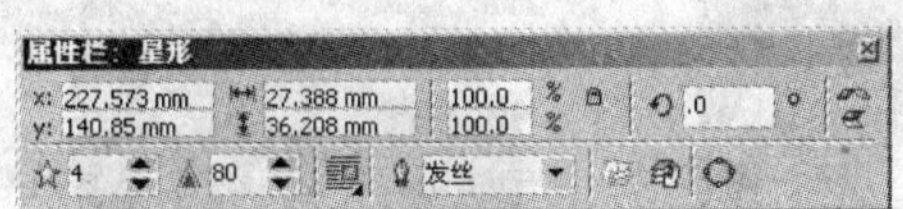

图 11.4.18　“星形”属性栏

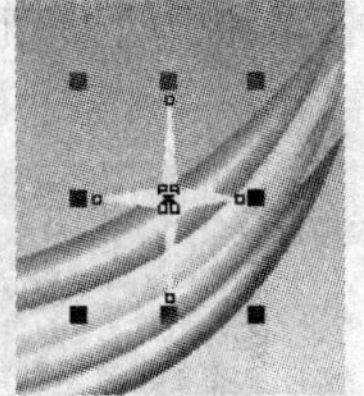

图 11.4.19　绘制星形

（15）单击工具箱中的“交互式阴影工具”按钮，设置其属性栏参数如图 11.4.20 所示，在绘制的星形上拖动鼠标左键，为其添加阴影，如图 11.4.21 所示。

图 11.4.20　“交互式阴影工具”属性栏

图 11.4.21　添加交互式阴影效果

（16）选择菜单栏中的排列(A)→拆分 阴影群組(B)命令，拆分星形和阴影，选择星形并将其删除，效果如图 11.4.22 所示。

（17）单击工具箱中的“椭圆形工具”按钮，在绘图页面中绘制圆形，单击调色板中的白色色块，为绘制的圆形填充颜色并删除其轮廓线。然后重复步骤（15）和（16）的操作，制作圆的阴影效果，如图 11.4.23 所示。

图 11.4.22　拆分阴影并移除

图 11.4.23　圆的阴影效果

（18）使用挑选工具选择星形和圆形的阴影图形，按“Ctrl+G”键，群组阴影图形对象，按小键盘上的“+”键，复制一个星形对象，效果如图 11.4.24 所示。

（19）重复步骤（18）的操作，复制并调整图像大小及位置，效果如图 11.4.25 所示。

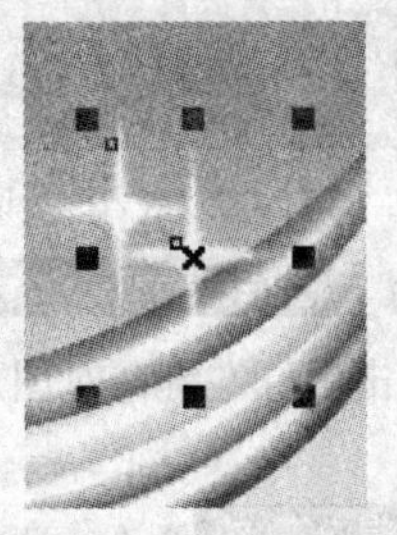

图 11.4.24　复制星形对象

图 11.4.25　制作圆形阴影效果

（20）按“Ctrl+I”键，导入一幅位图图像，使用挑选工具调整其大小及位置，效果如图 11.4.26

所示。

（21）单击工具箱中的“矩形工具”按钮，创建一个大小为 32 mm×32 mm 的圆，如图 11.4.27 所示。

图 11.4.26　导入位图

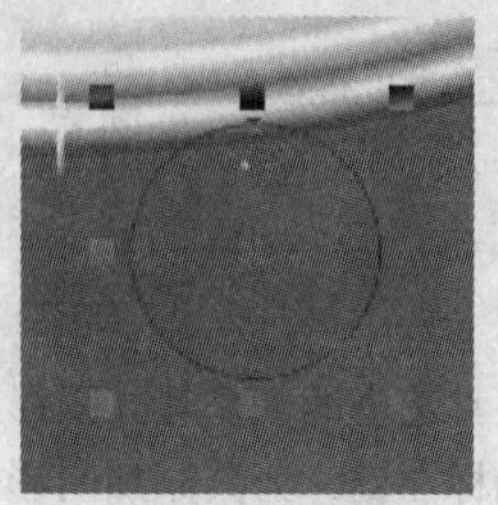
图 11.4.27　绘制圆

（22）单击工具箱中的“轮廓工具”按钮，弹出“轮廓笔”对话框，设置对话框参数如图 11.4.28 所示。设置完成后，单击 确定 按钮，效果如图 11.4.29 所示。

图 11.4.28　“轮廓笔”对话框

图 11.4.29　更改轮廓线效果

（23）按小键盘中的“+”键，将绘制的圆复制 3 份，并改变其颜色、大小及位置，效果如图 11.4.30 所示。

（24）按“Ctrl+I”键，弹出“导入”对话框，在对话框中按住“Ctrl”键选中 4 幅素材图像，如图 11.4.31 所示。单击 导入 按钮，完成位图的导入，效果如图 11.4.32 所示。

图 11.4.30　复制并调整图形对象

图 11.4.31　“导入”对话框

（25）确认一幅图像为选中状态，选择菜单栏中的 效果(C) → 图框精确剪裁(W) → 放置在容器中(P)... 命令，此时将鼠标指针放置在圆对象上，指针变成➡形状，单击鼠标左键，对图形对象进行图框精确剪裁，效果如图 11.4.33 所示。

（26）选择菜单栏中的 效果(C) → 图框精确剪裁(W) → 编辑内容(E) 命令，调整图框精确剪裁后的图像大小，调整好后，选择菜单栏中的 效果(C) → 图框精确剪裁(W) → 结束编辑(F) 命令，效果如图 11.4.34 所示。

图 11.4.32 导入位图

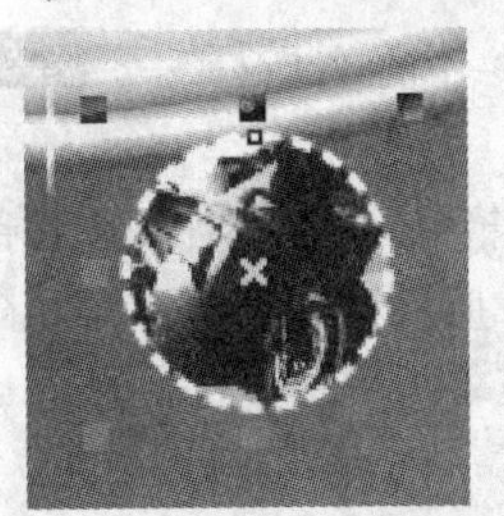

图 11.4.33 图框精确剪裁效果

（27）重复步骤（25）和（26）的操作方法，将导入的另外 3 幅图像放置在另外 3 个圆形中，效果如图 11.4.35 所示。

图 11.4.34 调整位图的大小

图 11.4.35 将所选对象放置于容器中

（28）单击工具箱中的"文本工具"按钮，设置其属性栏参数如图 11.4.36 所示。设置好参数后，在绘图区中输入文本"君威摩托"，效果如图 11.4.37 所示。

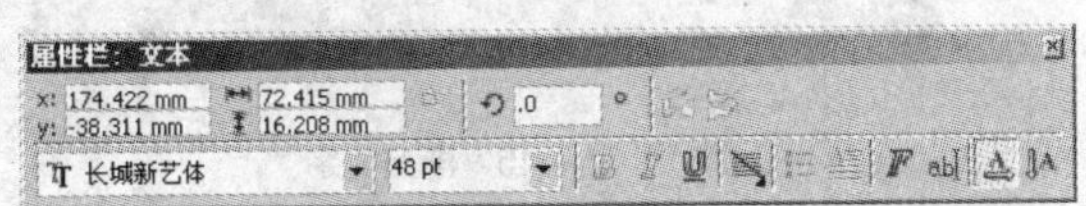

图 11.4.36 "文本工具"属性栏

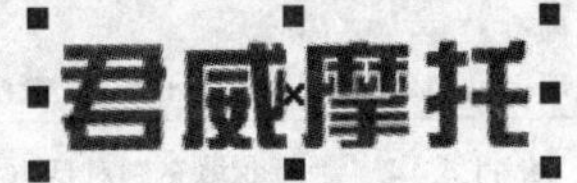

图 11.4.37 输入文本

（29）使用挑选工具将文本拖曳到合适的位置，单击工具箱中的"形状工具"按钮，选中"君"字，然后使用键盘上的方向键将其移动一定的距离，效果如图 11.4.38 所示。再分别选中各文本，单击调色板中的颜色方块，更改文本的颜色及轮廓色，效果如图 11.4.39 所示。

图 11.4.38 调整文本距离

图 11.4.39 更改文本属性

（30）单击工具箱中的"文本工具"按钮，设置其属性栏参数如图 11.4.40 所示。设置好参数后，在绘图区中输入文本，然后使用鼠标左键单击调色板中的绿色方块，为其设置颜色，并使用鼠标右键单击调色板中的黄色方块，将轮廓色填充为黄色，效果如图 11.4.41 所示。

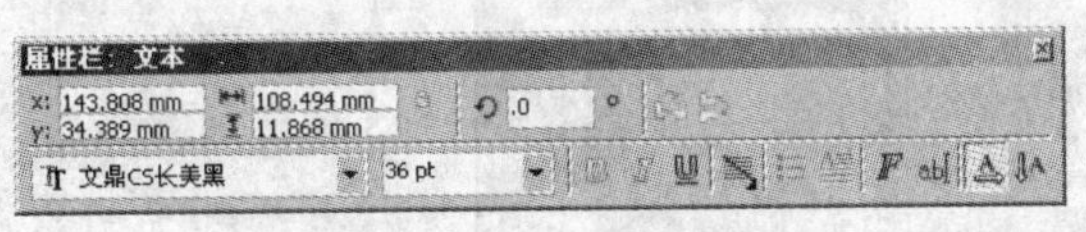

图 11.4.40 "文本工具"属性栏

图 11.4.41 输入文本

（31）选择菜单栏中的 文本(T) → 使文本适合路径(T) 命令，使文本填入到绘制的路径上，效果如图 11.4.42 所示。

（32）单击工具箱中的“文本工具”按钮，在其属性栏中设置好参数后，在绘图区中输入文本，效果如图 11.4.43 所示。

图 11.4.42　将文本填入路径

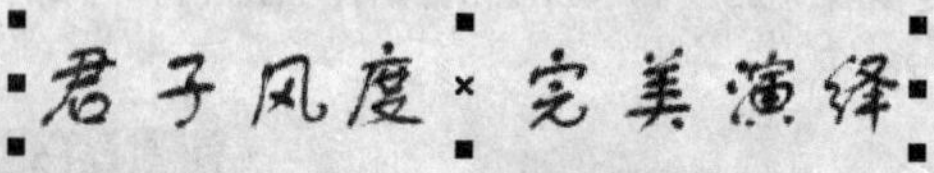

君子风度 完美演绎

图 11.4.43　输入文本

（33）单击工具箱中的“渐变填充对话框”按钮，弹出“渐变填充”对话框，设置其参数如图 11.4.44 所示。设置完成后，单击 确定 按钮，效果如图 11.4.45 所示。

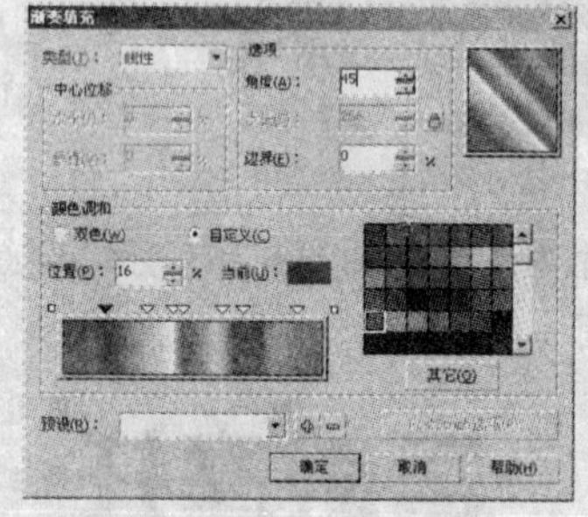

图 11.4.44　“渐变填充”对话框

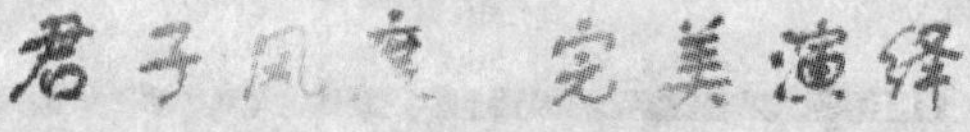

君子风度 完美演绎

图 11.4.45　渐变文字

（34）使用挑选工具将文本拖曳至合适的位置，然后使用文本工具在绘图区的下方输入地址信息，最终效果如图 11.4.1 所示。

案例 5　封 面 设 计

案例内容

本例主要进行封面设计，最终效果如图 11.5.1 所示。

图 11.5.1　最终效果图

设计思路

在设计过程中，将用到钢笔工具、文字工具、交互式透明工具、交互式轮廓图工具、变换命令以及手绘工具等。

操作步骤

（1）启动 CorelDRAW X3 应用程序，选择菜单栏中的文件(F)→新建(N)命令，再选择版面(L)→页面设置(P)...命令，弹出“选项”对话框，设置其页面大小参数如图 11.5.2 所示。

（2）在弹出的“选项”对话框中选择辅助线→水平选项，在其面板中输入“0”，然后单击添加(A)按钮，再在面板中输入“260”，单击添加(A)按钮。选择垂直选项，设置其面板参数如图 11.5.3 所示。单击确定按钮，在页面中添加水平与垂直辅助线，如图 11.5.4 所示。

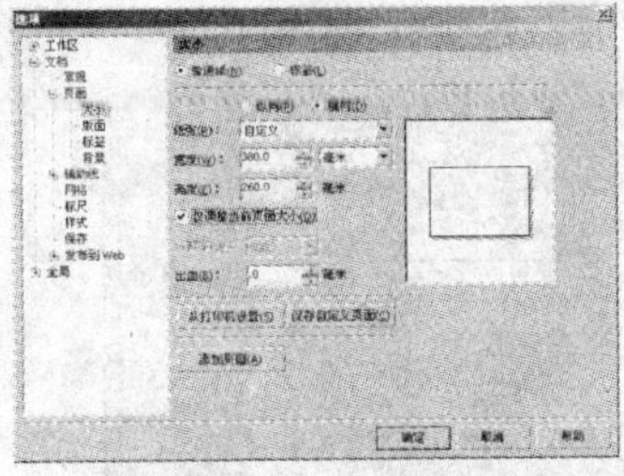

图 11.5.2 “选项”对话框

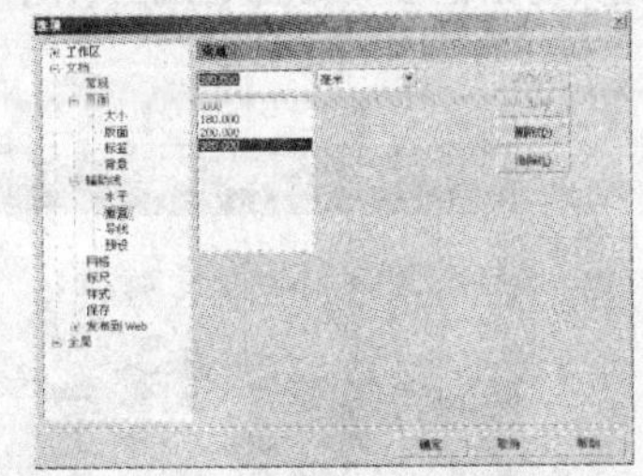

图 11.5.3 “选项”对话框

（3）单击工具箱中的“矩形工具”按钮，绘制 3 个贴齐辅助线的矩形，单击调色板中的白色方块，将其全部填充为白色，如图 11.5.5 所示。

（4）单击工具箱中的“矩形工具”按钮，在页面中绘制一个长方形，单击调色板中的酒绿色方块，效果如图 11.5.6 所示。

图 11.5.4 设置辅助线

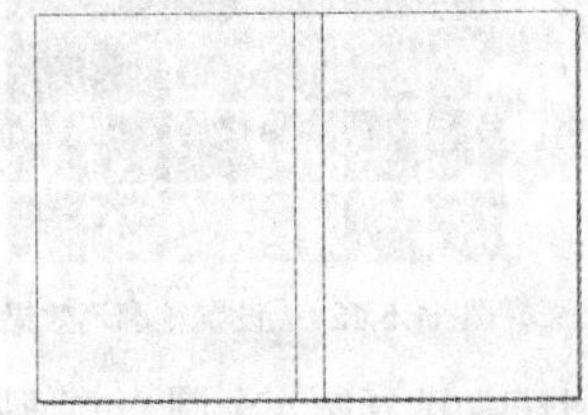

图 11.5.5 页面的矩形框架

（5）选择菜单栏中的文件(F)→导入(I)...命令，在弹出的导入对话框中选择需要导入的图片，单击导入按钮，将选择的图片导入，如图 11.5.7 所示。

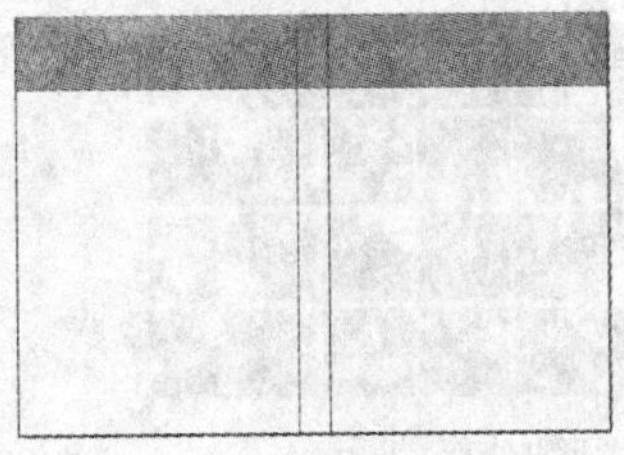

图 11.5.6 绘制并填充矩形

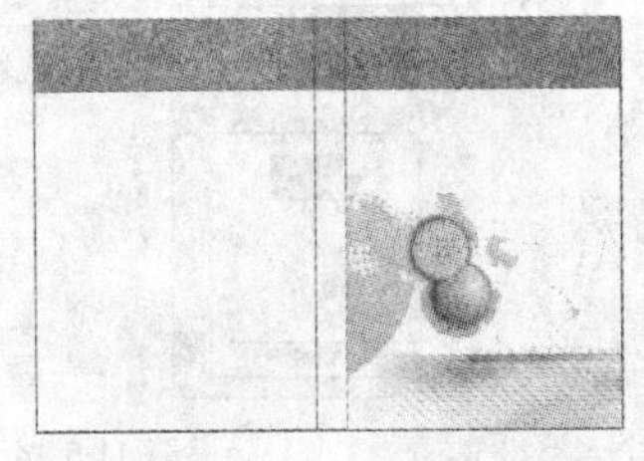

图 11.5.7 调整图片的位置

（6）选择菜单栏中的效果(C)→调整(A)→色度/饱和度/亮度(S)...命令，弹出“色度/饱和度/亮度”对话框，设置其对话框参数如图 11.5.8 所示。设置完成后，单击确定按钮，效果如图 11.5.9 所示。

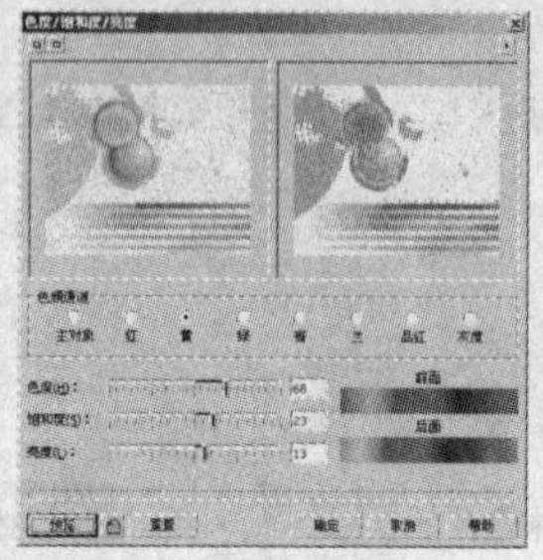

图 11.5.8 “色度/饱和度/亮度”对话框

图 11.5.9 调整图像效果

（7）单击工具箱中的“图纸工具”按钮，在页面中绘制 6×4 的图纸网格，如图 11.5.10 所示。

（8）保持绘制的图纸网格处于选中状态，单击工具箱中的“轮廓工具”按钮，弹出“轮廓笔”对话框，设置其对话框参数如图 11.5.11 所示。设置完参数后，单击确定按钮，效果如图 11.5.12 所示。

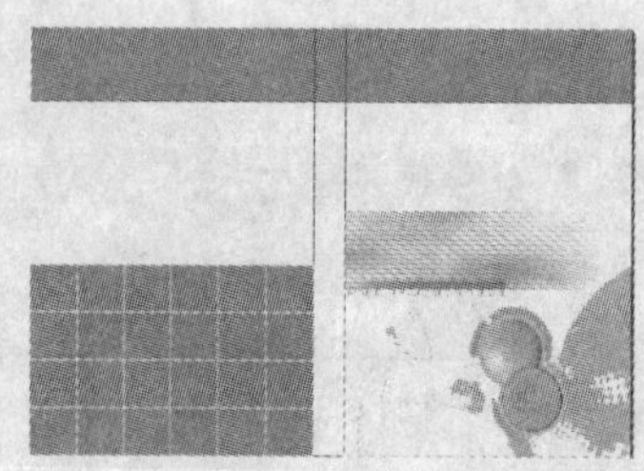

图 11.5.10 绘制网格

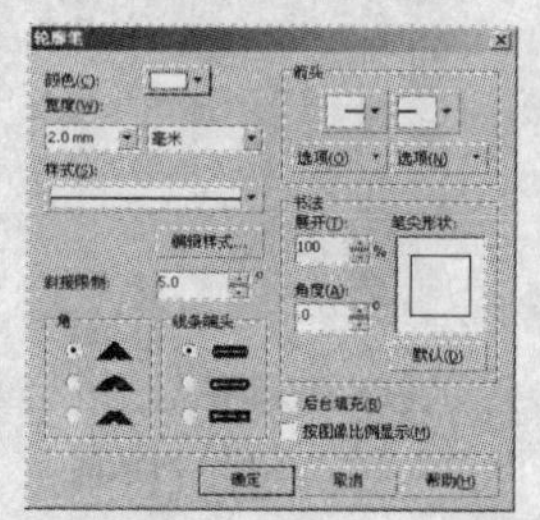

图 11.5.11 “轮廓笔”对话框

（9）单击工具箱中的“椭圆工具”按钮，按住“Ctrl”键在绘制的网格上绘制一个圆，如图 11.5.13 所示。

图 11.5.12 设置轮廓笔效果

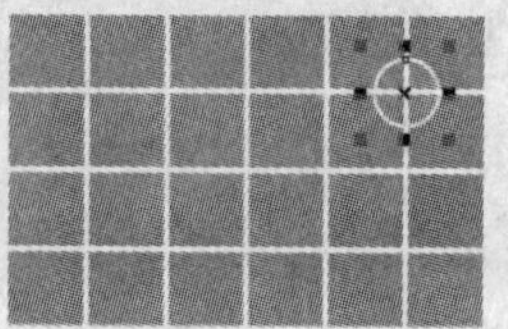

图 11.5.13 绘制圆

（10）按“Ctrl+C”键复制 4 个圆，并使用挑选工具将其拖曳到合适的位置。

（11）选中绘制的网格，按“Ctrl+U”键取消群组，选择窗口(W)→泊坞窗(D)→造形(P)命令，弹出“修剪”泊坞窗，单击修剪按钮，将鼠标指针移动到需要修剪的图形对象上，单击鼠标左键，效果如图 11.5.14 所示。

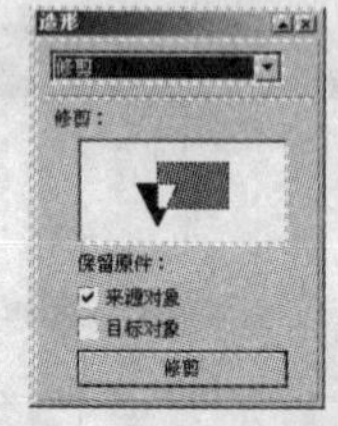

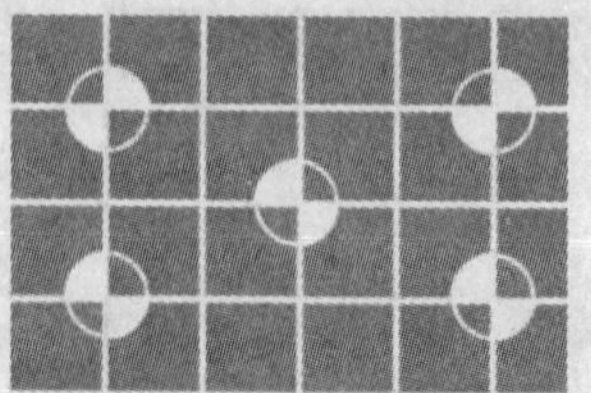

图 11.5.14 绘制图形并修剪

（12）单击工具箱中的“渐变填充对话框”按钮，弹出渐变填充对话框，设置其对话框参数如图 11.5.15 所示。设置完成后，单击确定按钮，效果如图 11.5.16 所示。

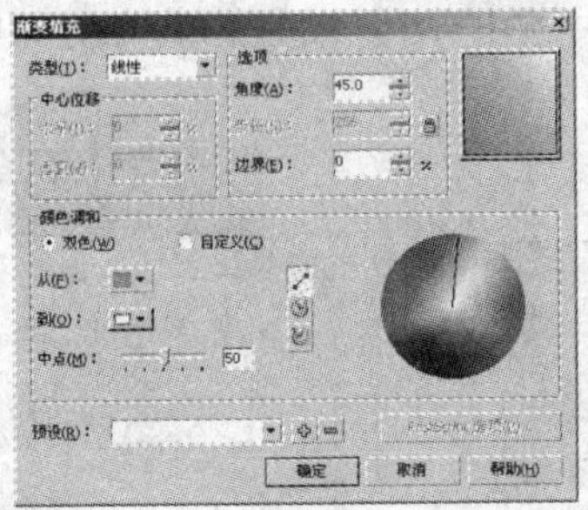

图 11.5.15　“渐变填充”对话框

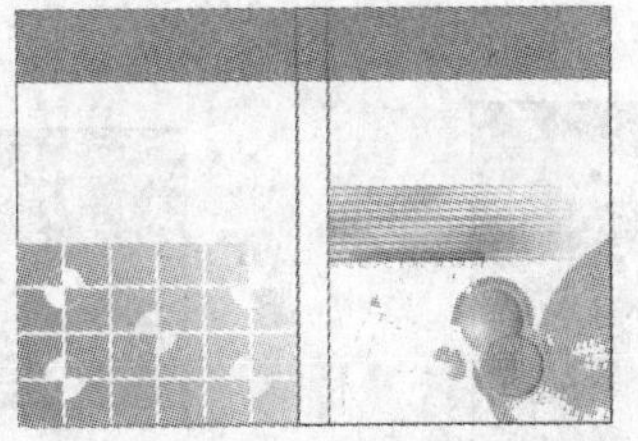

图 11.5.16　渐变填充效果

（13）单击工具箱中的“多边形工具”按钮，设置其边数为“4”，绘制两个菱形。

（14）重复步骤（8）的操作，对绘制的图形轮廓进行设置，效果如图 11.5.17 所示。

（15）重复步骤（11）的操作，对绘制的图形对象进行修剪，使用基本形状工具绘制如图 11.5.18 所示的图形对象。

（16）单击工具箱中的“交互式轮廓图工具”按钮，在绘制的图形中拖曳鼠标，绘制如图 11.5.19 所示的轮廓，并将其填充为黄色。

图 11.5.17　绘制并设置图形轮廓

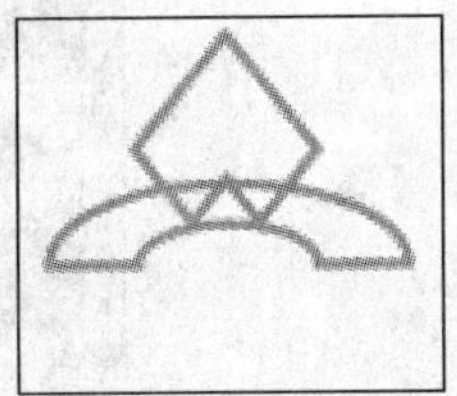

图 11.5.18　修剪并绘制图形

图 11.5.19　使用交互式轮廓图工具效果

（17）使用挑选工具将绘制的轮廓拖曳至页面合适的位置，按“Ctrl+C”键对其进行复制，再按“Ctrl+V”键进行粘贴，并将复制的轮廓中心填充为黑色，效果如图 11.5.20 所示。

（18）单击工具箱中的“文本工具”按钮，在其属性栏中设置字体为“宋体”、字号为“23”，然后在页面中输入如图 11.5.21 所示的文字。

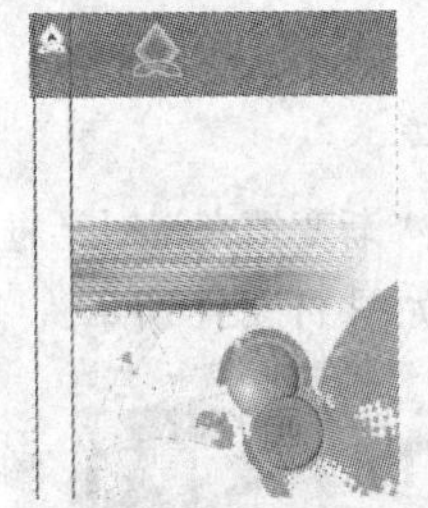

图 11.5.20　复制并移动对象

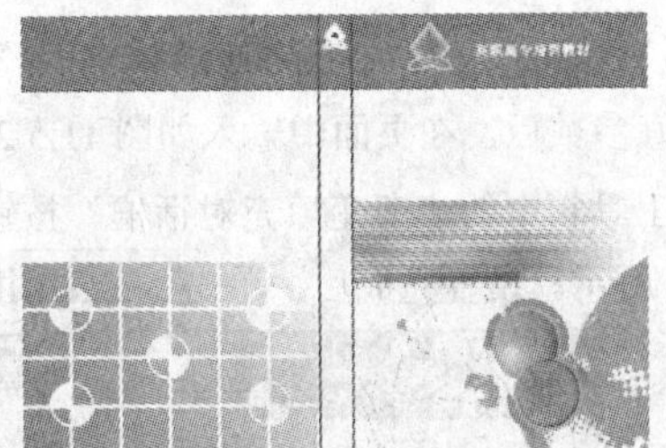

图 11.5.21　输入文字

（19）单击工具箱中的“矩形工具”按钮，设置其属性栏如图 11.5.22 所示。

x: 115.0 mm	↔ 90.0 mm	100.0	%	↺ 0.0	°	40	40	40	40	1.0 mm
y: 160.0 mm	↕ 60.0 mm	100.0	%			40		40		

图 11.5.22　“矩形工具”属性栏

（20）在页面中绘制一个圆角矩形，单击调色板中的酒绿色方块，对其进行填充，再使用鼠标右键单击黄色方块，将其轮廓填充为黄色，效果如图 11.5.23 所示。

（21）单击工具箱中的“文本工具”按钮，设置好字体与字号后，在绘制的图形对象上输入如图 11.5.24 所示的文字。

（22）再使用文本工具在页面中输入书名，并选中在书脊中绘制的矩形和文字，单击属性栏中的“对齐和分布”按钮，效果如图 11.5.25 所示。

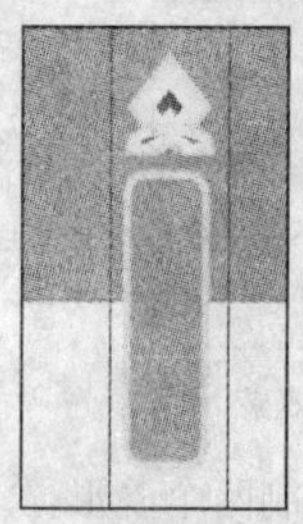

图 11.5.23　绘制并填充圆角矩形

图 11.5.24　输入文字

图 11.5.25　输入文字

（23）选择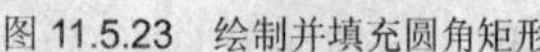命令，导入软件标志图像、出版社的名称以及标志图像，使用挑选工具将其拖曳到如图 11.5.26 所示的位置。

（24）重复步骤（19）的操作，在页面中绘制一个圆角矩形，并将其轮廓填充为绿色，效果如图 11.5.27 所示。

图 11.5.26　导入图像

图 11.5.27　绘制圆角矩形

（25）单击工具箱中的“文本工具”按钮，设置其属性栏如图 11.5.28 所示。

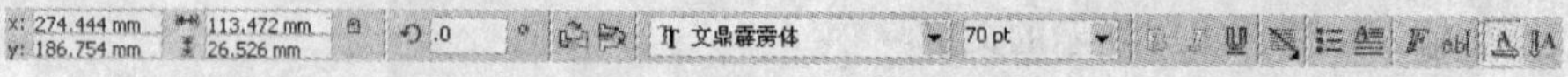

图 11.5.28　“文本工具”属性栏

（26）设置好参数后，在页面中输入如图 11.5.29 所示的文字。

（27）单击工具箱中的“渐变填充对话框”按钮，弹出“渐变填充”对话框，设置其对话框参数如图 11.5.30 所示。设置完成后，单击 确定 按钮，效果如图 11.5.31 所示。

图 11.5.29　输入文字

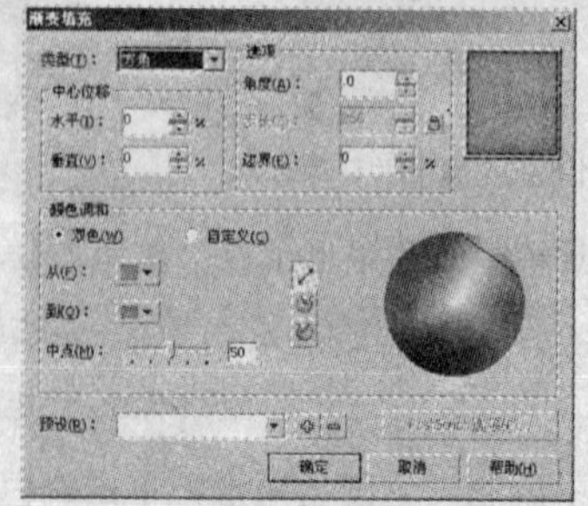

图 11.5.30　“渐变填充”对话框

（28）再使用文字工具在页面中输入“综合教程”，单击调色板中的酒绿色方块，对文字的颜色进行填充，再使用鼠标右键单击黄色方块，将文字的轮廓填充为黄色，效果如图 11.5.32 所示。

图 11.5.31 应用渐变填充效果

图 11.5.32 输入文字

（29）使用文字工具在页面中输入编者名字，效果如图 11.5.33 所示。

（30）单击工具箱中的“文本工具”按钮，当鼠标指针变为字形状时，在页面中拖曳出一个段落文本框，输入文本，如图 11.5.34 所示。

图 11.5.33 输入文字

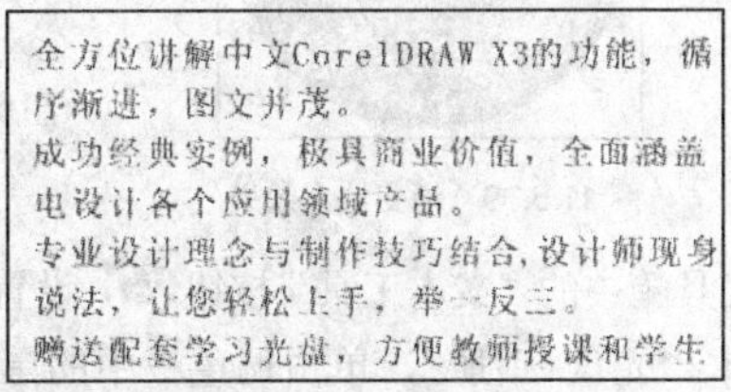

全方位讲解中文CorelDRAW X3的功能，循序渐进，图文并茂。
成功经典实例，极具商业价值，全面涵盖电设计各个应用领域产品。
专业设计理念与制作技巧结合，设计师现身说法，让您轻松上手，举一反三。
赠送配套学习光盘，方便教师授课和学生

图 11.5.34 输入段落文本

（31）选中文本框，选择 文本(T) → 段落格式化(P) 命令，弹出“段落格式化”泊坞窗，设置其参数如图 11.5.35 所示。

（32）选择 文本(T) → 项目符号(U)... 命令，弹出“项目符号”泊坞窗，设置其参数如图 11.5.36 所示。

图 11.5.35 “段落格式化”泊坞窗

图 11.5.36 “项目符号”泊坞窗

（33）设置完成后，单击 确定 按钮，效果如图 11.5.37 所示。

（34）单击工具箱中的“椭圆工具”按钮，按住“Ctrl”键在页面中绘制出一个圆。

（35）选中圆，单击工具箱中的“轮廓工具”按钮，在弹出的“轮廓笔”对话框中选择轮廓线的颜色为“黑色”，设置轮廓笔的宽度为“0.2 mm”，单击 确定 按钮。

（36）单击工具箱中的“渐变填充对话框”按钮，弹出“渐变填充”对话框，设置其对话框参数如图 11.5.38 所示。设置完成后，单击确定按钮，效果如图 11.5.39 所示。

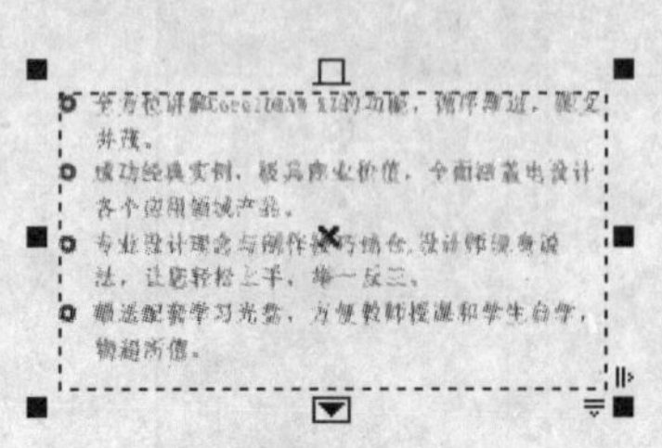
图 11.5.37　调整文本格式属性

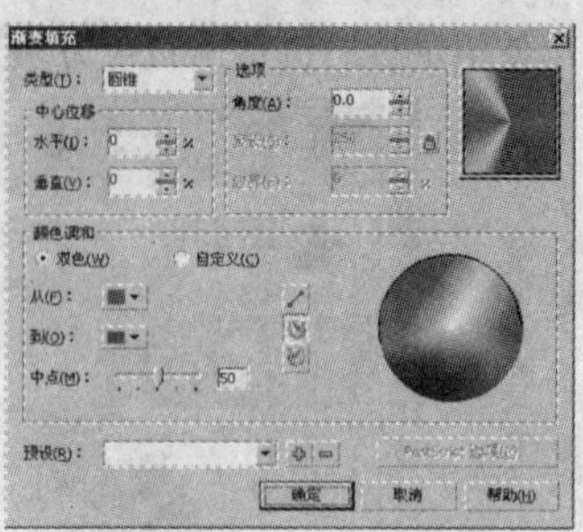
图 11.5.38　“渐变填充”对话框

（37）单击工具箱中的“椭圆工具”按钮，按住“Ctrl”键，在如图 11.5.39 所示的圆中心再绘制 3 个圆，设置轮廓笔颜色为“黑色”，将最里面的圆填充为“白色”，效果如图 11.5.40 所示。

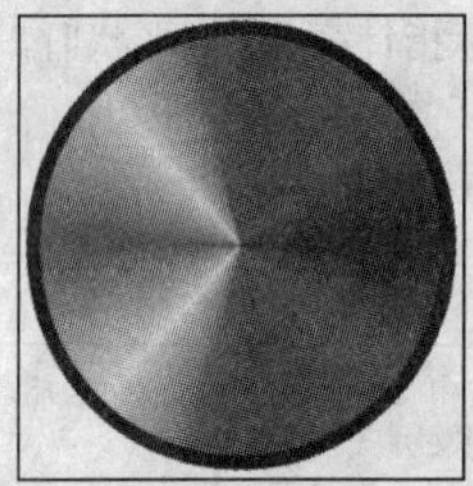
图 11.5.39　渐变填充效果

图 11.5.40　填充并设置圆轮廓

（38）单击工具箱中的“文本工具”按钮，设置其属性栏参数如图 11.5.41 所示。设置完成后，在页面中输入文本“光盘+手册”，单击调色板中的黑色方块，将文字填充为黑色，如图 11.5.42 所示。

图 11.5.41　“文本工具”属性栏

（39）重复步骤（19）的操作，在页面中绘制一个圆角矩形，并将其轮廓填充为绿色，效果如图 11.5.43 所示。

图 11.5.42　输入文字效果

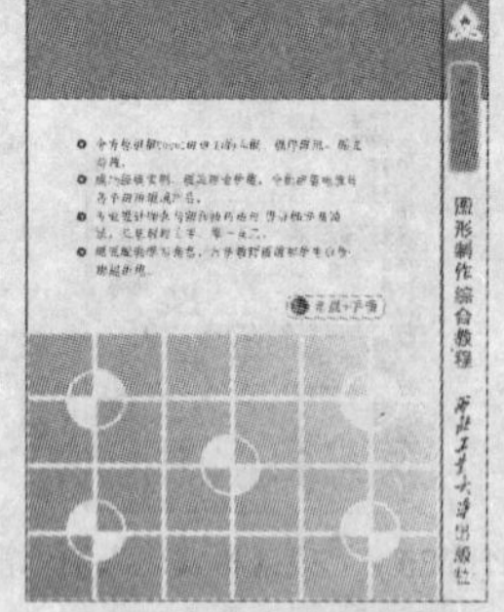
图 11.5.43　绘制圆角矩形

（40）单击工具箱中的“文本工具”按钮，在页面中输入责任编辑和封面设计的信息，如图 11.5.44 所示。

（41）选择编辑(E)→插入条形码(B)...命令，弹出“条形向导”对话框，设置其参数如图 11.5.45 所示。

（42）在“条形向导”对话框中单击 下一步 按钮，将打印分辨率、单位、条形码宽度、放大率等都设为默认值，再单击 下一步 按钮，设置附加文本以及条形码可读性等，如图 11.5.46 所示。

图 11.5.44　输入文字效果

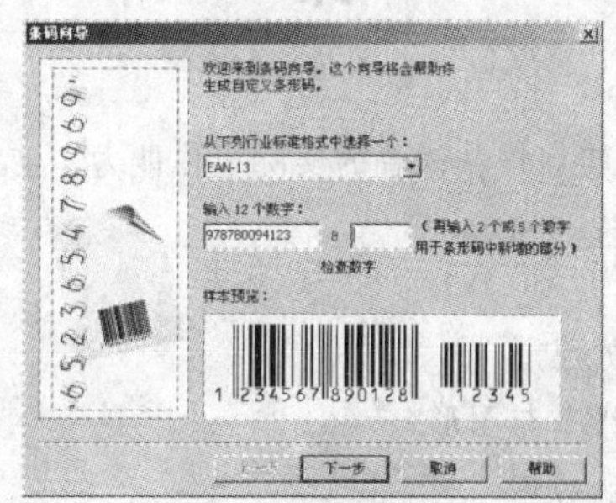

图 11.5.45　“条形向导”对话框

（43）设置完成后，单击 完成 按钮，产生条形码，如图 11.5.47 所示。

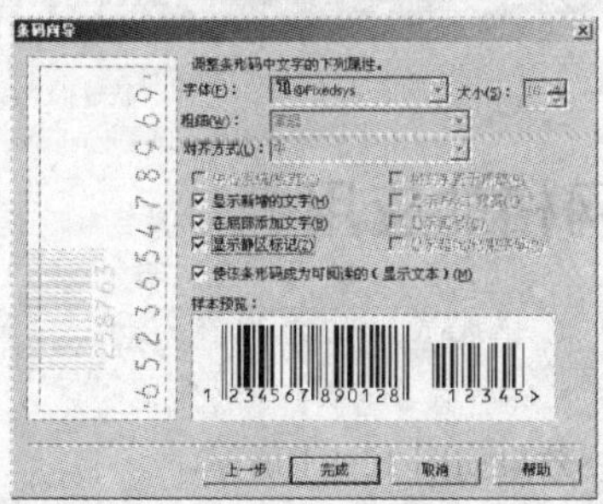

图 11.5.46　设置条形码属性

图 11.5.47　条形码效果

（44）在封底的右下角位置输入文本“ISBN 978-7-800941-23-8”以及定价，如图 12.5.48 所示。

（45）复制输入的文本“ISBN 978-7-800941-23-8”，调整其大小，并将其移至条形码的上方，效果如图 12.5.49 所示。

图 11.5.48　输入文字

图 11.5.49　复制并调整文字位置

（46）单击工具箱中的“贝塞尔工具”按钮，在书号与定价行间绘制一条直线，设置轮廓笔的颜色为“黑色”，宽度为“1.0 mm”，最终效果如图 12.5.1 所示。

第 12 章　案 例 实 训

本章通过实训培养读者的实际操作能力，使读者进一步巩固前面所学的知识。

知识要点

- 网格的应用
- 绘制线条与图形
- 文本的应用
- 轮廓线与颜色填充
- 对象的特殊效果
- 位图的应用

实训 1　网格的应用

1．实训内容

在制作过程中主要用到导入与网格命令，最终效果如图 12.1.1 所示。

图 12.1.1　最终效果图

2．实训目的

掌握网格的设置方法与技巧，并学会如何在 CorelDRAW X3 中导入一幅位图。

3．操作步骤

（1）选择菜单栏中的 文件(F) → 打开(O)... 命令，从弹出的 打开绘图 对话框中选择绘制的 CorelDRAW X3 图形文件，单击 打开 按钮，即可打开该图形文件，如图 12.1.2 所示。

（2）选择菜单栏中的 版面(L) → 页面背景(B)... 命令，弹出 选项 对话框，如图 12.1.3 所示。

（3）在对话框中选中 位图(B) 单选按钮，单击 浏览(W)... 按钮，从弹出的 导入 对话框中选择一幅位图图像，单击 导入 按钮，即可将位图图像导入到页面中，效果如图 12.1.4 所示。

（4）返回 选项 对话框，在对话框左侧选中 网格 选项，在对话框右侧设置 网格 选项的参数，如图 12.1.5 所示。

图 12.1.2 打开的文件

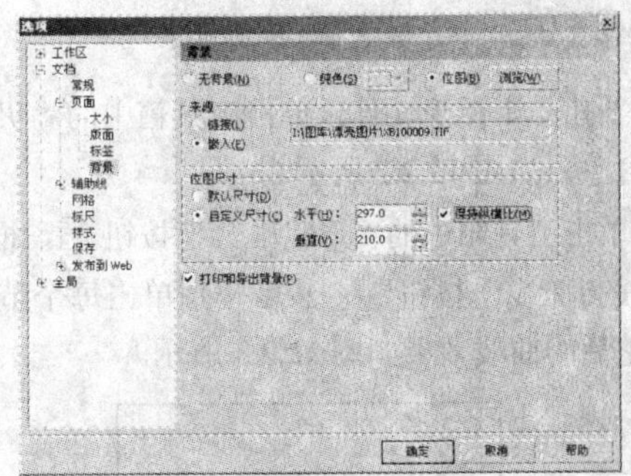
图 12.1.3 设置页面背景

图 12.1.4 为图形添加背景效果

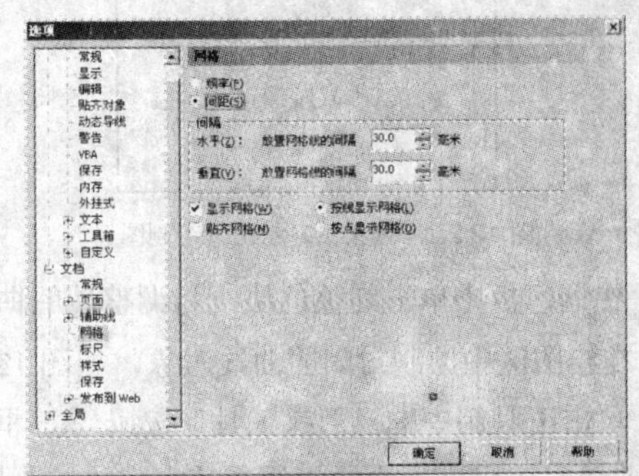
图 12.1.5 设置“网格”选项

（5）设置完成后，单击 确定 按钮，即可为图形添加网格，最终效果如图 12.1.1 所示。

实训 2 绘 制 线 条

1. 实训内容

在制作过程中主要用到贝塞尔工具、形状工具以及转换直线为曲线命令等，最终效果如图 12.2.1 所示。

图 12.2.1 最终效果图

2. 实训目的

掌握线条的绘制方法与技巧，并学会如何对绘制的线条进行编辑。

3．操作步骤

（1）新建一个图形文件，单击工具箱中的“贝塞尔工具”按钮，在绘图区中拖动鼠标绘制封闭的曲线对象，如图 12.2.2 所示。

（2）单击工具箱中的“形状工具”按钮，框选所选曲线对象的 3 个节点，并在属性栏中单击“转换直线为曲线”按钮，然后分别单击每个节点并调整节点上的控制柄，即可改变曲线的弯曲程度，调整后的曲线效果如图 12.2.3 所示。

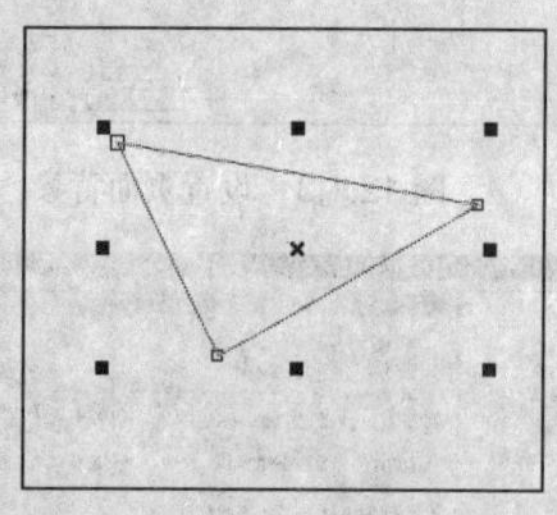

图 12.2.2　使用贝塞尔工具绘制图形

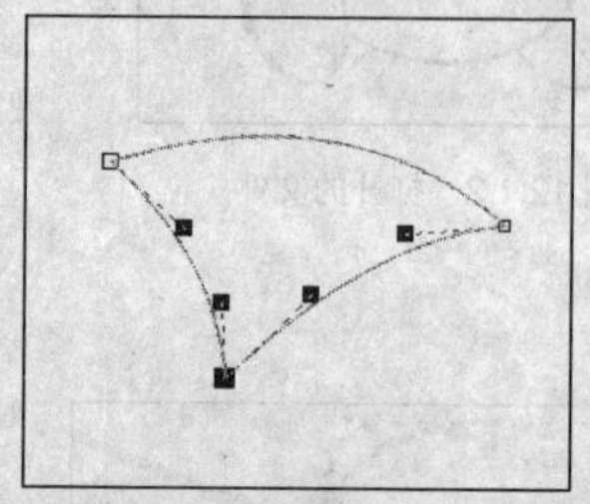

图 12.2.3　使用形状工具调整曲线

（3）在调色板中单击红色色块，将调整后的曲线填充为红色。单击工具箱中的“贝塞尔工具”按钮，在绘图区中绘制封闭的曲线对象，如图 12.2.4 所示。

（4）单击工具箱中的“形状工具”按钮，框选所选对象的 3 个节点，并在属性栏中单击“转换直线为曲线”按钮，再通过调整节点上的控制柄改变对象的形状，效果如图 12.2.5 所示。

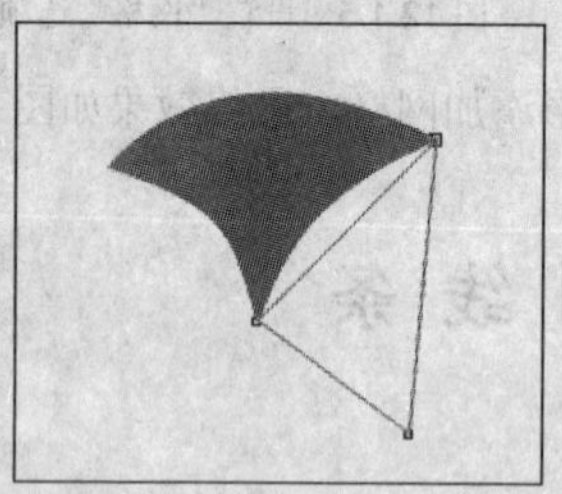

图 12.2.4　绘制封闭的对象

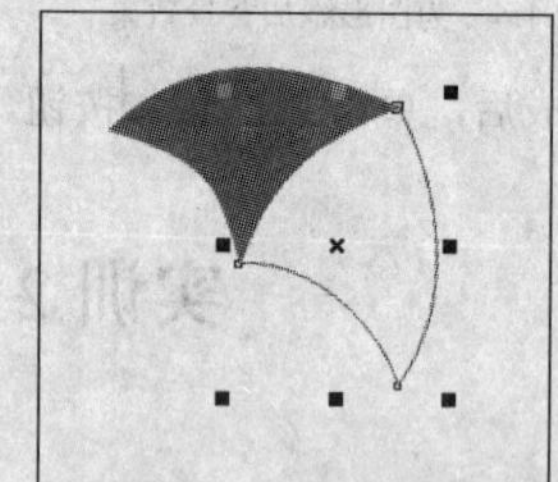

图 12.2.5　改变对象的形状

（5）在调色板中单击淡黄色，将调整后的图形填充为淡黄色，如图 12.2.6 所示。

（6）单击工具箱中的“贝塞尔工具”按钮，在绘图区中拖动鼠标绘制封闭图形，再使用形状工具调整所绘图形的形状，如图 12.2.7 所示。

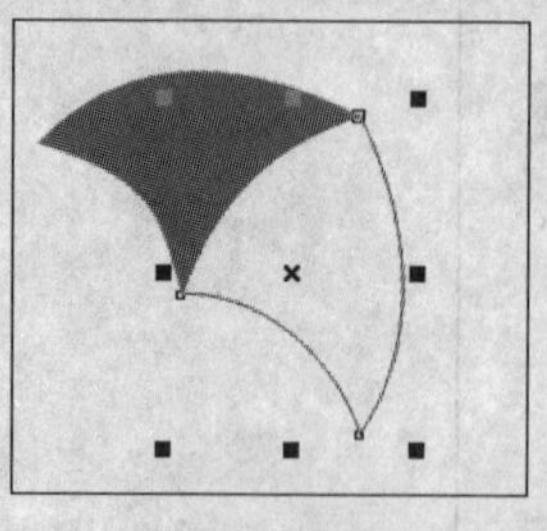

图 12.2.6　填充图形

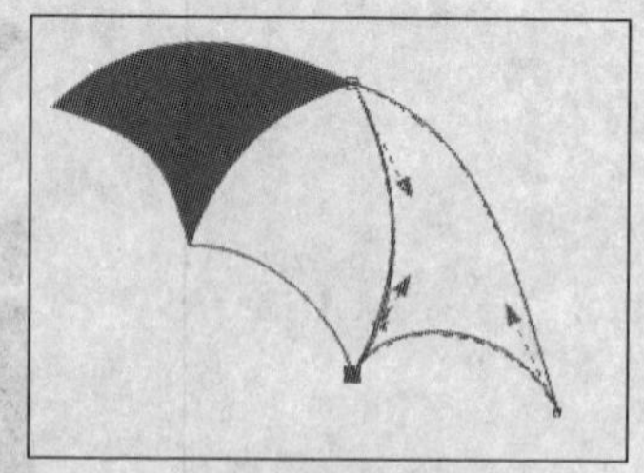

图 12.2.7　调整图形的形状

（7）选择菜单栏中的 编辑(E) → 复制属性自(M)... 命令，弹出 复制属性 对话框，选中 ☑ 填充(F) 复选框，单击 确定 按钮，此时鼠标指针变为➡形状，在红色图形上单击，即可将红色图形的填充属性应用到所选的对象上，如图 12.2.8 所示。

（8）使用 3 点椭圆工具在绘图区中绘制椭圆并将其填充为深蓝色，再使用贝塞尔工具在深蓝色

椭圆上绘制一个封闭的对象，并填充为深蓝色，效果如图 12.2.9 所示。

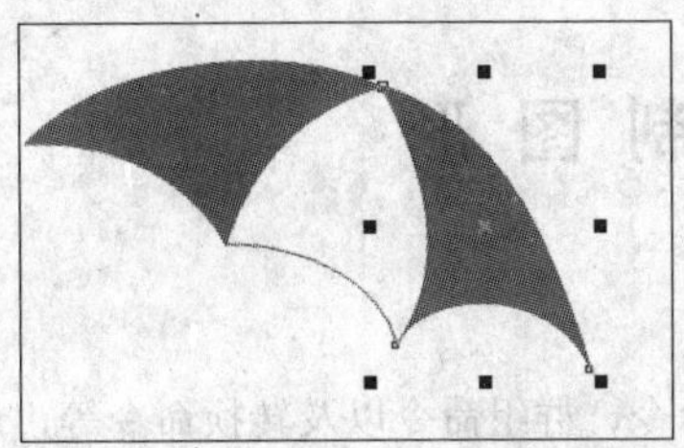

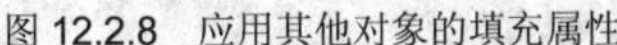

图 12.2.8　应用其他对象的填充属性

图 12.2.9　绘制图形并填充

（9）单击工具箱中的“矩形工具”按钮，在绘图区中绘制一个如图 12.2.10 所示的矩形，使用挑选工具选择矩形，在矩形上双击鼠标左键，对其进行变换操作，效果如图 12.2.11 所示。

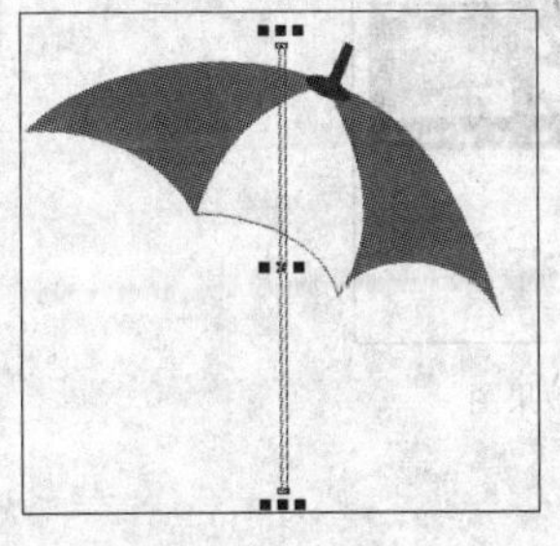

图 12.2.10　绘制矩形

图 12.2.11　旋转后的效果

（10）将旋转后的矩形填充为 30%的黑色，再选择 排列(A) → 顺序(O) → 到页面后面(B) 命令，将所绘制的矩形置于页面的后面，如图 12.2.12 所示。

（11）单击工具箱中的“贝塞尔工具”按钮，在绘图区中绘制如图 12.2.13 所示的封闭图形。

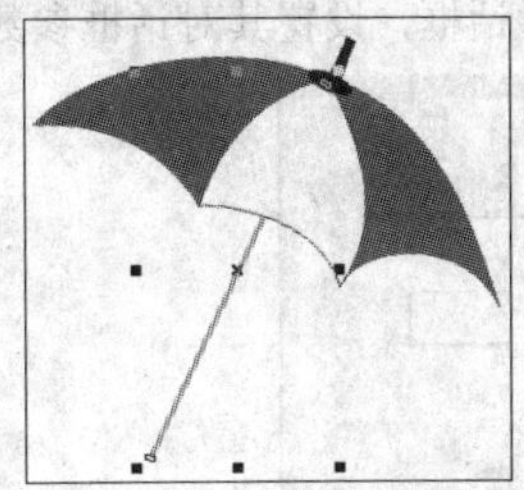

图 12.2.12　将矩形置于页面后面

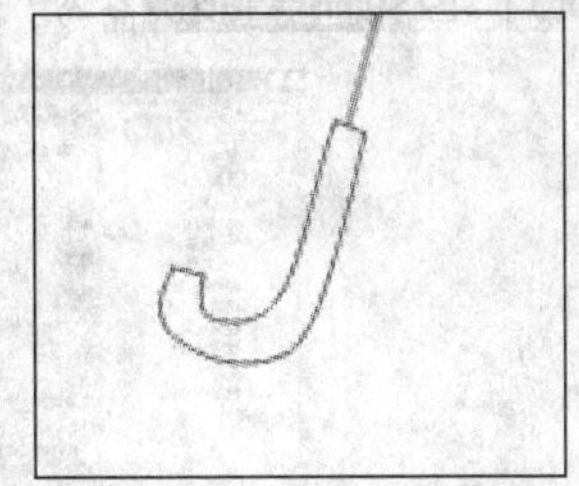

图 12.2.13　绘制封闭图形

（12）单击工具箱中的“渐变填充对话框”按钮，将绘制的封闭图形填充为红色到黄色的渐变，并去除其轮廓线，如图 12.2.14 所示。

图 12.2.14　填充渐变效果

（13）导入两幅图像文件，将其拖曳到合适的位置，最终效果如图 12.2.1 所示。

实训 3　绘 制 图 形

1．实训内容

在制作过程中主要用到矩形工具、对齐与分布命令、群组命令以及转换命令等，最终效果如图 12.3.1 所示。

图 12.3.1　最终效果图

2．实训目的

掌握图形对象的绘制方法与技巧，并学会如何对绘制的图形对象进行编辑。

3．操作步骤

（1）选择菜单栏中的 文件(F) → 新建(N) 命令，新建一个文件。

（2）选择 版面(L) → 页面设置(P)... 命令，弹出选项对话框，设置其对话框参数如图 12.3.2 所示。

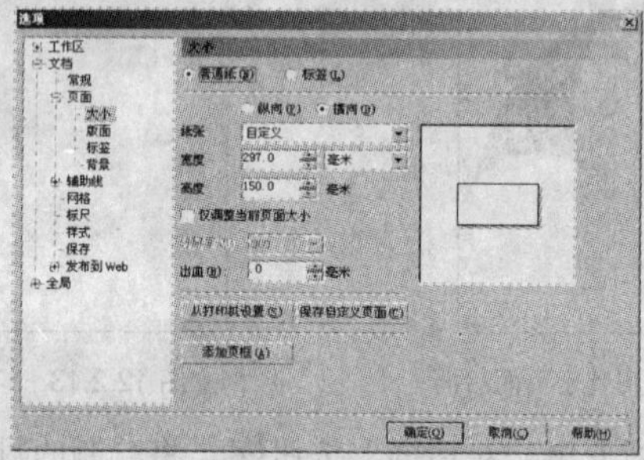

图 12.3.2　“选项”对话框

（3）单击工具箱中的“矩形工具”按钮，在绘图页面中创建如图 12.3.3 所示的矩形。

（4）确定该矩形为选中状态，在调色板中的黑色色块上单击鼠标左键，为其填充颜色，如图 12.3.4 所示。

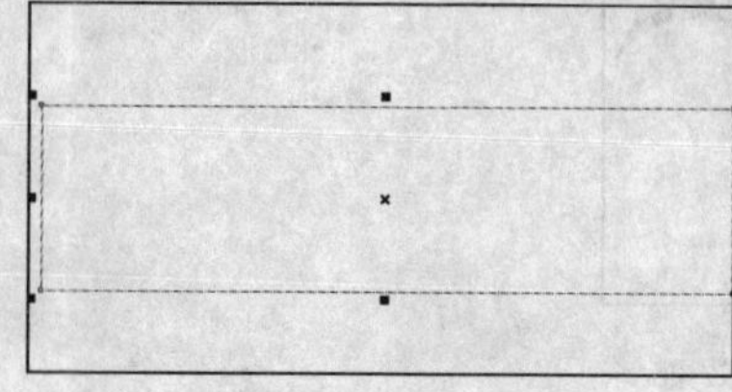

图 12.3.3　创建矩形

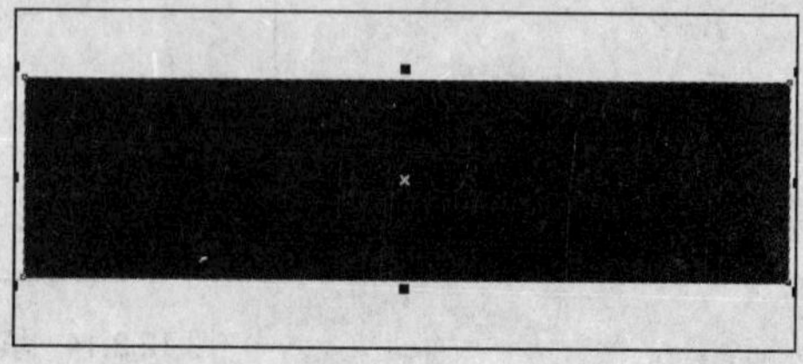

图 12.3.4　填充颜色

（5）在标尺上拖曳鼠标创建如图12.3.5所示的辅助线。

（6）单击工具箱中的“矩形工具”按钮，在绘图页面中创建矩形，设置其填充颜色为“白色”，如图12.3.6所示。

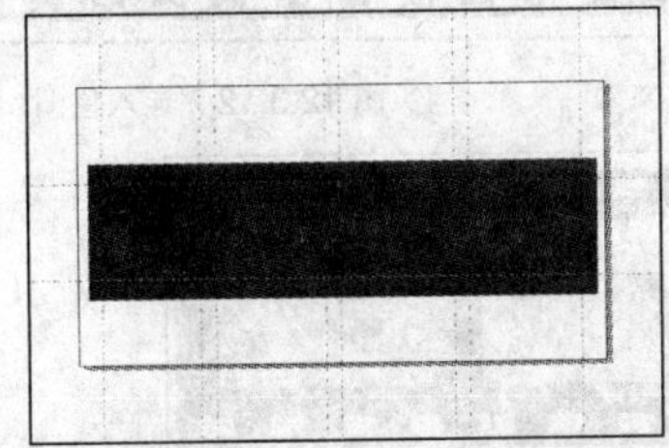

图12.3.5　创建辅助线

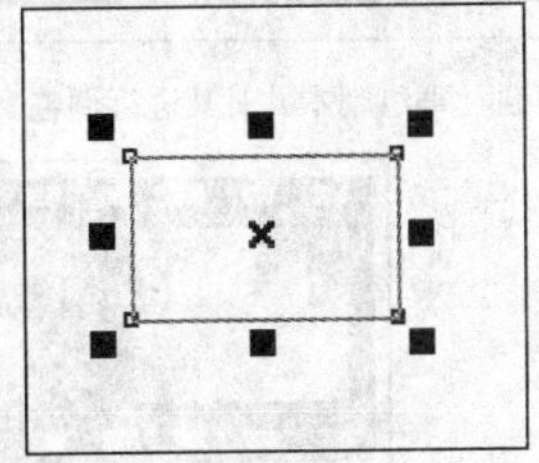

图12.3.6　创建矩形并填充

（7）用鼠标左键拖动步骤（6）中创建的矩形至合适的位置，再单击鼠标右键，得到矩形副本。

（8）重复步骤（7）的操作，得到如图12.3.7所示的矩形副本。

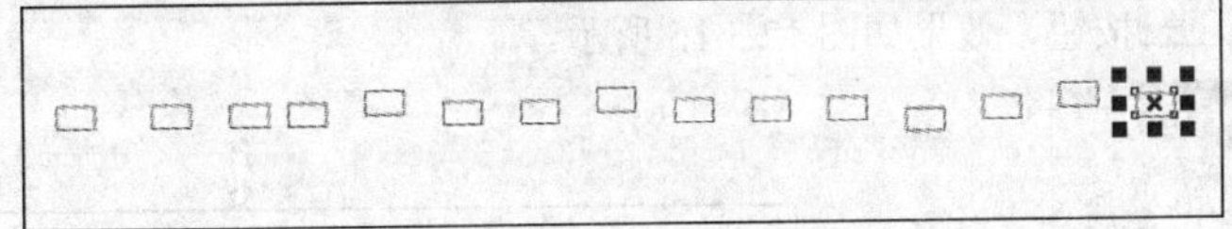

图12.3.7　创建矩形副本

（9）选中步骤（8）中的所有矩形，选择 排列(A) → 对齐和属性(A)... 命令，在弹出的 对齐与分布 对话框中设置具体的对齐方式，如图12.3.8所示。

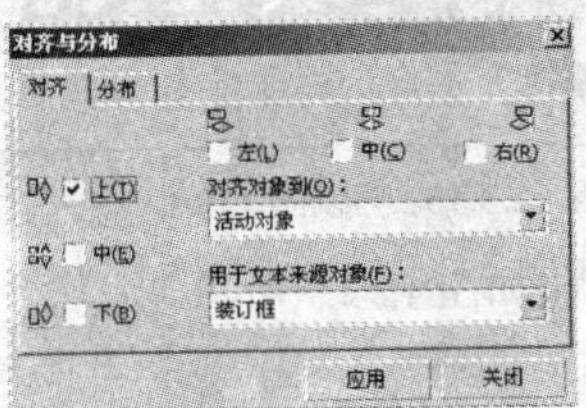

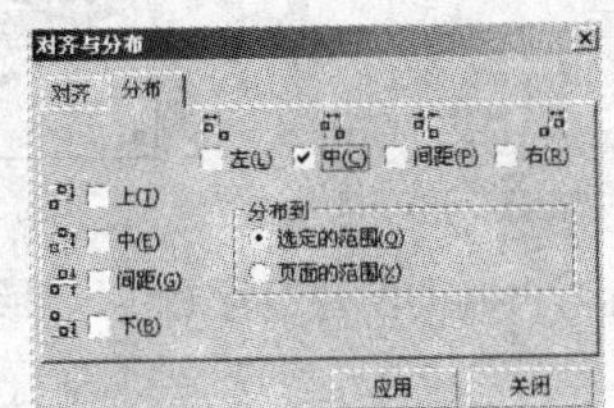

图12.3.8　“对齐与分布”对话框

（10）确定步骤（8）中所有矩形为选中状态，选择 排列(A) → 群组(G) 命令，将其群组，得到如图12.3.9所示的效果。

（11）移动群组对象至步骤（3）中创建的矩形中，得到如图12.3.10所示的效果。

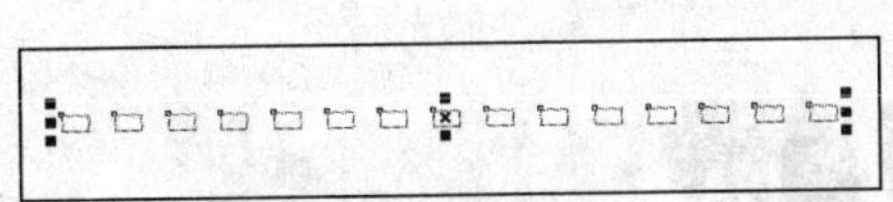

图12.3.9　群组对象

图12.3.10　移动群组对象

（12）用鼠标左键拖动群组对象至合适的位置，单击鼠标右键，得到群组对象的副本，如图12.3.11所示。

（13）选择 文件(F) → 导入(I)... 命令，将位图图像导入绘图页面，如图12.3.12所示。

（14）重复步骤（13）的操作，导入其他位图图像，按键盘上的方向键调整对象的位置，效果如图12.3.13所示。

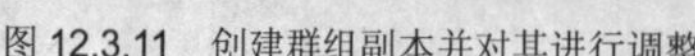

图 12.3.11　创建群组副本并对其进行调整

图 12.3.12　导入位图

图 12.3.13　调整对象位置

（15）隐藏辅助线，重复步骤（10）的操作，将绘图页面中所有的对象进行群组，然后选择排列(A)→变换(F)→旋转(R)命令，可打开变换泊坞窗，设置泊坞窗参数如图 12.3.14 所示。设置好参数后，单击应用到再制按钮，效果如图 12.3.15 所示。

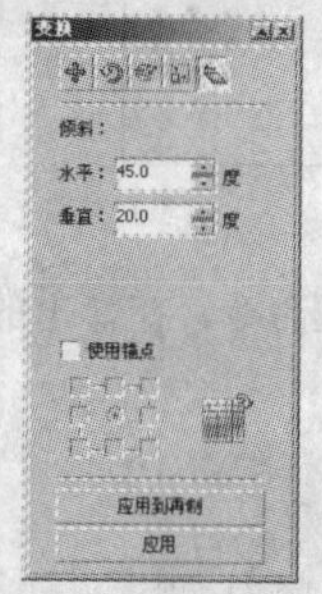

图 12.3.14　“变换”泊坞窗

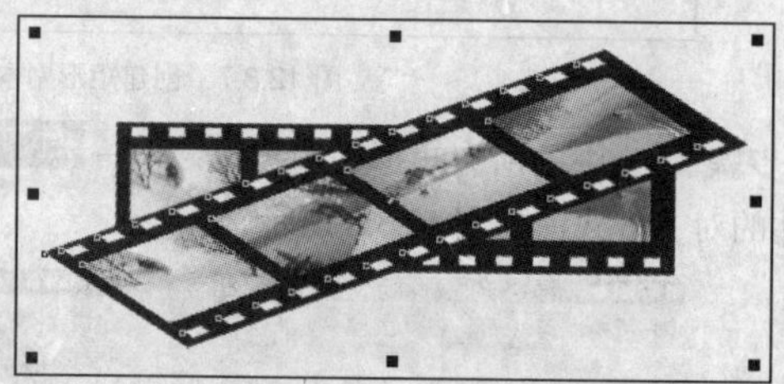

图 12.3.15　再制图像效果

（16）拖曳鼠标对再制的图像进行旋转，最终效果如图 12.3.1 所示。

实训 4　文本的应用

1．实训内容

在制作过程中主要用到文本工具、矩形工具、挑选工具以及效果命令等，最终效果如图 12.4.1 所示。

图 12.4.1　最终效果图

2．实训目的

掌握文本工具的使用方法与技巧，并学会如何对输入的文本进行编辑与修饰。

3．操作步骤

（1）新建一个图形文件，单击工具箱中的“文本工具”按钮，在绘图区中输入文字，如图 12.4.2 所示。

（2）单击工具箱中的“矩形工具”按钮，在绘图区中创建一个矩形，然后将其转换为曲线，并使用形状工具调整其节点，效果如图 12.4.3 所示。

图 12.4.2　输入文字

图 12.4.3　绘制并调整图形对象

（3）使用挑选工具选中绘图页面中的所有图形，按住鼠标左键进行拖动，拖曳到合适位置后，单击鼠标右键复制一个图形对象。

（4）选中绘图区中的原图形对象，选择菜单栏中的 排列(A) → 造形(P) → 后减前(R) 命令，对图形对象进行整形，效果如图 12.4.4 所示。

（5）选中绘图区中复制的图形对象，使用鼠标左键单击调色板中的红色方块，将调节后的图形对象填充为红色，再使用鼠标右键单击调色板中的黄色方块，将其轮廓填充为黄色，效果如图 12.4.5 所示。

图 12.4.4　后减前效果

图 12.4.5　填充图像对象

（6）选中复制后的图形对象，选择菜单栏中的 排列(A) → 造形(P) → 前减后(F) 命令，对图形对象进行整形，效果如图 12.4.6 所示。

（7）选择菜单栏中的 效果(C) → 轮廓图(C) 命令，弹出“轮廓图”泊坞窗，设置其参数如图 12.4.7 所示。

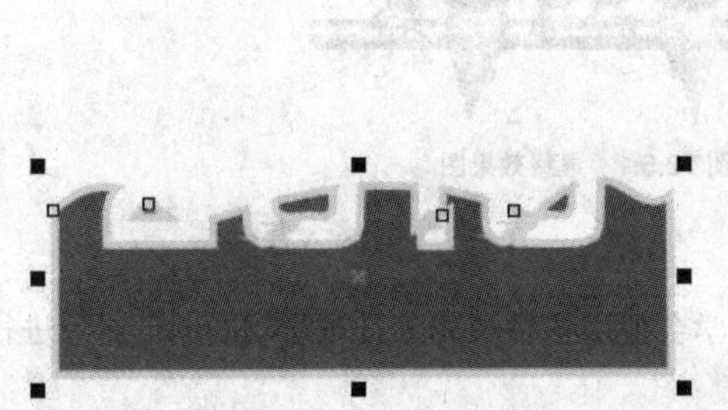

图 12.4.6　输入文字

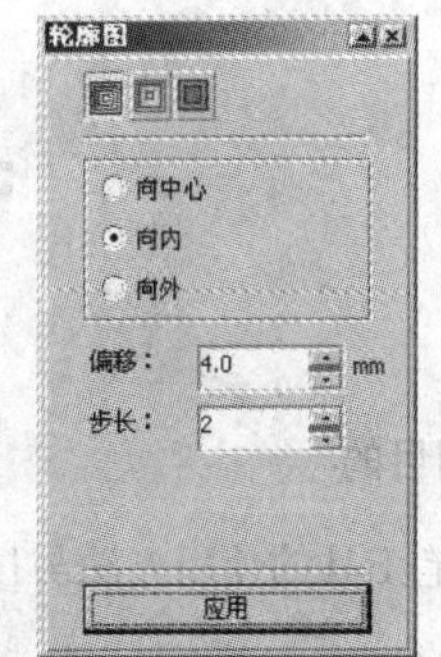

图 12.4.7　“轮廓图”泊坞窗

（8）设置好参数后，单击 应用 按钮，效果如图 12.4.8 所示。

（9）选中原图形对象，选择菜单栏中的 效果(C) → 立体化(X) 命令，弹出“立体化”泊坞窗，设置其参数如图 12.4.9 所示。

图 12.4.8　轮廓图效果

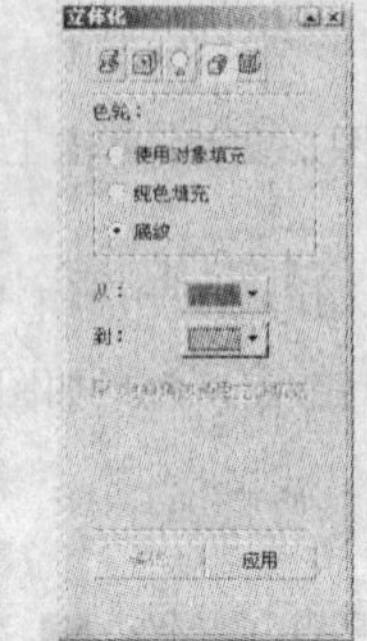

图 12.4.9　“立体化”泊坞窗

（10）设置好参数后，单击应用按钮，效果如图 12.4.10 所示。

图 12.4.10　立体化效果

（11）单击工具箱中的“挑选工具”按钮，将复制的图形对象拖曳到原图像下方，最终效果如图 12.4.1 所示。

实训 5　轮廓与颜色填充

1．实训内容

在制作过程中主要用到钢笔工具、椭圆工具、矩形工具、形状工具、渐变填充对话框，交互式网状填充以及变换命令等，最终效果如图 12.5.1 所示。

图 12.5.1　最终效果图

2．实训目的

掌握钢笔工具的使用方法与技巧，并学会使用各种填充工具对绘制的图形对象进行填充。

3．操作步骤

（1）选择菜单栏中的文件(F)→新建(N)命令，再选择版面(L)→页设置(P)...命令，在弹出的选项对话框中选中横向(D)单选按钮。

（2）单击工具箱中的“椭圆工具”按钮，在绘图页面中创建一个如图 12.5.2 所示的椭圆，并单击鼠标右键将其转换为曲线。

（3）单击工具箱中的“形状工具”按钮，选取椭圆并在椭圆上添加节点，再调整节点的形状，效果如图 12.5.3 所示。

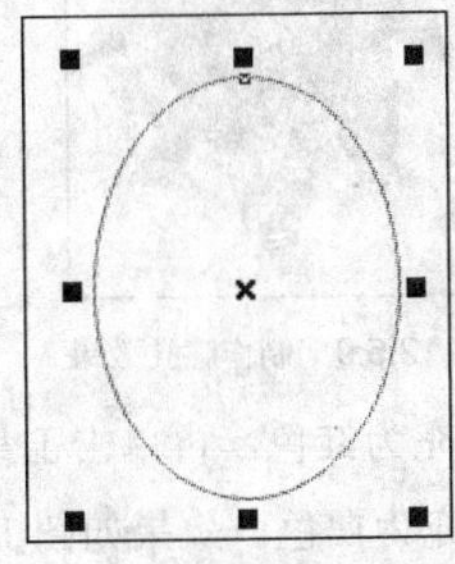

图 12.5.2 绘制椭圆

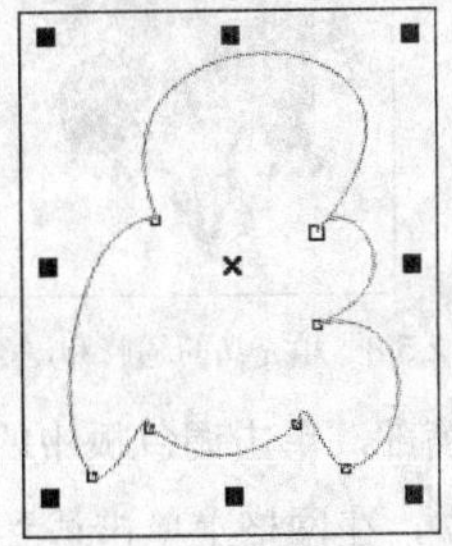

图 12.5.3 添加节点并调整形状

（4）重复步骤（2）和（3）的操作，在绘图页面中绘制其他部位，效果如图 12.5.4 所示。

（5）使用挑选工具选取鸟身，单击工具箱中的“渐变填充对话框”按钮，弹出**渐变填充**对话框，设置对话框参数如图 12.5.5 所示。设置完成后，单击 确定 按钮，效果如图 12.5.6 所示。

图 12.5.4 绘制鸟的其他部位

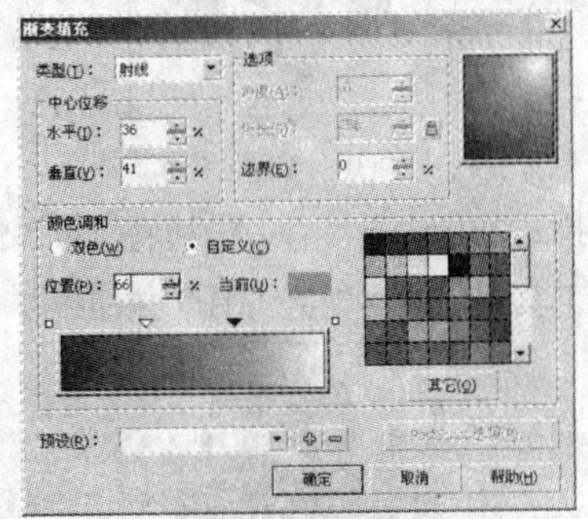

图 12.5.5 “渐变填充”对话框

（6）使用挑选工具选取鸟的翅膀和尾部羽毛，单击工具箱中的“渐变填充对话框”按钮，弹出**渐变填充**对话框，设置其参数如图 12.5.7 所示。设置完成后，单击 确定 按钮，效果如图 12.5.8 所示。

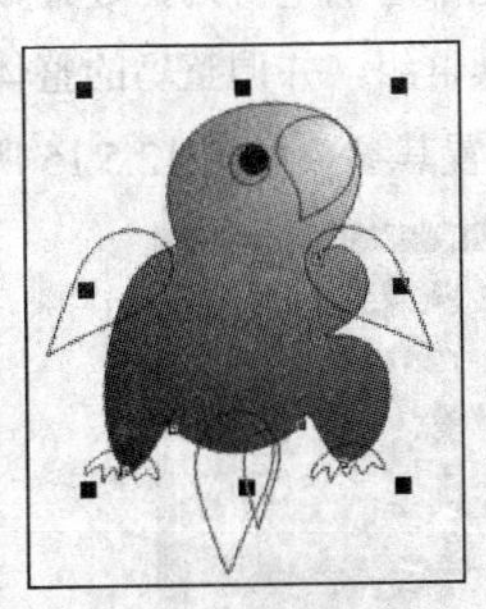

图 12.5.6 填充鸟身效果

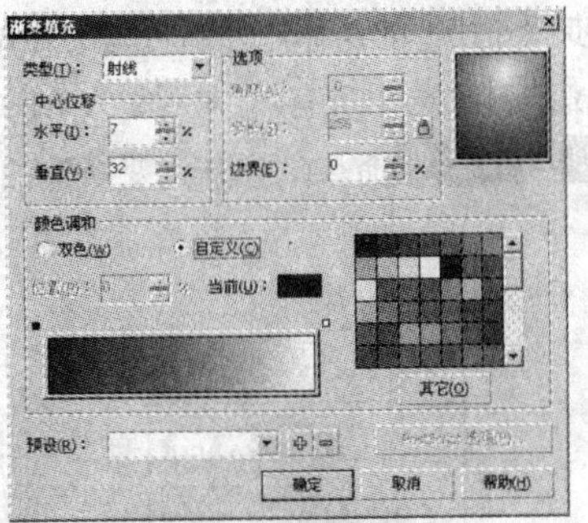

图 12.5.7 “渐变填充”对话框

（7）使用挑选工具选取鸟的眼睛最外层的圆，将其填充为白色，单击工具箱中的“渐变填充对话框”按钮，对黑色的圆进行渐变填充，以得到瞳孔的效果，如图 12.5.9 所示。

（8）使用椭圆选框工具绘制一个椭圆，单击调色板中的白色方块对其进行填充，并将其移至瞳孔前的适当位置，效果如图 12.5.10 所示。

图 12.5.8　填充鸟的翅膀和尾部羽毛

图 12.5.9　制作瞳孔效果

（9）选取鸟的嘴部，单击调色板中的红色方块将其填充为红色，再单击工具箱中的“交互式网状填充工具”按钮，在网格上单击适当的节点，将其填充为白色，效果如图 12.5.11 所示。

图 12.5.10　绘制并填充椭圆

图 12.5.11　填充嘴部效果

（10）使用挑选工具选取鸟右边的翅膀，按“Shift+PageDown”键将其置后，如图 12.5.12 所示。

（11）单击工具箱中的“钢笔工具”按钮，在鸟的胸前绘制如图 12.5.13 所示的图形。

图 12.5.12　调整图像位置

图 12.5.13　绘制图像效果

（12）重复步骤（10）的操作，分别将鸟的尾部羽毛和尾部小羽毛置后，效果如图 12.5.14 所示。

（13）使用挑选工具选中所有对象，按“Ctrl+G”键将其群组，并调整鸟的整体大小，然后选择 排列(A) → 变换(F) → 位置(P) 命令，打开“变换”泊坞窗，设置其参数如图 12.5.15 所示。

图 12.5.14　调整图像位置

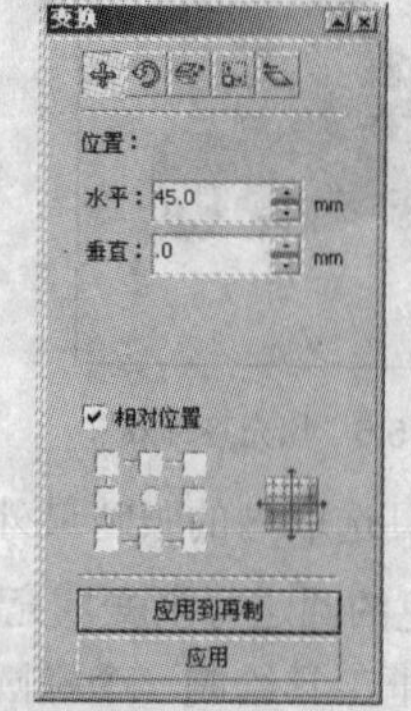

图 12.5.15　“变换”泊坞窗